Schlüssel zur Mathematik

Hessen

Unter Beratung von
Sarah Brucherseifer
Anja Pies-Hötzinger

Cornelsen

Teile dieses Unterrichtswerkes basieren auf Inhalten bereits erschienener Lehrwerke.
Diese wurden herausgegeben von Reinhold Koullen † und Udo Wennekers
sowie erarbeitet von:
Helga Berkemeier, Ilona Gabriel, Wolfgang Hecht, Barbara Hoppert, Reinhold Koullen †, Jeannine Kreuz, Doris Ostrow, Hans-Helmut Paffen, Günther Reufsteck, Jutta Schaefer, Gabriele Schenk, Hermann Schneider, Willi Schmitz, Ingeborg Schönthaler, Christine Sprehe, Wolfgang Stindl, Herbert Strohmayer, Diana Tibo, Martina Verhoeven, Udo Wennekers, Ralf Wimmers, Rainer Zillgens

Unter Beratung von: Sarah Brucherseifer, Anja Pies-Hötzinger

Redaktion: Albrecht Kröner, Marcus Rademacher

Illustration: Roland Beier

Grafik: Christian Böhning, Ulrich Sengebusch †

Umschlaggestaltung und Layoutkonzept:
Syberg | Kirstin Eichenberg und Torsten Symank

Layout und technische Umsetzung:
CMS – Cross Media Solutions GmbH

Begleitmaterialien zum Lehrwerk	
Lösungsheft	978-3-06-007549-2
Handreichungen	978-3-06-007548-5
Arbeitsheft	978-3-06-007546-1
Arbeitsheft Basis	978-3-06-007547-8
Begleitmaterial auf USB-Stick inkl. Unterrichtsmanager und E-Book	978-3-06-001085-1

www.cornelsen.de

Alle Drucke dieser Auflage sind inhaltlich unverändert
und können im Unterricht nebeneinander verwendet werden.

Druck: Mohn Media Mohndruck, Gütersloh

1. Auflage, 1. Druck 2018
978-3-06-007544-7 (Schülerbuch)
978-3-06-007545-4 (E-Book)

1. Auflage, 1. Druck 2018
978-3-06-040481-0 (Lehrerfassung)
978-3-06-042763-5 (E-Book Lehrerfassung)

PEFC
PEFC/04-31-1033

PEFC zertifiziert
Dieses Produkt stammt aus nachhaltig bewirtschafteten Wäldern und kontrollierten Quellen.

www.pefc.de

Inhalt

7

Vielecke und Kreise berechnen

35

Lineare Gleichungen

59

Prozent- und Zinsrechnung

85

Kannst du das?

93

Prismen

117 Rechnen mit Klammern

139 Zuordnungen und Funktionen

163 Anhang

Rallye durch dein Mathe-Buch

Auf diesen zwei Seiten findest du einige Hinweise zu deinem neuen Mathematikbuch.
Löse die Rätsel (ä, ö, ü und ß sind erlaubt).
Das Lösungswort verrät dir, was das Bild auf dem Umschlag zeigt.

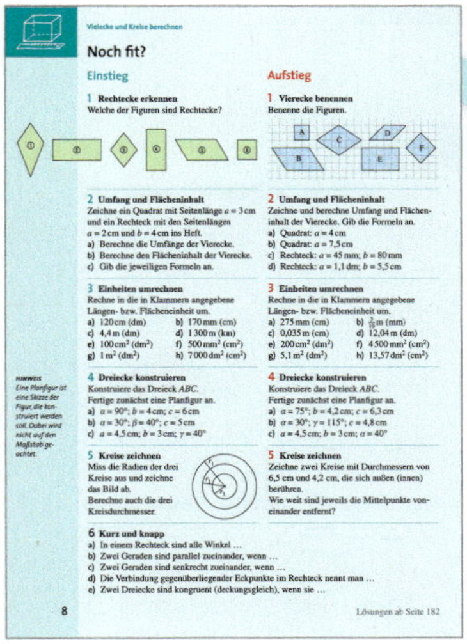

Noch fit?

Mit dem Einstiegstest kannst du dein bisher erworbenes Wissen testen. Deine Ergebnisse kannst du mit den Lösungen im Anhang vergleichen.

Rätsel zum Noch fit? im Kapitel Rechnen mit Klammern:

Woraus bauen Jule und Jakob das Kantenmodell eines Quaders?

_ 3 _ _ _

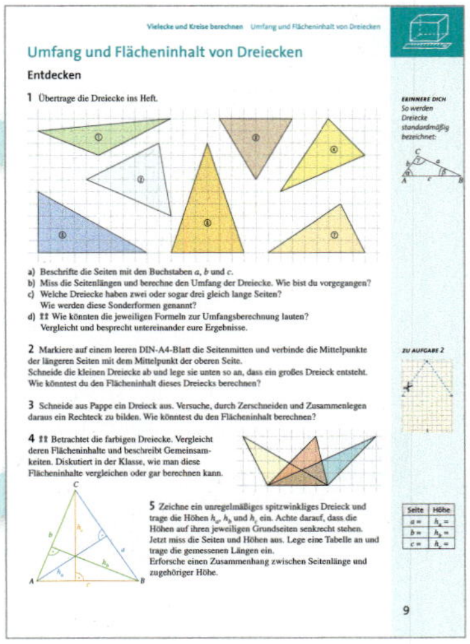

Entdecken

Jede Lerneinheit beginnt mit einführenden Aufgaben, die zum Ausprobieren und Entdecken anregen.

Rätsel zum Entdecken zum Thema Volumen von Prismen:

Was soll mit der „Trapez-Plus-Verpackung" gering gehalten werden?

_ _ 5 _ _ _ _ _ _ _ _

Verstehen

Der neue Unterrichtsstoff wird anhand von Merksätzen und Beispielen erklärt.

Rätsel zum Verstehen zum Thema Prozentrechnung:

Was steckt hinter der Abkürzung IUCN?

_ _ _ _ _ _ _ 2 _ _ _ _ 6 _ _ _ _ _ _ _

Üben und anwenden

Die Aufgaben trainieren den neu gelernten Unterrichtsstoff.

Rätsel zum Üben und anwenden zum Thema Gleichungen aufstellen:

Wofür hat sich Daniel in Aufgabe 3 Geld gewünscht?

_ _ _ _ _ _ 9 _

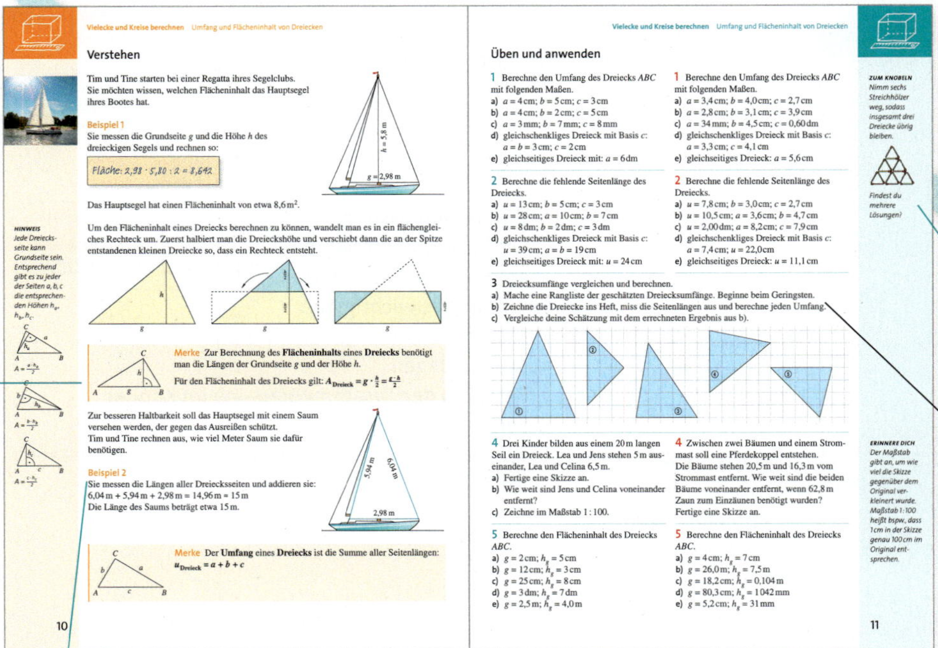

Wichtiger Merkstoff

Beispiel

In der Randspalte stehen zusätzliche Informationen, Aufgaben und Lösungshinweise.

Mittelschwere Aufgaben haben eine schwarze Aufgabennummer.

Die linke Spalte enthält leichtere Aufgaben.

Die rechte Spalte enthält schwierigere Aufgaben.

Die Symbole in den oberen Ecken stehen für bestimmte Bereiche in der Mathematik:

Zahlen und Variablen

Geometrie

Funktionen

Daten und Zufall

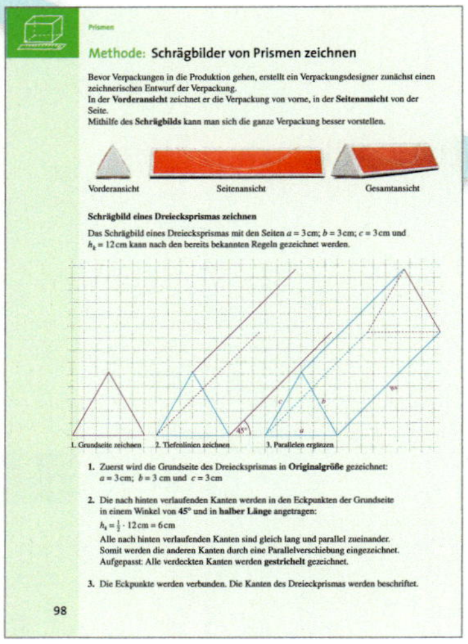

■ **Methode und Thema**

Auf den Methodenseiten werden die wichtigsten mathematischen Methoden vorgestellt und geübt. Die Themenseiten zeigen mathematische Inhalte aus verschiedenen Lebensbereichen.

Rätsel zur Methode Umfang und Flächeninhalt von Vielecken:

Was soll neu gestrichen werden?

4 _ _ _ _ _ _ _ _ _

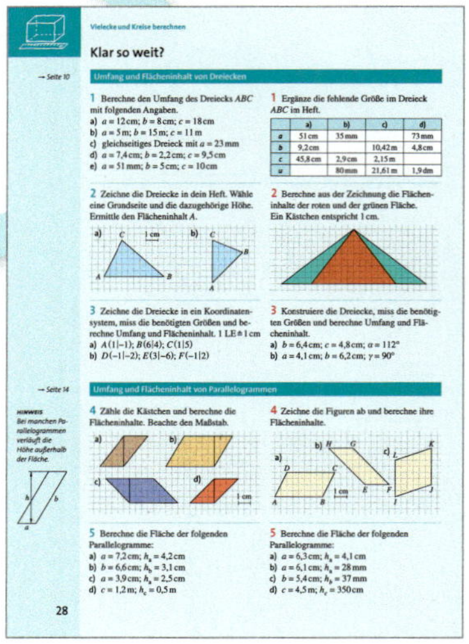

■ **Klar so weit?**

Mit dem Zwischentest kannst du überprüfen, ob du den neuen Unterrichtsstoff verstanden hast. Deine Ergebnisse kannst du mit den Lösungen im Anhang vergleichen.

Rätsel zum Klar so weit? im Kapitel Zuordnung und Funktionen:

Wer mietet in Aufgabe 7 ein Auto?

_ _ _ _ 8 _ _ _ _

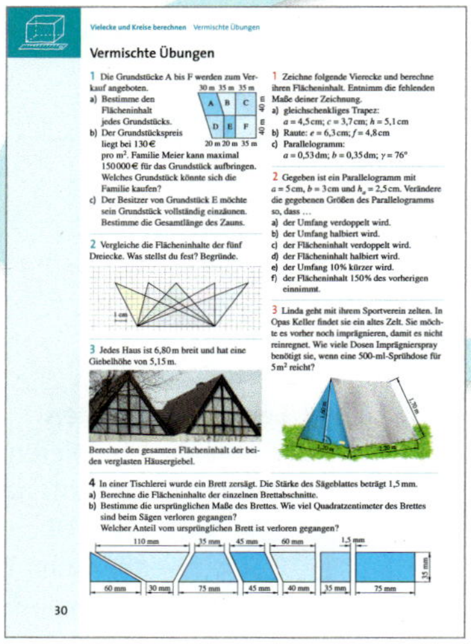

■ **Vermischte Übungen**

Die Seiten enthalten Aufgaben zu allen Lerneinheiten eines Kapitels.

Rätsel zu den Vermischten Übungen im Kapitel Zuordnungen und Funktionen:

Weswegen ist in Aufgabe 12 eine Spur gesperrt?

1 _ _ _ _ _ _ _ _

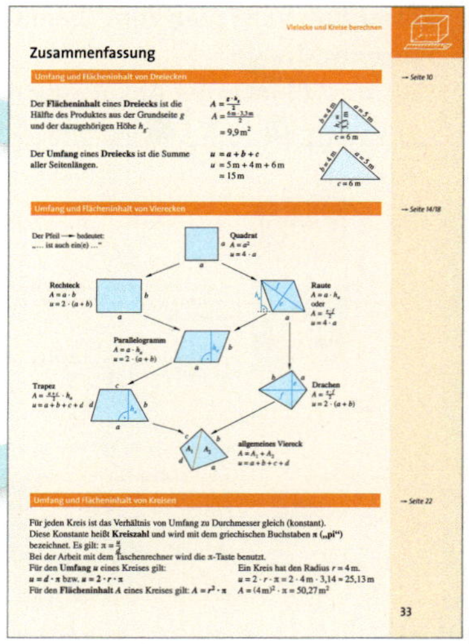

■ **Zusammenfassung**

Die Zusammenfassung am Ende eines Kapitels enthält die wichtigsten Merksätze zum Nachschlagen.

Rätsel zu der Zusammenfassung im Kapitel Lineare Gleichungen:

Wie heißen alle Werte, die zu einer wahren Aussage führen?

10 _ _ _ _ _ _ _

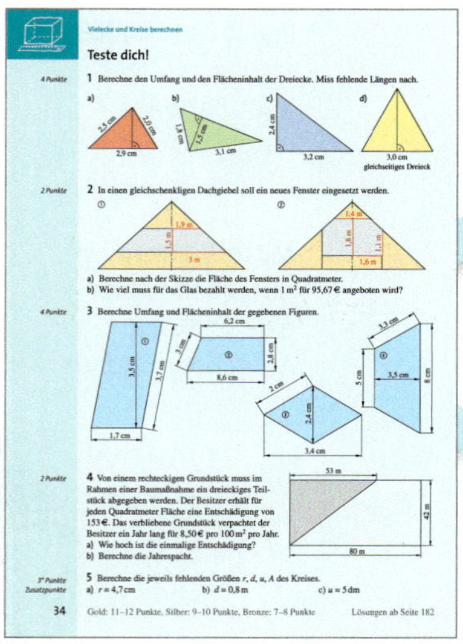

■ **Teste dich!**

Überprüfe zur Vorbereitung auf die Klassenarbeit dein Können. Die Lösungen zum Abschlusstest findest du im Anhang.

Rätsel zum Teste dich! im Kapitel Prismen:

Was wird für den Bau eines Hauses gegossen?

_ _ _ _ 7 _ _ _ _ _ _

Wie lautet das Lösungswort?

1 2 3 4 5 6 7 8 9 10

Vielecke und Kreise berechnen

Kräftiger Wind strafft die Segel und lässt das Schiff übers Wasser gleiten. Die Stärke des Antriebs hängt außer vom Wind vor allem von den Segeln ab, insbesondere von deren Größe.
Meist finden wir drei- und viereckige Segelformen.
Bei einer Segelwettfahrt, der Regatta, wetteifern nur Boote miteinander, die gleich große Segelflächen haben.

Noch fit?

Einstieg

1 Rechtecke erkennen
Welche der Figuren sind Rechtecke?

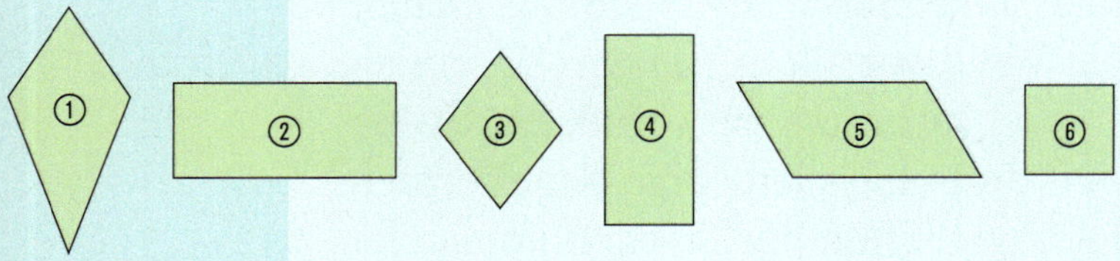

2 Umfang und Flächeninhalt
Zeichne ein Quadrat mit Seitenlänge $a = 3\,\text{cm}$ und ein Rechteck mit den Seitenlängen $a = 2\,\text{cm}$ und $b = 4\,\text{cm}$ ins Heft.
a) Berechne die Umfänge der Vierecke.
b) Berechne den Flächeninhalt der Vierecke.
c) Gib die jeweiligen Formeln an.

3 Einheiten umrechnen
Rechne in die in Klammern angegebene Längen- bzw. Flächeneinheit um.

a) 120 cm (dm)	b) 170 mm (cm)
c) 4,4 m (dm)	d) 1 300 m (km)
e) 100 cm^2 (dm^2)	f) 500 mm^2 (cm^2)
g) 1 m^2 (dm^2)	h) 7 000 dm^2 (cm^2)

4 Dreiecke konstruieren
Konstruiere das Dreieck ABC.
Fertige zunächst eine Planfigur an.
a) $\alpha = 90°$; $b = 4\,\text{cm}$; $c = 6\,\text{cm}$
b) $\alpha = 30°$; $\beta = 40°$; $c = 5\,\text{cm}$
c) $a = 4{,}5\,\text{cm}$; $b = 3\,\text{cm}$; $\gamma = 40°$

HINWEIS
Eine Planfigur ist eine Skizze der Figur, die konstruiert werden soll. Dabei wird nicht auf den Maßstab geachtet.

5 Kreise zeichnen
Miss die Radien der drei Kreise aus und zeichne das Bild ab.
Berechne auch die drei Kreisdurchmesser.

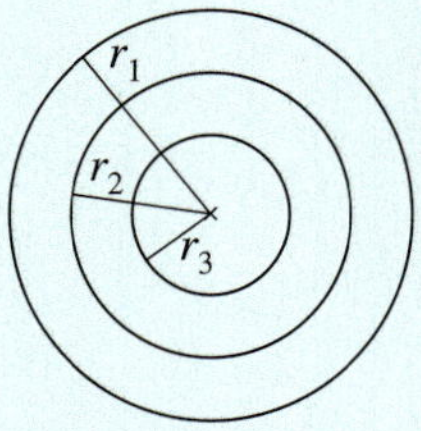

Aufstieg

1 Vierecke benennen
Benenne die Figuren.

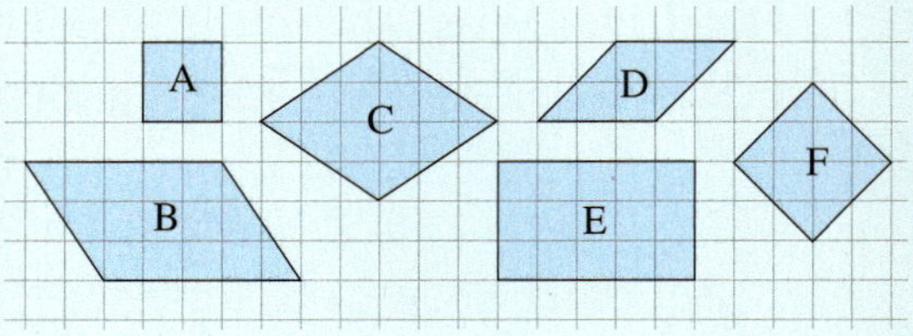

2 Umfang und Flächeninhalt
Zeichne und berechne Umfang und Flächeninhalt der Vierecke. Gib die Formeln an.
a) Quadrat: $a = 4\,\text{cm}$
b) Quadrat: $a = 7{,}5\,\text{cm}$
c) Rechteck: $a = 45\,\text{mm}$; $b = 80\,\text{mm}$
d) Rechteck: $a = 1{,}1\,\text{dm}$; $b = 5{,}5\,\text{cm}$

3 Einheiten umrechnen
Rechne in die in Klammern angegebene Längen- bzw. Flächeneinheit um.

a) 275 mm (cm)	b) $\frac{3}{10}$ m (mm)
c) 0,035 m (cm)	d) 12,04 m (dm)
e) 200 cm^2 (dm^2)	f) 4 500 mm^2 (cm^2)
g) 5,1 m^2 (dm^2)	h) 13,57 dm^2 (cm^2)

4 Dreiecke konstruieren
Konstruiere das Dreieck ABC.
Fertige zunächst eine Planfigur an.
a) $\alpha = 75°$; $b = 4{,}2\,\text{cm}$; $c = 6{,}3\,\text{cm}$
b) $\alpha = 30°$; $\gamma = 115°$; $c = 4{,}8\,\text{cm}$
c) $a = 4{,}5\,\text{cm}$; $b = 3\,\text{cm}$; $\alpha = 40°$

5 Kreise zeichnen
Zeichne zwei Kreise mit Durchmessern von 6,5 cm und 4,2 cm, die sich außen (innen) berühren.
Wie weit sind jeweils die Mittelpunkte voneinander entfernt?

6 Kurz und knapp
a) In einem Rechteck sind alle Winkel …
b) Zwei Geraden sind parallel zueinander, wenn …
c) Zwei Geraden sind senkrecht zueinander, wenn …
d) Die Verbindung gegenüberliegender Eckpunkte im Rechteck nennt man …
e) Zwei Dreiecke sind kongruent (deckungsgleich), wenn sie …

Lösungen ab Seite 164

Umfang und Flächeninhalt von Dreiecken

Entdecken

ERINNERE DICH
So werden Dreiecke standardmäßig bezeichnet:

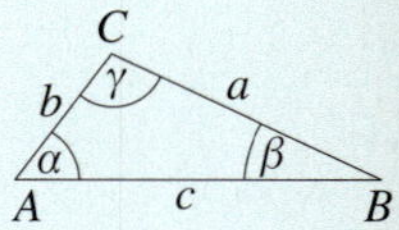

1 Übertrage die Dreiecke ins Heft.

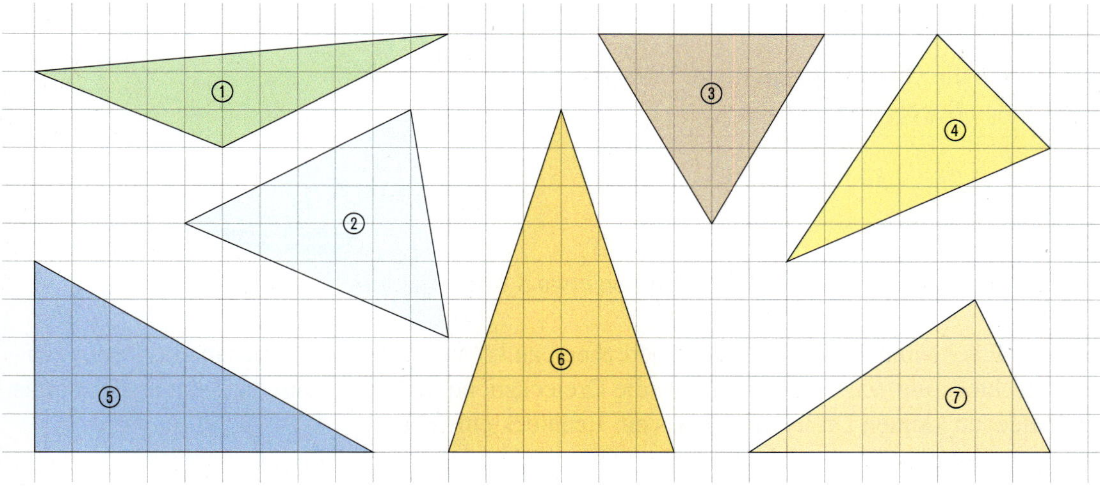

a) Beschrifte die Seiten mit den Buchstaben *a*, *b* und *c*.
b) Miss die Seitenlängen und berechne den Umfang der Dreiecke. Wie bist du vorgegangen?
c) Welche Dreiecke haben zwei oder sogar drei gleich lange Seiten?
Wie werden diese Sonderformen genannt?
d) Wie könnten die jeweiligen Formeln zur Umfangsberechnung lauten?
Vergleicht und besprecht untereinander eure Ergebnisse.

2 Markiere auf einem leeren DIN-A4-Blatt die Seitenmitten und verbinde die Mittelpunkte der längeren Seiten mit dem Mittelpunkt der oberen Seite.
Schneide die kleinen Dreiecke ab und lege sie unten so an, dass ein großes Dreieck entsteht.
Wie könntest du den Flächeninhalt dieses Dreiecks berechnen?

ZU AUFGABE 2

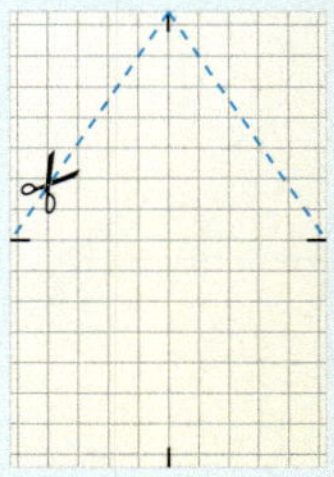

3 Schneide aus Pappe ein Dreieck aus. Versuche, durch Zerschneiden und Zusammenlegen daraus ein Rechteck zu bilden. Wie könntest du den Flächeninhalt berechnen?

4 Betrachtet die farbigen Dreiecke. Vergleicht deren Flächeninhalte und beschreibt Gemeinsamkeiten. Diskutiert in der Klasse, wie man diese Flächeninhalte vergleichen oder gar berechnen kann.

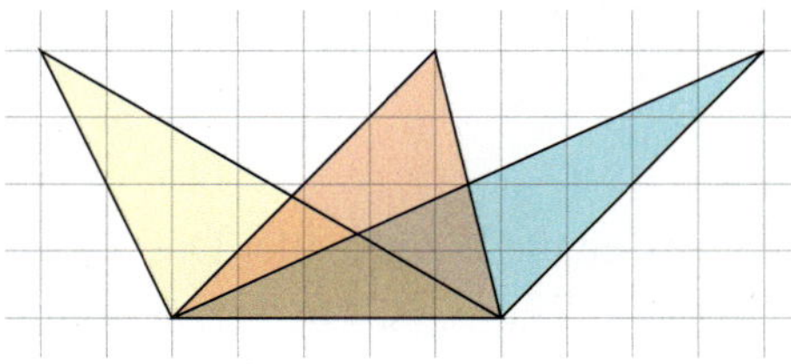

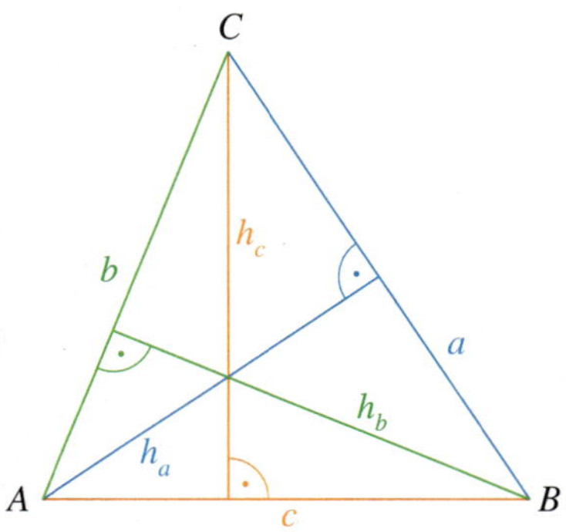

5 Zeichne ein unregelmäßiges spitzwinkliges Dreieck und trage die Höhen h_a, h_b und h_c ein. Achte darauf, dass die Höhen auf ihren jeweiligen Grundseiten senkrecht stehen. Jetzt miss die Seiten und Höhen aus. Lege eine Tabelle an und trage die gemessenen Längen ein.
Erforsche einen Zusammenhang zwischen Seitenlänge und zugehöriger Höhe.

Seite	Höhe
$a =$	$h_a =$
$b =$	$h_b =$
$c =$	$h_c =$

Verstehen

Tim und Tine starten bei einer Regatta ihres Segelclubs. Sie möchten wissen, welchen Flächeninhalt das Hauptsegel ihres Bootes hat.

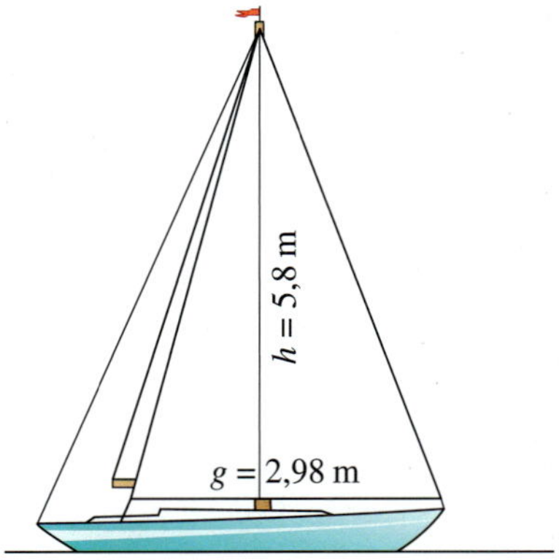

Beispiel 1

Sie messen die Grundseite g und die Höhe h des dreieckigen Segels und rechnen so:

Fläche: 2,98 · 5,80 : 2 = 8,642

Das Hauptsegel hat einen Flächeninhalt von etwa 8,6 m².

Um den Flächeninhalt eines Dreiecks berechnen zu können, wandelt man es in ein flächengleiches Rechteck um. Zuerst halbiert man die Dreieckshöhe und verschiebt dann die an der Spitze entstandenen kleinen Dreiecke so, dass ein Rechteck entsteht.

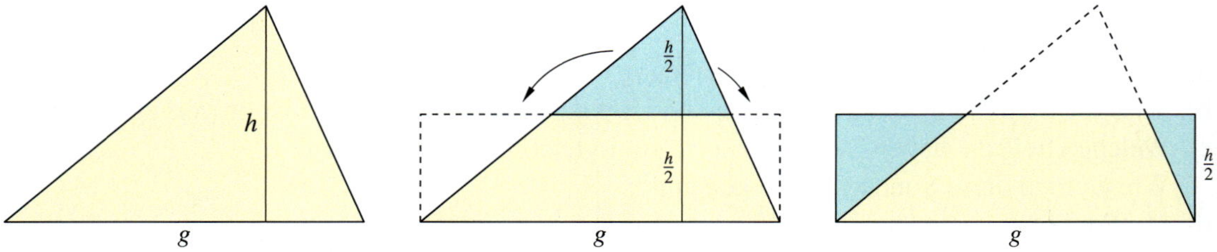

HINWEIS
Jede Dreiecksseite kann Grundseite sein. Entsprechend gibt es zu jeder der Seiten a, b, c die entsprechenden Höhen h_a, h_b, h_c.

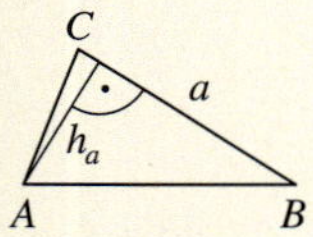

$A = \frac{a \cdot h_a}{2}$

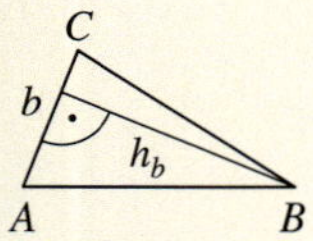

$A = \frac{b \cdot h_b}{2}$

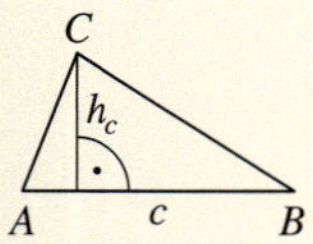

$A = \frac{c \cdot h_c}{2}$

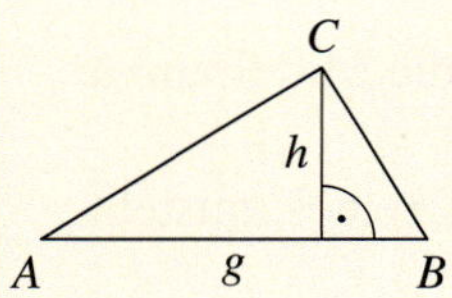

Merke Zur Berechnung des **Flächeninhalts** eines **Dreiecks** benötigt man die Längen der Grundseite g und der Höhe h.

Für den Flächeninhalt des Dreiecks gilt: $\boldsymbol{A_{\text{Dreieck}} = g \cdot \frac{h}{2} = \frac{g \cdot h}{2}}$

Zur besseren Haltbarkeit soll das Hauptsegel mit einem Saum versehen werden, der gegen das Ausreißen schützt.
Tim und Tine rechnen aus, wie viel Meter Saum sie dafür benötigen.

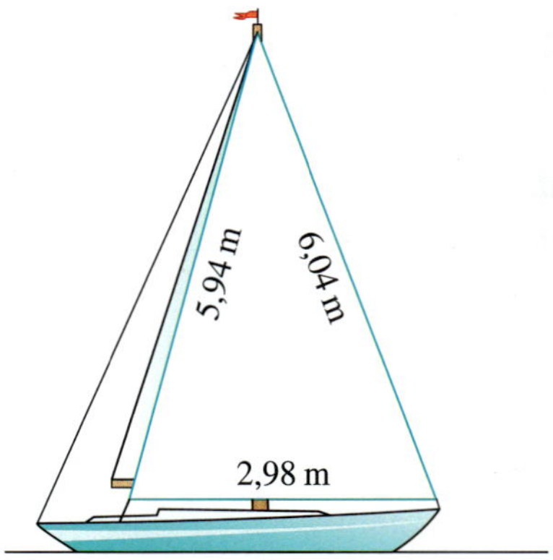

Beispiel 2

Sie messen die Längen aller Dreiecksseiten und addieren sie:
6,04 m + 5,94 m + 2,98 m = 14,96 m ≈ 15 m
Die Länge des Saums beträgt etwa 15 m.

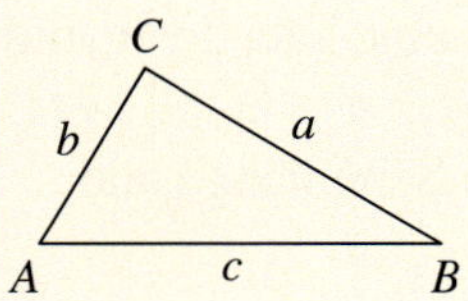

Merke Der **Umfang** eines **Dreiecks** ist die Summe aller Seitenlängen:
$\boldsymbol{u_{\text{Dreieck}} = a + b + c}$

Üben und anwenden

1 Berechne den Umfang des Dreiecks *ABC* mit folgenden Maßen.

a) $a = 4\,\text{cm}$; $b = 5\,\text{cm}$; $c = 3\,\text{cm}$
b) $a = 4\,\text{cm}$; $b = 2\,\text{cm}$; $c = 5\,\text{cm}$
c) $a = 3\,\text{mm}$; $b = 7\,\text{mm}$; $c = 8\,\text{mm}$
d) gleichschenkliges Dreieck mit Basis c: $a = b = 3\,\text{cm}$; $c = 2\,\text{cm}$
e) gleichseitiges Dreieck mit: $a = 6\,\text{dm}$

1 Berechne den Umfang des Dreiecks *ABC* mit folgenden Maßen.

a) $a = 3{,}4\,\text{cm}$; $b = 4{,}0\,\text{cm}$; $c = 2{,}7\,\text{cm}$
b) $a = 2{,}8\,\text{cm}$; $b = 3{,}1\,\text{cm}$; $c = 3{,}9\,\text{cm}$
c) $a = 34\,\text{mm}$; $b = 4{,}5\,\text{cm}$; $c = 0{,}60\,\text{dm}$
d) gleichschenkliges Dreieck mit Basis c: $a = 3{,}3\,\text{cm}$; $c = 4{,}1\,\text{cm}$
e) gleichseitiges Dreieck: $a = 5{,}6\,\text{cm}$

2 Berechne die fehlende Seitenlänge des Dreiecks.

a) $u = 13\,\text{cm}$; $b = 5\,\text{cm}$; $c = 3\,\text{cm}$
b) $u = 28\,\text{cm}$; $a = 10\,\text{cm}$; $b = 7\,\text{cm}$
c) $u = 8\,\text{dm}$; $b = 2\,\text{dm}$; $c = 3\,\text{dm}$
d) gleichschenkliges Dreieck mit Basis c: $u = 39\,\text{cm}$; $a = b = 19\,\text{cm}$
e) gleichseitiges Dreieck mit: $u = 24\,\text{cm}$

2 Berechne die fehlende Seitenlänge des Dreiecks.

a) $u = 7{,}8\,\text{cm}$; $b = 3{,}0\,\text{cm}$; $c = 2{,}7\,\text{cm}$
b) $u = 10{,}5\,\text{cm}$; $a = 3{,}6\,\text{cm}$; $b = 4{,}7\,\text{cm}$
c) $u = 2{,}00\,\text{dm}$; $a = 8{,}2\,\text{cm}$; $c = 7{,}9\,\text{cm}$
d) gleichschenkliges Dreieck mit Basis c: $a = 7{,}4\,\text{cm}$; $u = 22{,}0\,\text{cm}$
e) gleichseitiges Dreieck: $u = 11{,}1\,\text{cm}$

3 Dreiecksumfänge vergleichen und berechnen.

a) Mache eine Rangliste der geschätzten Dreiecksumfänge. Beginne beim Geringsten.
b) Zeichne die Dreiecke ins Heft, miss die Seitenlängen aus und berechne jeden Umfang.
c) Vergleiche deine Schätzung mit dem errechneten Ergebnis aus b).

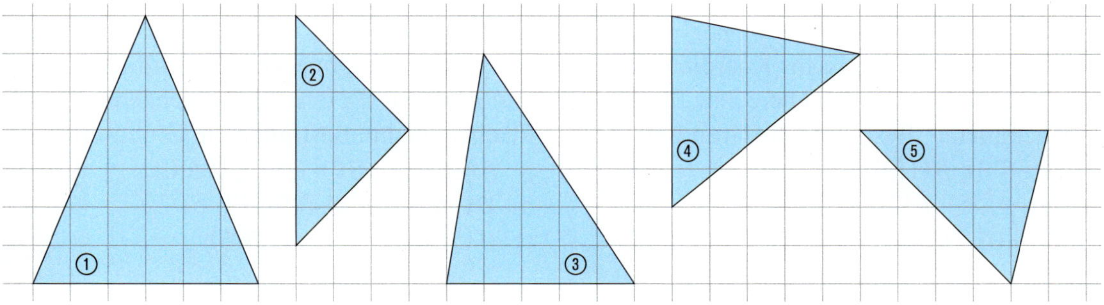

4 Drei Kinder bilden aus einem 20 m langen Seil ein Dreieck. Lea und Jens stehen 5 m auseinander, Lea und Celina 6,5 m.

a) Fertige eine Skizze an.
b) Wie weit sind Jens und Celina voneinander entfernt?
c) Zeichne im Maßstab 1 : 100.

4 Zwischen zwei Bäumen und einem Strommast soll eine Pferdekoppel entstehen. Die Bäume stehen 20,5 m und 16,3 m vom Strommast entfernt. Wie weit sind die beiden Bäume voneinander entfernt, wenn 62,8 m Zaun zum Einzäunen benötigt wurden? Fertige eine Skizze an.

5 Berechne den Flächeninhalt des Dreiecks *ABC*.

a) $g = 2\,\text{cm}$; $h_g = 5\,\text{cm}$
b) $g = 12\,\text{cm}$; $h_g = 3\,\text{cm}$
c) $g = 25\,\text{cm}$; $h_g = 8\,\text{cm}$
d) $g = 3\,\text{dm}$; $h_g = 7\,\text{dm}$
e) $g = 2{,}5\,\text{m}$; $h_g = 4{,}0\,\text{m}$

5 Berechne den Flächeninhalt des Dreiecks *ABC*.

a) $g = 4\,\text{cm}$; $h_g = 7\,\text{cm}$
b) $g = 26{,}0\,\text{m}$; $h_g = 7{,}5\,\text{m}$
c) $g = 18{,}2\,\text{cm}$; $h_g = 0{,}104\,\text{m}$
d) $g = 80{,}3\,\text{cm}$; $h_g = 1\,042\,\text{mm}$
e) $g = 5{,}2\,\text{cm}$; $h_g = 31\,\text{mm}$

ZUM KNOBELN
Nimm sechs Streichhölzer weg, sodass insgesamt drei Dreiecke übrig bleiben.

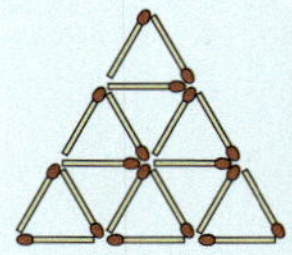

Findest du mehrere Lösungen?

ERINNERE DICH
Der Maßstab gibt an, um wie viel die Skizze gegenüber dem Original verkleinert wurde. Maßstab 1:100 heißt bspw., dass 1 cm in der Skizze genau 100 cm im Original entsprechen.

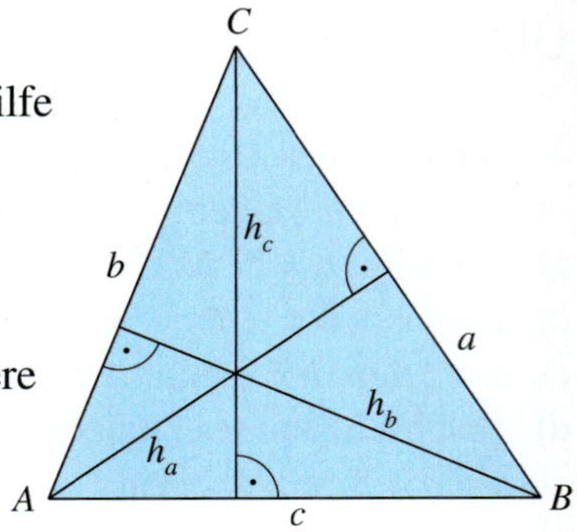

6 Miss alle Seitenlängen und Höhen aus, um das Dreieck mithilfe dieser Werte abzuzeichnen.
a) Berechne die Terme $\frac{a \cdot h_a}{2}$, $\frac{b \cdot h_b}{2}$ und $\frac{c \cdot h_c}{2}$.
b) Vergleiche die drei Ergebnisse. Was fällt dir auf?
c) Suche eine Begründung für deine Erkenntnisse und formuliere sie in einem Satz für ein beliebiges Dreieck.
d) Stelle das Ergebnis der Klasse vor.

7 Berechne den Flächeninhalt des Dreiecks.
a) $c = 6\,cm$; $h_c = 4\,cm$
b) $b = 7\,cm$; $h_b = 2\,cm$
c) $a = 8\,cm$; $h_a = 3\,cm$
d) $a = 9\,cm$; $h_a = 12\,cm$

7 Berechne den Flächeninhalt des Dreiecks.
a) $c = 3{,}5\,cm$; $h_c = 2{,}1\,cm$
b) $a = 4{,}6\,cm$; $h_a = 3{,}6\,cm$
c) $b = 5{,}8\,cm$; $h_b = 6{,}6\,cm$
d) $h_a = 8{,}3\,cm$; $a = 2{,}9\,cm$

ZU AUFGABE 9

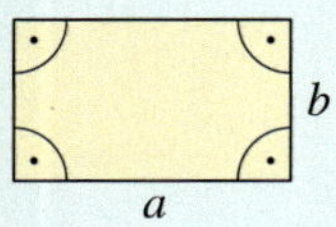

$A_{Rechteck} = a \cdot b$

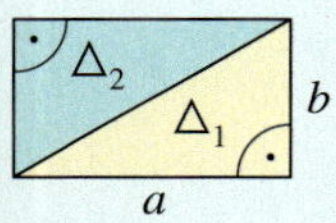

$A_{\Delta_1} = A_{\Delta_2}$

8 Ein Dreieck hat die Maße: $a = 17{,}5\,cm$; $h_a = 9{,}6\,cm$; $b = 12{,}3\,cm$; $h_c = 12{,}6\,cm$.
a) Berechne den Dreiecksflächeninhalt.
b) Wie groß ist die Höhe auf b?
Tipp: Gehe von der Dreiecksfläche bei a) aus und errechne h_b.
c) Berechne nun die Seite c. Verfahre ähnlich wie in b).

8 Ergänze fehlende Größen des Dreiecks.

	a)	b)	c)	d)
a	8 m			5,6 cm
h_a		7,0 cm	512 cm	
b	10 m		59 dm	63 mm
h_b		42 cm	350 cm	
A	24 m²	17,85 cm²		16,8 cm²

9 Zeichne die Dreiecke ins Koordinatensystem (1 LE ≙ 1 cm) und berechne ihre Flächeninhalte. Bestimme die Grundseite.
a) $A(-5|3)$; $B(1|3)$; $C(-4|8)$
b) $D(-4|-5)$; $E(7|-4)$; $F(-4|-1)$
c) $G(5|0)$; $H(6|6)$; $I(1|6)$

9 Zeichne die Dreiecke ins Koordinatensystem (1 LE ≙ 1 cm) und berechne ihre Flächeninhalte. Bestimme die Grundseite.
a) $A(-6|1{,}5)$; $B(0|1{,}5)$; $C(-5|0)$
b) $D(-5|-4)$; $E(1|0{,}5)$; $F(-5|-1)$
c) $G(5|0)$; $H(5|6)$; $I(3{,}5|6)$

10 Betrachte die Bildfolge in der Randspalte. Für welche Sonderform von Dreiecken gilt die Formel $A_{Dreieck} = \frac{a \cdot b}{2}$? Wo befinden sich dabei Grundseite und Höhe? Berechne die Flächeninhalte der Dreiecke:
① $a = 6\,cm$; $b = 8\,cm$; $c = 10\,cm$; $\gamma = 90°$
② $a = 5\,cm$; $b = 13\,cm$; $c = 12\,cm$; $\beta = 90°$
③ $a = 25\,cm$; $b = 7\,cm$; $c = 24\,cm$; $\alpha = 90°$
④ $a = 3\,cm$; $b = 4\,cm$; $c = 5\,cm$; $\gamma = 90°$

11 Ermittle die Flächeninhalte der Dreiecke. Miss die benötigten Größen in der Zeichnung.

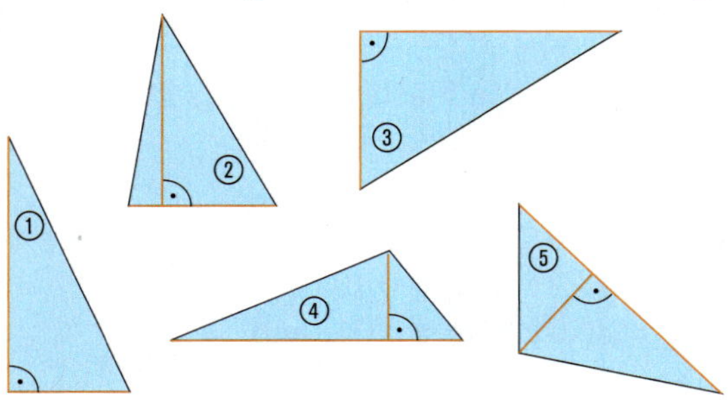

11 Berechne den Flächeninhalt der grünen Fläche. Beschreibe deine Vorgehensweise.

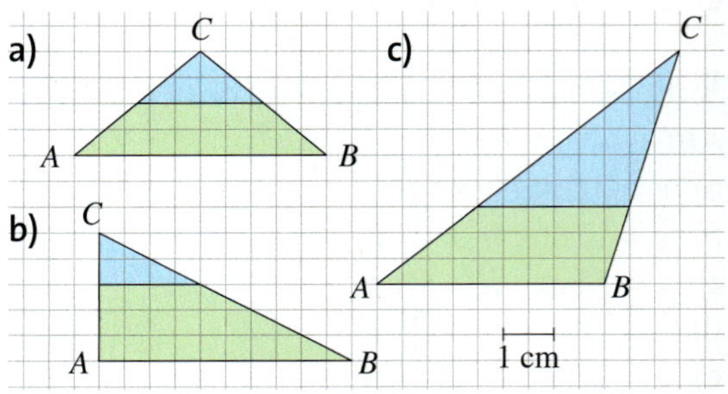

Umfang und Flächeninhalt von Parallelogrammen

Entdecken

1 Miss die Seitenlängen der folgenden Vierecke und berechne ihren Umfang.

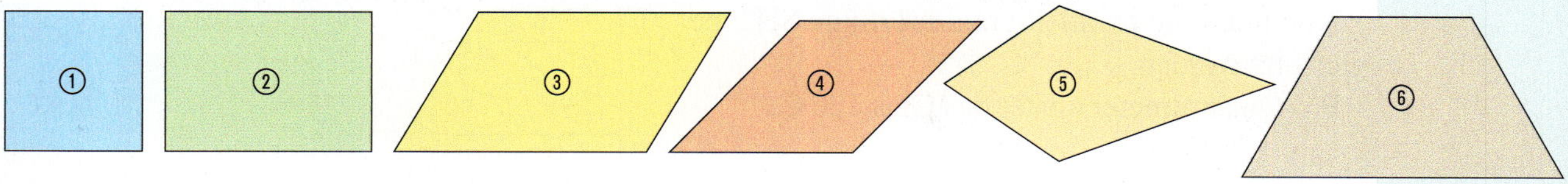

a) Wie bist du bei der Berechnung vorgegangen?
b) Zeichne die Vierecke ins Heft und beschrifte sie.
Bezeichne dabei gleich lange Seiten mit derselben Variablen.
c) Wie könnten die jeweiligen Umfangsformeln lauten? Stelle die Formeln auf.
Vergleicht und besprecht untereinander eure Ergebnisse.

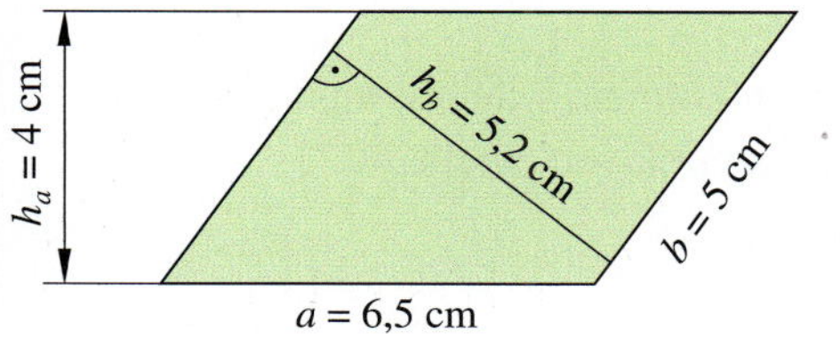

2 Jedes Parallelogramm hat zwei verschiedene Höhen, je nachdem, welche Seite man als Grundseite betrachtet.
Multipliziere jede Seite mit ihrer zugehörigen Höhe. Was fällt dir auf?
Überprüfe, ob das auch für andere Parallelogramme gilt.

3 Nadine hat einen Stapel Notizzettel.
Die Fläche vorn ist 5 cm breit und 4 cm hoch. Sie verschiebt den Stapel seitlich. Es entsteht als vordere Fläche ein Parallelogramm, das immer noch eine Höhe von 4 cm besitzt. Alle Seiten des Parallelogramms sind nun aber alle 5 cm lang. Vergleiche die Flächeninhalte der vorderen Fläche des Stapels, wenn er gerade steht und wenn er seitlich verschoben ist. Was fällt dir auf?

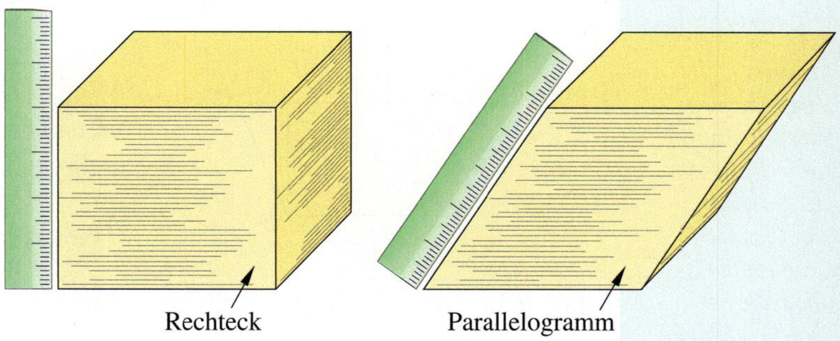

4 👥 Zeichnet das Parallelogramm ab, schneidet es aus und überlegt zusammen wie das nebenstehende Parallelogramm in ein flächengleiches Rechteck umgewandelt werden kann.

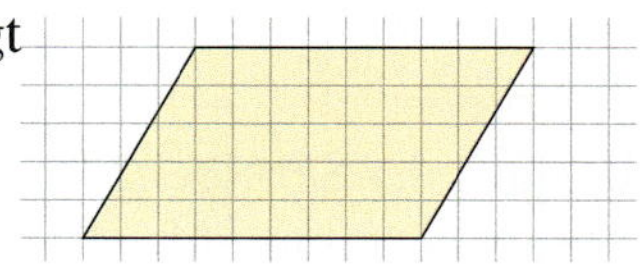

5 Parallelogramme lassen sich auf unterschiedliche Art verändern und vergleichen.
a) Vergleiche die drei Parallelogramme bezüglich Umfang, Höhe und Flächeninhalt.
b) Schätze nun Umfang und Flächeninhalt dieser vier Parallelogramme.
Hast du eine Vermutung?
Kannst du deine Vermutung begründen?

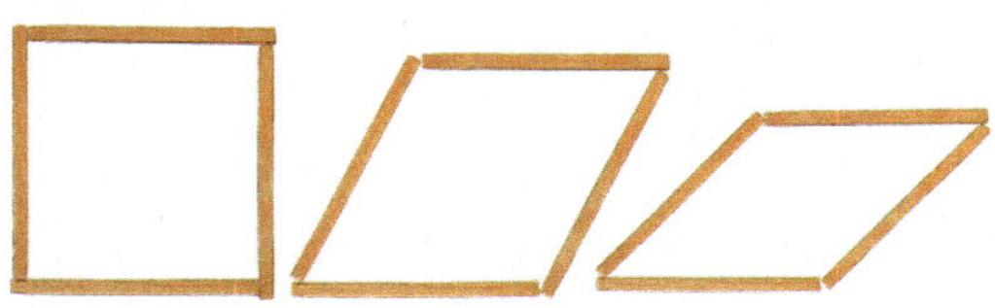

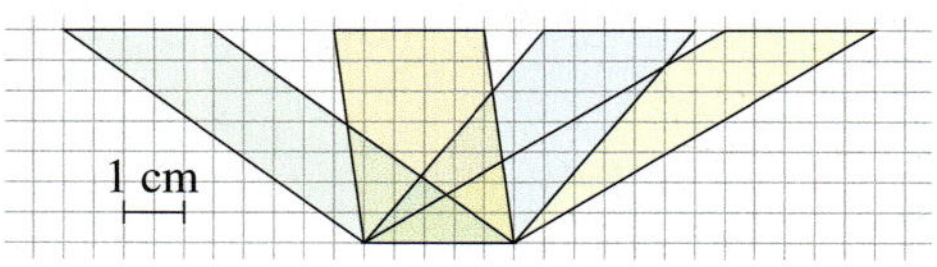

Verstehen

Beim Fußballspielen am Haus landet Sörens Ball genau im mittleren Glaselement des Seitengeländers, sodass dieses zerbricht. Nun muss die parallelogrammförmige Scheibe ersetzt werden.
Pro Quadratmeter kostet das Glas 120 €.

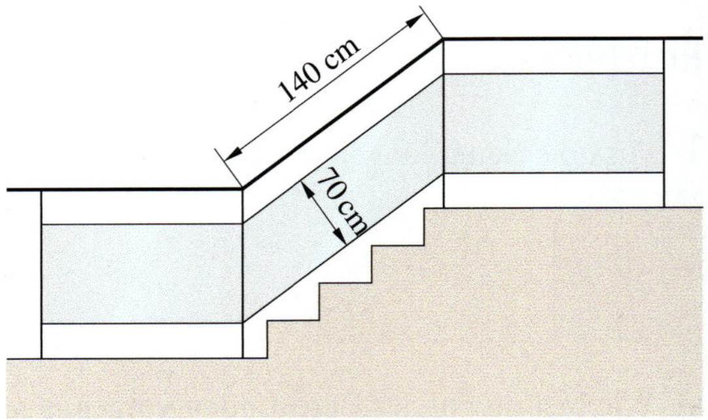

Beispiel 1

Eine Handwerksfirma, die die Reparatur ausführt, berechnet die Unkosten.
Flächeninhalt der Scheibe: $1{,}40\,\text{m} \cdot 0{,}70\,\text{m} = 0{,}98\,\text{m}^2$
Kosten der Scheibe: $120\,€ \cdot 0{,}98 = 117{,}60\,€$

Der Glasschaden beläuft sich auf 117,60 €.

Um den Flächeninhalt eines Parallelogramms berechnen zu können, wandelt man es in ein Rechteck um. Dazu trennt man eine dreieckige Teilfläche ab und verschiebt sie.
Dann berechnet man den Flächeninhalt des Rechtecks.

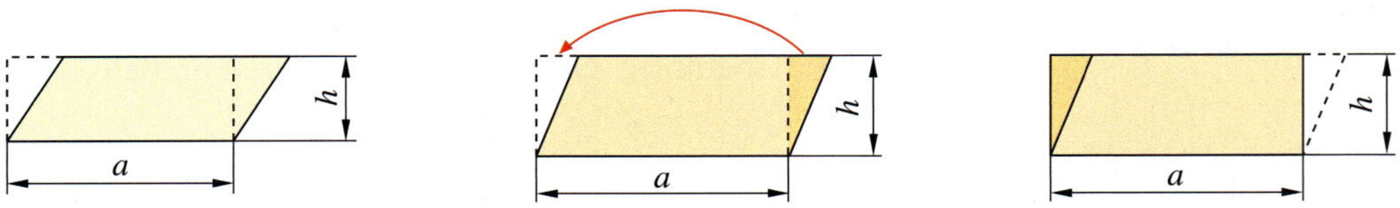

HINWEIS
Jede Seite eines Parallelogramms kann Grundseite sein. Folglich gibt es zu den Grundseiten a und b die entsprechenden Höhen h_a und h_b.

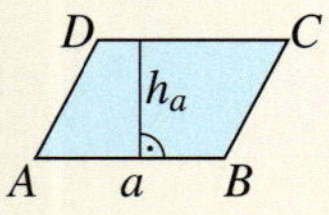

$A = a \cdot h_a$

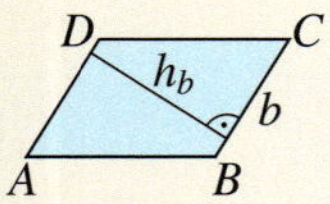

$A = b \cdot h_b$

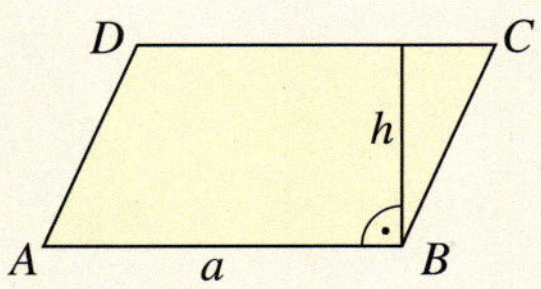

Merke Der **Flächeninhalt** eines **Parallelogramms** ist das Produkt aus Grundseite a und der senkrecht darauf stehenden Höhe h.

$$A_{\text{Parallelogramm}} = a \cdot h$$

Die neue Glasscheibe muss ringsum durch Aluprofile eingefasst werden. Solche Profilstangen kosten pro laufenden Meter 6,50 €.
Auch diese Kosten müssen berechnet werden.

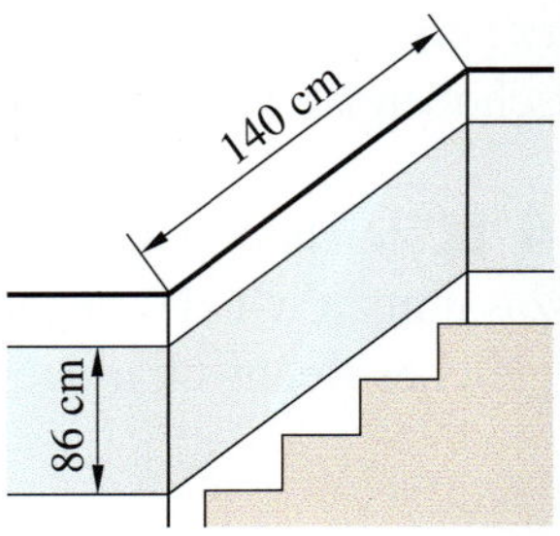

Beispiel 2

Umfang der Scheibe: $2 \cdot 1{,}40\,\text{m} + 2 \cdot 0{,}86\,\text{m} = 4{,}52\,\text{m}$
Kosten der Aluprofile: $4{,}52\,\text{m} \cdot 6{,}50\,€ = 29{,}38\,€$

Die Einfassung der Glasscheibe kostet 29,38 €.

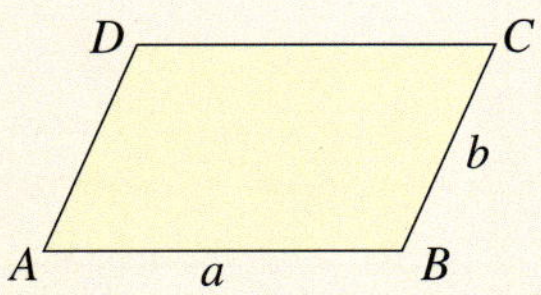

Merke Der **Umfang** eines **Vierecks** ist die Summe der vier Seitenlängen.
Beim **Parallelogramm** berechnet man den Umfang nach der Formel:

$$u_{\text{Parallelogramm}} = a + b + a + b = 2 \cdot a + 2 \cdot b = \mathbf{2\,(a + b)}$$

Üben und anwenden

1 Zu welcher Vierecksart gehören die folgenden Figuren? Wie viele Seiten musst du jeweils mindestens kennen, um ihren Umfang zu bestimmen? Bestimme den Umfang der Figuren.

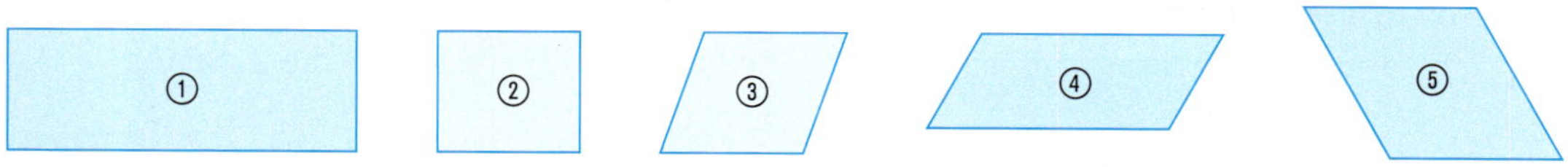

2 Berechne die Fläche des Parallelogramms.

a) $a = 3\,\text{cm}$; $h_a = 12\,\text{cm}$
b) $a = 13\,\text{cm}$; $h_a = 13\,\text{cm}$
c) $b = 64\,\text{cm}$; $h_b = 34\,\text{cm}$
d) $b = 3{,}1\,\text{cm}$; $h_b = 2{,}4\,\text{cm}$

3 Bestimme die Fläche des Parallelogramms. Zwei Kästchen entsprechen 1 cm.

a)

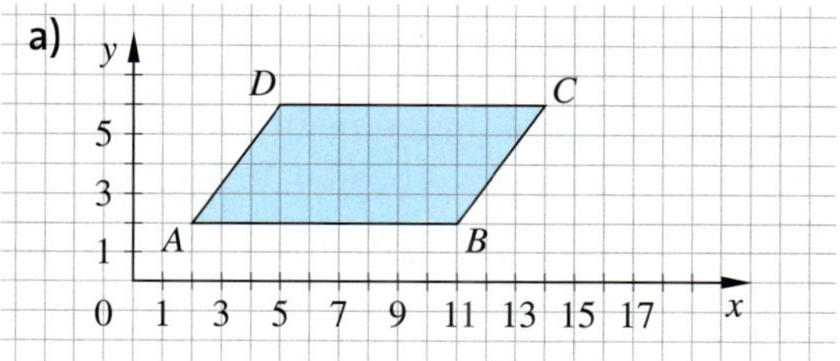

b)

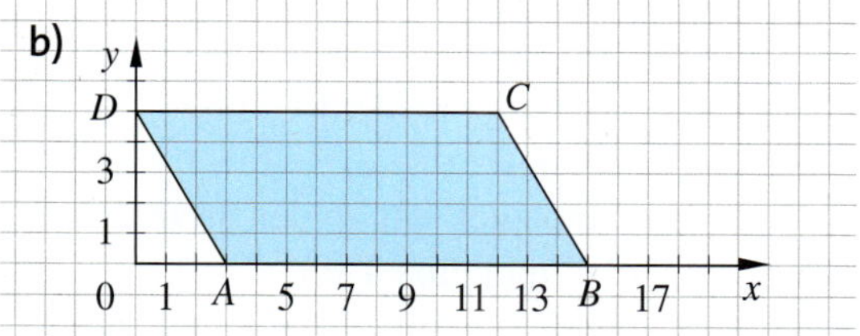

c)

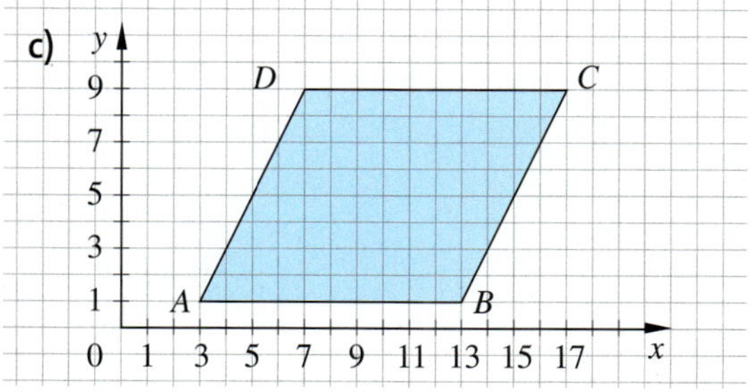

4 Zeichne das Parallelogramm mit den Angaben $a = 4{,}2\,\text{cm}$, $b = 3{,}1\,\text{cm}$ und $\alpha = 55°$. Berechne Umfang und Flächeninhalt.

2 Übertrage ins Heft und berechne die fehlenden Größen der Parallelogramme.

	a (in m)	b (in m)	h_a (in m)	u (in m)	A (in m²)
a)	2,6	1,6	1,4		
b)	5,3	2,2			18,55
c)		4,1	2,4	18,2	
d)	3,7			12,6	6,29

3 Zeichne die folgenden Parallelogramme in ein Koordinatensystem in dein Heft. Wähle dazu 1 LE = 1 cm.
Bestimme nun jeweils die Höhe, die Fläche und den Umfang der Parallelogramme.

a) A(1|0); B(5|0)
C(4|5); D(8|5)

b) E(10|5); F(14|2)
G(13|2); H(9|5)

c)

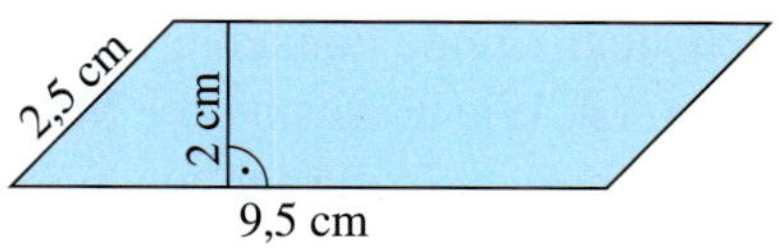

4 Ein Parallelogramm hat den angegebenen Flächeninhalt. Gib jeweils zwei Möglichkeiten für g und h_g an. Zeichne sie.

a) $A = 45\,\text{cm}^2$
b) $A = 66\,\text{cm}^2$
c) $A = 0{,}21\,\text{dm}^2$
d) $A = 1\,400\,\text{mm}^2$

KURZ GESAGT
*Statt Flächeninhalt sagt man oft verkürzt nur **Fläche**.*

5 Berechne den Flächeninhalt jedes Parallelogramms. Was fällt dir auf?

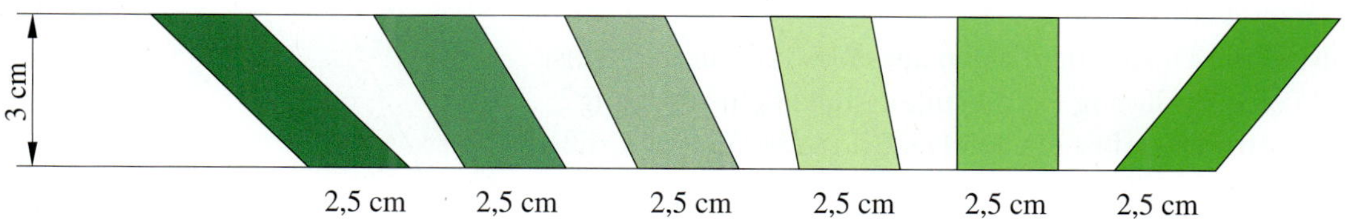

6 In jedes Parallelogramm kann man zwei verschiedene Höhen einzeichnen. Berechne den Flächeninhalt aus der Höhe h_a und der Seite a sowie aus der Höhe h_b und der Seite b.

a)
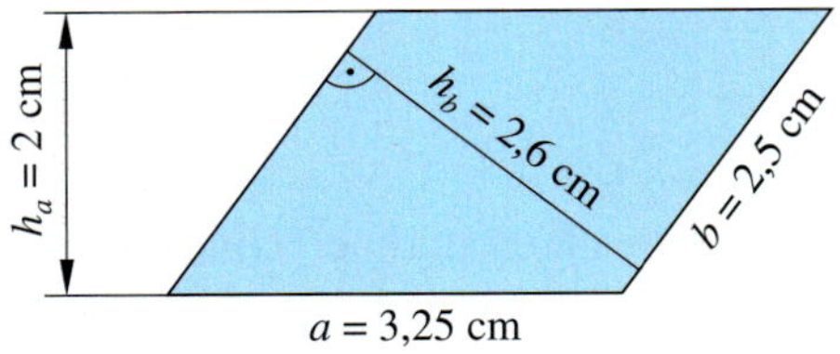

b)
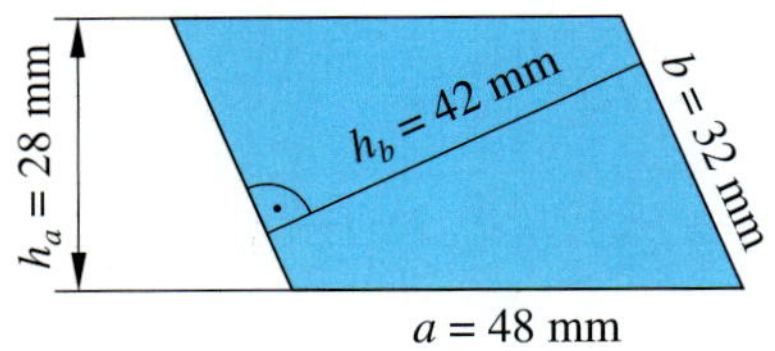

7 Trage die Punkte in ein Koordinatensystem ein und berechne den Flächeninhalt des Parallelogramms $ABCD$. (1 LE ≙ 1 cm)

a) $A(0|0)$; $B(6|0)$; $C(9|5)$; $D(3|5)$
b) $A(2|1)$; $B(7|1)$; $C(9|7)$; $D(4|7)$
c) $A(2|4)$; $B(0|0)$; $C(8|0)$; $D(10|4)$
d) $A(1,5|3,5)$; $B(0,5|0)$; $C(6,5|1,5)$; $D(7,5|5)$

8 Drei Parkbuchten in der Altstadt sollen Kopfsteinpflaster erhalten. Mit einer Tonne der entsprechenden Steine können etwa 3 m² gepflastert werden. Wie hoch sind die Materialkosten für das Kopfsteinpflaster, wenn eine Tonne 75 € kostet?

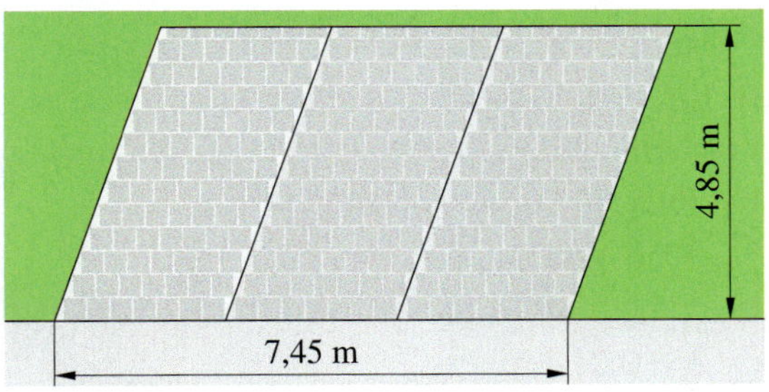

6 Berechne die Flächeninhalte der drei Parallelogramme. Dazu brauchst du jeweils nur zwei Angaben.
Berechne im Aufgabenteil a) und b) die 2. Höhe und im Aufgabenteil c) die 2. Seite.

a)
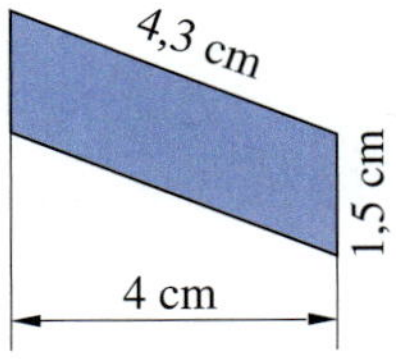

b)
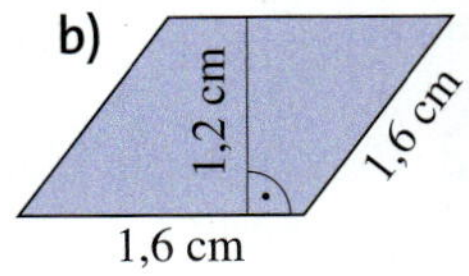

c)
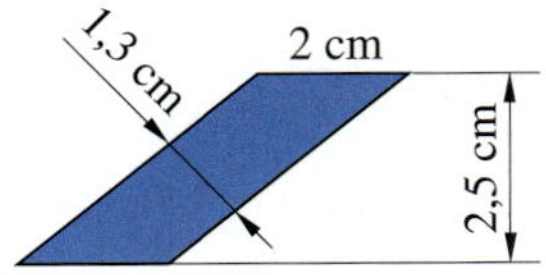

7 Zeichne Parallelogramme in ein Koordinatensystem, bei denen du den 4. Eckpunkt erst ergänzen musst. Berechne dann Umfang und Fläche. (1 LE ≙ 1 cm)

a) $A(6|1)$; $B(0|5)$; $C(-1|-2)$; $D(\square|\square)$
b) $E(-1|-4)$; $F(-4|1)$; $G(-6|1)$; $H(\square|\square)$
c) $I(3|4)$; $J(3|7)$; $K(-3|3)$; $L(\square|\square)$

8 Ein Baugrundstück hat an der Straße eine Breite von 12 m und eine Tiefe von 22 m. Ein Zaun, der um das gesamte Grundstück führt, ist 74 m lang. Zeichne das Grundstück im Maßstab 1 : 100 und berechne seine Fläche.

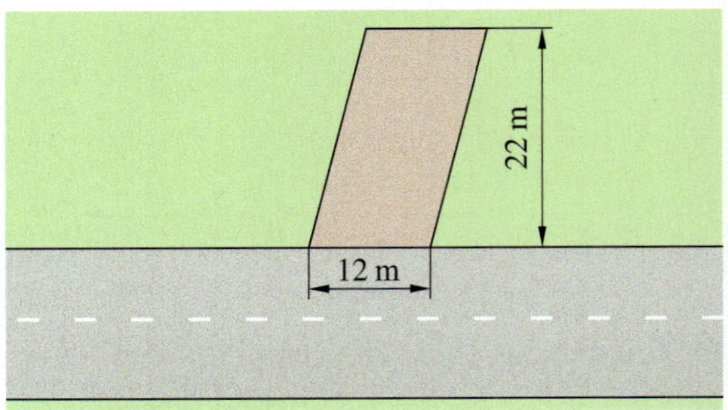

9 Zu den bekanntesten optischen Täuschungen gehört das Sander Parallelogramm.

a) Betrachte die Figur und schätze die Längen der beiden Diagonalen d_1 und d_2.
b) Miss die Diagonalenlängen aus. Was fällt dir auf? Hast du eine Erklärung für die anfängliche Fehlschätzung?
c) Konstruiere selbst ein solches Bild in beliebiger Größe. Beginne mit der Grundseite.

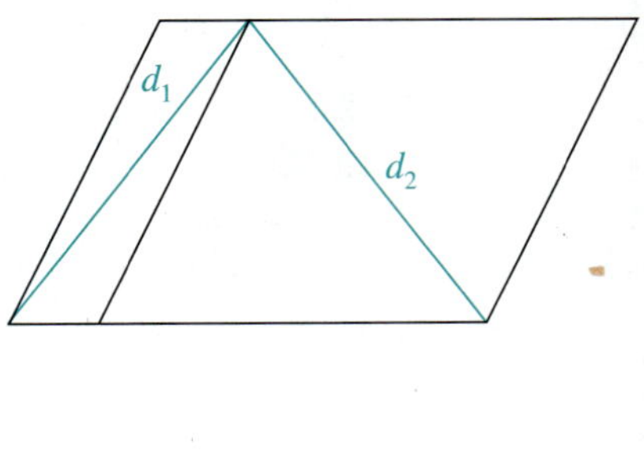

Umfang und Flächeninhalt von Drachen und Trapezen

Entdecken

1 In Gruppen- und Besprechungsräumen werden häufig Trapeztische eingesetzt. Deren Tischfläche stellt ein gleichschenkliges Trapez dar.

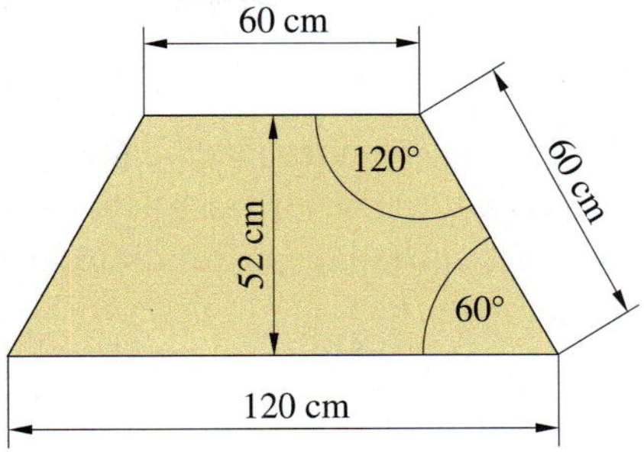

a) Welche Vorteile haben Trapeztische gegenüber rechteckigen Tischen?
b) Zeichne alle Möglichkeiten, wie man zwei Trapeztische zusammenstellen kann, in dein Heft.
c) Hast du bei einer Figur aus b) eine Idee, wie man den Flächeninhalt zweier gleicher Trapeze berechnen kann?
d) Beschreibe, wie du in c) vorgegangen bist. Hast du mehrere Lösungswege gefunden?

TIPP
Nutzt eure Kenntnisse zur Flächenberechnung bei Rechtecken, Parallelogrammen und Dreiecken.

2 Schneide aus Pappe ein ungleichschenkliges Trapez aus und markiere den Mittelpunkt M der Seite b.

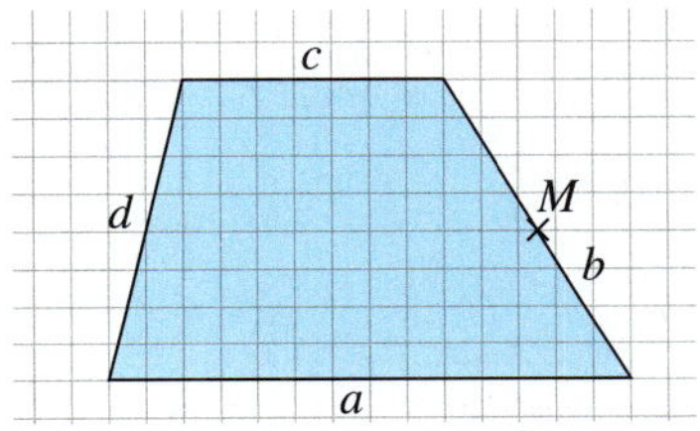

a) Lege dieses Trapez als Schablone auf eine Heftseite und zeichne es exakt ab.
b) Drehe die Schablone nun um 180° um den Punkt M und zeichne das Trapez noch einmal ab.
c) Welche Gesamtfigur entsteht? Wie lang sind die einzelnen Seiten der Gesamtfigur?
d) Ziehe durch Punkt M eine Parallele zur oberen und unteren Seite. Wie lang ist diese Mittelparallele?

3 Nehmt drei DIN-A4-Blätter.
a) Faltet aus jedem Blatt einen anderen Drachen. Geht wie folgt vor. Beachtet dabei die Bilder in der Randspalte.
① Faltet das Blatt längs in der Mitte und öffnet es wieder.
② Faltet das Blatt quer, egal auf welcher Höhe.
③ Verbindet nun die entstandenen Knickpunkte auf den Blatträndern über Eck durch Faltlinien miteinander. Legt das Blatt wieder aufgeklappt vor euch hin.
b) Auf dem Blatt Papier ist jetzt ein Drachen zu erkennen. Wie groß könnte der jeweilige Flächeninhalt eurer drei Drachen sein? Stellt Vermutungen auf. Tauscht eure Ideen aus.
c) Wie könnt ihr mit der Falttechnik eine Raute falten? Bestimmt auch ihren Flächeninhalt.

ZU AUFGABE 3

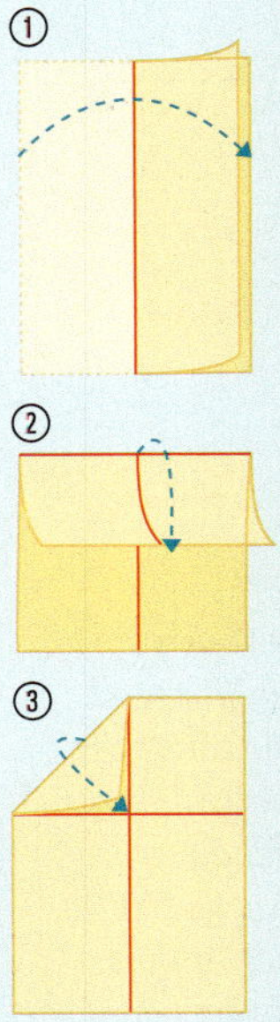

4 Drachenbasteln will gelernt sein. Zeichne und benenne die jeweils entstandenen Vierecke.

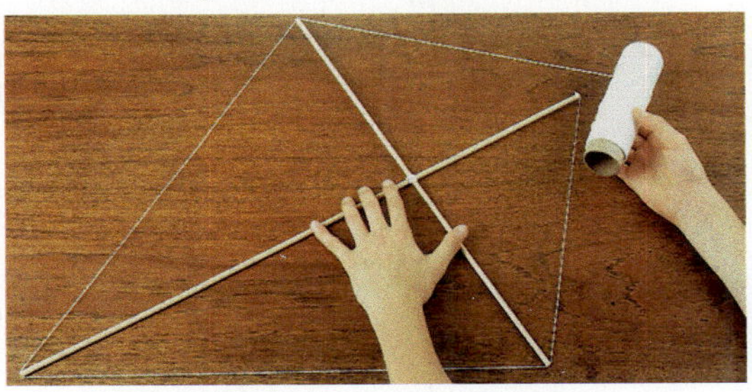

a) Armin nimmt zwei gleich lange Leisten, markiert deren Mittelpunkte und klebt sie dort rechtwinklig zusammen.
b) Benito nimmt zwei verschieden lange Leisten, markiert deren Mittelpunkte und klebt sie rechtwinklig zusammen.
c) Claudio nimmt zwei verschieden lange Leisten, markiert den Mittelpunkt der kürzeren und befestigt sie rechtwinklig im oberen Drittel der längeren Leiste.

Verstehen

Karol bastelt einen Flugdrachen. Er nimmt zwei Leisten, zieht ein Garn rings um die Enden der Leisten und bespannt die Konstruktion mit bunter Folie.
Jule hat einen gekauften Drachen in Trapezform. Nun wollen beide wissen, welcher Drachen größer ist.

Um die Fläche eines Drachen berechnen zu können, wandelt man ihn in ein flächengleiches Rechteck um. Dies ist möglich, da die Diagonalen den Drachen in vier Teildreiecke teilen. Zwei der entstandenen Teildreiecke trennt man ab und verschiebt sie so, dass ein Rechteck entsteht.

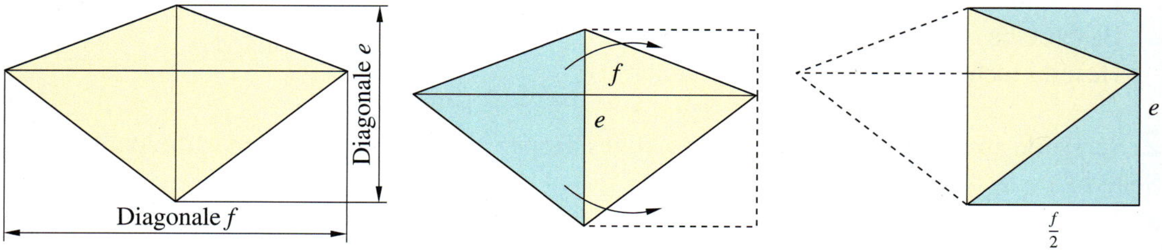

BEACHTE
Die Raute ist ein besonderer Drachen mit vier gleich langen Seiten; daher gilt dieselbe Flächenformel wie beim Drachen.

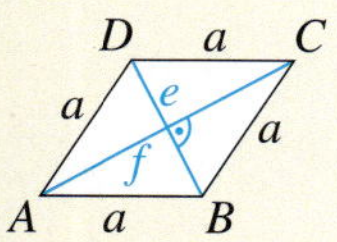

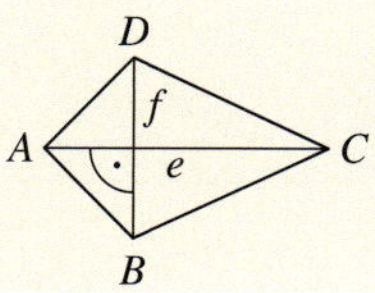

Merke Der **Flächeninhalt** eines **Drachenvierecks** (kurz: Drachen) ist das halbe Produkt der Diagonalen e und f.

$$A_{\text{Drachenviereck}} = e \cdot \frac{f}{2} = \frac{e \cdot f}{2}$$

Beispiel 1

Karols Drachen hat Diagonalen von 90 cm und 60 cm. Wie groß ist seine Fläche?
$A = \frac{e \cdot f}{2} = \frac{90\,\text{cm} \cdot 60\,\text{cm}}{2} = 2700\ \text{cm}^2$
Karols Drachen hat eine Fläche von $2700\,\text{cm}^2$.

Auch ein Trapez wird durch Abtrennung und Verschiebung von Teilflächen in ein Rechteck umgewandelt. Dann kann man die Fläche des Rechtecks bestimmen.

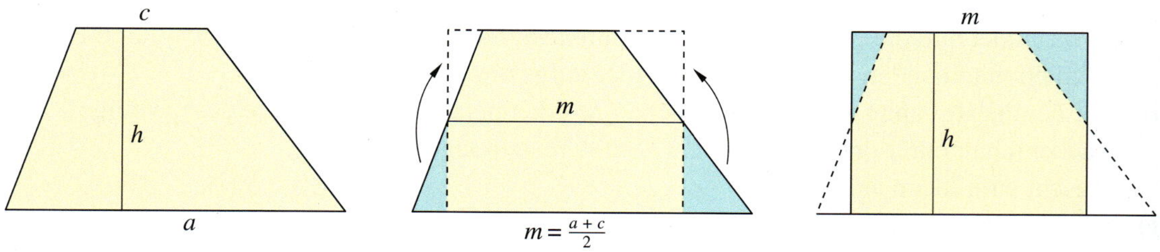

HINWEIS
Im Trapez ist die Länge der Mittellinie m genau so groß wie die Hälfte der Summe beider paralleler Seiten a und c: $m = \frac{a+c}{2}$

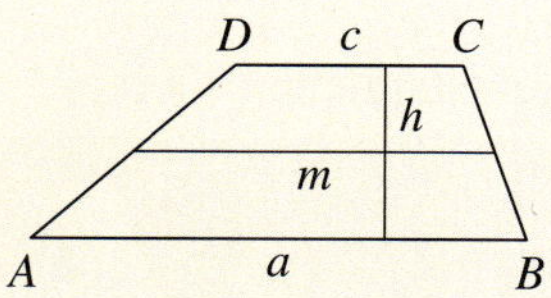

Merke Der **Flächeninhalt** eines **Trapezes** wird berechnet, indem man die Hälfte der Summe der parallelen Seiten a und c mit der Höhe h multipliziert.

$$A_{\text{Trapez}} = \frac{a+c}{2} \cdot h = m \cdot h$$

Beispiel 2

Jules trapezförmiger Drachen hat parallele Seiten von 80 cm und 20 cm sowie eine Höhe von 60 cm. Wie groß ist seine Fläche?
$A = \frac{a+c}{2} \cdot h_a = \frac{80\,\text{cm} + 20\,\text{cm}}{2} \cdot 60\,\text{cm} = 3\,000\,\text{cm}^2$
Jules Drachen hat eine Fläche von $3\,000\,\text{cm}^2$ und ist somit um $300\,\text{cm}^2$ größer als Karols Drachen.

Üben und anwenden

1 Berechne den Flächeninhalt des abgebildeten Drachenvierecks.

a)
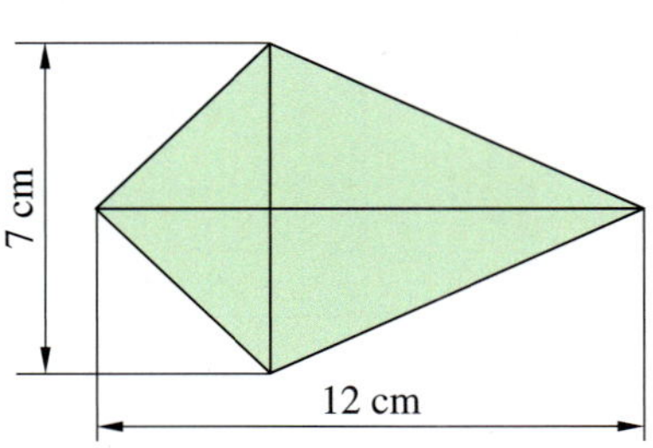

b)
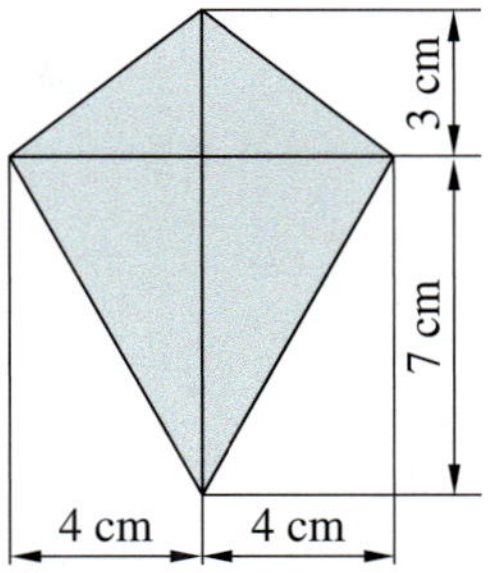

c)
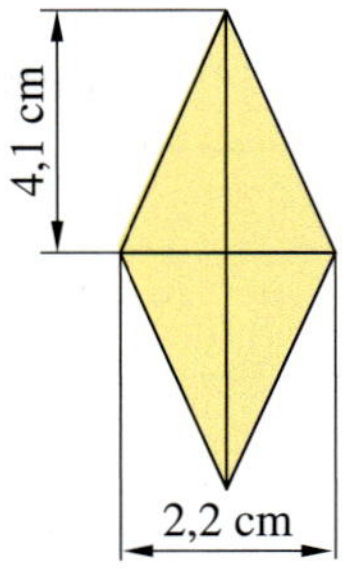

2 Berechne jeweils den Flächeninhalt des Drachenvierecks.
Entnimm die Maße der Tabelle.

Diagonale	a)	b)	c)	d)
e	6 dm	60 cm	1,2 m	6,3 cm
f	5 dm	40 cm	4 m	2,8 cm

2 Übertrage die Tabelle und berechne die fehlenden Größen des Drachens.

	a)	b)	c)	d)
e	6,2 cm		5,2 m	
f		4,4 cm		75 cm
A	15,5 cm^2	15,4 cm^2	15,6 m^2	21 dm^2

3 Vergleiche die Flächeninhalte der Drachen. Was stellst du fest? Begründe.

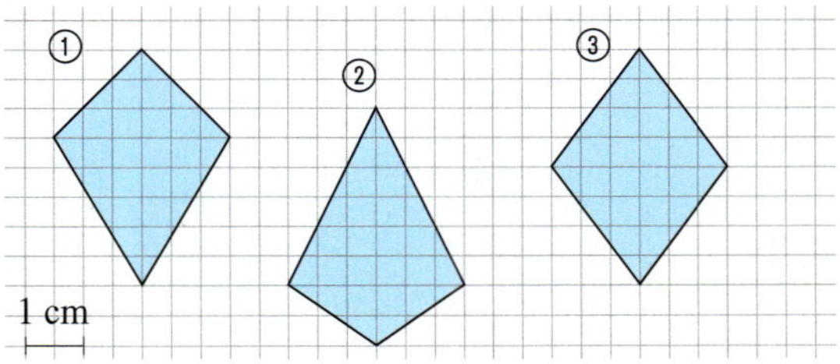

3 Gib den Flächeninhalt der gesamten gelben Fläche an.

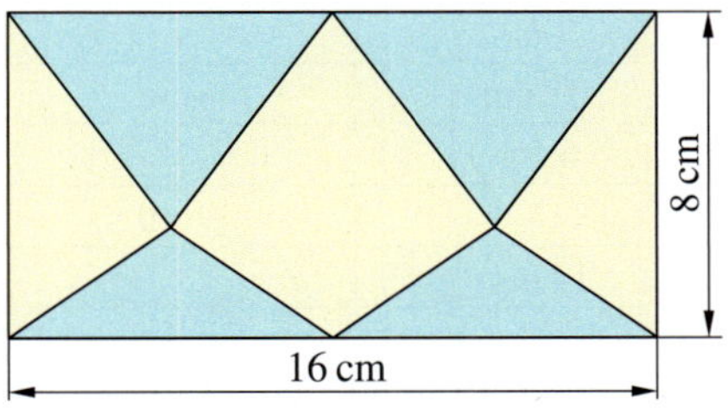

ZU AUFGABE 3
Eine Diagonale eines Drachens kann auch außerhalb liegen.

4 Zeichne die Drachen in ein Koordinatensystem (1 LE ≙ 1 cm). Bestimme notwendige Größen und berechne Fläche und Umfang.

a) $A(2|0)$; $B(10|5)$; $C(2|10)$; $D(0|5)$
b) $A(4|1)$; $B(8|7)$; $C(4|11)$; $D(0|7)$
c) $A(5|0)$; $B(10|3)$; $C(5|8)$; $D(0|3)$
d) $A(0|3)$; $B(3|0)$; $C(6|3)$; $D(3|8)$

4 Zeichne das Drachenviereck nach den angegebenen Maßen.
Berechne den Flächeninhalt.

a) $a = 7$ cm; $b = 4{,}5$ cm; $\alpha = 65°$
b) $a = 2{,}5$ cm; $b = 4$ cm; $\beta = 125°$
c) $a = 3{,}4$ cm; $e = 5$ cm; $\alpha = 58°$
d) $a = 3{,}6$ cm; $b = 5{,}1$ cm; $e = 4{,}4$ cm

5 Die Diagonalen eines Drachens und einer Raute sind gleich lang.
Sind dann auch Fläche und Umfang gleich?
Zeichne die Vierecke ab, miss die erforderlichen Strecken aus und berechne.
Begründe dein Ergebnis.

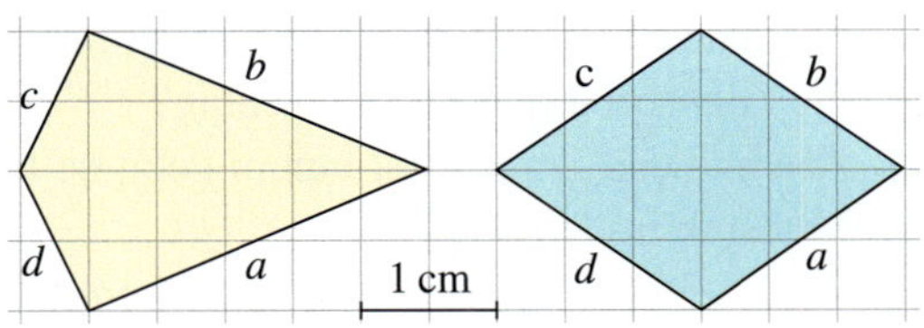

6 Zeichne zwei gleich große Rauten beliebiger Größe in dein Heft.
Miss die notwendigen Strecken und berechne bei der ersten Figur den Flächeninhalt nach der Formel für Drachenvierecke, bei der zweiten Figur nach der Formel für Parallelogramme.
Was fällt dir auf?

SCHON GEWUSST?
Die Raute ist zugleich Drachen und Parallelogramm.

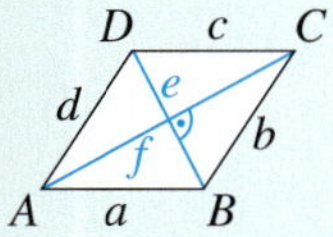

ZU AUFGABE 9

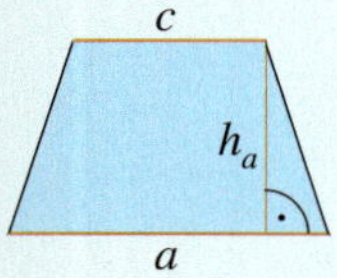

7 Ermittle den Flächeninhalt der gelben Fläche und erkläre deinen Lösungsweg.

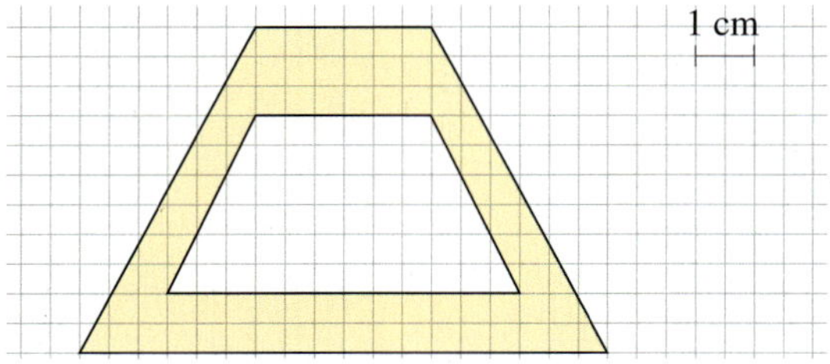

7 Berechne den Flächeninhalt der farbigen Fläche. Wie bist du vorgegangen?

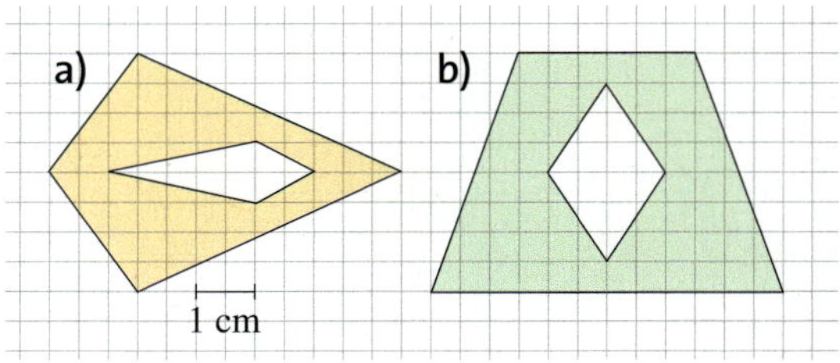

8 Zeichne ein gleichschenkliges Trapez mit den angegebenen Maßen.
Berechne anschließend den Flächeninhalt.

a) $a = 5\,\text{cm}$; $c = 4\,\text{cm}$; $h_a = 3\,\text{cm}$; $a \parallel c$
b) $a = 3{,}5\,\text{cm}$; $c = 5{,}6\,\text{cm}$; $h_a = 4{,}8\,\text{cm}$; $a \parallel c$
c)

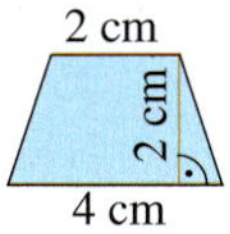

d)

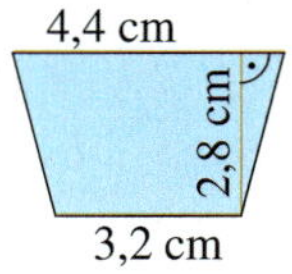

8 Berechne den Flächeninhalt der Trapeze. Zeichne die Trapeze auch ins Heft.

a) $a = 74\,\text{mm}$; $c = 26\,\text{mm}$; $h_a = 45\,\text{mm}$; $a \parallel c$
b) $a = 30\,\text{mm}$; $c = 3{,}3\,\text{cm}$; $h_a = 33\,\text{mm}$; $a \parallel c$
c)

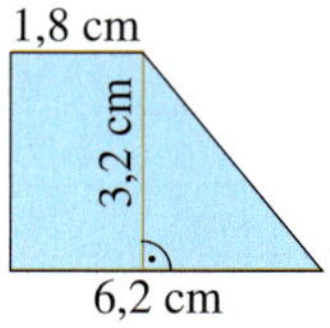

d)

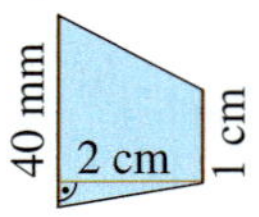

9 Übertrage die Tabelle ins Heft und berechne die fehlenden Größen eines Trapezes.

	a	c	m	h_a	A_{Trapez}
a)	12 cm	8 cm		5 cm	
b)	6,5 m		5 m	3,4 m	
c)		9 dm	12 dm		66 dm^2
d)	14 mm			4 mm	46 mm^2

10 Die Scheibe in einem Giebelfenster ist trapezförmig und hat die gegebenen Maße.

a) Berechne den Flächeninhalt der Glasscheibe.

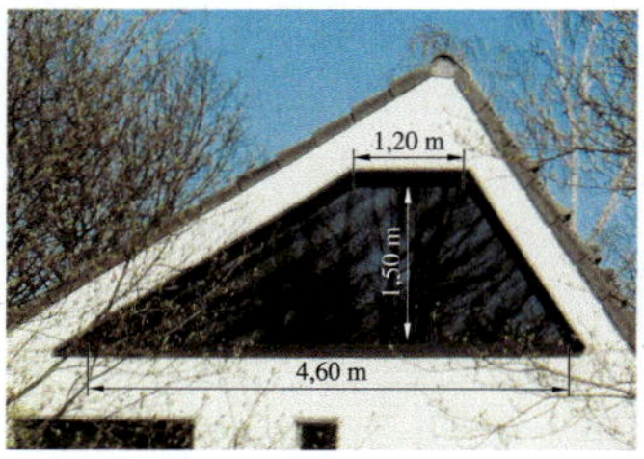

b) Wie teuer ist die Scheibe bei einem Quadratmeterpreis von 142 € und einem Formzuschlag von 20 %? Warum nimmt die Glaserei einen Formzuschlag?
c) Zeichne das Trapez mit einem geeigneten Maßstab in dein Heft.
Welches Problem stellst du fest, wenn du ein nicht-gleichschenkliges Trapez zeichnen willst?
d) Zeichne das Fenster als gleichschenkliges Trapez in dein Heft.
Bestimme den Umfang durch Messen.

10 Ein Hausdach muss neu gedeckt werden. Der Besitzer möchte sich Kostenvoranschläge einholen.
Dafür benötigt er die Größe der Dachfläche.

a) Berechne die Dachfläche.

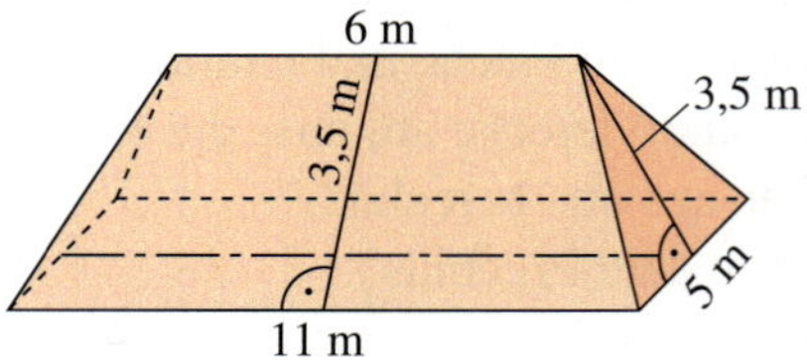

b) Wie teuer ist das Dach bei einem Preis für Dachziegel von 7 € pro m^2? Plane 2 % Verschnitt ein?

Umfang und Flächeninhalt von Kreisen

Entdecken

1 Beschreibe, wie man mit den nachfolgenden Messgeräten und Methoden den Durchmesser oder Umfang von kreisförmigen Gegenständen bestimmen kann.

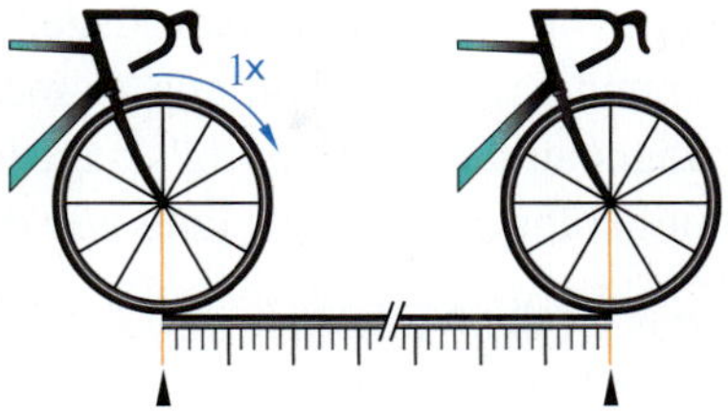

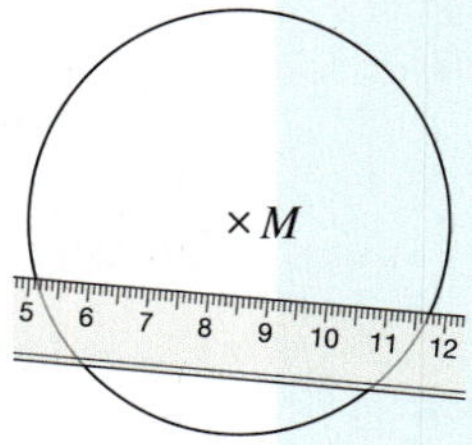

2 Messt in Partnerarbeit Durchmesser und Umfang von Geldmünzen aus und legt dazu eine Tabelle an.

	Durchmesser d	Umfang u	Verhältnis $u : d$
1-ct-Münze			
2-ct-Münze			
…			

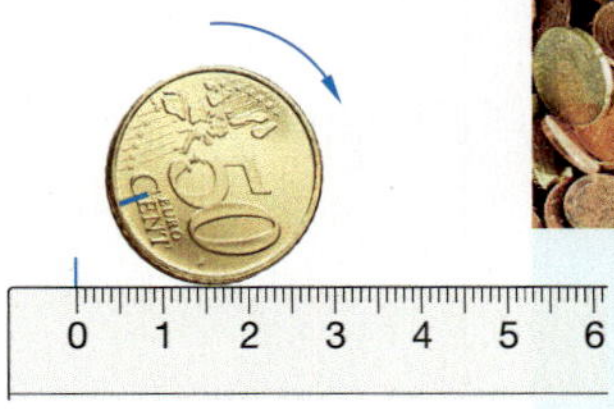

Betrachtet die Zahlen: Findet ihr einen rechnerischen Zusammenhang zwischen Durchmesser und Umfang?

3 Schätze anhand der Zeichnungen die Fläche des Kreises in Abhängigkeit vom Radius r. Nimm z. B. $r = 2\,\text{cm}$ an.
Tipp: Berechne bei b) zunächst die Fläche des äußeren (grünen) Quadrats. Jetzt kannst du die Fläche des inneren (blauen) Quadrats bestimmen, da dieses nur halb so groß ist wie das äußere.
Diskutiert und vergleicht eure Ergebnisse.

a)

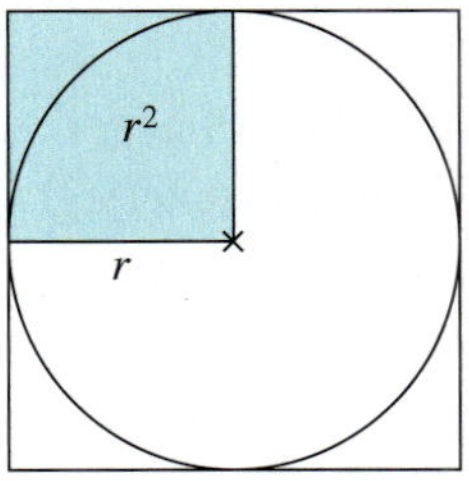

b)

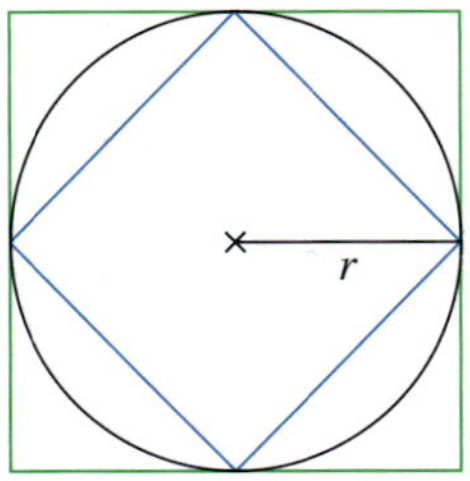

4 Die Kreisfläche kann man näherungsweise bestimmen, indem man Kästchen auszählt. Dabei werden die ganzen Kästchen voll (×), die vom Kreis zerschnittenen Kästchen halb (/) gerechnet. Zeichne einen Kreis mit einem Radius von 10 Kästchen und arbeite ähnlich wie in der nebenstehenden Zeichnung. Ihr vereinfacht die Aufgabe, indem ihr eine Vierergruppe bildet und jeder einen Viertelkreis auszählt.
Auf wie viele geltende Kästchen kommt ihr? Vergleicht mit den anderen Gruppen.

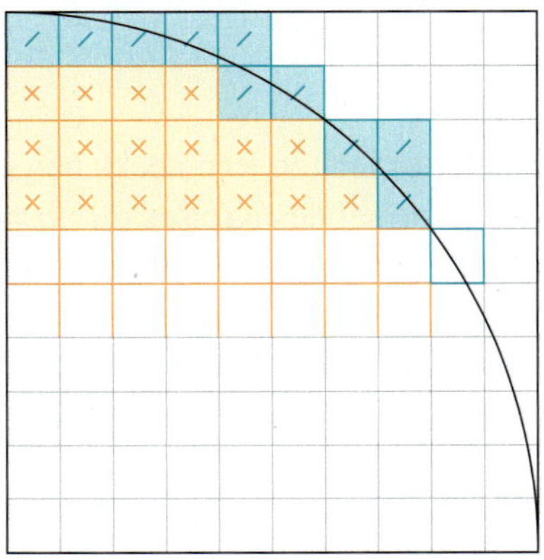

Verstehen

HINWEIS
Palisaden *sind Pfähle aus Holz oder Beton, die zur Beetbegrenzung genutzt werden.*

Für den Schulgarten wird die Anlage eines kreisrunden Beetes von 3 m Durchmesser geplant. Ringsum sollen 8 cm breite Palisaden das Beet abgrenzen.
Wie viele Palisaden werden benötigt?
Claudia schlägt vor, ein Seil um das ausgegrabene Beet zu legen und damit den Umfang zu messen.
„Das ist zu ungenau und nicht nötig“, sagt Jerry, „der Umfang ist ungefähr 3,14 mal so lang wie der Durchmesser. Das brauchen wir nur ausrechen“.

ZUR INFORMATION
Die ***Zahl π*** *ist eine nicht abbrechende, nichtperiodische Dezimalzahl. Die meisten Taschenrechner besitzen eine π-Taste mit dem Näherungswert 3,141592654.*

Für jeden Kreis ist das Verhältnis von Umfang zu Durchmesser gleich (konstant).
Diese Konstante heißt **Kreiszahl** und wird mit dem griechischen Buchstaben π („pi“) bezeichnet. Es gilt: $\pi = \frac{u}{d}$

Merke Der **Umfang *u*** eines Kreises lässt sich mithilfe des Durchmessers *d* oder des Radius *r* berechnen:

Es gilt: $\boldsymbol{u = d \cdot \pi}$ bzw. $\boldsymbol{u = 2 \cdot r \cdot \pi}$

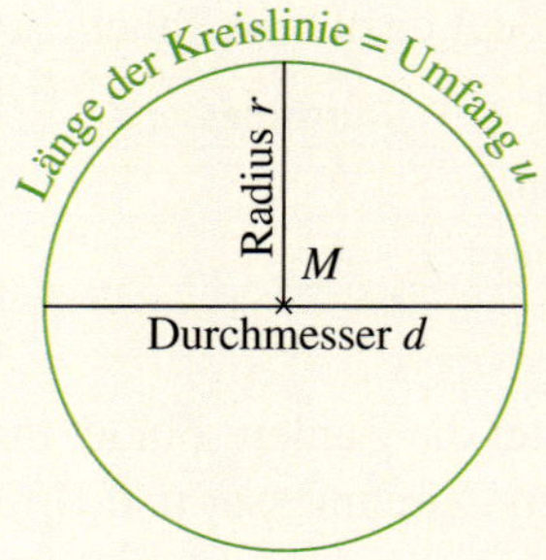

Beispiel 1

Der Kreisumfang wird so berechnet: $u = d \cdot \pi = 3\,\text{m} \cdot \pi \approx 9{,}42\,\text{m}$
Die Anzahl der Palisaden von je 0,08 m bestimmt man durch diese Rechnung:
$9{,}42\,\text{m} : 0{,}08\,\text{m} = 117{,}75$
Es werden etwa 118 Palisaden benötigt.

Pro m^2 kann man etwa 5 Blumensetzlinge pflanzen. Um die benötigte Anzahl an Pflanzen zu bestimmen, muss man zunächst die Fläche des kreisförmigen Beetes kennen. Dazu zerlegt man den Kreis in gleichgroße Kreisausschnitte und setzt diese so zusammen, dass annäherungsweise ein Rechteck entsteht.

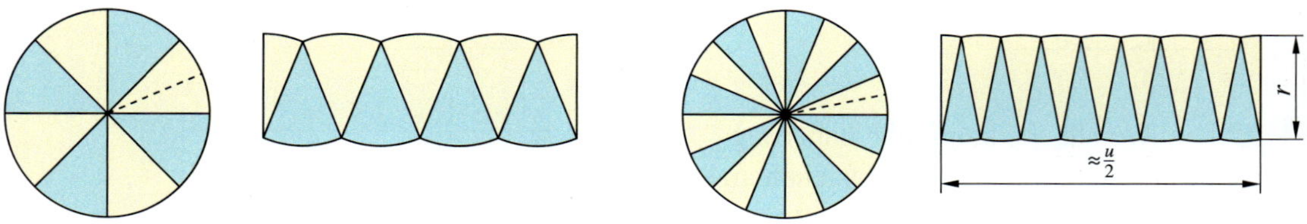

Den Flächeninhalt des letzten Rechtecks berechnet man so: $A = \text{Länge} \cdot \text{Breite} = r \cdot \frac{u}{2}$
Nach der Umfangsformel des Kreises gilt: $u = 2 \cdot r \cdot \pi$, folglich: $\frac{u}{2} = r \cdot \pi$
Eingesetzt in die Rechteckformel gilt demnach für den Kreis: $A = r \cdot r \cdot \pi = r^2 \cdot \pi$

Merke Den Flächeninhalt *A* eines Kreises kann man mithilfe des Radius *r* berechnen:

Es gilt: $\boldsymbol{A = r^2 \cdot \pi}$

Beispiel 2

Der Radius des Beetes beträgt 1,5 m.
$A = (1{,}5\,\text{m})^2 \cdot \pi \approx 7{,}07\,\text{m}^2$
$7{,}07 \cdot 5 \approx 35{,}35$
Es werden etwa 35 Pflanzen benötigt.

Üben und anwenden

1 Berechne den Umfang des Kreises mit dem Radius bzw. Durchmesser. Runde das Ergebnis auf eine Nachkommastelle.

a) $r = 5\,\text{cm}$ **b)** $d = 8\,\text{cm}$
c) $r = 2{,}7\,\text{cm}$ **d)** $d = 4{,}9\,\text{cm}$
e) $r = 0{,}6\,\text{cm}$ **f)** $d = 12{,}5\,\text{cm}$

2 Ordne Radius und Umfang einander zu.

$u = 22{,}62\,\text{cm}$ $r = 6\,\text{cm}$ $u = 37{,}70\,\text{cm}$
$r = 5\,\text{cm}$ $u = 31{,}42\,\text{cm}$ $r = 3{,}6\,\text{cm}$

3 Luisa reitet im Kreis auf einem Pferd an einer 5 m langen Leine.

a) Wie viele Meter legt das Pferd bei einer Runde zurück?
b) Wie viele Meter ist das Pferd nach 20 Runden gelaufen?

4 Aus dem Kreisumfang kann man Durchmesser und Radius berechnen, indem man die Umfangsformel umstellt (siehe Randspalte).

a) $u = 11\,\text{cm}$ **b)** $u = 8{,}6\,\text{dm}$
c) $u = 5\,\text{m}$ **d)** $u = 255\,\text{m}$
e) $u = 9\,\text{dm}$ **f)** $u = 390\,\text{km}$

5 Hier seht ihr ein Hochrad. Der Radius des Vorderrads beträgt 1,10 m, der des Hinterrads 35 cm.

a) Berechne den Umfang des Vorderrads.
b) Berechne den Umfang des Hinterrads.
c) Wie oft dreht sich das Hinterrad bei einer Umdrehung des Vorderrades?
d) Wie oft drehen sich beide Räder bei einer Fahrstrecke von 550 m?

1 Berechne den Umfang des Kreises, runde das Ergebnis auf eine Kommastelle.

a) $r = 7\,\text{cm}$ **b)** $d = 4{,}9\,\text{cm}$
c) $r = 3{,}7\,\text{mm}$ **d)** $d = 0{,}9\,\text{m}$
e) $r = 0{,}8\,\text{km}$ **f)** $d = 35{,}7\,\text{dm}$

2 Berechne den Umfang des Kreises. Gib jeweils Radius bzw. Durchmesser an.

a)
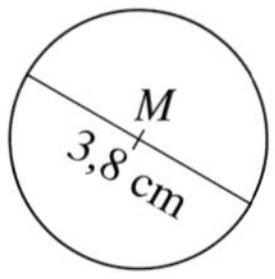

b)
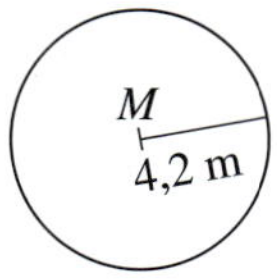

3 Ein Reitpferd wird an einer 8 m langen Leine geführt und läuft 50 Runden.

a) Welche Strecke legt es zurück?
b) Wie viele Runden müsste das Pferd mindestens laufen, um 850 m zurückzulegen?

4 Übertrage die Tabelle in dein Heft und ergänze sie.

	r	d	u
a)	3 cm		
b)	4,8 dm		
c)		3 m	
d)			175,9 m
e)			22 mm
f)		5,9 km	

5 Mit einem Fahrrad wird eine Strecke von 10 km gefahren.
Wie viele Umdrehungen macht ein Rad mit dem gegebenen Durchmesser auf dieser Strecke?

a) 70 cm **b)** 65 cm
c) 60 cm **d)** 40,6 cm

HINWEIS ZU AUFGABE 4
Es gilt: $d = \frac{u}{\pi}$
$r = d : 2$

6 Das London Eye ist mit einer Höhe von 135 Meter und einem Durchmesser von 120 Meter das derzeit höchste Riesenrad Europas.
Es besitzt 32 aus Glas geformte Gondeln.
Das Rad dreht sich mit einer Geschwindigkeit von $0{,}26\,\frac{\text{m}}{\text{s}}$.

a) Bestimme die Strecke, die das Rad in einer Umdrehung zurücklegt.
b) Wie lange dauert eine Umdrehung?
c) Welchen Abstand haben die Aufhängungen der Gondeln voneinander?

Thema: Kreistangenten

Geraden und Kreise können unterschiedlich zueinander liegen. Zum Beispiel kann eine Gerade an einem Kreis vorbeilaufen, ohne diesen zu berühren. Eine solche Gerade nennt man **Passante**. Eine Gerade kann aber auch durch den Kreis hindurchlaufen und ihn in zwei Teile unterteilen. Eine solche Gerade heißt **Sekante**.

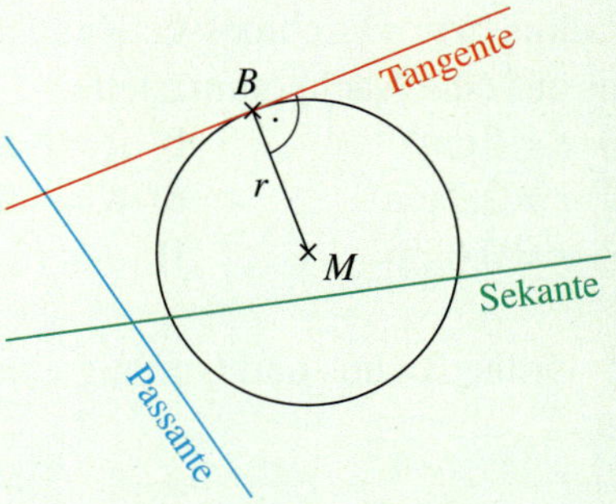

Merke Eine Gerade, die einen Kreis an genau einem Punkt berührt, heißt **Tangente**. Eine Tangente steht immer senkrecht auf der Radiuslinie zwischen Berührungspunkt B und Kreismittelpunkt M.

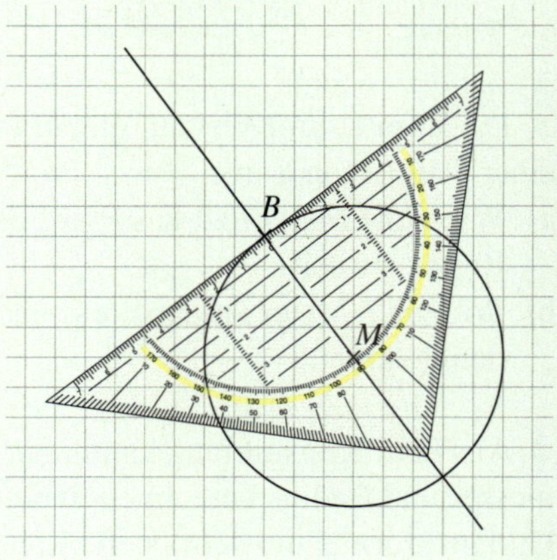

Beispiel

Zu einem vorgegebenen Berührungspunkt lässt sich mit einem Geodreieck ganz einfach eine Tangente zeichnen. Man verbindet den Kreismittelpunkt M und den Berührungspunkt B mit einer Geraden und zeichnet senkrecht dazu eine Linie durch den Berührungspunkt.

1 Übertrage die folgenden Kreise in dein Heft und zeichne an die Berührungspunkte je eine Tangente. In welchem Winkel schneiden sich jeweils die beiden Tangenten?

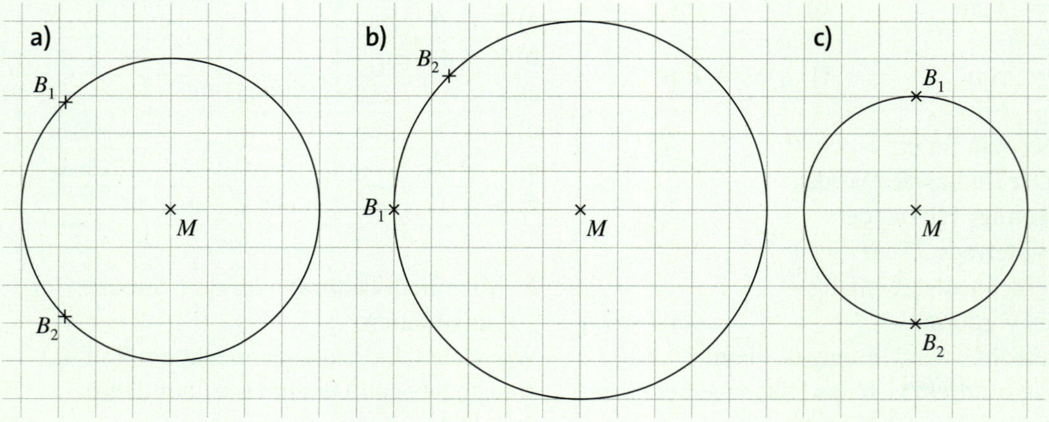

2 Übertrage den Kreis in dein Heft und zeichne die drei Tangenten zu B_1, B_2 und B_3 ein. Sie bilden ein Dreieck.

a) Miss die Längen und Winkel des Dreiecks.

b) Wie groß sind der Umfang und der Flächeninhalt des entstandenen Dreiecks?

c) Miss den Radius des Kreises und multipliziere ihn mit dem Umfang des Dreiecks. Vergleiche das Ergebnis mit dem Flächeninhalt des Dreiecks. Was fällt dir auf?

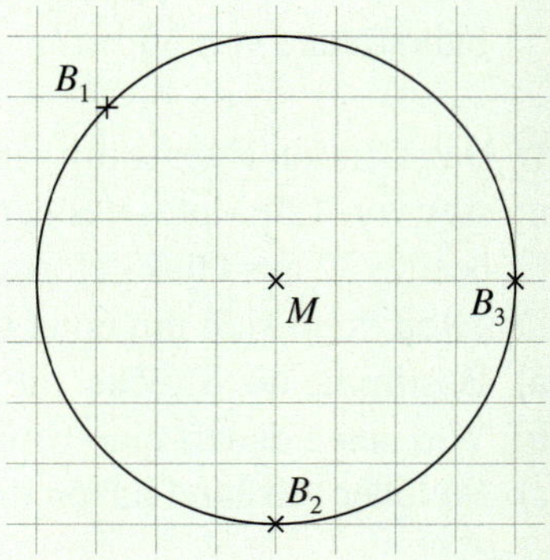

7 Welchen Flächeninhalt haben die Kreise?

a) $r = 4\,\text{cm}$ b) $r = 9\,\text{cm}$
c) $r = 2{,}5\,\text{m}$ d) $r = 3{,}7\,\text{mm}$
e) $d = 3\,\text{km}$ f) $d = 5{,}7\,\text{cm}$

7 Wie groß ist die jeweilige Kreisfläche?

a) $r = 5{,}5\,\text{cm}$ b) $d = 1{,}8\,\text{dm}$
c) $r = 2{,}7\,\text{m}$ d) $d = 4{,}9\,\text{mm}$
e) $r = 1{,}9\,\text{km}$ f) $d = 12{,}5\,\text{cm}$

HINWEIS
Wenn der Durchmesser d gegeben ist, dann berechne immer zuerst den Radius r, bevor du den Flächeninhalt berechnest.
Es gilt: r = d : 2

8 Berechne den Flächeninhalt der Kreise.

a)

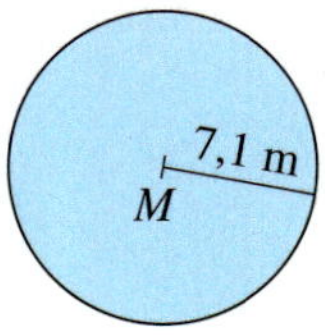

b)

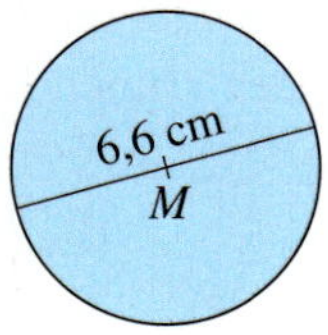

8 Ergänze die Tabelle im Heft.

	r	*d*	*u*	*A*
a)	2,51 mm			19,8 mm
b)			1,1 km	
c)		5,8 cm		
d)	608 dm			

9 Betrachte die Abbildung.

a) Zeichne das Dreieck ABC mit $a = 6\,\text{cm}$, $b = 10\,\text{cm}$ und $c = 8\,\text{cm}$.
Ergänze dann die Halbkreise.
b) Berechne die Flächeninhalte der drei Halbkreise.
c) Zeichne ein beliebiges rechtwinkliges Dreieck mit anliegenden Halbkreisen.
Miss die Größe des Durchmessers der Halbkreise und bestimme deren Flächeninhalte.
Was fällt dir auf?

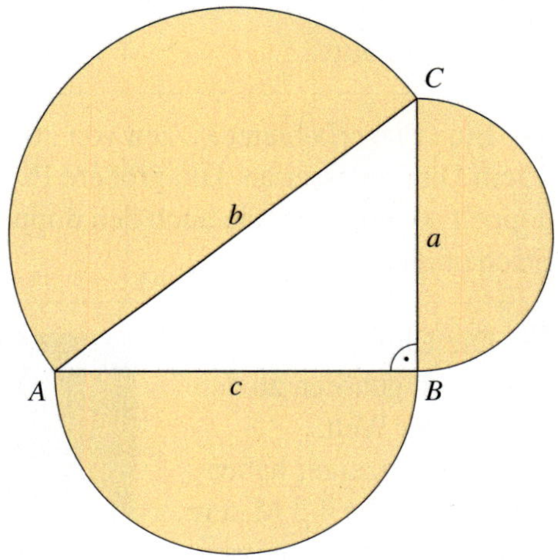

10 „Unser WLAN-Router hat eine maximale Reichweite von 55 m und deckt eine Fläche von einem Hektar ab", behauptet der Hersteller in der Werbung.
Überprüfe die Aussage auf ihren Wahrheitsgehalt. ($1\,\text{ha} = 10\,000\,\text{m}^2$)

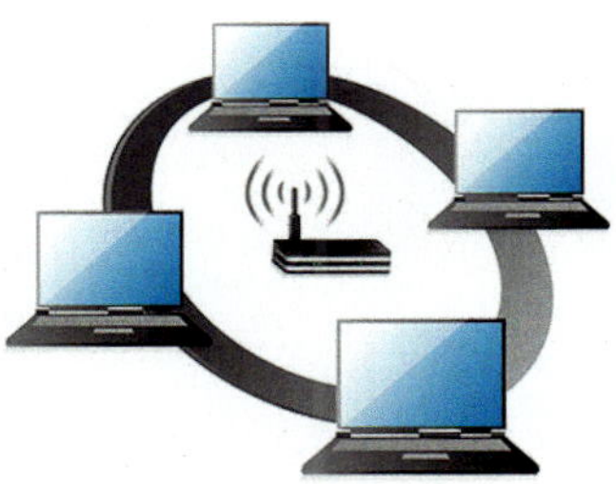

10 Berechne die Fläche der Kreisteile.

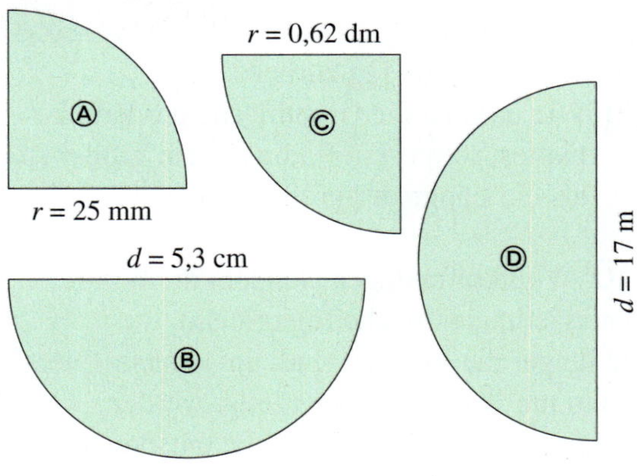

SCHON GEWUSST?
Radioteleskope dienen zum Empfang elektromagnetischer Strahlung aus dem Weltall. Mit ihnen können weit entfernte Himmelkörper erforscht werden.

11 Das erste Radioteleskop in Deutschland wurde 1956 in der Eifel errichtet (Randspalte).
Der Schirm hat einen Durchmesser von 25 m.
Das größte Radioteleskop der Welt steht derzeit in China.
Sein Durchmesser beträgt 500 m.

a) Vergleiche die Fläche der beiden Teleskope miteinander.
b) Um das Wievielfache ist die Fläche des neuen Teleskopes größer?
c) Vergleiche die Fläche des neuen Teleskops mit einem Fußballfeld ($60\,\text{m} \times 90\,\text{m}$).

12 Ein kreisrundes Blumenbeet wird bepflanzt.
Pro m^2 sollen 20 Pflanzen eingesetzt werden. Wie viele Pflanzen werden für den folgenden Radius benötigt?

a) 60 cm b) 1 m c) 1,2 m
d) 8 dm e) 75 cm f) 1,35 m

HINWEIS ZU 13
Ein ***Kreisring*** *ist die Fläche zwischen zwei Kreisen mit dem gleichen Mittelpunkt.*
Es gilt:
$A = \pi (r_a^2 - r_i^2)$
r_a und r_i bezeichnen den Radius des Außen- bzw. Innenkreises.

13 Berechne Umfang und Flächeninhalt der drei Kreise
① Der Radius ist 2 cm
② Der Radius ist 4 cm
③ Der Radius ist 8 cm
Vergleiche die Radien, Umfänge und Flächeninhalte.
Was fällt dir auf?

13 Berechne die Länge und den Flächeninhalt des grünen Bandes.

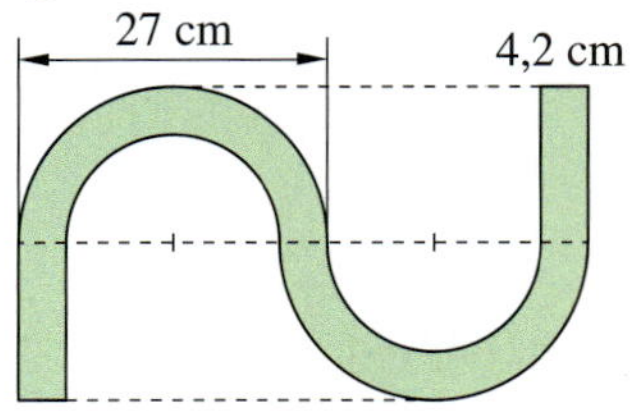

14 Eine Pizzeria bietet Pizzen von 20 cm und 30 cm Durchmesser an. Die größere Pizza ist doppelt so teuer. Hat sie auch den doppelten Flächeninhalt?

14 Nina behauptet: „Der Flächeninhalt von zwei Pizzen mit 33 cm Durchmesser ist insgesamt größer als der von drei Pizzen mit 26 cm Durchmesser." Überprüfe, ob Nina Recht hat.

15 Die Uhren vom Big Ben in London gehören zu den größten der Welt.
Die Minutenzeiger haben eine Länge von 4,3 Metern, die Stundenzeiger messen 2,74 Meter.

a) Welche Strecken legen die beiden Zeigerspitzen einer Uhr pro Tag zurück?
b) Wie groß ist die Grundfläche des Zifferblattes, wenn sein Radius 20 cm größer ist als die Länge des großen Zeigers?

15 Um einen Fußballplatz soll eine Laufbahn errichtet werden.

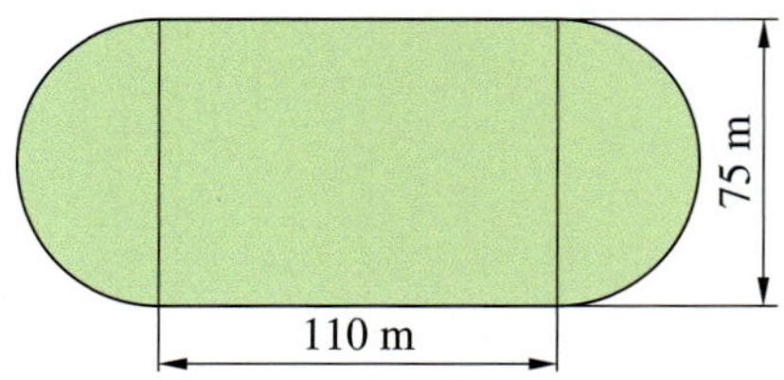

a) Bestimme die Länge der Innenbahn des Fußballplatzes.
b) Welche Abmessungen kann ein Fußballplatz mit einer 400 m langen Innenbahn haben?

16 Windkraftanlagen wandeln die Windenergie in elektrische Energie um.
Je länger die Rotoren sind, umso mehr Energie kann mit dem Windrad erzeugt werden.
Entnimm der Grafik rechts die entsprechenden Maße und bestimme für alle fünf Größen der Windräder die folgenden Fragen:
a) Welche Strecke legt die Spitze eines Flügels pro Umdrehung zurück?
b) Welche Fläche überstreicht ein Flügel bei einer Umdrehung?

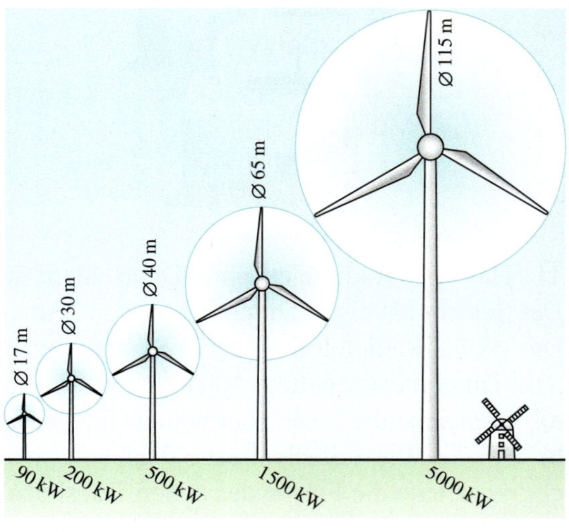

Thema: Umfang und Flächeninhalt von Vielecken

Die Giebelwand des Hauses von Familie Eckner soll neu gestrichen werden.
Um die notwendige Menge an Farbe zu bestellen, benötigt man die Flächen des Giebels. Hierbei werden die Fensterflächen nicht berücksichtigt.

Aus den Bauplänen entnehmen die Söhne Jens und Lars die Maße des achsensymmetrischen Giebels.
Allerdings zerlegen sie die Giebelfläche auf verschiedene Weise.

Beispiel 1

Jens zerlegt die Giebelfläche in ein Rechteck und ein Dreieck.
Seine Rechnung:
$A_1 = 7\,\text{m} \cdot 8\,\text{m} = 56\,\text{m}^2$
$A_2 = \frac{7\,\text{m} \cdot 6\,\text{m}}{2} = 21\,\text{m}^2$
$A_{\text{Giebel}} = A_1 + A_2 = 77\,\text{m}^2$

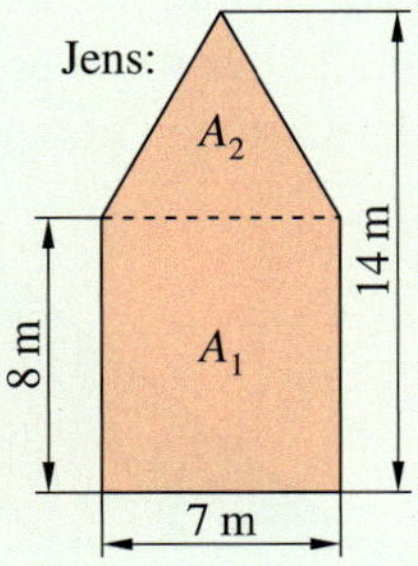

Beispiel 2

Lars zerlegt die Giebelfläche in zwei kongruente Trapeze.
Seine Rechnung:
$A_1 = \frac{14\,\text{m} + 8\,\text{m}}{2} \cdot \frac{7\,\text{m}}{2} = 38{,}5\,\text{m}^2$
$A_2 = A_1$
$A_{\text{Giebel}} = 2 \cdot A_1 = 77\,\text{m}^2$

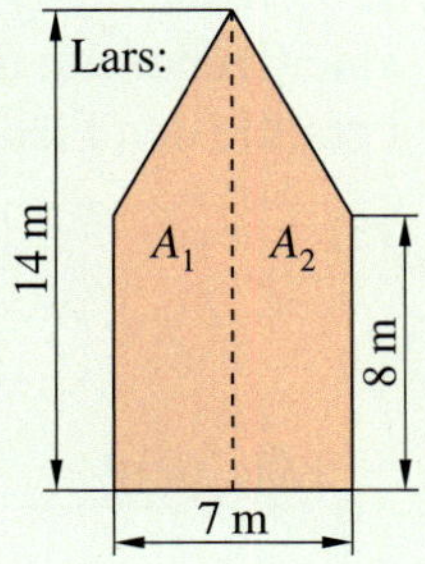

In beiden Rechnungen beträgt die Giebelfläche beträgt $77\,\text{m}^2$.

Bei der Zerlegung von Vielecken gibt es unterschiedliche Vorgehensweisen.
In allen Fällen sollte man darauf achten, dass die Teilflächen leicht zu errechnen sind.

1 Dasselbe Vieleck wurde auf drei verschiedene Arten zerlegt, um seine Fläche zu berechnen.
Welche Zerlegung ist nach deiner Meinung die günstigste?
Argumentiert untereinander und begründet eure Meinung.
Rechnet dann die einzelnen Flächen aus.

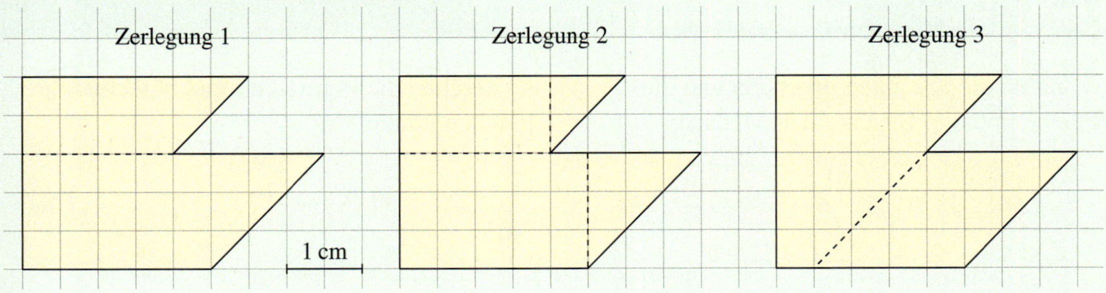

2 Berechne den Flächeninhalt der Figur durch geschicktes Zerlegen in Teilfiguren oder durch Ergänzen (Maße in cm).

a)

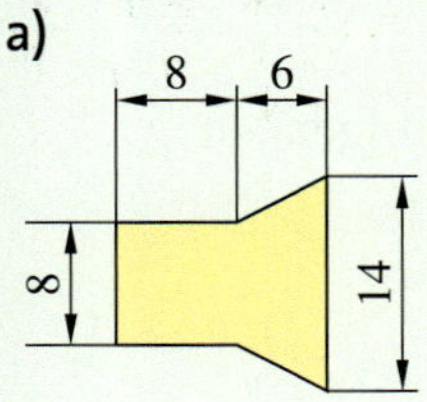

b)

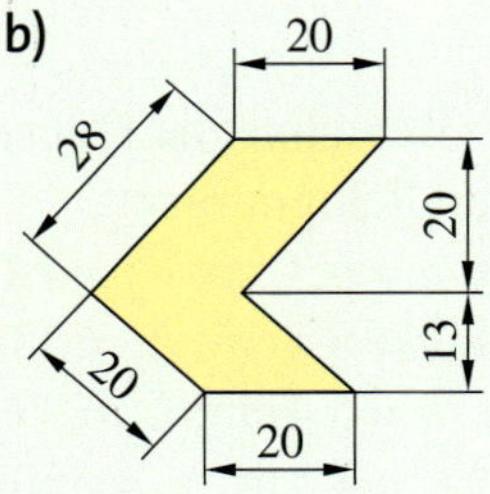

c)

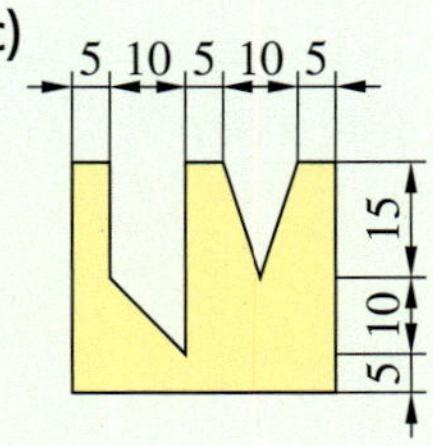

Klar so weit?

→ Seite 10

Umfang und Flächeninhalt von Dreiecken

1 Berechne den Umfang des Dreiecks ABC mit folgenden Angaben.

a) $a = 12\,\text{cm}$; $b = 8\,\text{cm}$; $c = 18\,\text{cm}$
b) $a = 5\,\text{m}$; $b = 15\,\text{m}$; $c = 11\,\text{m}$
c) gleichseitiges Dreieck mit $a = 23\,\text{mm}$
d) $a = 7{,}4\,\text{cm}$; $b = 2{,}2\,\text{cm}$; $c = 9{,}5\,\text{cm}$
e) $a = 51\,\text{mm}$; $b = 5\,\text{cm}$; $c = 10\,\text{cm}$

1 Ergänze die fehlende Größe im Dreieck ABC im Heft.

	a)	b)	c)	d)
a	51 cm	35 mm		73 mm
b	9,2 cm		10,42 m	4,8 cm
c	45,8 cm	2,9 cm	2,15 m	
u		80 mm	21,61 m	1,9 dm

2 Zeichne die Dreiecke in dein Heft. Wähle eine Grundseite und die dazugehörige Höhe. Ermittle den Flächeninhalt A.

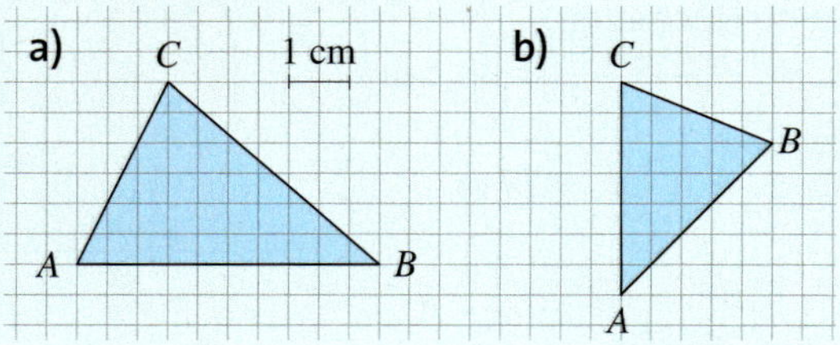

2 Berechne aus der Zeichnung die Flächeninhalte der roten und der grünen Fläche. Ein Kästchen entspricht 1 cm.

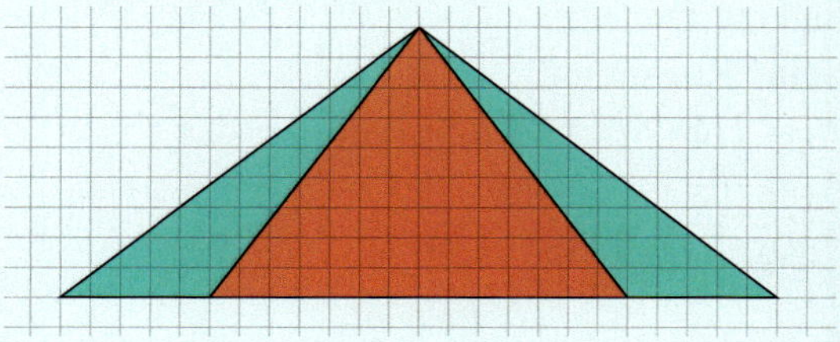

3 Zeichne die Dreiecke in ein Koordinatensystem, miss die benötigten Größen und berechne Umfang und Flächeninhalt. 1 LE ≙ 1 cm

a) $A(1|-1)$; $B(6|4)$; $C(1|5)$
b) $D(-1|-2)$; $E(3|-6)$; $F(-1|2)$

3 Konstruiere die Dreiecke, miss die benötigten Größen und berechne Umfang und Flächeninhalt.

a) $b = 6{,}4\,\text{cm}$; $c = 4{,}8\,\text{cm}$; $\alpha = 112°$
b) $a = 4{,}1\,\text{cm}$; $b = 6{,}2\,\text{cm}$; $\gamma = 90°$

→ Seite 14

Umfang und Flächeninhalt von Parallelogrammen

HINWEIS
Bei manchen Parallelogrammen verläuft die Höhe außerhalb der Fläche.

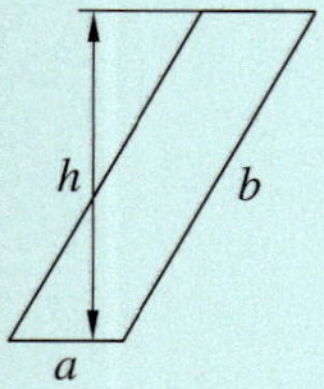

4 Zähle die Kästchen und berechne die Flächeninhalte. Beachte den Maßstab.

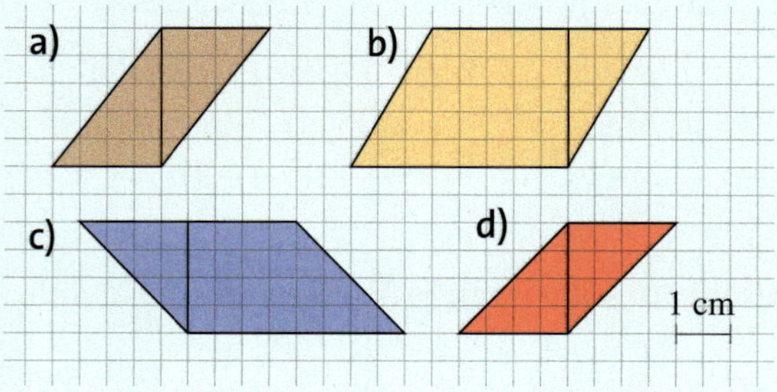

4 Zeichne die Figuren ab und berechne ihre Flächeninhalte.

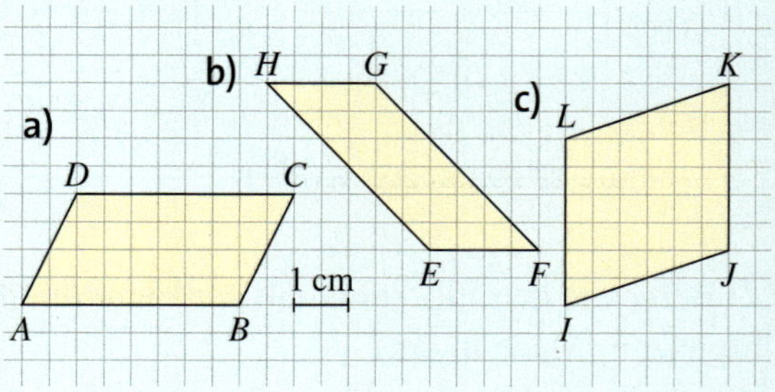

5 Berechne die Fläche der folgenden Parallelogramme:

a) $a = 7{,}2\,\text{cm}$; $h_a = 4{,}2\,\text{cm}$
b) $b = 6{,}6\,\text{cm}$; $h_b = 3{,}1\,\text{cm}$
c) $a = 3{,}9\,\text{cm}$; $h_a = 2{,}5\,\text{cm}$
d) $c = 1{,}2\,\text{m}$; $h_c = 0{,}5\,\text{m}$

5 Berechne die Fläche der folgenden Parallelogramme:

a) $a = 6{,}3\,\text{cm}$; $h_a = 4{,}1\,\text{cm}$
b) $a = 6{,}1\,\text{cm}$; $h_a = 28\,\text{mm}$
c) $b = 5{,}4\,\text{cm}$; $h_b = 37\,\text{mm}$
d) $c = 4{,}5\,\text{m}$; $h_c = 350\,\text{cm}$

Umfang und Flächeninhalt von Drachen und Trapezen

→ Seite 18

6 Berechne die Flächeninhalte.

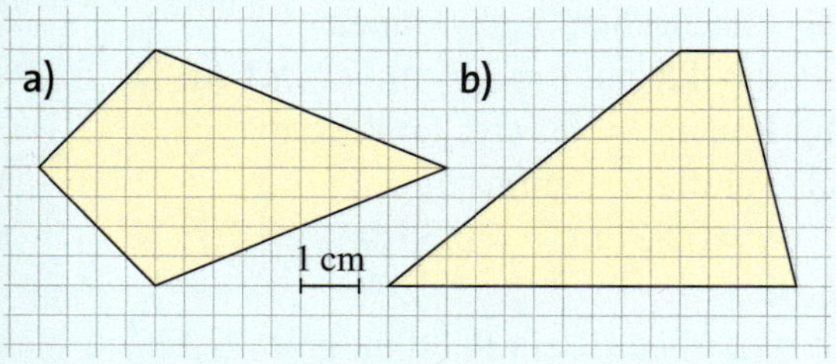

7 Berechne den Flächeninhalt bzw. die fehlende Diagonale der Drachen.

a) $e = 4{,}9\,\text{cm}$; $f = 3{,}6\,\text{cm}$

b) $e = 3{,}5\,\text{m}$; $A = 21\,\text{m}^2$

c) $f = 17{,}5\,\text{dm}$; $A = 23{,}8\,\text{dm}^2$

8 Zeichne den Querschnitt des trapezförmigen Bahndammes maßstabsgetreu ins Heft. Berechne Umfang und Fläche.

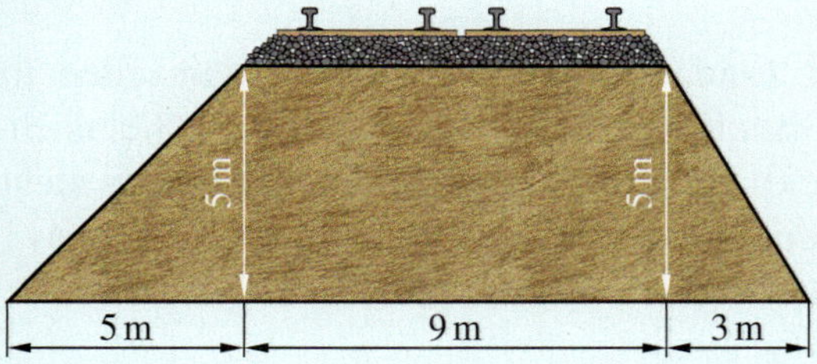

6 Berechne die blauen und gelben Flächen.

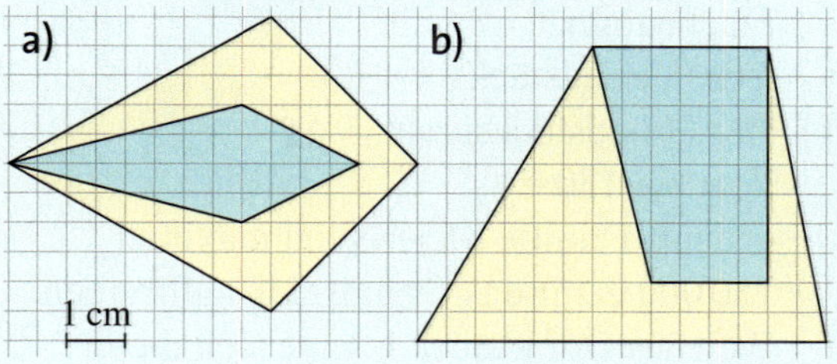

7 Berechne die jeweils fehlenden Größen der Drachen.

	a	*b*	*u*	*e*	*f*	*A*
a)	3,8 cm	1,9 cm		5 cm	3 cm	
b)	4 m		19 m	8 m		$20\,\text{m}^2$
c)		28 mm	10 cm		32,5 mm	$6{,}5\,\text{cm}^2$

8 Zeichne das Trapez in ein Koordinatensystem (1 LE ≙ 1 cm). Bestimme die notwendigen Größen und berechne den Flächeninhalt.

a) $A(1|1)$; $B(6|1)$; $C(5|6)$; $D(3|6)$

b) $A(2|0)$; $B(7|0)$; $C(8|6)$; $D(1|6)$

c) $A(0|0)$; $B(6{,}5|0)$; $C(3{,}5|7{,}5)$; $D(0|7{,}5)$

d) $A(0|0)$; $B(4{,}5|2)$; $C(4{,}5|6)$; $D(0|8)$

Umfang und Flächeninhalt von Kreisen

→ Seite 22

9 Zeichne einen Kreis mit 10 cm Durchmesser und berechne Umfang und Flächeninhalt.

10 Berechne zu folgenden Kreisumfängen die Radien.
Zeichne die zugehörigen Kreise:

a) $u = 6{,}2\,\text{cm}$

b) $u = 12{,}6\,\text{cm}$

c) $u = 18{,}8\,\text{cm}$

d) $u = 9{,}4\,\text{cm}$

11 Welche Fläche kann der Rasensprenger mindestens bzw. höchstens bewässern?

9 Zeichne einen Kreis mit einem Umfang von 27 cm und berechne seinen Flächeninhalt.

10 Berechne zu folgenden Kreisumfängen die Radien.
Zeichne die zugehörigen Kreise:

a) $u = 7{,}1\,\text{cm}$

b) $u = 11{,}5\,\text{cm}$

c) $u = 19{,}7\,\text{cm}$

d) $u = 10{,}1\,\text{cm}$

11 Ein quadratisches Feld von 100 m Seitenlänge wird von einem Kreissprenger bewässert, der genau in der Mitte des Quadrates steht und 50 m weit reicht.
Wie viel Prozent des Feldes werden durch den Sprenger erreicht?

Lösungen ab Seite 164

Vermischte Übungen

1 Die Grundstücke A bis F werden zum Verkauf angeboten.

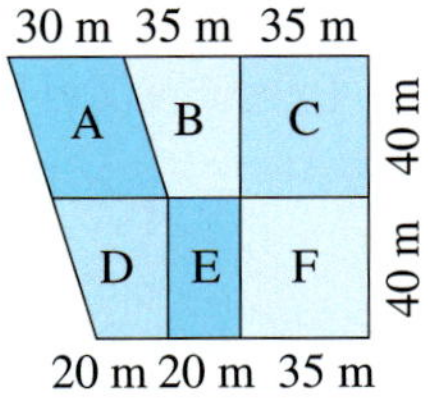

a) Bestimme den Flächeninhalt jedes Grundstücks.

b) Der Grundstückspreis liegt bei 130 € pro m^2. Familie Meier kann maximal 150 000 € für das Grundstück aufbringen. Welches Grundstück könnte sich die Familie kaufen?

c) Der Besitzer von Grundstück E möchte sein Grundstück vollständig einzäunen. Bestimme die Gesamtlänge des Zauns.

2 Vergleiche die Flächeninhalte der fünf Dreiecke. Was stellst du fest? Begründe.

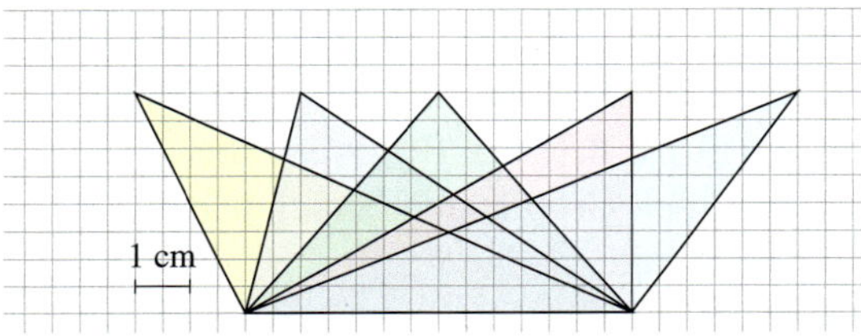

3 Jedes Haus ist 6,80 m breit und hat eine Giebelhöhe von 5,15 m.

Berechne den gesamten Flächeninhalt der beiden verglasten Häusergiebel.

1 Zeichne folgende Vierecke und berechne ihren Flächeninhalt. Entnimm die fehlenden Maße deiner Zeichnung.

a) gleichschenkliges Trapez: $a = 4{,}5\,\text{cm}$; $c = 3{,}7\,\text{cm}$; $h = 5{,}1\,\text{cm}$

b) Raute: $e = 6{,}3\,\text{cm}$; $f = 4{,}8\,\text{cm}$

c) Parallelogramm: $a = 0{,}53\,\text{dm}$; $b = 0{,}35\,\text{dm}$; $\gamma = 76°$

2 Gegeben ist ein Parallelogramm mit $a = 5\,\text{cm}$, $b = 3\,\text{cm}$ und $h_a = 2{,}5\,\text{cm}$. Verändere die gegebenen Größen des Parallelogramms so, dass …

a) der Umfang verdoppelt wird.

b) der Umfang halbiert wird.

c) der Flächeninhalt verdoppelt wird.

d) der Flächeninhalt halbiert wird.

e) der Umfang 10 % kürzer wird.

f) der Flächeninhalt 150 % des vorherigen einnimmt.

3 Linda geht mit ihrem Sportverein zelten. In Opas Keller findet sie ein altes Zelt. Sie möchte es vorher noch imprägnieren, damit es nicht reinregnet. Wie viele Dosen Imprägnierspray benötigt sie, wenn eine 500-ml-Sprühdose für 5 m^2 reicht?

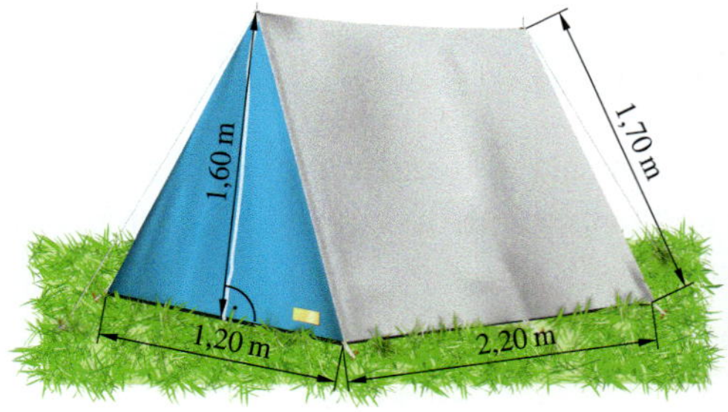

4 In einer Tischlerei wurde ein Brett zersägt. Die Stärke des Sägeblattes beträgt 1,5 mm.

a) Berechne die Flächeninhalte der einzelnen Brettabschnitte.

b) Bestimme die ursprünglichen Maße des Brettes. Wie viel Quadratzentimeter des Brettes sind beim Sägen verloren gegangen?
Welcher Anteil vom ursprünglichen Brett ist verloren gegangen?

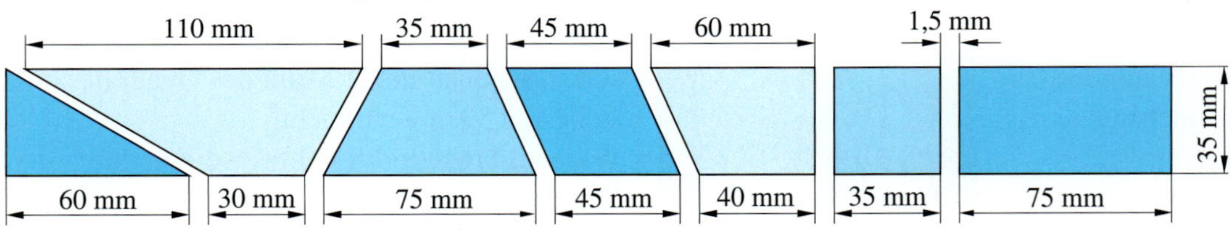

5 Berechne die Flächeninhalte der Drachen und vergleiche die Ergebnisse miteinander.

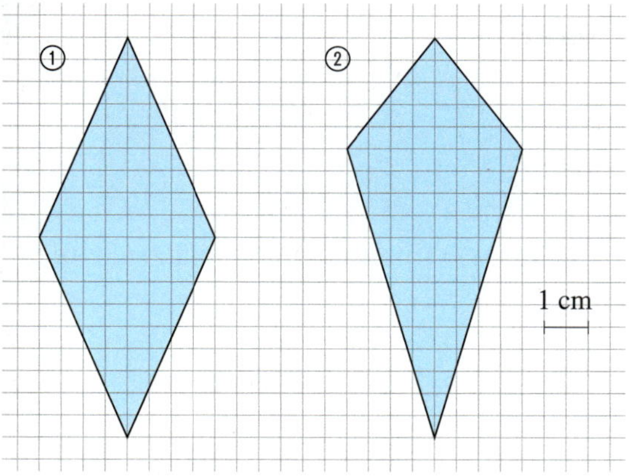

6 Konstruiere folgende allgemeine Vierecke. Fertige zunächst eine Planfigur an.
Berechne den Flächeninhalt durch Zerlegung in Dreiecke.
Entnimm fehlende Maße deiner Zeichnung.

a) $a = 4{,}5\,\text{cm}$; $b = 3{,}1\,\text{cm}$; $c = 3{,}8\,\text{cm}$; $d = 2{,}6\,\text{cm}$; $\alpha = 55°$

b) $b = 4{,}6\,\text{cm}$; $c = 1{,}9\,\text{cm}$; $d = 5{,}2\,\text{cm}$; $\beta = 135°$; $\gamma = 76°$

7 Ein Fünfeck *ABCDE* hat in einem Koordinatensystem (1 LE ≙ 1 cm) die Eckpunkte $A(0|2)$; $B(4|0)$; $C(6|2)$; $D(5|6)$ und $E(1|5)$.

a) Zeichne das Fünfeck.

b) Zerlege das Fünfeck geeignet in Dreiecke und berechne den Flächeninhalt.

8 Aus einer quadratischen Holzplatte mit 140 cm Kantenlänge soll eine möglichst große runde Tischplatte ausgesägt werden.

a) Berechne die Größe und den Umfang der runden Holzplatte.

b) Wie viel Prozent des Ausgangsmaterials beträgt der Holzabfall?

9 Für einen kreisrunden Tisch mit einem Durchmesser von 1,50 m wird eine Tischdecke angefertigt.
Sie soll ringsherum 30 cm überhängen.

a) Fertige eine Skizze der Situation an.

b) Berechne den Flächeninhalt der Decke.

c) Wie viel Meter Borte wird benötigt, um die Tischdecke damit zu umsäumen?

5 Gegeben ist der Flächeninhalt eines Trapezes. Gib immer zwei Möglichkeiten an, wie groß *a*, *c* und *h* sein könnten.

a) $34\,\text{cm}^2$ b) $96\,\text{cm}^2$

c) $450\,\text{mm}^2$ d) 25 ha

e) 330 a f) $235\,682\,\text{mm}^2$

6 Gegeben ist die Fläche eines Trapezes.

① $A = 42\,\text{cm}^2$ ② $A = 54\,\text{cm}^2$

③ $A = 1\,025\,\text{a}$ ④ $A = 4{,}8\,\text{dm}^2$

a) Gib zu jedem Flächeninhalt zwei Möglichkeiten an, wie groß *a*, *c* und *h* sein können. Zeichne beide Trapeze maßstabsgetreu. Sind ihr Umfänge identisch?

b) Wie kann man a) besonders einfach lösen? Was spielt dabei eine Rolle?

7 Ein Haus soll neu gestrichen werden. Wie viel Quadratmeter Farbe werden für alle Wände des Hauses benötigt? Berechne alle Flächen und addiere sie dann. Vernachlässige Fenster und Türen.

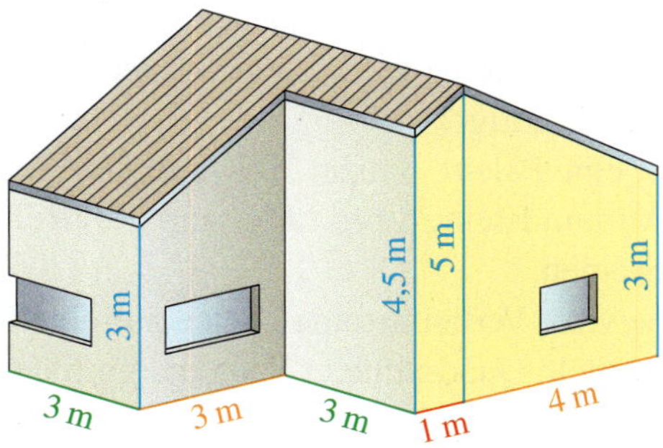

8 Das äußere Quadrat ist 4 cm lang. Berechne den Flächeninhalt der gelben Fläche.

a)
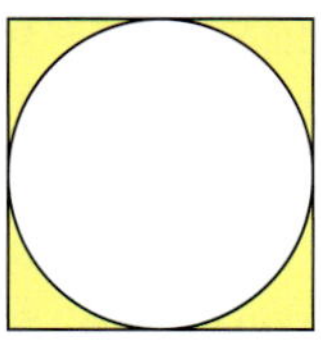

b)
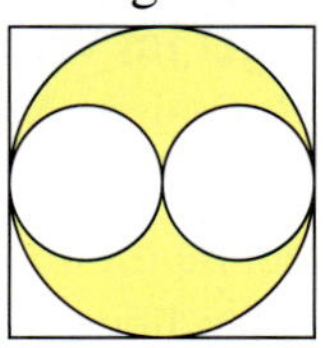

9 Das Pulvermaar in der Eifel ist ein vulkanisch entstandener, fast kreisrunder See mit einem Durchmesser von ca. 700 m.

a) Wie lange braucht ein Wanderer, der mit einer Geschwindigkeit von $5\,\frac{\text{km}}{\text{h}}$ läuft, um das Maar zu umrunden?

b) Wie groß ist die Fläche, die das Maar einnimmt?

ZU AUFGABE 7
Die Wände, die du nicht siehst haben einen Flächeninhalt von $38\,m^2$.

ZU AUFGABE 8
Holzplatte:

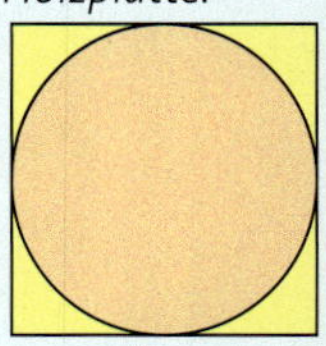

Verbundpflaster

Verbundpflaster finden sich auf vielen befahrbaren Flächen wie Einfahrten, Parkplätzen, Höfen und dergleichen.

10 Ein Pflasterungsprojekt

Bei einem Pflasterungsprojekt muss man wissen, wie viele Steine benötigt werden.
Dazu braucht man den Flächeninhalt der einzelnen Verbundsteine. Dies wollen wir anhand der Modelle „Doppel-T-Verbundstein“ und „Sechseck-Wabenstein“ berechnen.
Alle Angaben in den Zeichnungen sind in cm gegeben.

a) Zeichne die beiden Modelle in Originalgröße auf je ein DIN-A4-Blatt.
b) Schätze zunächst, welcher Stein die größte Fläche hat. Entnimm dann den Skizzen die notwendigen Angaben und berechne den Flächeninhalt genau.
c) Wie viele Steine jeder Sorte werden pro Quadratmeter benötigt?
d) Auf eine Palette passen 10 Lagen der Sorte „Doppel-T-Verbundsteine“, pro Lage sind es 8 Reihen mit je 4 Steinen.
Wie viele Verbundsteine passen auf eine Palette?
e) Wie viele Quadratmeter kann man mit den Steinen einer Palette verlegen?

Doppel-T-Verbundstein

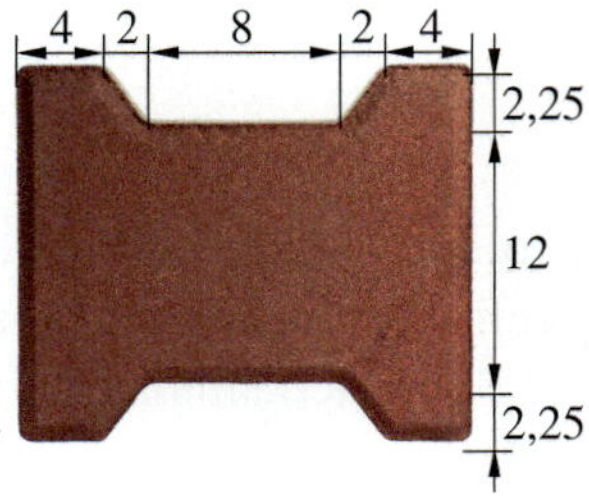

(Maße in cm)

Sechseck-Wabenstein

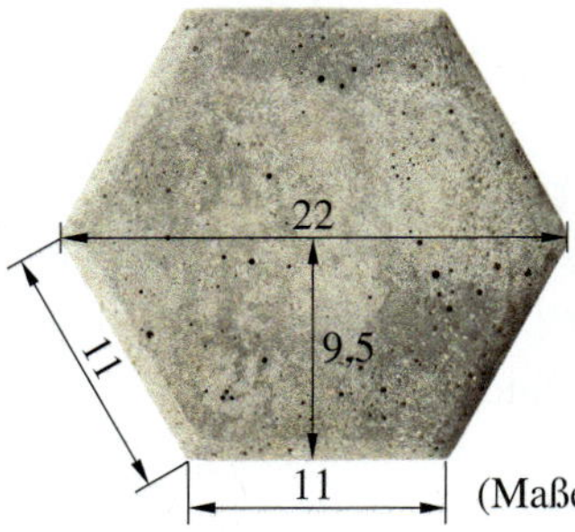

(Maße in cm)

11 Im Fliesenhandel

Ein Fliesenhändler bietet die nebenstehenden Bodenkacheln an. Sie lassen sich gut im Verbund legen.

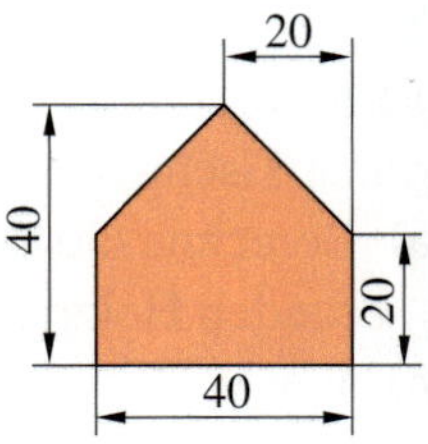

(Maße in cm)

a) Zeichne einen Verbund aus mindestens 10 Fliesen in dein Heft mit Rechenkästchen (ein Rechenkästchen entspricht 10 cm).
b) Berechne die Fläche einer einzelnen Kachel.
c) Der Händler verkauft die Ware für 45 € pro Quadratmeter.
Wie teuer ist eine einzelne Kachel?
d) Ein rechteckiges Zimmer ist 5,50 m lang und 3,50 m breit. Das Zimmer soll gekachelt werden. Welche Fläche hat der Raum?
e) Wie viele dieser Kacheln benötigt man mindestens um den Boden des Zimmers auszulegen? Da man Verschnitt, Bruch usw. berücksichtigen muss, bestellt man üblicherweise 10 % mehr Kacheln.
f) Für das Verlegen berechnet der Handwerker 25 € pro Quadratmeter. Wie teuer werden Kauf und Verlegen der Kacheln?
Auf die Gesamtsumme kommen noch 19 % Mehrwertsteuer.

Zusammenfassung

Umfang und Flächeninhalt von Dreiecken

→ Seite 10

Der **Flächeninhalt** eines **Dreiecks** ist die Hälfte des Produktes aus der Grundseite g und der dazugehörigen Höhe h_g.

$$\boldsymbol{A = \frac{g \cdot h_g}{2}}$$
$$A = \frac{6\,\text{m} \cdot 3{,}3\,\text{m}}{2} = 9{,}9\,\text{m}^2$$

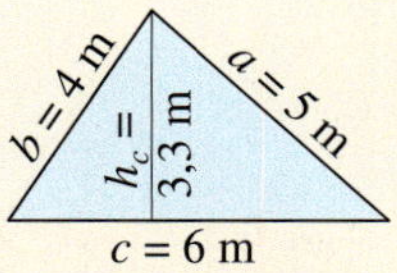

Der **Umfang** eines **Dreiecks** ist die Summe aller Seitenlängen.

$$\boldsymbol{u = a + b + c}$$
$$u = 5\,\text{m} + 4\,\text{m} + 6\,\text{m} = 15\,\text{m}$$

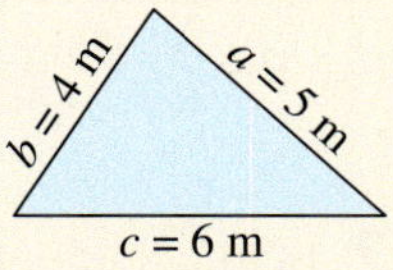

Umfang und Flächeninhalt von Vierecken

→ Seite 14/18

Der Pfeil → bedeutet:
„… ist auch ein(e) …“

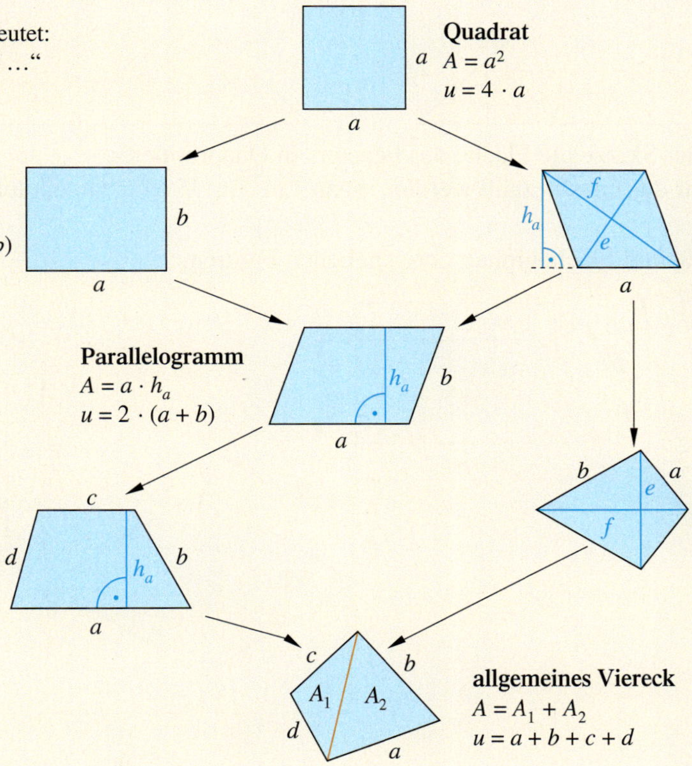

Quadrat
$A = a^2$
$u = 4 \cdot a$

Rechteck
$A = a \cdot b$
$u = 2 \cdot (a + b)$

Raute
$A = a \cdot h_a$
oder
$A = \frac{e \cdot f}{2}$
$u = 4 \cdot a$

Parallelogramm
$A = a \cdot h_a$
$u = 2 \cdot (a + b)$

Trapez
$A = \frac{a + c}{2} \cdot h_a$
$u = a + b + c + d$

Drachen
$A = \frac{e \cdot f}{2}$
$u = 2 \cdot (a + b)$

allgemeines Viereck
$A = A_1 + A_2$
$u = a + b + c + d$

Umfang und Flächeninhalt von Kreisen

→ Seite 22

Für jeden Kreis ist das Verhältnis von Umfang zu Durchmesser gleich (konstant).
Diese Konstante heißt **Kreiszahl** und wird mit dem griechischen Buchstaben **π („pi“)** bezeichnet. Es gilt: $\pi = \frac{u}{d}$
Bei der Arbeit mit dem Taschenrechner wird die π-Taste benutzt.

Für den **Umfang** $\boldsymbol{u}$ eines Kreises gilt:
$\boldsymbol{u = d \cdot \pi}$ bzw. $\boldsymbol{u = 2 \cdot r \cdot \pi}$
Für den **Flächeninhalt** A eines Kreises gilt: $\boldsymbol{A = r^2 \cdot \pi}$

Ein Kreis hat den Radius $r = 4\,\text{m}$.
$u = 2 \cdot r \cdot \pi = 2 \cdot 4\,\text{m} \cdot 3{,}14 \approx 25{,}13\,\text{m}$
$A = (4\,\text{m})^2 \cdot \pi = 50{,}27\,\text{m}^2$

Teste dich!

4 Punkte

1 Berechne den Umfang und den Flächeninhalt der Dreiecke. Miss fehlende Längen nach.

a)

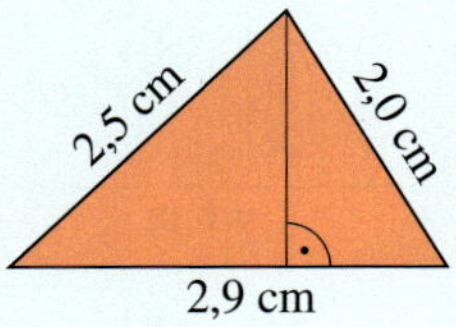

b)

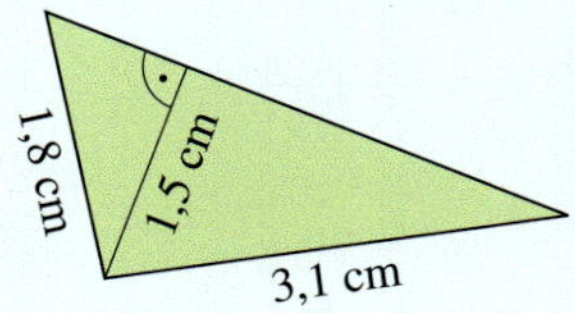

c)

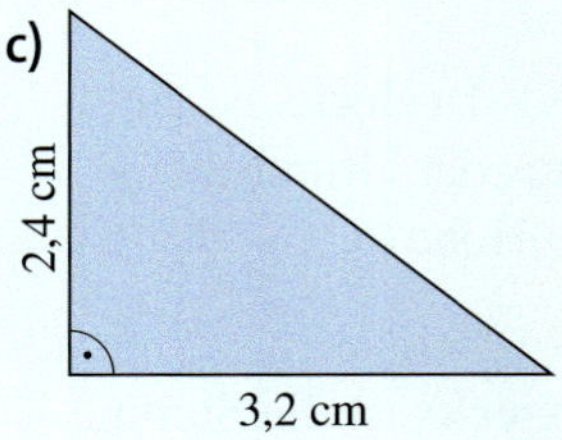

d)

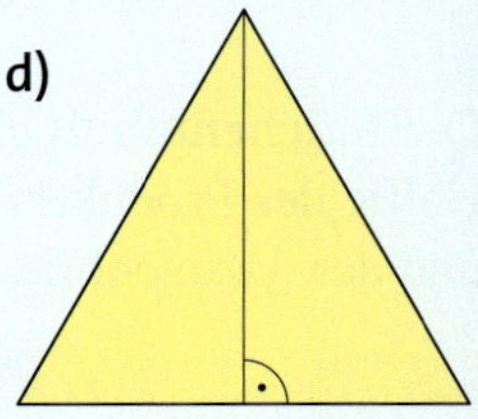

2 Punkte

2 In einen gleichschenkligen Dachgiebel soll ein neues Fenster eingesetzt werden.

①

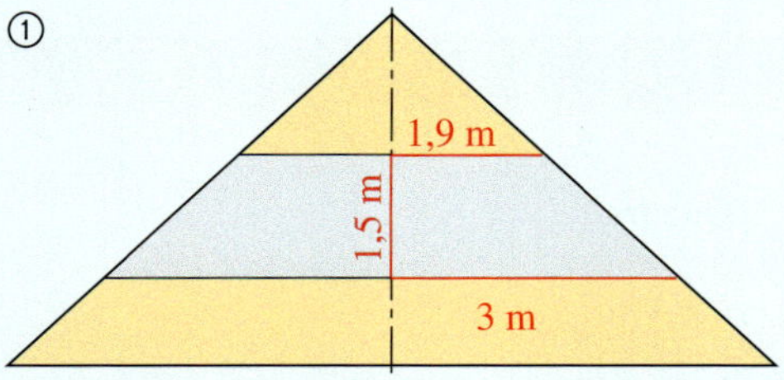

②

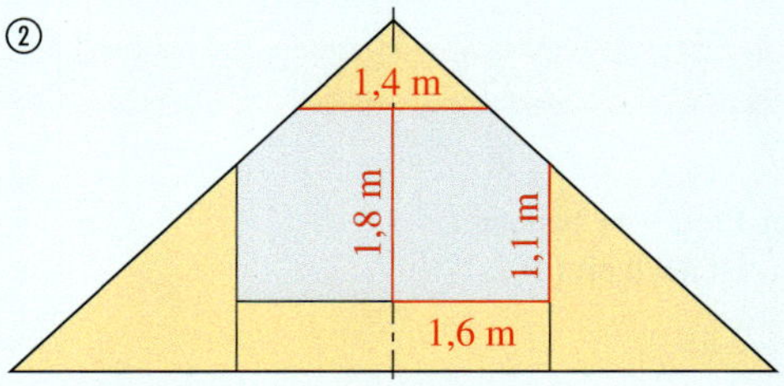

a) Berechne nach der Skizze die Fläche des Fensters in Quadratmeter.

b) Wie viel muss für das Glas bezahlt werden, wenn $1\,m^2$ für 95,67 € angeboten wird?

4 Punkte

3 Berechne Umfang und Flächeninhalt der gegebenen Figuren.

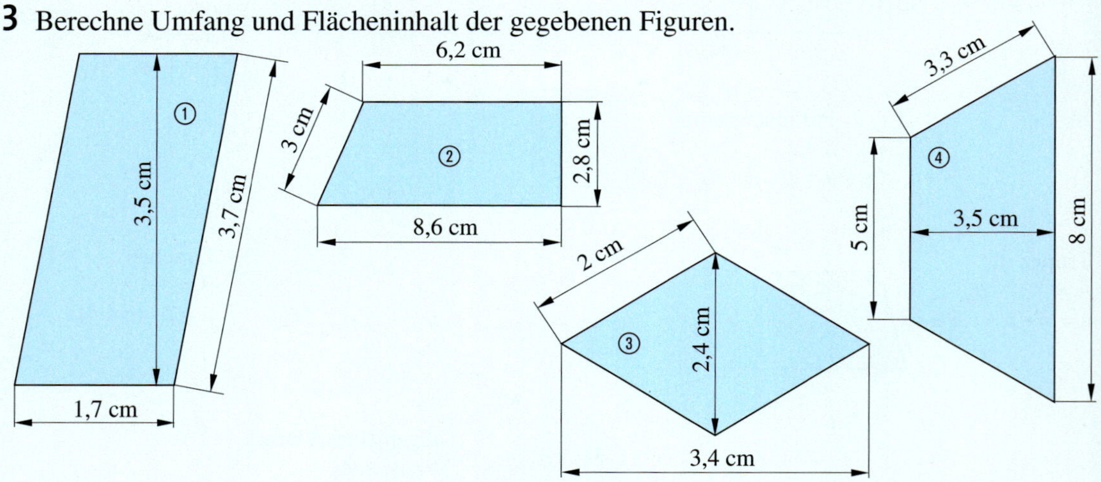

2 Punkte

4 Von einem rechteckigen Grundstück muss im Rahmen einer Baumaßnahme ein dreieckiges Teilstück abgegeben werden. Der Besitzer erhält für jeden Quadratmeter Fläche eine Entschädigung von 153 €. Das verbliebene Grundstück verpachtet der Besitzer ein Jahr lang für 8,50 € pro $100\,m^2$ pro Jahr.

a) Wie hoch ist die einmalige Entschädigung?

b) Berechne die Jahrespacht.

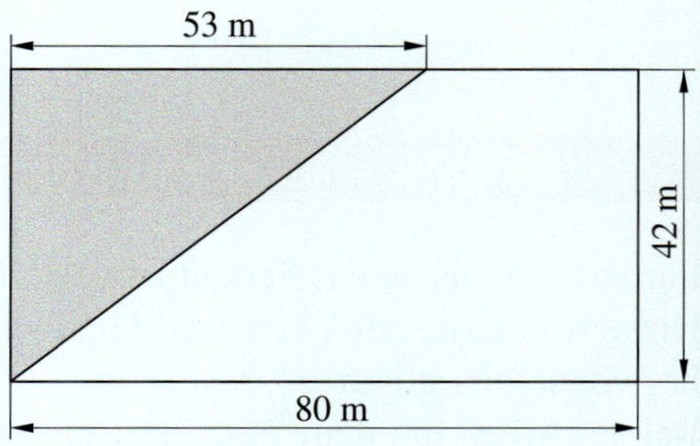

3 Punkte Zusatzpunkte*

5 Berechne die jeweils fehlenden Größen r, d, u, A des Kreises.

a) $r = 4{,}7\,cm$ b) $d = 0{,}8\,m$ c) $u = 5\,dm$

Gold: 11–12 Punkte, Silber: 9–10 Punkte, Bronze: 7–8 Punkte

Lösungen ab Seite 164

Lineare Gleichungen

Um mit dem Einrad fahren zu können,
benötigt man ein gutes Gleichgewicht.
In diesem Kapitel geht es um das
mathematische Gleichgewicht:
Terme in Gleichungen dürfen nur geändert werden,
wenn dieses Gleichgewicht bestehen bleibt.

Noch fit?

Einstieg

1 Terme zusammenfassen

Fasse zusammen.

a) $c + c + c + c$
b) $x - x - x + x - x$
c) $p - p + p + p - p + p$
d) $x - x - x - x - x$
e) $n + n + n - n + n + n + n$
f) $-y + y - y + y - y + y + y + y - y$

2 Termwerte bestimmen

Berechne den Wert des Terms für 0 (2 und 5).

a) $3c + 12c + 11c$
b) $6x + 24x + 6x$
c) $22p - 14p + 3p$
d) $13x - 29x + 46$
e) $14n + 8n - n$
f) $y + 19y + 26y - 40y$

3 Lösungen prüfen

Überprüfe die angegebene Lösung. Korrigiere, falls erforderlich.

a) $x + 4 = 13;$ $x = 9$
b) $x + 2 = 10;$ $x = 3$
c) $x + 5 = 4;$ $x = -10$
d) $3x = 12;$ $x = 4$
e) $14 + x = 20;$ $x = 6$
f) $7x = 70;$ $x = 0$
g) $4x + 4 = 12;$ $x = 2$

4 Terme zuordnen

Ordne jeweils einen passenden Term zu.
Gib die Bedeutung der Variablen an.

a) Umfang eines Quadrates
b) Flächeninhalt eines Quadrats
c) Umfang eines Rechtecks
d) Flächeninhalt eines Rechtecks
e) Umfang eines gleichseitigen Dreiecks
f) Umfang eines gleichschenkligen Dreiecks

① $a \cdot b$ ② $2a + 2b$ ③ $3a$ ④ $4a$ ⑤ $2a + b$ ⑥ $a \cdot a$

Aufstieg

1 Terme zusammenfassen

Fasse zusammen.

a) $c + c + d - c + c + d$
b) $p - p + q + q + p - p + p - q$
c) $x + y + x + x + x - y + z$
d) $-a - c + b - a + c - b - a$
e) $o + n + p - o + n + n + o + p + n - o$
f) $-y + x - y + y - x + y + r + r - y$

2 Termwerte bestimmen

Berechne den Wert des Terms für -3 (0; 11 und 30).

a) $2x$
b) $3y + 5z;\ z = 2$
c) $8r - 4r + 13 - 11$
d) $2 \cdot (3x + 2) + 5x + 13 + x$
e) $1{,}5a + \frac{1}{2}a - 5a + a$
f) $20y + 38y - 26y + 35$

3 Gleichungen lösen

Löse die Gleichungen. Überprüfe dein Ergebnis.

a) $2x + 5 = +5$
b) $6{,}5x + 3 = 16$
c) $6x + 7 = -17$
d) $14x - 3 = -38$
e) $15x - 3 = 3$
f) $2x + 11 = 15$
g) $-12x + 25 = -119$

5 Kurz und knapp

a) Erkläre die Begriffe Variable, Term und Wert des Terms.
b) Erläutere das Kommutativ-, Assoziativ- und Distributivgesetz jeweils an einem Beispiel.
c) Eine Hose für 60 € wurde auf 51 € reduziert.
Um wie viel Prozent wurde die Hose reduziert?

Lösungen ab Seite 164

Gleichungen aufstellen

Entdecken

1 Was haben Vierecke aus Zahnstochern mit Gleichungen zu tun? Findet es heraus.

a) Lege wie im Beispiel aus Zahnstochern ein Viereck. Jede Seite kann aus mehreren Zahnstochern bestehen.
Miss den Umfang des Vierecks.

b) Arbeitet in Gruppen.
Übertragt die Tabelle ins Heft und füllt die Spalten aus.
Das kleine „z“ steht dabei für die Länge eines Zahnstochers: Besteht eine Seite aus zwei Zahnstochern, tragt ihr „2 z“ ein, bei 5 Zahnstochern tragt ihr „5 z“ ein.

Beispiel
Marcs Viereck hat einen Umfang von 35 cm.
Wie lang ist ein Zahnstocher?

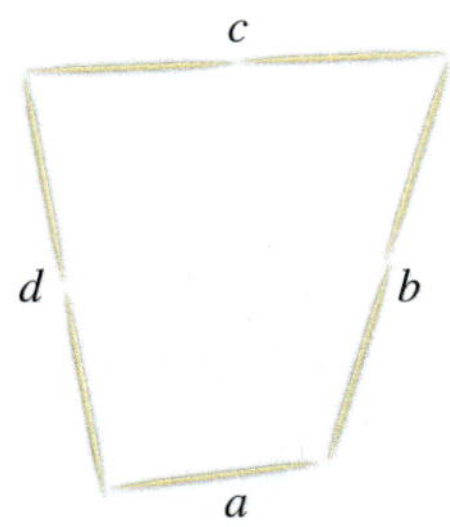

Name	Seite a		Seite b		Seite c		Seite d		Umfang
Marc	1z	+	2z	+	2z	+	2z	=	35cm
...									

c) Legt auch andere Vielecke aus Zahnstochern und fertigt dafür eine Tabelle wie oben an.

2 Bei einem Spiel werden weiße, rote, grüne und blaue Spielchips verwendet.
Die weißen Chips können in die anderen Farben umgetauscht werden. Jede Farbe hat einen anderen Wert.
Thorben, René und Britta erhalten jeder 23 weiße Chips und tauschen sie gegen andere ein.

23 Chips zu Beginn | Thorben tauscht so: | René tauscht so: | Britta tauscht so:

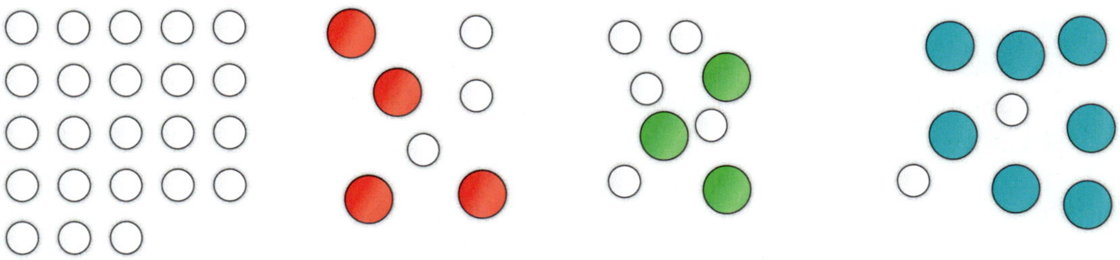

a) Welche Farbe hat den größten „Wert“? Begründe deine Antwort.

b) Finde heraus, wie viele weiße Chips du jeweils für einen roten, einen grünen bzw. einen blauen Chip erhältst. Erkläre, wie du dabei vorgegangen bist.

c) Die farbigen Chips können wieder in weiße Chips zurückgetauscht werden.
Miray tauscht einen roten, zwei grüne und drei blaue Chips ein.
Wie viele weiße Chips bekommt sie dafür?

3 Auf einer Balkenwaage ist Ben zusammen mit dem Ziegelstein genauso schwer wie Bea (56 kg) und Malte (72 kg) zusammen.
Finde heraus, wie viel Kilogramm Ben wiegt.

ERINNERE DICH
Den Umfang eines Vielecks berechnest du, indem du alle Seitenlängen addierst.

Verstehen

ERINNERE DICH
Terme bestehen aus Variablen und Zahlen (und Rechenzeichen). Wird für die Variable eine Zahl eingesetzt, kann der Wert des Terms bestimmt werden.

Drei Freunde wollen sich zusammen ein PC-Spiel kaufen. Welchen Anteil muss jeder der Freunde bezahlen?

Zum Lösen stellt man einen Term auf. Der Term setzt sich aus einem *festen Wert* (hier: 10 € vom Opa) und einem *variablen Wert* x (hier: dreimal der gesuchte Anteil in Euro) zusammen:

$3x + 10$

Durch Ausprobieren kann die Lösung bestimmt werden. Dazu werden verschiedene Zahlen für x eingesetzt.

Beispiel 1

Wert für x	Term	Wert des Terms
$x = 1$	$3 \cdot 1 + 10$	13
$x = 2$	$3 \cdot 2 + 10$	16
$x = 3$	$3 \cdot 3 + 10$	19
$x = 4$	$3 \cdot 4 + 10$	22
$x = \ldots$		

Die Aufgabe ist gelöst, wenn der Term $3x + 10$ den Wert 49 annimmt.
Dazu wird eine Gleichung aufgestellt: $3x + 10 = 49$.

Merke Eine **Gleichung** verbindet zwei Terme (Rechenausdrücke) durch ein Gleichheitszeichen „=“.

Beispiel 2

$b = b$; $4 = 4$; $\frac{8}{2} = 4$; $12 = 3v$; $3x^2 - 5 = 7$
$45 - a = 23 + a$; $p - 5q + 12 = 2(3p + q)$

HINWEIS
*Gleichungen, in denen keine Variablen vorkommen, sind entweder wahre oder falsche **Aussagen**.*

Durch weiteres systematisches Probieren werden für die Variable x weitere Zahlen eingesetzt und der Wert der Terme bestimmt. Haben die Terme auf beiden Seiten der Gleichung den gleichen Wert, so ergibt sich eine **wahre Aussage**. Sind die Werte verschieden, so ergibt sich eine **falsche Aussage**.

Merke Eine Zahl heißt **Lösung** einer Gleichung, wenn beim Einsetzen der Zahl in die Gleichung eine wahre Aussage entsteht. Eine Gleichung hat eine, mehrere oder keine Lösungen.

Beispiel 3

Die Gleichung $3x + 10 = 49$ kann zu einer wahren oder einer falschen Aussage führen.

Für $x = 10$ ergibt sich eine falsche Aussage:
$3 \cdot 10 + 10 = 49$
$30 + 10 = 49$
$40 = 49$ f. A.
10 ist nicht Lösung der Gleichung.

Für $x = 13$ ergibt sich eine wahre Aussage:
$3 \cdot 13 + 10 = 49$
$39 + 10 = 49$
$49 = 49$ w. A.
13 ist Lösung der Gleichung.

Jeder der Freunde muss also 13 € bezahlen, damit sie sich das Spiel kaufen können.

Üben und anwenden

1 Entscheide, ob es sich um Gleichungen handelt oder nicht. Begründe deine Antwort.

a) $3x - 8 = 45$ **b)** $45y = 3x + 4$ **c)** $20x + 15y - 10z$ **d)** $6 = 6$
e) $30 - u = 20 - v$ **f)** $w = a = b$ **g)** $u + v = 23 + 12$ **h)** $27 = 12$

2 Übertrage die Tabelle ins Heft.
Setze für die Variable den gegebenen Wert ein und überprüfe wie im Beispiel, ob die Aussage wahr oder falsch ist.

x	$x + 2 = 4$	$x + 5 = 7$	$x - 2 = 2$
0	$2 = 4$ f. A.		
1			
2			
3			
4			

2 Übertrage die Tabelle ins Heft.
Setze für die Variable den gegebenen Wert ein und überprüfe wie im Beispiel, ob die Aussage wahr oder falsch ist.

x	$3 \cdot x + 6 = 9$	$2 \cdot x + 5 = 9$	$x : 2 = 2$
0	$6 = 9$ f. A.		
1			
2			
3			
4			

ZUM WEITERARBEITEN
Untersuche, wie sich der Wert des Terms beim Einsetzen unterschiedlicher Werte für die Variable ändert. Erkennst du eine Regelmäßigkeit?

3 Geldgeschenke zur Konfirmation.

a) Zur Konfirmation hat sich Daniel Geld für einen neuen Computer gewünscht. Er hat insgesamt 275 € in Scheinen bekommen: Zwei 100-€-Scheine und mehrere 5-€-Scheine. Stelle eine Gleichung auf. Bezeichne die Anzahl der 5-€-Scheine mit x.
Wie viele 5-€-Scheine hat Daniel erhalten?

b) Birte hat 190 € bekommen. Sie erhielt drei 50-€-Scheine und mehrere 10-€-Scheine.
Stelle die zugehörige Gleichung auf.

c) René hat ebenfalls Geld geschenkt bekommen. Mit der Gleichung $210 = 100 + x \cdot 10$ findest du heraus, wie viel Geld er in welchen Scheinen erhalten hat.

4 Gerrit hat verschiedene Beträge mit folgenden Cent-Münzen bezahlt.

Welche Münzen hat er verwendet?
Die Variable m steht für den Wert der Münzen.
Setze für m verschiedene Werte ein, bis du eine wahre Aussage erhälst.

a) $5m = 25\,\text{ct}$
b) $12m + 6\,\text{ct} = 30\,\text{ct}$
c) $5m + 10\,\text{ct} = 6m$
d) $40\,\text{ct} - 5m = 30\,\text{ct}$
e) $3m + 38\,\text{ct} + 9m = 50\,\text{ct}$
f) $5\,€ - 20m = 3\,€$

4 Pia bezahlt an der Kasse mit folgenden Cent-Münzen und Euro-Münzen.
Die Variable m steht jeweils für den Wert der Münzen.

Welche Münzen verwendet sie?
Löse durch systematisches Probieren.

a) $6{,}50\,€ + 5m = 9\,€$
b) $3m + 4\,€ = 10\,€$
c) $7m + 60\,\text{ct} = 2\,€$
d) $2 \cdot (5\,€ + 5m) = 30\,€$
e) $3m + 80\,\text{ct} + 15\,€ + 5m = 23{,}80\,€$
f) $3 \cdot (5\,€ + m + 20\,\text{ct}) + 19\,\text{ct} = 21{,}79\,€$

5 Prüfe, ob du für die angegebene Zahl eine wahre oder eine falsche Aussage erhältst.

Beispiel $x + 3 = -5$ $x = 8$

$8 + 3 = -5$ f. A.

a) $3a + 5 = 7$ $a = 4$

b) $b + 3 = b - 2$ $b = 1$

c) $2c + 10 = 10 - 2c$ $c = 2$

d) $2(d + 7) = 20$ $d = 3$

e) $5(e - 0{,}5) = 0$ $e = 0{,}5$

5 Prüfe, ob die angegebene Zahl oder ihre Gegenzahl Lösung der Gleichung ist.

Beispiel $x + 3 = -5$ $x = 8$

$8 + 3 = -5$ f. A. und $-8 + 3 = -5$ w. A.

a) $3(a + 5) = 9$ $a = 2$

b) $-2(b + 2) = b - 13$ $b = 3$

c) $3c - 4 = -7{,}3$ $c = 1{,}1$

d) $1 - 2d = 35$ $d = 17$

e) $-5(e + 1{,}5) = 0$ $e = 1{,}5$

6 Vereinfache die Gleichung. Finde danach durch Probieren heraus, für welche ganze Zahl du eine wahre Aussage erhältst.

a) $3a - 2a = 4$

b) $10b + 3 - 9b = 23$

c) $2c + 10 + 3c - 6 + c - 2 - 5c = 10$

d) $3d + 5d = 56$

e) $2e - 5e + 7 + 3e - 5 = e$

6 Vereinfache die Gleichung.
Finde durch Probieren die Lösung der Gleichung. Welche ganze Zahl erhältst du?

a) $a + 5 + 6a - 7 - 5a + 2 = 40$

b) $3(b + 4) - 12 = 9$

c) $-2(3c + 1) + 7c = 18$

d) $\frac{4}{3}d + \frac{5}{3}d = 24$

e) $\frac{7}{9}e + 10 - \frac{1}{9}e - 8 - \frac{2}{3}e = +\frac{5}{3}e$

HINWEIS
*Beim **Rückwärtsrechnen** geht man von einem Ergebnis aus und schließt auf den Ausgangswert.*

7 Arbeitet zu zweit.
Carina war auf den Hanauer Bürgerfest. Auf dem Heimweg hat sie 6,50 € übrig. Sie überlegt, was sie alles unternommen hat:

Zuletzt war sie auf dem Kettenkarussell. Die Fahrt kostete 3 €.

Davor hat sie sich 2 Crêpes für je 2,50 € gekauft.

Gleich zu Beginn ist sie mit der Achterbahn gefahren.

Carina ist mit 20 € auf das Bürgerfest gefahren.

a) Wie teuer war die Achterbahnfahrt? Rechne rückwärts.

b) Beschreibe, wie du beim Rückwärtsrechnen vorgegangen bist.

c) Stellt euch gegenseitig ähnliche Aufgaben und löst sie durch Rückwärtsrechnen.

8 Schreibe als Gleichung. Rechne rückwärts.

a) Henning hat nach seinem Einkauf noch genau 2 € übrig.
Er hat drei Schokoriegel für je 1 € und eine Tüte Chips für 2 € gekauft.
Wie viel Geld hatte er vor dem Einkauf?

b) Meike erhält 5,50 € Restgeld an der Supermarktkasse.
Sie hat ein Brot für 2,50 €, zwei Joghurts für je 0,50 € und Kaugummis für 1 € gekauft.
Mit welchem Schein hat sie bezahlt?

c) Karim hat auf seiner Gutscheinkarte einen Restbetrag von 8,07 €. Er hat sieben Songs über das Internet gekauft. Die Gutscheinkarte hatte ursprünglich einen Wert von 15 €. Wie teuer war ein Song?

8 Schreibe die Aufgabe als Gleichung und löse durch Rückwärtsrechnen.

a) Sarah und ihre Schwester kommen mit 1,80 € aus dem Freibad.
Sie haben je 4,40 € Eintritt bezahlt.
Ihr Eis hat 2,30 € und 2,10 € gekostet.
Wie viel Geld hatten sie vorher?

b) Jan hat auf seiner Prepaid-Karte noch 10,35 €. Er hat 27 Minuten zu 10 ct pro Minute telefoniert und 13 SMS geschrieben. Die Karte hatte einen Wert von 15 €.
Wie teuer ist eine SMS?

c) Muriel hat 360 g Mehl übrig.
Sie hat für ihren Geburtstag gebacken: einen Kuchen (400 g Mehl) und 16 Muffins. Sie hatte 1 kg Mehl. Wie viele Muffins kann sie mit dem restlichen Mehl backen?

Gleichungen lösen

Entdecken

1 Die 8. Jahrgangsstufe der Langener Gesamtschule hat insgesamt 81 Jugendliche. Für eine Fahrt nach London sollen Busse gemietet werden. Es fahren auch noch 6 Lehrer mit.

1. Möglichkeit (90 Sitzplätze)

1 Doppeldeckerbus,
1 Kleinbus

2. Möglichkeit (90 Sitzplätze)

3 Kleinbusse

a) Jule und Tim überlegen, ob es noch andere Möglichkeiten gibt, jeweils gleich viele Personen zu transportieren. Sind ihre Lösungen richtig? Begründe deine Antwort.

①  und 

②  und 

③  und 

④  und 

b) Finde weitere Möglichkeiten.

2 Arbeitet zu zweit.
Von 1949 bis 1990 war Deutschland in die beiden Staaten BRD und DDR geteilt.
Damals gab es zwei verschiedene Währungen mit einem festen Wechselkurs.
Folgende Münzbeträge hatten im Juni 1990 den gleichen Wert:

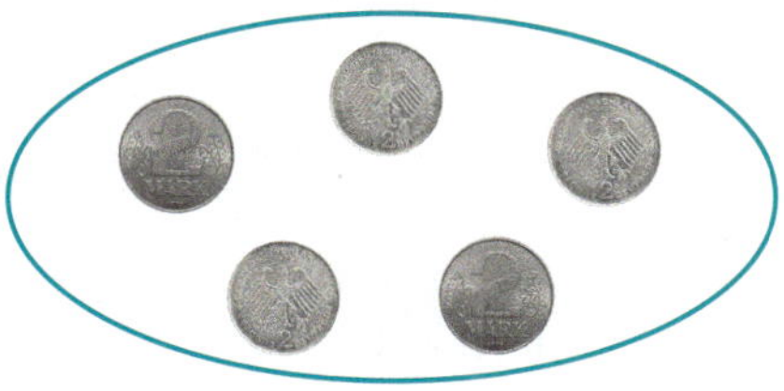 = 

Zu welchem Wechselkurs konnte man 1990 eine Deutsche Mark aus der BRD in Mark der DDR umtauschen? Erklärt, wie ihr dabei vorgeht.

SCHON GEWUSST?
Die oberen Münzen gab es in der BRD und die unteren Münzen in der DDR.

3 Arbeitet in Gruppen.
Die Balkenwaage ist im Gleichgewicht, wenn das Gewicht auf der linken Schale genauso groß ist wie das Gewicht auf der rechten Schale.
Stellt euch vor, so viele Pakete und Kugeln wie möglich auf die Waage zu legen.
Die Waage muss im Gleichgewicht bleiben.
Erklärt euer Vorgehen.

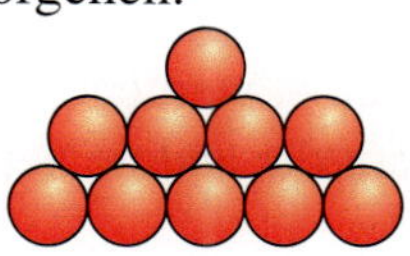

Verstehen

Bisher wurden Gleichungen durch systematisches Probieren oder Rückwärtsrechnen gelöst. Es gibt aber auch eine rechnerische Methode zum Lösen von Gleichungen.

Beispiel 1

Die Balkenwaage ist im Gleichgewicht. Sie ist mit Gewichten und jeweils gleich schweren Paketen beladen. Die Waage bleibt im Gleichgewicht, wenn man auf beiden Seiten gleich schwere Dinge dazulegt oder wegnimmt. Gesucht ist das Gewicht von einem Paket.

Handlung	Darstellung am Modell	Gleichung
von beiden Seiten 10 g wegnehmen	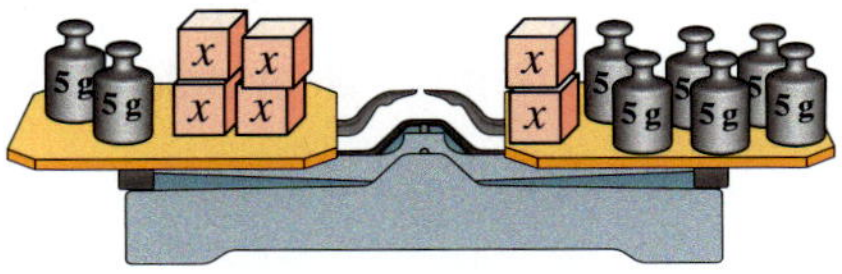	$10 + 4x = 2x + 30$ Rechenoperation: -10 $10 - 10 + 4x = 2x + 30 - 10$
auf beiden Seiten 2 Pakete wegnehmen	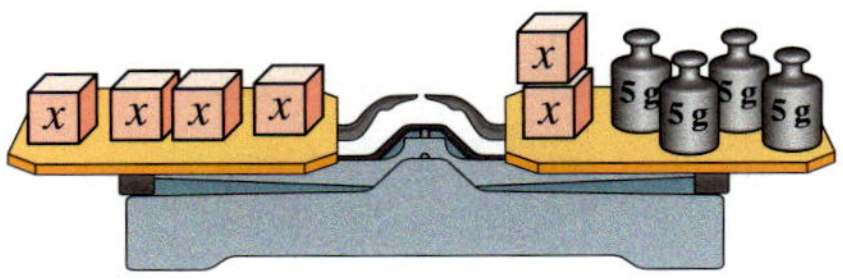	$4x = 2x + 20$ Rechenoperation: $-2x$ $4x - 2x = 2x - 2x + 20$
auf beiden Seiten das Gewicht halbieren	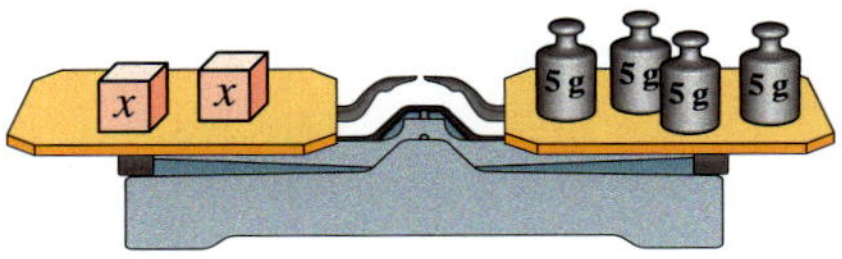	$2x = 20$ Rechenoperation: $:2$ $\frac{2x}{2} = \frac{20}{2}$
Ein Paket wiegt 10 g.	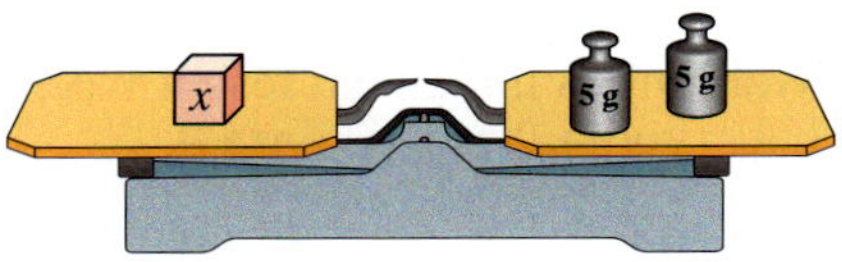	$x = 10$ **Probe** $10 + 4 \cdot 10 = 2 \cdot 10 + 30$ w. A.

TIPP
*Überprüfe mithilfe der **Probe**, ob deine Lösung zu einer wahren Aussage führt.*

HINWEIS
Beim Umformen von Gleichungen notiert man die durchgeführten Äquivalenzumformungen hinter einem senkrechten Strich.

Merke Eine Gleichung kann man umformen, indem man **auf beiden Seiten**
- den gleichen Term addiert,
- den gleichen Term subtrahiert,
- mit dem gleichen Term ($\neq 0$) multipliziert,
- durch den gleichen Term ($\neq 0$) dividiert.

Diese Umformungen heißen **Äquivalenzumformungen**.
Die Lösung der Gleichung wird durch eine Äquivalenzumformung nicht geändert.

Beispiel 2

$4z - 8 = 2{,}5z + 10 \quad | +8$

$4z - 8 + 8 = 2{,}5z + 10 + 8$

$4z = 2{,}5z + 18 \quad | -2{,}5z$

$4z - 2{,}5z = 2{,}5z - 2{,}5z + 18 \quad |$

$1{,}5z = 18 \quad | \cdot 2$

$1{,}5z \cdot 2 = 18 \cdot 2$

$3z = 36 \quad | :3$

$\frac{3z}{3} = \frac{36}{3}$

$z = 12$

Probe $4 \cdot 12 - 8 = 2{,}5 \cdot 12 + 10$ w. A.

Auf der Waage wurde so umsortiert, dass auf einer Schale ein Paket liegt und auf der anderen Schale die Gewichte. Somit konnte die Lösung direkt abgelesen werden.

Merke Eine Gleichung kann durch Äquivalenzumformungen gelöst werden, indem man alle Variablen auf eine Seite der Gleichung bringt und alle Zahlen auf die andere Seite.

Üben und anwenden

1 Notiere zu jeder Waage die zugehörige Gleichung.
Welche Äquivalenzumformungen wurden zwischen den einzelnen Schritten durchgeführt? Beschreibe genau.

①
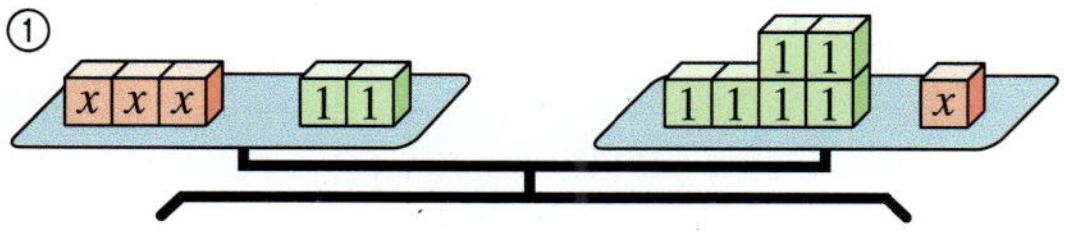

②
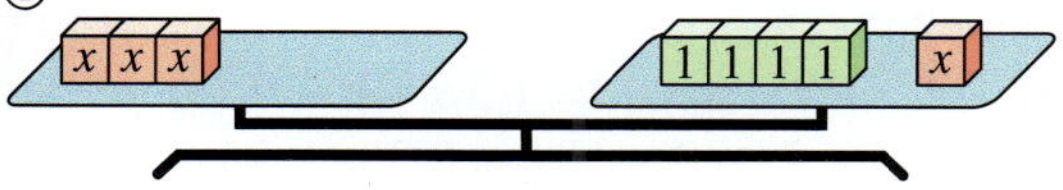

③
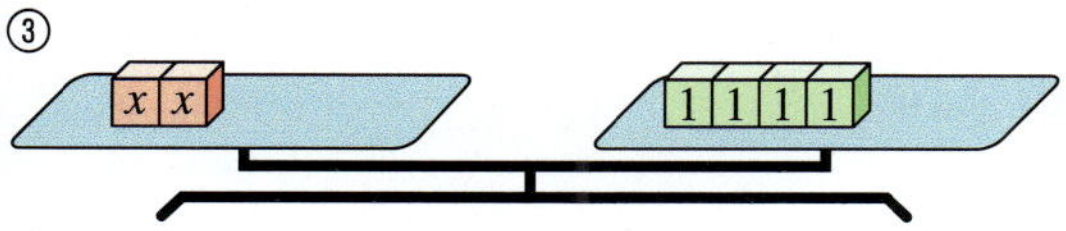

④
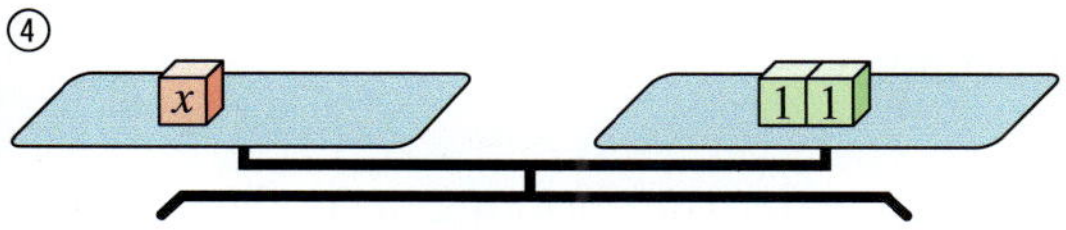

2 Löse die Gleichung. Die erste Äquivalenzumformung ist bereits angegeben.

a) $6 = 2a + 4 \quad | -4$
b) $3b - 5 = 10 \quad | +5$
c) $2c - 12 = 5c \quad | -2c$
d) $5 - d = 9d \quad | +d$
e) $4e = 24 \quad | :4$
f) $0{,}5f = 7 \quad | \cdot 2$
g) $3g + 12 = 21 \quad | -12$
h) $0{,}2h + 3 = 1 \quad | -3$

3 Löse die Gleichungen.
Führe anschließend die Probe durch.

a) $4 = 2a - 8$
b) $b + 7 = 23$
c) $5c + 10 = 25$
d) $3d + 9 = 18$
e) $7 = 24 + e$
f) $25 = 0{,}5f + 5$
g) $4(5 - g) = 6g$
h) $0{,}5(2 + h) = 5$

1 Notiere zu jeder Waage die zugehörige Gleichung.
Finde heraus, welche Äquivalenzumformung zwischen den einzelnen Schritten durchgeführt wurden.

①
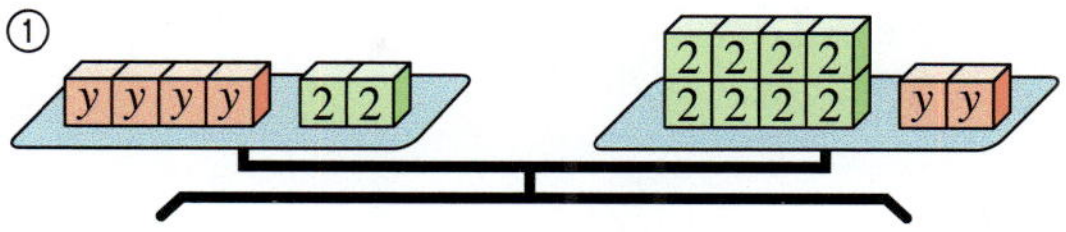

②
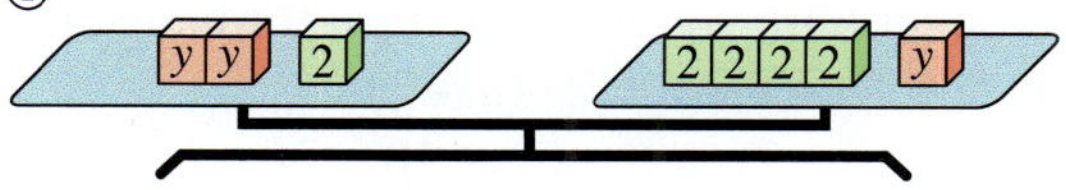

③
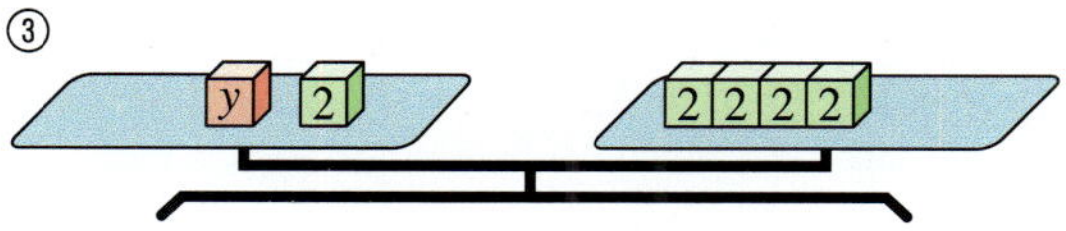

④
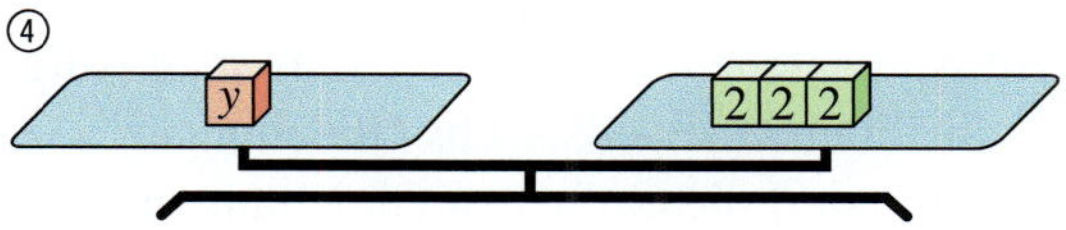

2 Löse die Gleichung. Kontrolliere deine Lösung mithilfe der Probe. Die erste Äquivalenzumformung ist bereits angegeben.

a) $2a + 3{,}5 = a - 6{,}5 \quad | -3{,}5$
b) $7b - 3 = 6b - 1{,}7 \quad | +1{,}7$
c) $1{,}5c + 7 = -5{,}5c + 3 \quad | -1{,}5c$
d) $-4d + 3 = -2d + 9 \quad | +4d$
e) $12(e + 2) = 6(3e - 1) \quad | :6$
f) $0{,}2f + 0{,}4 = 0{,}5f - 0{,}1 \quad | -0{,}2f$
g) $64g - 48 = 8g + 8 \quad | -8g$

3 Löse die Gleichungen.
Führe anschließend die Probe durch.

a) $-3 + a = 3{,}5a - 8$
b) $2b - 7{,}5 = 8{,}5 + b$
c) $1{,}5c + 10 = 25$
d) $4d + 9 = 34 - d$
e) $-2e + 7 = 24 - e$
f) $25 = 0{,}5(f + 2{,}5)$
g) $10 - 2g = 18g$
h) $4 + 0{,}5h = -6$

LÖSUNGEN ZU 3
Zwei Lösungen bleiben übrig. Finde dazu eine passende Gleichung.
40; 6; −3; 16; 8; 3; −17; 3; 2; 0

4 Schreibe als Gleichungen mit den zugehörigen Äquivalenzumformungen auf. Welches Ergebnis erhältst du?

a) Auf einer Waage im Gleichgewicht liegen links zwei gleich große Stücke Käse und 100 g. Rechts liegen 500 g. Man nimmt auf beiden Seiten 100 g weg. Dann halbiert man das Gewicht auf beiden Seiten.
b) Auf der Waage im Gleichgewicht liegen links zwei 2-€-Münzen und 35 g. Rechts liegen vier 2-€-Münzen und 18 g. Man nimmt auf beiden Seiten erst 18 g und danach zwei 2-€-Münzen weg. Dann halbiert man das Gewicht auf beiden Seiten.

TIPP
Zeichne zuerst.

5 Welche Äquivalenzumformungen wurden jeweils durchgeführt?

a) $25a - 45 = 10a + 5 \mid$
$\quad 5a - 9 = 2a + 1$

b) $3x - 5 = 4 + x \mid$
$\quad 9x - 15 = 12 + 3x$

c) $-3e + 15 = 2e - 9 \mid$
$\quad -3e + 24 = 2e$

5 Forme die Gleichung um, bis du die Lösung direkt ablesen kannst.

a) $2 \cdot (p + 45) = 40 - 4p \mid$
$\quad p + 45 = 20 - 2p$

b) $3{,}5d - 5 = 1{,}5d + 5 \mid$
$\quad 2d - 5 = 5$

c) $0{,}5s - 5 = 4s + 2{,}5 \mid$
$\quad -5 = 3{,}5s + 2{,}5$

HINWEIS
Wenn beim Vereinfachen einer Gleichung auf beiden Seiten des Gleichheitszeichens derselbe Term steht, dann ist die Gleichung für alle x erfüllt.
Beispiel:
$2x + 3 = 2x + 3$

6 Vereinfache die Gleichungen.
Löse mithilfe von Äquivalenzumformungen.

a) $2 + 2a + 4 - a = 2 \cdot (a + 2)$
b) $b - 10 + 2b = 6 + 5b - 16 - 2b$
c) $3c + 6 - 2c = 4 + 5 \cdot (2 + c) + 4c$
d) $d - 1{,}5 + 2d = 2d - (3 + d) - d + 3$

6 Bestimme jeweils die Lösung der Gleichungen.

a) $0{,}1a + 9 + a - 11 = 1{,}3a + 9 - 0{,}3a - 10$
b) $5 \cdot (b + 2) - 9 - 10b = 0{,}3 \cdot (1{,}4b - 1{,}4b)$
c) $0{,}1 \cdot (109 + 11c) = 0{,}1 \cdot (-3c + 6 + 4c - 7)$
d) $\frac{3}{8}d + \frac{3}{4} - \frac{1}{4}d = 5 \cdot \left(\frac{1}{8}d + \frac{1}{4}\right) + \frac{1}{2}(1 + d)$

7 Arbeitet zu zweit.
Mit Äquivalenzumformungen kann man Aufgaben erfinden.

1. Sucht euch jeweils sechs Gleichungen aus.
2. Verändert die einfachen Gleichungen mithilfe von Äquivalenzumformungen so, dass man den Wert der Variablen nicht mehr erkennen kann.
3. Tauscht die veränderten Gleichungen untereinander aus.
4. Lass die Gleichungen von deinem Partner oder deiner Partnerin lösen.

$x = 7$ | $x = -2$ | $x = 5$ | $x = 0$ | $-10 = x$ | $x = 0{,}2$
$x = -1$ | $x = -\frac{2}{5}$ | $1{,}5 = x$ | $x = 12$ | $\frac{1}{3} = x$ | $-0{,}5 = x$

8 Welche Gleichung ist durch Äquivalenzumformungen aus der Gleichung $4x - 6 = 10$ entstanden?
Erkläre deine Umformungen.

a) $8x - 6 = 10$
b) $4x = 4 - 4x$
c) $-6 = 10 - 4x$
d) $-6 = 10 - 8x$
e) $8x - 12 = 10 - 4x$
f) $x = 4$
g) $2 \cdot (4x - 6) = 2 \cdot (5 - 2x)$

8 Welche Gleichung hat dieselbe Lösung wie $5x - 6 = -10x - 3$?
Prüfe mithilfe von Äquivalenzumformungen.
Beschreibe dein Vorgehen.

a) $10x - 12 = 20x - 6$
b) $15x = 3$
c) $7x - 7 = -8x - 4$
d) $5x = 3 - 10x$
e) $5x = 10x - 3$
f) $x = 0{,}2$
g) $-5x - 1{,}5 = 2{,}5x - 3$

9 Alina, Benjamin, Chantal und Denzil haben an der Tafel Aufgaben gerechnet.
Prüfe, ob sie alles richtig gemacht haben, und korrigiere falls nötig.
Schreibe bei jedem Fehler auf, was falsch gemacht wurde.

Alina	Benjamin	Chantal	Denzil
$3x + 5 = 5x - 3 \mid -5$	$6 - 2 \cdot (y + 5) = 6 + 6y \mid -6$	$3(z - 7) = -z + 9 \mid -9$	$0{,}5(v - 8) = 5v + 4$
$3x = x - 3 \mid -x$	$2 \cdot (y + 5) = 6y$	$3z - 21 - 9 = -z \mid -3z$	$0{,}5v - 4 = 5v + 4 \mid -4$
$2x = 1 - 3$	$2y + 5 = 6y \mid -2y$	$-21 - 9 = -z - 3z$	$0{,}5v - 4 = 5v \mid -0{,}5v$
$2x = -2 \mid :2$	$5 = 4y \mid :4$	$-30 = -4z \mid :(-4)$	$4 = 5v \mid :5$
$x = 1$	$1{,}25 = y$	$-34 = z$	$0{,}8 = v$

Sachaufgaben systematisch lösen

Entdecken

1 Im Technikunterricht wurden für die Herstellung von Fensterbildern aus je einem Stück Schweißdraht geometrische Figuren gebogen. Jeder Schweißdrahtstab ist 600 mm lang.
Meike, Daniel und Doro unterhalten sich über ihre Ergebnisse:
Daniel: „Mein Rechteck ist doppelt so breit wie hoch."
Meike: „Ich habe ein gleichschenkliges Dreieck gebogen.
Die Grundseite ist 120 mm lang."
Doro: „Meine Figur ist ein Parallelogramm.
Die Seitenlängen unterscheiden sich um 30 mm."
Finde heraus, welche Maße die Figuren haben. Gibt es mehrere Möglichkeiten?

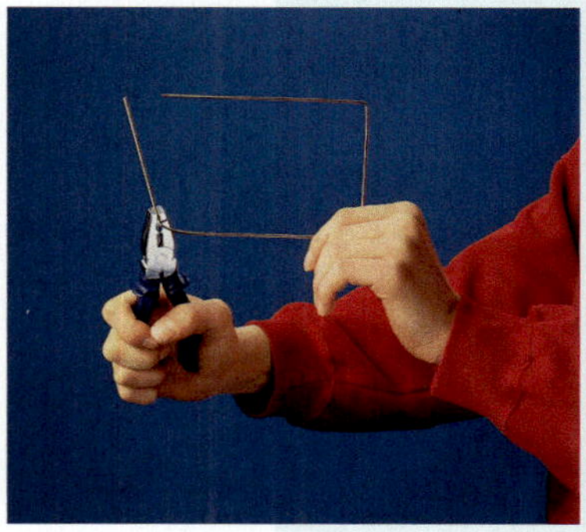

2 Bearbeitet die Aufgaben in Gruppen.

① 

② Lisa biegt ein gleichschenkliges Dreieck aus 70 cm Draht. Die beiden Schenkel sind 5 cm länger als die Basis.

③ Christians Opa wird 70 Jahre alt. Bei Christians Geburt war er doppelt so alt, wie Christian heute ist.

④ Tim fährt 5 $\frac{\text{km}}{\text{h}}$ schneller als Bibi. Nach 70 Minuten ist er doppelt so weit gefahren wie Bibi.

$$2 \cdot (x + 5) = 70 - x$$

⑤ Frau Mühl und Herr Mei machen eine 70 km lange Wanderung. Frau Mühl legt pro Tag 5 km mehr zurück als Herr Mei. Nach zwei Tagen hat Frau Mühl noch so viel zu laufen, wie Herr Mei an einem Tag wandert.

⑥ Ein T-Shirt ist 5 € teurer als ein Schal. Marga hat 70 €. Nachdem sie zwei T-Shirts gekauft hat, bleibt noch genau so viel übrig, dass sie einen Schal kaufen kann.

⑦ Man erhält das gleiche Ergebnis, wenn man von 70 eine Zahl abzieht oder wenn man die um fünf vermehrte Zahl verdoppelt.

a) Welche Aufgaben können mithilfe der Gleichung $2 \cdot (x + 5) = 70 - x$ gelöst werden?
b) Schreibt zu drei Aufgaben aus a) auf, wofür die Variable x steht.
c) Was ändert sich bei ①, wenn die Gleichung $3 \cdot (x + 5) = 70 - x$ heißt?
Untersucht, wie sich weitere Änderungen auswirken.

3 Opa Karl-Heinz verspricht seinem Enkelsohn Maurice, ihm für jede richtig gelöste Mathematikaufgabe 50 Cent für die Spardose zu geben. Allerdings muss Maurice für jede fehlerhafte Aufgabe 30 Cent zurückzahlen.
Nachdem Maurice 25 Aufgaben gelöst hat, erhält er von seinem Opa 3,70 € für die Spardose.
a) Wie viele Aufgaben hat Maurice richtig gerechnet?
Finde die Lösung z. B. durch Probieren.
b) Erfinde eine ähnliche Aufgabe und löse sie.
Tausche deine Aufgabe ohne Lösung mit einer Partnerin oder einem Partner. Kontrolliert euch gegenseitig.

Verstehen

In der Tageszeitung findet Denzil dieses Preisrätsel:

Preisfrage:
Herr Ott ist heute 4-mal so alt wie seine Enkelin Sarah. Vor 10 Jahren war er sogar 10-mal so alt wie sie. Wie alt sind Sarah und ihr Großvater?

Gemeinsam mit Aika löst Denzil die Aufgabe Schritt für Schritt.

	Sachproblem	**Mathematik**
1. Variable festlegen	Die Informationen in der Aufgabe beziehen sich alle auf das Alter von Sarah heute. Also wird für ihr Alter die Variable festgelegt. Alter von Sarah heute:	x
2. Terme bilden	Ausgehend von der festgelegten Variable x ergeben sich aus dem Rätseltext folgende Terme: Alter von Herrn Ott heute: Alter von Herrn Ott vor 10 Jahren: Alter von Sarah vor 10 Jahren:	 $4x$ $4x - 10$ $x - 10$
3. Gleichung aufstellen	Herr Ott war vor 10 Jahren 10-mal so alt wie Sarah:	$4x - 10 = 10 \cdot (x - 10)$

4. Gleichung lösen

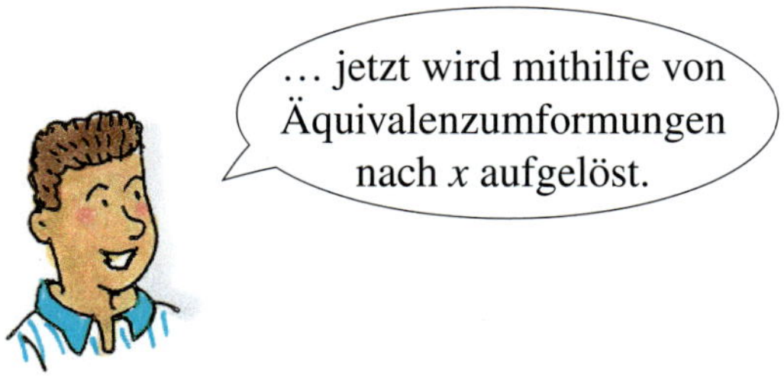

$$
\begin{aligned}
4x - 10 &= 10 \cdot (x - 10) \\
4x - 10 &= 10x - 100 \quad | + 100 \\
4x - 10 + 100 &= 10x - 100 + 100 \\
4x + 90 &= 10x \quad | - 4x \\
4x - 4x + 90 &= 10x - 4x \\
90 &= 6x \quad | : 6 \\
\tfrac{90}{6} &= \tfrac{6}{6}x \\
15 &= x
\end{aligned}
$$

5. Lösung prüfen

Probe am Sachproblem
Sarahs Alter heute: 15 Jahre
Sarahs Alter vor 10 Jahren: 5 Jahre
Herrn Otts Alter heute: 60 Jahre
Herrn Otts Alter vor 10 Jahren: 50 Jahre
Herr Ott war also 10-mal so alt wie Sarah.

Probe durch Einsetzen

$$
\begin{aligned}
4 \cdot 15 - 10 &= 10 \cdot (15 - 10) \\
60 - 10 &= 10 \cdot 5 \\
50 &= 50 \quad \text{w. A.}
\end{aligned}
$$

6. Antwort formulieren

Sarah ist heute 15 Jahre alt und ihr Großvater ist 60 Jahre alt.

Merke Sachprobleme kann man mit dem **Sechs-Schritte-Verfahren** nach folgender Reihenfolge lösen:

1. Variable festlegen
2. Terme bilden
3. Gleichung aufstellen
4. Gleichung lösen
5. Lösung prüfen
6. Antwort formulieren

Üben und anwenden

1 Ordne jeder Aussage einen passenden Term zu. Denke dir zu zwei übrigen Termen eine Aussage aus.

a) die 3-fache Menge
b) Die Fläche wird um $40\,m^2$ kleiner.
c) Die Länge halbiert sich.
d) Julia ist 12 Jahre älter.
e) Der doppelte Preis wird um 3 € reduziert.
f) Zur halben Anzahl kommen 5 dazu.

$2(x+5)+5$ $5x-2$ $2x-3$ $3x$ $x-40$ $x+12$

2 Erkläre, wofür die Variable steht.
Stelle eine Frage und beantworte sie.

a) Alter von Kims Schwester: $a + 2$
Kims Schwester ist 17 Jahre alt.
b) Alter von Lisas Bruder: $b - 3$
Lisas Bruder ist 11 Jahre alt.
c) Alter von Mikes Mutter: $44 - c$
Mike ist 31 Jahre jünger als seine Mutter.
d) Alter von Noras Vater: $d + 33$
Noras Vater ist 44 Jahre alt.

3 Finde zu den Gleichungen die passende Aussage.
Löse die Gleichung.
Überprüfe dein Ergebnis mit einer Probe und formuliere einen Antwortsatz.

① $3x + 0{,}2 = 5$ ② $x = 5 \cdot 70$ ③ $3x + 5 = 20$ ④ $5x = 70$

a) 5 Eintrittskarten kosten 70 €.
Wie viel kostet eine Eintrittskarte?
b) Julia kauft 3 kg Mehl. Sie bezahlt mit 5 € und erhält 20 ct Wechselgeld.
Wie viel kostet 1 kg Mehl?
c) Tarek transportiert in 5 Fuhren jeweils 70 kg Kies.
Wie viel Kies transportiert er insgesamt?
d) Drei Eimer Farbe und 5 kg Gips wiegen zusammen 20 kg.
Wie viel wiegt ein Eimer Farbe?

1 Ordne den Aussagen einen passenden Term zu. Denke dir zu den übrigen Termen eine Realsituation aus.

a) vor 40 Jahren
b) Ein Drittel der Fläche wächst um $4\,m^2$.
c) Die 5 m längere Strecke wird halbiert.
d) Der 5-fache Preis wird um 3 € verringert.
e) Addiere zum Doppelten der um 5 vergrößerten Zahl noch 5 hinzu.

$\frac{1}{3}x+4$ $\frac{1}{2}x+5$ $\frac{1}{3}(x+4)$ $5x-3$ $\frac{1}{2}x$ $\frac{1}{2}(x+5)$

2 Wofür steht jeweils die Variable?
Stelle eine Frage und beantworte sie.

a) Alter von Karims Schwester: $a + 2{,}5$
Karims Schwester ist 18 Jahre alt.
b) Alter von Leos Bruder: $\frac{1}{2}b - 3{,}5$
Leos Bruder ist 4,5 Jahre alt.
c) Alter von Mias Mutter: $4(c - 1)$
Mia ist 35 Jahre jünger als ihre Mutter.
d) Alter von Nikos Vater: $2 \cdot (d + 15)$
Nikos Vater ist 5-mal so alt wie Nikos.

3 Ordne jeder Gleichung die passende Aussage zu. Stelle eine Frage und gib jeweils die Lösung an.

① $x + 58 = 2x - 5$ ② $\frac{1}{3}x = 2 - x$ ③ $2(x+5) = 58$ ④ $\frac{1}{3}(x+2) = x$

a) Das PC-Spiel kostet 58 €.
Die Zwillinge Kai und Uwe müssen je 5 € zu ihrem Taschengeld dazulegen.
b) Chris hat ein Drittel der Kekse aufgegessen. Es sind nur noch zwei Kekse übrig.
c) Julia kommt auf ihrem 2 km langen Schulweg am Park vorbei. Danach muss sie noch $\frac{1}{3}$ der Strecke zurücklegen, die sie bis dahin schon gelaufen ist.
d) Jason macht auf dem Heimweg insgesamt 58 Minuten Pause.
Damit ist er 5 Minuten weniger als das Doppelte der normalen Zeit unterwegs.

4 Löse die drei Textaufgaben mit dem Sechs-Schritte-Verfahren.

a) Ordne den Textaufgaben die am besten geeignete Variable zu. Begründe deine Wahl. Welche Variablen sind nicht sinnvoll? Begründe deine Antwort.

① Bei einem Ausflug wandert Jan 15 km. „Noch 1 km mehr und wir wären doppelt so weit gewandert wie beim letzten Mal“, denkt Jan.

② Drei Schulhefte kosten genauso viel wie zwei blaue Tintenschreiber. Ein Tintenschreiber ist 60 ct teurer als ein Schulheft.

③ Meike möchte ihre Haare wachsen lassen. Sie sind 24 cm lang. „In einem halben Jahr sind sie doppelt so lang wie vor 9 Monaten“, denkt Meike.

- x: heute gewanderte Strecke
- x: Kilometer
- x: Schulheft
- x: Preis eines Tintenschreibers in €
- x: Meikes Haare vor 9 Monaten
- x: monatliches Haarwachstum von Meike in cm
- x: zuletzt gewanderte Strecke in km
- x: Preis eines Schulheftes in €
- x: Gesamtpreis
- x: Meikes Haarlänge in cm
- x: Meikes Haarlänge in cm nach 6 Monaten
- x: doppelte Strecke

b) Welche Gleichungen passen zu den Textaufgaben? Gib jeweils an, wofür die Variable steht. Begründe deine Antwort.

① $x + 1 = 2x$ ② $0{,}5x = 16$ ③ $x + 6 = 2 \cdot (x - 9)$ ④ $24 + 6x = 2 \cdot (24 - 9x)$

⑤ $2x = 3x + 60$ ⑥ $2x = 16$ ⑦ $3x = 2 \cdot (x + 0{,}6)$ ⑧ $2 \cdot (x + 60) = 3x$

c) Gib die Lösung der Textaufgaben an.

5 Finde zu den Termen passende Aussagen.

a) $2x$ b) $x + 25$

c) $x - 68$ d) $3x + 20$

5 Übersetze die Terme in Aussagen.

a) $2x - 6$ b) $2 \cdot (x + 30)$

c) $2x - (68 + x)$ d) $0{,}5 \cdot (3x + 20)$

6 Welche Zahl wird doppelt (3-mal, 6-mal) so groß, wenn man 10 addiert? Welche Zahl halbiert sich, wenn man 10 subtrahiert?

6 Das Dreifache einer Zahl ist so groß wie das Doppelte des Nachfolgers. Das Doppelte einer Zahl ist so groß wie das Dreifache des Vorgängers.

7 Familie Wildknecht ist von einer Eigentumswohnung in ein Haus mit Garten umgezogen. Berechne mithilfe des Sechs-Schritte-Verfahrens.

a) Das Wohnzimmer im neuen Haus ist doppelt so groß wie das Schlafzimmer. Der Unterschied beträgt 14 m².

b) $\frac{5}{7}$ des Grundstücks sind Gartenfläche. Der Rest ist 120 m² groß.

c) Beim Anstrich des Kinderzimmers wurde 3-mal so viel weiße wie hellgrüne Farbe verbraucht. Zusammen waren es 16 l.

d) Für die alte Eigentumswohnung erhielten die Wildknechts $\frac{4}{5}$ vom Kaufpreis des neuen Hauses. Sie mussten für das neue Haus 45 000 € zusätzlich aufbringen.

e) Diele und Küche wurden mit Bodenfliesen gefliest. Insgesamt sind 75 Fliesen verlegt worden. Für die große Küche wurden 4-mal so viele Fliesen benötigt wie für die Diele.

Methode: Ungleichungen lösen

Moderne LED-Lampen verbrauchen nur einen Bruchteil des Stroms, den die alten Glühbirnen verbrauchen. Dafür kostet die modernere Variante auch mehr. So kostet eine 40-Watt-Glühbirne nur 0,89 €, während eine vergleichbar helle LED-Lampe 7,29 € kostet und dafür nur 8 Watt verbraucht. Wie lange müsste die LED-Lampe mindestens leuchten, um ihre Anschaffungskosten wieder einzusparen? Strom in der Stärke von einem Watt kostet in etwa 0,02 Cent pro Stunde.
Dieses Problem lässt sich mit einer Ungleichung lösen.

Gegeben: Kosten bei einer Stunde Leuchtdauer: 0,8 Cent (Glühbirne) und 0,16 Cent (LED).
Kaufpreis: 89 Cent (Glühbirne) und 7,29 € = 729 Cent (LED).
Gesucht: Mindestleuchtdauer x, ab der die Verwendung der LED-Lampe günstiger ist.
Rechnung: $0{,}8x + 89 > 0{,}16x + 729$

Werden zwei Terme durch ein Verhältniszeichen $(<; \le; >; \ge)$ miteinander verbunden, so entsteht eine **Ungleichung**.
Man kann eine Ungleichung mit denselben Äquivalenzumformungen lösen wie lineare Gleichungen. Beachten muss man nur die **Multiplikation und Division mit negativen Zahlen**. In solch einem Fall dreht sich das Verhältniszeichen um.

Beispiel

$$
\begin{aligned}
0{,}8x + 89 &> 0{,}16x + 729 && \mid -(0{,}8x)\\
89 &> (0{,}64)x + 729 && \mid -729\\
-640 &> (-0{,}64)x && \mid :(-0{,}64)\\
1\,000 &< x
\end{aligned}
$$

Nach mehr als 1 000 Stunden Leuchtdauer (das entspricht etwa einem Jahr) lohnt sich die Anschaffung einer LED-Lampe.

HINWEIS
Die Verhältniszeichen bedeuten:
$<$ *„kleiner“;*
$\le$ *„kleiner oder gleich“;*
$>$ *„größer“;*
$\ge$ *„größer oder gleich“.*

Die Lösung einer Ungleichung ist keine einzelne Zahl, sondern eine ganze Menge von Zahlen (die **Lösungsmenge**). So enthält die Lösungsmenge aus dem Beispiel alle Zahlen, die größer als 1 000 sind.

1 Stelle folgende Aussage als Ungleichung dar.
„Ein gleichseitiges Dreieck hat einen Umfang von höchstens 21 cm.“

2 Denke dir Aussagen aus, die die Ungleichungen beschreiben.
a) $x > y$ **b)** $y \le x$ **c)** $100 - x \ge 0$ **d)** $x + 5 < 4x$

3 Marta möchte ein Bücherpaket an ihre beste Freundin nach Düsseldorf verschicken. Damit der Versand nicht zu teuer wird, darf das Paket höchstens 10 kg wiegen. Wie viele Bücher kann sie maximal verschicken, wenn ein Buch 700 g und die Verpackung 300 g wiegen?

4 Löse die Ungleichungen.
a) $x > 2x + 1$
b) $x + 9 < 2x$
c) $-a - 6 \ge -9$
d) $99x + 1 < 12$
e) $49y + 7 \le 105$
f) $97 + 3 - 12t \ge 1 - 3t$

5 Überlege zusammen mit deinem Lernpartner, welche Probleme ihr aus dem Alltag mit Ungleichungen beschreiben könnt.
Schreibt zwei dieser Probleme als Ungleichungen und löst diese anschließend.

Klar so weit?

→ Seite 38

Gleichungen aufstellen

1 Entscheide, ob es sich um Gleichungen handelt. Begründe deine Antwort.

a) $x + 2x - 5 \cdot (x + 7)$ **b)** $z = 8$
c) $e - 45 + 2e = 0$ **d)** $y + 9 - 2y + 1$
e) $5w = 8w$ **f)** $23 = 5 = 17 - 12$

1 Entscheide, ob es sich um Gleichungen handelt. Begründe deine Antwort.

a) $a + 2a + 5a = 10a$ **b)** $v + 4y - 7 = 0$
c) $2x + 1 = 4x = 23$ **d)** $1 + b = 5 + b$
e) $4{,}7y - 1{,}1y = 6y$ **f)** $7 = 5c = 1{,}2$

2 Überprüfe durch Einsetzen, ob die Variable zu einer wahren Aussage führt.

a) $2x + 5 = 3$ $x = -4$
b) $25 - 2x = 29$ $x = 2$
c) $-5x + 35 = 20$ $x = -3$
d) $45 = 3x + 3$ $x = 13$
e) $100 - x = 9x$ $x = 10$
f) $-2x + 4 = 2(x + 2)$ $x = 0$
g) $\frac{1}{7}(40 - x) = -x$ $x = -9$

2 Für welche Variable liefert die Gleichung eine wahre Aussage?

a) $2x - 5 = 3x$ $x = 5$ oder $x = -5$
b) $2x = 1{,}5x + 4$ $x = 4$ oder $x = 8$
c) $-(6 + x) = 2x$ $x = -2$ oder $x = 2$
d) $\frac{1}{2}(10 + x) = \frac{4}{3}x$ $x = 3$ oder $x = 6$
e) $3x - 4 = -(1 + 3x)$ $x = 1$ oder $x = 0{,}5$
f) $2(x - 100) = -(x + 197)$ $x = 1$ oder $x = -1$
g) $-5(x + 17) = -(97 + x)$ $x = -3$ oder $x = 3$

3 Welche Gleichungen werden dargestellt?

a)

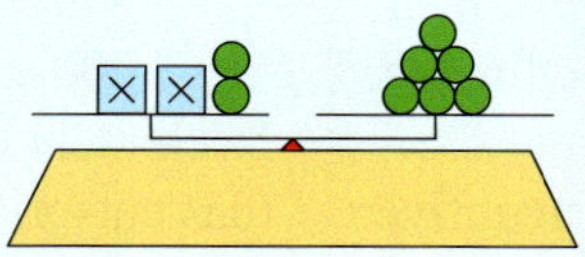

b)

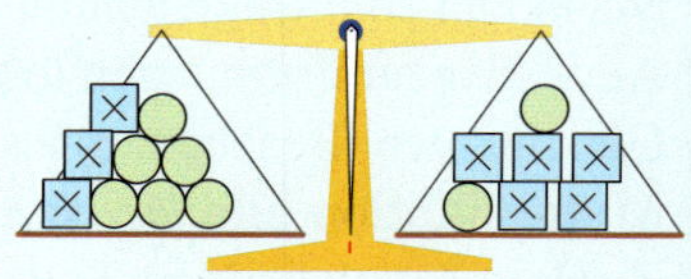

→ Seite 42

Gleichungen lösen

4 Bei welchen Gleichungen ist die Lösung direkt ablesbar? Begründe.

a) $x = 5$
b) $y + 1 = 0$
c) $6u = 12$
d) $56 = 6v + 5v$
e) $z = 3 + 3$
f) $13{,}5 = w$

4 Lies die Lösung direkt ab, forme die Gleichung um falls nötig.

a) $0{,}5x = 8$
b) $3y = 3y$
c) $u = 146{,}34$
d) $0{,}5 + v = 6 - 3$
e) $3{,}7z = 0$
f) $2 + 7{,}9 = -3w + 4w$

5 Notiere die passende Gleichung zur Waage. Führe die angegebenen Äquivalenzumformungen durch und gib den Wert der Variable an.

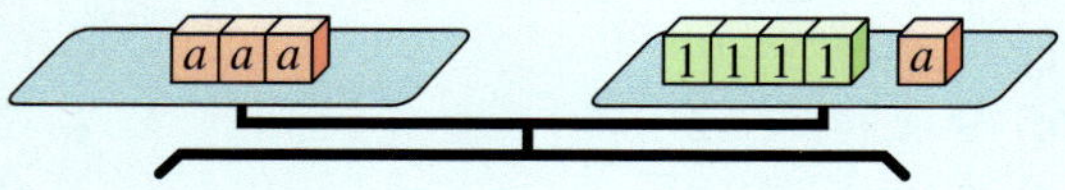

a) Nimm auf beiden Seiten 1 a weg.
Teile danach durch 2.

b) Lege auf jeder Seite 1 a dazu.
Nimm anschließend auf jeder Seite die Hälfte weg.
Nimm auf beiden Seiten 1 a weg.

5 Notiere, welche Gleichung dargestellt wird und schreibe die Anweisungen als Äquivalenzumformungen. Gib die Lösung an.

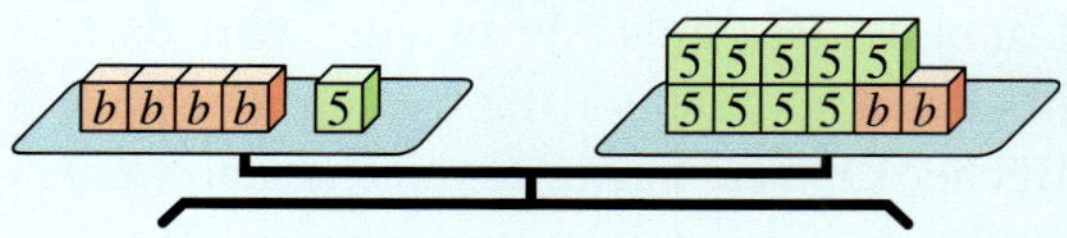

a) Nimm auf beiden Seiten erst 5 und dann 2 b weg. Dividiere jetzt auf beiden Seiten durch 2.

b) Lege auf beiden Seiten 5 dazu. Nimm dann auf beiden Seiten die Hälfte weg. Nimm nun je 1 b und danach 5 weg.

6 Löse die Gleichungen mithilfe von Äquivalenzumformungen.

a) $4a + 5 = 17$
b) $50 - 7b = 29$
c) $c + 5 = 3c - 3$
d) $3d + 2 = 9 + d$
e) $-e + 9 = 6$

6 Gib die Lösung der Gleichungen an.

a) $3a + 5 = 21 - a$
b) $5{,}5 + 3b = 14{,}5$
c) $c + 5 = 3c + 3{,}6$
d) $3{,}5d + 2 = 4{,}5 + d$
e) $3e - 4 = -(e + 18)$
f) $20f - 3 = -0{,}9 - f$

7 Wie hat Cem umgeformt?

$3x - 8 = 31 - 10x \quad | + ■$
$■x - 8 = 31 \quad | + 8$
$13x = ■ \quad | ■$
$x = ■$

7 Wie hat Asli umgeformt?

$0{,}5x + 6 = 2x + 5{,}25 \quad | ■$
$6 = ■x + 5{,}25 \quad | ■$
$0{,}75 = ■ \quad | ■$
$x = ■$

Sachaufgaben systematisch lösen

→ Seite 46

8 Ordne den Aussagen den passenden Term zu.

a) die doppelte Menge
b) 12 g mehr
c) ziehe 3 davon ab
d) 5 l weniger
e) 3 Jahre jünger
f) 5 € teurer
g) ziehe es von 3 ab
h) der dritte Teil

① $x + 12$ ② $x - 3$ ③ $\frac{1}{3}x$ ④ $3 - x$ ⑤ $x - 3$ ⑥ $x + 5$ ⑦ $x - 5$ ⑧ $2 \cdot x$

9 Stelle zu jeder Aussage eine Gleichung auf. Gib die Lösung der Gleichung an.

a) Zieht man von einer gedachten Zahl 12 ab, so erhält man 2.
b) Tom wiegt zusammen mit seinem 35 kg schweren Hund genau 100 kg.
c) Ein Drittel des gesamten Weges zur Waldhütte beträgt 7,5 km.
d) In 5 Jahren wird Tills Vater 50 Jahre alt.
e) Vor wie vielen Jahren konnte der jetzt 79-jährige Opa Friedhelm seinen 50. Geburtstag feiern?
f) Mit 650 € Miete ist die Wohnung von Familie Klapeck doppelt so teuer wie die Wohnung von Torben.

9 Stelle zu jeder Aussage eine Gleichung auf. Gib die Lösung der Gleichung an.

a) Addiert man zu einer gedachten Zahl 2, so erhält man 1,5.
b) Gülcan wiegt 54 kg. Damit ist sie 3-mal so schwer wie ihr kleiner Bruder.
c) Nach 460 km sind zwei Drittel der Fahrt in die Berge geschafft.
d) In 3,5 Jahren ist Gaby endlich volljährig.
e) Uroma wurde dieses Jahr 97 Jahre alt. Mit 86 hat sie das Autofahren aufgegeben. Vor wie vielen Jahren war das?
f) Die Mietwohnung von Familie Demir ist 3-mal so teuer wie Erkans möbliertes Zimmer. Erkans Zimmer kostet 260 €.

10 Wanda ist dieses Jahr 14 Jahre alt geworden. In 2 Jahren wird Wandas Katze „Mäuschen" so alt sein, wie Wanda vor 7 Jahren war.

a) Wie alt ist „Mäuschen" heute?
b) In wie vielen Jahren wird Wanda doppelt so alt sein wie ihre Katze?

10 Tim ist 8 Jahre älter als sein Hund „Schröder". Zusammen sind „Schröder" und Tim 22 Jahre alt.

a) Wie alt sind „Schröder" und Tim heute?
b) Vor wie vielen Jahren war Tim 3-mal so alt wie sein Hund?

Vermischte Übungen

1 Mit den Termen lassen sich verschiedene Anzahlen berechnen. Bilde aus dem richtigen Term eine Gleichung und löse die Rätsel.

① $x \cdot 5x$	② $4 \cdot x + 2 \cdot y$	③ $2 \cdot 2x$
④ $2 \cdot x$	⑤ $x \cdot (5 + 1)$	⑥ $x + 3x$

a) Auf einem Hof leben Hühner und Kühe, insgesamt 40 Tiere. Es gibt 3-mal so viele Hühner wie Kühe.
b) Auf einem anderen Hof werden 26 Flügel gezählt. Dort leben insgesamt 17 Tiere.
c) 36 Augen sehen sich um. Es gibt gleich viele Hühner und Kühe.
d) Unter den 36 Tieren sind 5-mal so viele Hühner wie Kühe. Wie viele Beine kannst du maximal auf diesem Hof zählen?

2 Die Lösungen der Gleichungen liegen zwischen 0 und 11.
Welche Zahl ist Lösung der Gleichung?
a) $52 \cdot x - 12 = 144$
b) $100 + 22 \cdot x = 188$
c) $5 \cdot x = 30$
d) $2 \cdot (x - 4) = 12$
e) $3 \cdot (x + 2) = 33$

2 Löse die Gleichungen.
Überprüfe deine Lösung durch eine Probe.
a) $6 \cdot (x + 5) = 666$
b) $9 \cdot (x - 10) = 729$
c) $125 : x = 25$
d) $2200 : x = 4$
e) $810 = 9 \cdot x - 9$
f) $679 = 7 \cdot (x - 3)$

3 Sarah besitzt einige DVDs. Zum Geburtstag bekommt sie von ihren Freunden 6 DVDs geschenkt. Nun hat sie dreimal so viele DVDs wie vorher.
Wie viele DVDs hatte sie vorher?

3 Ein Geschicklichkeitsspiel wird mit Beutel für 2,20 € verkauft.
Das Spiel ist um 2 € teurer als der Beutel.
Wie viel kostet das Spiel?
Wie viel kostet der Beutel?

4 Finde zu jeder Aussage eine passende Gleichung.
Welche Frage wird jeweils beantwortet?

④ $3 \cdot x + 2 = 20$

① $3 \cdot 5 + x \cdot 6 = 27$

② $x \cdot 1{,}5 + 2{,}5 = 17{,}5$

③ $0{,}39 \cdot x + 1 = 9{,}58$

⑤ $15 \cdot 7 + 12 \cdot 23 = x$

a) Es werden 3 Pizzen bestellt. Für die Fahrt des Pizzataxis werden 2 € berechnet.
b) Pro Kilometer Taxifahrt zahlt man 1,50 €. Die Grundgebühr beträgt 2,50 €.
c) Eine SMS kostet 0,07 € und ein Anruf 0,23 € pro Minute.
d) Eine Kinokarte kostet für Kinder 5,00 € und für Erwachsene 6,00 €.
e) Pro Fotoabzug zahlt man 39 Cent, für den Versand 1 €.

5 Beim letzten Basketballspiel hat Max doppelt so viele Körbe geworfen wie Kai. Enis erzielte 3 Körbe mehr als Kai. Zusammen erzielten die drei Freunde 31 Körbe.
a) Wie viele Körbe erzielte Kai?
b) Wie viele Körbe erzielten Max und Enis?

5 Wie alt sind die Geschwister jeweils?
a) Faruk hat zwei Schwestern:
Elin ist 12 Jahre alt und 2 Jahre jünger als er. Nadia ist 5 Jahre jünger als er.
b) Franziska hat zwei Brüder:
Anton ist 2 Jahre jünger, Till ist 4 Jahre älter als sie.
Alle zusammen sind 98 Jahre alt.

Hintereinander fahrende Autos müssen einen Sicherheitsabstand einhalten. Der Abstand ist abhängig von der Geschwindigkeit und kann mit folgender „Faustformel“ berechnet werden: Die halbe Geschwindigkeit in $\frac{km}{h}$ entspricht dem Mindestabstand in Metern.

a) Erkläre die Faustformel mit eigenen Worten.

b) Welche Sicherheitsabstände sind erforderlich?
Berechne mithilfe der Faustformel.

Geschwindigkeit in $\frac{km}{h}$	10	30	50	70	90	130	150
Sicherheitsabstand in m							

c) Mit welchen Formeln kann der Sicherheitsabstand berechnet werden?
Es gibt mehrere Möglichkeiten.
Die Variable d steht für den Sicherheitsabstand, x steht für den Wert der Geschwindigkeit.
① $d = 2x$ ② $d = 0{,}5x$ ③ $0{,}5d = 2x$ ④ $2d = 4x$ ⑤ $d = \frac{1}{2}x$

6 Frau und Herr Stein möchten mit ihren zwei Kindern 14 Tage in Urlaub fahren.
Das Ferienhaus kostet in der Hauptsaison täglich 29,50 € pro Person, in der Nachsaison täglich 24,90 €.

a) Was kostet der Urlaub in der Hauptsaison?

b) Was kostet der Urlaub in der Nachsaison?

c) Wie viel kann Familie Stein sparen, wenn sie ihren Urlaub in der Nachsaison nimmt?

7 Die Familien Görtz und Möller bewohnen ein Zweifamilienhaus. Die jährlichen Kosten für die Müllabfuhr in Höhe von 336 € sollen entsprechend der Personenzahl auf beide Familien verteilt werden.
Im Haushalt der Familie Görtz leben 3 Personen, bei Familie Möller sind es 4 Personen.

a) Wie viel muss pro Person gezahlt werden?

b) Wie viel muss jede Familie zahlen?

7 Eine Bohnenpflanze ist 10 cm hoch. Sie wächst jeden Tag um 2 cm.

a) Stelle eine Gleichung für das Wachstum der Bohnenpflanze auf.

b) Wie lange dauert es, bis die Pflanze eine Höhe von 80 cm (130 cm; 56 cm) hat?

8 Eine Kerze ist 30 cm hoch. Wenn sie brennt, wird sie jede Stunde um 6 mm kürzer.

a) Wie lange dauert es, bis die Kerze vollständig abgebrannt ist?

b) Nach welcher Zeit ist sie nur noch 12 cm (9 cm; 3 cm) hoch?

8 Löse die Zahlenrätsel.

a) Die Summe von zwei aufeinanderfolgenden Zahlen ist 75.

b) Die Summe von drei aufeinanderfolgenden Zahlen ist 63. Welche Zahlen sind das?

c) Die Summe aus einer Zahl und dem Doppelten ihres Nachfolgers beträgt 68.

9 Löse die Zahlenrätsel.

a) Die Summe von zwei einanderfolgenden, ungeraden natürlichen Zahlen ist 80.

b) Bei welchen einanderfolgenden, geraden Zahlen beträgt die Summe 66?

c) Welche drei einanderfolgenden, ungeraden Zahlen haben die Summe 39?

9 Arbeitet zu zweit.
Sarah, David, Alexander und Larissa erhalten zusammen 81 € Taschengeld im Monat.
Larissa bekommt 5 € mehr als David und Alexander 8 € mehr als David.
Sarah bekommt 4 € weniger als David.

a) Legt die Variablen fest und stellt geeignete Gleichungen auf.

b) Wie viel Taschengeld erhält David im Monat?
Berechnet das monatliche Taschengeld von Sarah, Alexander und Larissa.

c) Präsentiert euren Lösungsweg vor der Klasse.

10 Wie lauten die Äquivalenzumformungen?

a) $3x = 9$
$x = 3$

b) $4a - 5 = 3$
$4a = 8$
$a = 2$

c) $3x + 4 = x + 8$
$3x = x + 4$
$2x = 4$
$x = 2$

d) $8x + 2 = 2x - 4$
$8x = 2x - 6$
$6x = -6$
$x = -1$

11 Löse die Gleichungen mithilfe von Äquivalenzumformungen.
Überprüfe dein Ergebnis mit einer Probe.

a) $\frac{a}{4} + 2 = 5$

b) $\frac{x}{7} - 4 = 2$

c) $\frac{1}{11}y + 2 = 15$

d) $-\frac{r}{2} + 7 = 8$

e) $-\frac{x}{5} - 4 = -9$

f) $9 - \frac{1}{4}a = 14$

11 Ein Rechteck ist doppelt so lang wie breit. Sein Umfang beträgt 96 cm.
Berechne Länge und Breite des Rechtecks.

12 Ein Würfel hat einen Oberflächeninhalt von $54\,\text{cm}^2$. Berechne die Kantenlänge des Würfels. Wie groß ist sein Volumen?

TIPP
Erstelle dir eine Planskizze und beschrifte sie.

12 Ein gleichschenkliges Dreieck hat einen Umfang von 125 cm. Die Basis ist halb so lang wie ein Schenkel.
Berechne die Seitenlängen des Dreiecks.

13 In einem gleichschenkligen Dreieck sind die Basiswinkel 2,5-mal so groß wie der Winkel an der Spitze.
Berechne die Winkelgrößen des Dreiecks.

13 Zwei Schiffe fahren in entgegengesetzter Richtung aus dem Hafen los.
Das eine Schiff fährt mit $8\,\frac{\text{km}}{\text{h}}$, das andere mit $12\,\frac{\text{km}}{\text{h}}$.
Als sie 40 km voneinander entfernt sind, reißt die Funkverbindung ab. Nach welcher Zeit sind die Schiffe außer Funkreichweite?

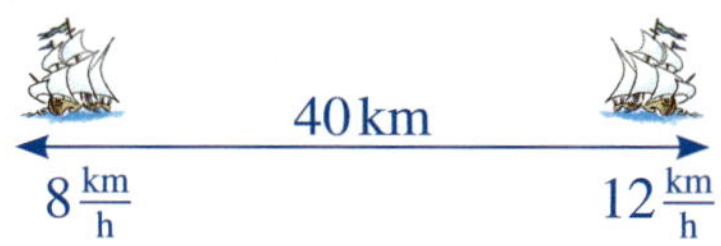

14 Gib zwei verschiedene Gleichungen mit der angegebenen Lösung an.

a) $x = 5$ b) $a = 2$ c) $y = -2$ d) $x = -3$

15 Denke dir jeweils eine Sachaufgabe aus, die zu den Gleichungen passt, und löse sie.

a) $2x + 4 = 40$

b) $2(x - 5) = x$

c) $x + (x - 2) + 2x = 18$

d) $2(x + 3x) = 64$

15 Familie Bökler stellt sich vor.

a) Finde heraus, wie alt die einzelnen Familienmitglieder sind. Erkläre, wie du dabei vorgehst.

b) Stelle zu jeder Aussage eine Gleichung auf.
Setze deine Lösungen aus a) ein und überprüfe, ob du eine wahre oder falsche Aussage erhältst.

① Gill und Joel sind zusammen ein Jahr älter als Marvin.

② Oma und Opa sind gemeinsam 12-mal so alt wie Marvin und Gill zusammen.

③ Joels Oma und Joel sind zusammen so alt wie Joels Opa in 2 Jahren.

④ Marvins Mutter war vor 3 Jahren 3-mal so alt wie Marvin und Joel heute zusammen.

16 Überprüfe durch Einsetzen, ob unter den gegebenen Zahlen die Lösung der Gleichung ist.

a) $3 \cdot x = 21$ (1; 3; 5; 7; 9)
b) $x + 7 = 19$ (15; 14; 13; 12; 11)
c) $2 \cdot x + 1 = 15$ (2; 3; 4; 5; 6)
d) $3 \cdot x + 4 = 5 \cdot x$ (1; 2; 3; 4; 5)

17 Löse mit Hilfe von Äquivalenzumformungen.

a) $x + 5 = 11$
b) $x - 1 = 3$
c) $x + 40 = 10$
d) $3 \cdot x = 15$
e) $6 + x = 21$
f) $7 \cdot x \leq 70$
g) $5 \cdot x + 10 \geq 20$
h) $3 \cdot x + 7 \leq 10$

18 Löse jeweils nach a auf.
Notiere die Äquivalenzumformungen.

a) $u = a + b + c$
b) $y = a + x$
c) $ab = 12$
d) $2a + 4b = 16$
e) $6x = 3a$
f) $27 = 3a + 6b$
g) $3a - 12x = 57$
h) $a + b = 2b + 25$
i) $4x + 8a = 32$
j) $3(a - 2) = 15y$

19 Jannik spart für ein Fahrrad, das 500 € kostet.
Jeden Monat legt er 20 € zurück.
Seine Eltern geben ihm 180 € dazu.
Wie viele Monate muss Jannik sparen, damit er sich das Fahrrad kaufen kann?

17 Welche Zahlen führen beim Einsetzen für x zu wahren Aussagen?
Schreibe z. B. „$x = 2$“.

a) $23 \cdot x + 2 = 48$
b) $3 \cdot x + 12 = 24$
c) $2 \cdot (x + 40) = 150$
d) $5 \cdot (x - 20) = 35$
e) $180 : x = 30$
f) $256 : x = 16$
g) $6 \cdot x - 5 = 667$
h) $8 \cdot (x - 15) = -180$

18 Löse mit Hilfe von Äquivalenzumformungen.

a) $12 \cdot x + 2 = 38$
b) $3 \cdot x + 15 = 37$
c) $6 \cdot (x + 4) = 24$
d) $3 \cdot (x - 5) = 15$
e) $16 + 5 \cdot x = 56$
f) $7 \cdot x - 3 \leq 63$
g) $48 : x \geq 5$
h) $15 \leq 15 \cdot x$

19 Ordne eine Lösung zu. Das Lösungswort ist das englische Wort für Gleichung.

a) $4(x + 2) = -2(x - 13)$
b) $5 - (3x + 2) = 2x + 13$
c) $3 + (2x - 4) = \frac{1}{2}x + 5$
d) $\frac{1}{2}x + 14 = 26$
e) $\frac{3}{4}x + 15 = 21$
f) $\frac{1}{2}x - 33 + x = -42$
g) $10 - \frac{1}{2}x = 25 - x$
h) $-5(x + 2) = 2(x + 37)$

I −6 | Q −2 | A 24 | U 4 | O 30 | N −12 | T 8 | E 3 | S −3 | Y 0

20 Yasemin möchte sich ein Fahrrad für 450 € kaufen.
Sie spart jeden Monat 25 € und bekommt von ihren Eltern einmal 50 €.

a) Wie lange muss sie sparen?
b) Wie lange müsste sie sparen, wenn die Eltern nichts dazugeben würden?
c) Wie viel Prozent des Preises übernehmen die Eltern? Runde sinnvoll.

20 Eine Boeing 747 verbraucht während der Start- und Landephase ca. 3 400 l Kerosin. Pro Flugstunde werden weitere 16 000 l verbraucht.

a) Wie viel Liter Kerosin werden bei einem $3\frac{1}{2}$-stündigen Flug verbraucht?
b) Ein Flug von Frankfurt nach New York dauert etwa $8\frac{1}{2}$ Stunden.
Wie viel Liter Kerosin werden dabei verbraucht?
c) Wie lange kann man maximal mit 160 000 l Kerosin fliegen?

Casting-Shows

21 Platzierungen bei „Deutschland sucht den schrillsten Star“

Dustin Otter ist zum dritten Mal in Folge unter die besten zehn Kandidaten gekommen.
Vor einem Jahr war er um einen Rang besser als in diesem Jahr.
Im vorletzten Jahr war er um vier Ränge schlechter.

a) Welchen Platz könnte Dustin Otter in diesem Jahr belegt haben?
Beantworte die Frage mithilfe der Tabelle.

Jahr	dieses Jahr	letztes Jahr	vorletztes Jahr
Term	x	…	…
Platzierung	…	…	10

b) Bei einer der drei Shows hat Dustin Otter den dritten Platz belegt.
Welche mögliche Platzierungen aus a) bleiben übrig?

c) Im Durchschnitt belegte Dustin Otter den fünften Platz.
Stelle eine Gleichung auf und löse sie.

22 Finale von „German Superheroes“

Cassandra Batin und Jason Henn standen 2013 im Finale. Für Cassandra haben 12 000 Anrufer mehr gestimmt als für Jason. Damit hat Cassandra 51 % der Stimmen erhalten.

a) Wie viele Stimmen entfallen jeweils auf die Finalisten?
Beginne mit folgender Gleichung. Wofür steht die Variable x?

$$(0{,}51 - 0{,}49) \cdot x = 12\,000$$

b) Wie viel Euro hat die Produktionsfirma mit der Telefonabstimmung eingenommen, wenn jeder Anruf 60 ct gekostet hat?

c) Wie wäre das Ergebnis in Prozent ausgefallen, wenn Cassandra 5 000 Stimmen und Jason 22 000 Stimmen zusätzlich bekommen hätten?

d) Berechne die fehlenden Ergebnisse der Vorjahresstaffeln.

Jahr	Anteil Sieger	Anteil Zweiter	Stimmen Sieger	Stimmen Zweiter	Gesamt-stimmen	Einnahmen (60 ct je Anruf)
2012	55 %			450 000		
2011		33 %			1,4 Mio.	
2010			627 000			660 000 €

HINWEIS
Eine 2-€-Münze hat folgende Maße:
Durchmesser: 25,75 mm
Höhe: 2,20 mm
Gewicht: 8,50 g

23 Geheimnisvolle Informationen über Schlagerstar

Über Cleau, den neuen Star der Schlagertalent-Staffel, ist leider kaum etwas bekannt.
Was kannst du mit den Informationen anfangen?

a) Cleau ist zusammen mit seinem 12 Jahre älteren Bruder 3-mal so alt wie seine Freundin, die 2 Jahre jünger ist als Cleau.

b) Cleau soll bereits 20 % mehr verdient haben als Cassandra Batin.
Sein gesamtes Geld in 2-€-Münzen aufgetürmt wäre 1,65 km hoch. Dustin Otter hat gerade mal ein Achtel von Cleaus Geld.

Zusammenfassung

Gleichungen aufstellen

→ Seite 38

Eine **Gleichung** verbindet zwei Terme (Rechenausdrücke) durch ein Gleichheitszeichen.

$x = 6 - 2x$; $\frac{8}{2} = 4$; $12 = 3v$; $3x^2 - 5 = 7$

Setzt man für die Variablen einer Gleichung Werte ein, so erhält man entweder eine **wahre** oder eine **falsche Aussage**.

$x = 6 - 2x$ $x = 1$ ergibt: $1 = 6 - 2 \cdot 1$ f. A.
$x = 2$ ergibt: $2 = 6 - 2 \cdot 2$ w. A.

Alle Werte, die zu einer wahren Aussage führen, heißen **Lösung** der Gleichung.

2 ist Lösung der Gleichung $x = 6 - 2x$.

Gleichungen lösen

→ Seite 42

Gleichungen können mithilfe von **Äquivalenzumformungen** gelöst werden.
Dabei wird die Gleichung durch Umformen so vereinfacht, dass die Lösung direkt abgelesen werden kann.

Die Lösung einer Gleichung wird nicht verändert, wenn man auf beiden Seiten:
- den gleichen Term addiert,
- den gleichen Term subtrahiert,
- mit dem gleichen Term ($\neq 0$) multipliziert,
- durch den gleichen Term ($\neq 0$) dividiert.

$$
\begin{aligned}
\tfrac{3}{7} \cdot (x + 7) &= \tfrac{6}{7} \cdot (5 - 2 \cdot x) && \mid \cdot 7 \\
7 \cdot \tfrac{3}{7} \cdot (x + 7) &= 7 \cdot \tfrac{6}{7} \cdot (5 - 2 \cdot x) \\
3 \cdot (x + 7) &= 6 \cdot (5 - 2 \cdot x) && \mid : 3 \\
\tfrac{3}{3} \cdot (x + 7) &= \tfrac{6}{3} \cdot (5 - 2 \cdot x) \\
x + 7 &= 2 \cdot (5 - 2 \cdot x) && \mid - 7 \\
x + 7 - 7 &= 10 - 4 \cdot x - 7 && \mid + 4x \\
x + 4 \cdot x &= 3 - 4 \cdot x + 4 \cdot x \\
5x &= 3 && \mid : 5 \\
\tfrac{5}{5}x &= \tfrac{3}{5} \\
x &= \tfrac{3}{5}
\end{aligned}
$$

Probe durch Einsetzen

$$
\begin{aligned}
\tfrac{3}{7} \cdot \left(\tfrac{3}{5} + 7\right) &= \tfrac{6}{7} \cdot \left(5 - 2 \cdot \tfrac{3}{5}\right) \\
\tfrac{9}{35} + 3 &= \tfrac{30}{7} - \tfrac{36}{35} \\
\tfrac{114}{35} &= \tfrac{114}{35} \quad \text{w. A.}
\end{aligned}
$$

Sachaufgaben systematisch lösen

→ Seite 46

Sachaufgaben lassen sich mit dem **Sechs-Schritte-Verfahren** systematisch lösen.

In einem Rechteck ist eine Seite 3 cm länger als die andere Seite. Der Umfang des Rechtecks beträgt 24 cm.

1. Variable festlegen — x: Länge der kürzeren Seite in cm
2. Terme bilden — $x + 3$: Länge der längeren Seite in cm; $2 \cdot (x + x + 3)$: Umfang des Rechtecks
3. Gleichung aufstellen — $2 \cdot (x + x + 3) = 24$
4. Gleichung lösen —

$$
\begin{aligned}
2 \cdot (x + x + 3) &= 24 && \mid : 2 \\
x + x + 3 &= 12 && \mid - 3 \\
2 \cdot x &= 9 && \mid : 2 \\
x &= 4{,}5
\end{aligned}
$$

5. Lösung prüfen — **Probe** $2 \cdot (4{,}5 + 7{,}5) = 24$
$2 \cdot 12 = 24$ w. A.
6. Antwort formulieren — Die Seiten sind 4,5 cm und 7,5 cm lang.

Teste dich!

5 Punkte **1** Welche Aussagen über Gleichungen treffen zu?

a) Jeder Term ist eine Gleichung.

b) In einer Gleichung kommen auf jeder Seite immer Variablen und Zahlen vor.

c) Eine Gleichung verbindet zwei Terme mit einem Gleichheitszeichen.

d) Gleichungen haben immer nur eine Lösung.

e) Jeder Term kommt immer nur einmal auf jeder Seite einer Gleichung vor.

3 Punkte **2** Jens kauft für den Schulausflug Einzeltickets zu je 2,50 € und Vierertickets zu je 7,20 €.

a) Wie viel muss er für 3 Einzeltickets und 7 Vierertickets bezahlen?

b) Welches ist die günstigste Variante, wenn er Tickets für 27 Personen kaufen möchte?

c) Jens kauft einige Vierertickets und zwei Einzeltickets. Er zahlt dafür 48,20 €. Finde durch Einsetzen heraus, ob er 4, 5, 6 oder 7 Vierertickets gekauft hat.

8 Punkte **3** Löse die Gleichung mithilfe von Äquivalenzumformungen.

a) $2a + 5 = 37$

b) $-70 + 5b = 175$

c) $8c + 17 = 6c + 33$

d) $15 - 28d = 27 - 24d$

e) $2e - 5 = 30 + 27e$

f) $-40f - 22f = -7f - 220$

g) $4{,}9g - 19 = 16 + 2{,}4g$

h) $6{,}7h + 1{,}5 = 2{,}2h - 16{,}5$

8 Punkte **4** Vereinfache zuerst und löse dann die Gleichungen.

a) $4a - 3 + 2a = 33 + 3a$

b) $5b - 4 + 3b = 6b - 9$

c) $9c - 21 - 3c = 9c - 24 + c$

d) $4 - 9d - 15 = -11d + 29 + 4d$

e) $0{,}9 + 1{,}2e - 0{,}4 = 0{,}7e + 2{,}6 - e$

f) $4{,}2f - 4{,}5 - 8{,}1f = -3{,}2f - 0{,}7 - 0{,}2f$

g) $6g - 13 - 4g = -6g + 5(1 + 2g)$

h) $2(5h + 2{,}5 - 3h) = 2(4h - 6{,}5 - 3h)$

2 Punkte **5** Stelle eine Gleichung auf und löse die Zahlenrätsel.

a) Die Summe aus dem Doppelten einer Zahl und 43 ergibt die Zahl 77.

b) Annika denkt sich eine Zahl. Sie subtrahiert 4, multipliziert die Differenz mit 3 und addiert zum Ergebnis 12. Sie erhält als Ergebnis die Zahl 42.

3 Punkte **6** Wie alt sind die Personen?

a) Anne ist 15 Jahre älter als Birte. Birte ist 12 Jahre älter als Charlene. Alle zusammen sind 42 Jahre alt.

b) Oma Frieda ist 50 Jahre älter als Enkelin Jasmina und doppelt so alt wie Jasminas Vater. Alle drei sind zusammen genau 100 Jahre alt.

c) Opa Karl-Heinz ist 10-mal so alt wie sein Enkel Jan-Marvin. In vier Jahren werden beide zusammen 85 Jahre alt sein.

3 Punkte **7** Löse die Textaufgaben.

a) Lena kauft 5 Kinokarten. Sie bezahlt mit einem 50-€-Schein und erhält 4 € Wechselgeld. Wie viel kostet eine Kinokarte?

b) Die Currywurst ist jetzt 50 ct teurer als im letzten Jahr. Zum Preis von 4 Stück hätte man vor einem Jahr noch 5 bekommen.

c) Herr Hauprecht erhält eine Theaterkarte zum halben Preis, muss aber zusätzlich 3 € Bearbeitungsgebühr bezahlen. Insgesamt spart er 5 € im Vergleich zum vollen Preis.

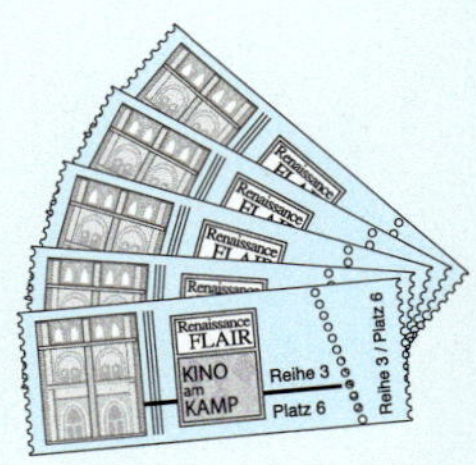

Gold: 30–32 Punkte, Silber: 29–27 Punkte, Bronze: 19–26 Punkte

Lösungen ab Seite 164

Prozent- und Zinsrechnung

In Frankfurt am Main sind die wichtigsten Finanzunternehmen angesiedelt. Jede große Bank hat ein Bürohaus. Diese Hochhäuser prägen das Stadtbild. Auch die europäische Zentralbank hat ihren Sitz in Frankfurt.

Noch fit?

Einstieg

Aufstieg

1 Schreibweisen für Brüche wechseln

Ergänze die Tabelle im Heft.

	a)	b)	c)	d)	e)	f)
Dezimalbruch	0,25		0,60			0,05
Bruch	$\frac{25}{100}$	$\frac{1}{10}$				
Prozentangabe	25 %				100 %	
Anteil	25 von 100			12,5 von 100		

2 Flächenanteile zeichnen (Einstieg)

Zeichne je ein Quadrat mit der Seitenlänge $a = 5\,\text{cm}$ ins Heft. Färbe den Flächenanteil ein.

a) 10 % b) 15 % c) 40 %
d) 60 % e) 75 % f) 90 %

2 Flächenanteile zeichnen (Aufstieg)

Zeichne je ein Rechteck mit $a = 5\,\text{cm}$ und $b = 4\,\text{cm}$ ins Heft. Färbe den Flächenanteil ein.

a) 10 % b) 20 % c) 25 %
d) 50 % e) 75 % f) 85 %

3 Brüche ordnen (Einstieg)

Schreibe als Prozentzahl und ordne.

a) $\frac{3}{10}, \frac{6}{10}, \frac{5}{10}, \frac{15}{10}, \frac{15}{20}$ b) $\frac{1}{2}, \frac{2}{50}, \frac{2}{20}, \frac{2}{40}, \frac{2}{10}$

3 Brüche ordnen (Aufstieg)

Schreibe als Prozentzahl und ordne.

a) $\frac{2}{5}, \frac{2}{4}, \frac{2}{3}, \frac{2}{7}, \frac{2}{6}$ b) $\frac{4}{5}, \frac{8}{9}, \frac{6}{7}, \frac{7}{8}, \frac{5}{6}$

4 Kreisdiagramme lesen

Werte die Diagramme zum Sportabzeichen aus. Wo findest du die Anzahl aller Teilnehmer?

a)
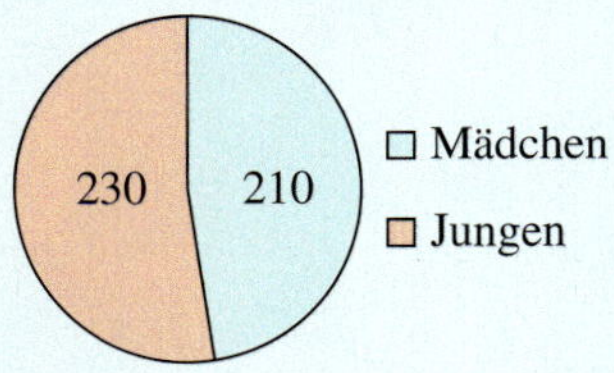

① Gib je den Prozentsatz an.
② 90 % der Teilnehmer erhalten das Abzeichen.

b)
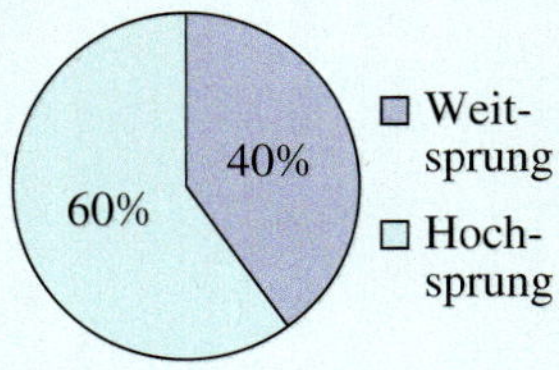

Wie viele Teilnehmer wählten Weitsprung, wie viele Hochsprung?

c)
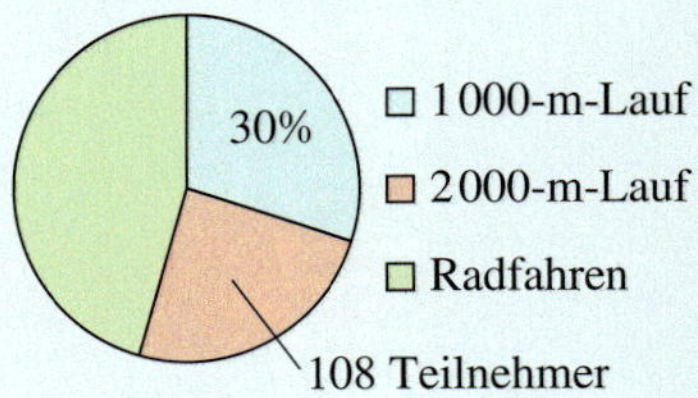

Gib jeweils die Anzahl der Teilnehmer an.

5 Mit Prozenten rechnen (Einstieg)

Notiere die Aufgabe und berechne.

	a)	b)	c)	d)
Prozentwert		720 l	16 €	48 kg
Grundwert	240 m		20 €	120 kg
Prozentsatz	2 %	40 %		

5 Mit Prozenten rechnen (Aufstieg)

Notiere die Aufgabe und berechne.

	a)	b)	c)	d)
Prozentwert		12,50 €	0,75 l	0,029
Grundwert	4,5 t		25 l	
Prozentsatz	15 %	4 %		50 %

6 Begriffe der Prozentrechnung

Gib an, ob der Grundwert, der Prozentwert oder der Prozentsatz gesucht ist, und berechne.

a) Ein PC-Spiel kostet 25 €. Es wird um 30 % reduziert. Wie viel kostet es jetzt?

b) Im Jahr 2016 wurden in Deutschland 3,4 Mio. neu zugelassene Pkw gemeldet. Damit liegt der Anteil an Neufahrzeugen bei 7,2 %. Wie hoch war der Pkw-Bestand 2016?

c) Um wie viel % stieg die Bevölkerung von Mexiko-Stadt: 3,1 Mio. (1950), 8,9 Mio. (2016)?

Lösungen ab Seite 164

Prozentrechnung

Entdecken

1 Zeichne fünf Quadrate mit einer Seitenlänge von je 10 Kästchen ins Heft.

a) Berechne den Flächeninhalt eines Quadrates in Quadratzentimetern.

b) Färbe in je einem Quadrat den angegebenen Anteil:
① 50 % ② 25 % ③ 10 % ④ 30 % ⑤ 22,5 %

c) Ermittle den Flächeninhalt jedes gefärbten Anteils.

d) Übertrage die Tabelle rechts ins Heft und fülle sie aus. Dort werden die prozentualen Anteile der Flächen ihrem Flächeninhalt gegenübergestellt. Was fällt dir auf?

Anteil	Fläche in cm^2
10 %	
22,5 %	
25 %	
30 %	
50 %	

e) Wie sieht es aus, wenn die Quadrate nur 6 × 6 Kästchen haben? Färbe diese Quadrate wie in b).
Ist diese Aufgabe für alle Prozentangaben zeichnerisch lösbar?

2 Ein Fahrrad kostet im Laden 500 €. Stefan und Sabina bekommen 15 % Rabatt. Sie berechnen auf unterschiedliche Weise den neuen Preis.

Stefan:

Anteil	Betrag (in €)
100 %	500
: 100 ↓ 1 %	5 ↓ : 100
· 15 ↓ 15 %	75 ↓ · 15

500 € – 75 € = 425 €

Sabina:

Anteil	Betrag (in €)
100 %	500
: 100 ↓ 1 %	5 ↓ : 100
· 15 ↓ 85 %	425 ↓ · 15

a) Erkläre bei beiden, wie sie vorgegangen sind.
Wo sind die Unterschiede?

b) Wie würdest du vorgehen? Begründe.

3 Zum 1. Januar eines jeden Jahres wird der Kfz-Versicherungsbeitrag nach dem Schadensverlauf des vergangenen Kalenderjahres eingestuft.

a) Interpretiere das Diagramm.

① Beschreibe, wie sich der Versicherungsbeitrag in Prozentpunkten verändert.

② Notiere das Versicherungsjahr mit dem höchsten und das Versicherungsjahr mit dem niedrigsten Prozentsatz.

③ Diskutiere mit deinem Lernpartner, warum sich die Versicherungsbeiträge verändern.

Versicherungsbeiträge in % pro Versicherungsjahr

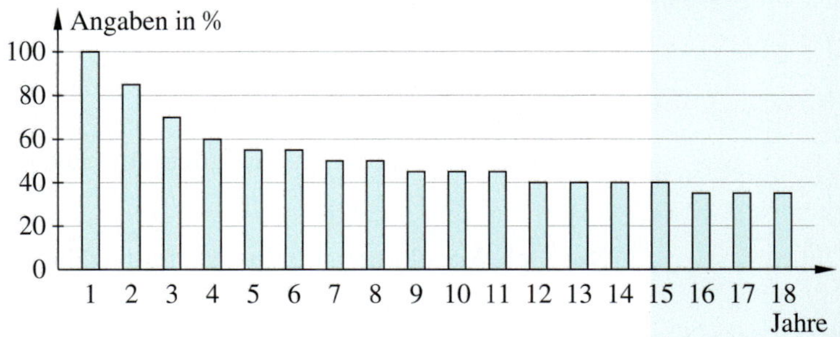

b) Interpretiere das Diagramm.

① Beschreibe, wie sich der Versicherungsbeitrag prozentual bei einem Schaden im angegebenen Versicherungsjahr ändert.

② Überlege dir Gründe, warum Versicherungen nach einem Schaden die Beiträge erhöhen.

③ Stelle eine Vermutung auf, nach wie vielen Jahren der Beitrag bei 0 % liegt.

Rückstufung in % nach einem Schaden im Versicherungsjahr

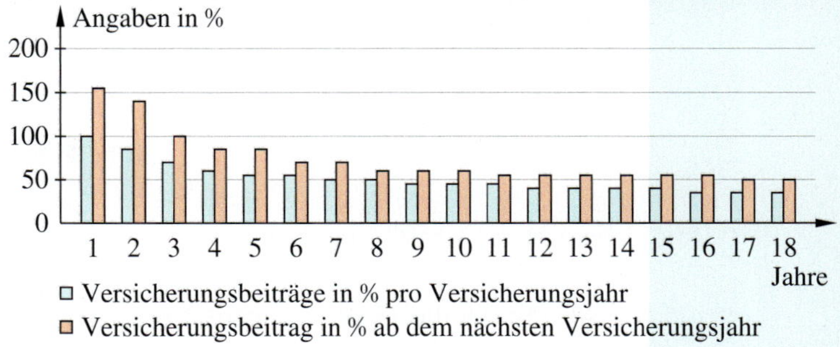

Verstehen

Die Weltnaturschutzunion (IUCN) beklagt, dass trotz aller Schutzbemühungen die Zahl der bedrohten Tiere und Pflanzen zunehme.

Die jüngste Zählung im Jahr 2013 ergab Folgendes:
- 41 % der 7 087 Amphibienarten sind bedroht.
- Von den 5 416 Säugetierarten sind 1 354 Arten bedroht.
- 1 377 Vogelarten, das sind 13 % der Vogelarten, sind bedroht.

Wie viele Amphibienarten sind bedroht?

Beispiel 1

41 % der 7 087 Amphibienarten sind bedroht.
100 % sind 7 087 Arten,
1 % sind 70,87 Arten,
41 % sind ca. 2 906 Arten.

	Anteil	Anzahl	
	100 %	7 087	
: 100	1 %	70,87	: 100
· 41	41 %	≈ 2 906	· 41

Formel zur Berechnung des **Prozentwertes**:

$W = \frac{p \cdot G}{100}$

$W = \frac{41 \cdot 7087}{100} \approx 2906$

2 906 Ampibienarten sind bedroht.

Merke Ist ein Teil vom Ganzen gesucht, berechnet man den **Prozentwert *W***.

Wie viel Prozent der Säugetierarten sind bedroht?

Beispiel 2

1 354 Arten der 5 416 Säugetierarten sind bedroht.
5 416 Arten sind 100 %,
1 Art sind 1,85 %,
1 354 Arten sind 25 %.

	Anzahl	Anteil	
	5 416	100 %	
: 5416	1	1,85 %	: 5416
· 1354	1 354	25 %	· 1354

Formel zur Berechnung des **Prozentsatzes**:

$p\,\% = \frac{p}{100} = \frac{W}{G}$

$p\,\% = \frac{p}{100} = \frac{1354}{5416} = 0{,}25 = 25\,\%$

25 % der Säugetierarten sind bedroht.

Merke Ist der prozentuale Anteil am Ganzen gesucht, berechnet man den **Prozentsatz *p* %**.

Wie viele Vogelarten sind insgesamt gezählt worden?

Beispiel 3

1 377 Vogelarten sind bedroht, das sind 13 %.
13 % sind 1 377 Vogelarten,
1 % sind 105,9 Vogelarten,
100 % sind 10 592 Vogelarten.

	Anteil	Anzahl	
	13 %	1 377	
: 13	1 %	105,9	: 13
· 100	100 %	≈ 10 592	· 100

Formel zur Berechnung des **Grundwertes**:

$G = \frac{W \cdot 100}{p}$

$G = \frac{1377 \cdot 100}{13} \approx 10592{,}3$

Es gibt ca. 10 592 Vogelarten.

Merke Ist das Ganze gesucht, berechnet man den **Grundwert *G***.

Üben und anwenden

1 Was ist der Grundwert, der Prozentsatz, der Prozentwert in der Abbildung?

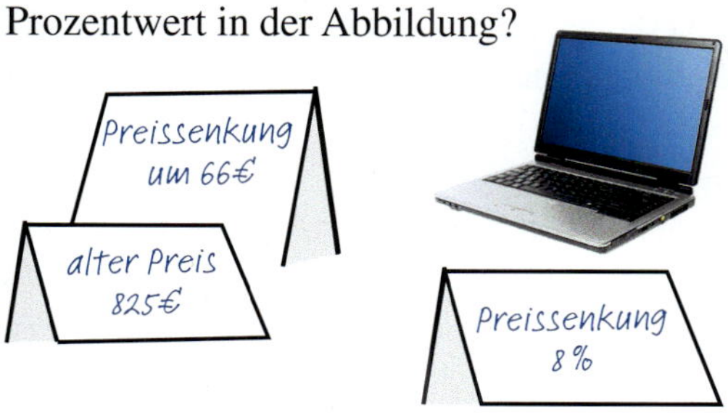

1 Welche der drei Grundbegriffe der Prozentrechnung sind bekannt, welche sind gesucht?
a) Susi bekommt eine 5%ige Erhöhung ihres Taschengeldes, das sind 2€.
b) Frank bekommt 35€ Taschengeld, er soll 4% mehr bekommen.
c) 5 Schüler der 8. Klassenstufe haben noch keinen Praktikumsplatz, das sind 8,3%.
d) Peters Schulweg ist 7,5 km lang, davon hat er schon 500 m zurückgelegt.

2 Übertrage die Tabelle ins Heft.
Berechne die fehlenden Werte.

	a)	b)	c)	d)
W		600 m	115 g	
p %	40%	30%		15%
G	5 500 €		460 g	220 m

2 Übertrage die Tabelle ins Heft.
Berechne die fehlenden Werte.

	a)	b)	c)	d)
W	47 m		93 g	54 m
p %	34,7%	26,5%		
G		542 €	442 g	223 m

3 Umfrage in der 8. Jahrgangsstufe:
„Hast du einen Praktikumsplatz gefunden?"
a) Ergänze im Heft. Runde sinnvoll.

Betrieb	Schüler	Zusage	Zusage in %
Kfz	15		53,3%
Handel	21	8	
Bau	15		93,3%
Friseur	18	12	
Büro		1	9,1%

b) Wie viele Schülerinnen und Schüler sind in der 8. Jahrgangsstufe und haben eine Zusage?
c) Zeige, dass der Prozentsatz aller Schüler, die eine Zusage haben, rund 53,8% beträgt.

ERINNERE DICH
Achte beim Runden auf die folgende Ziffer: Bei 0, 1, 2, 3, 4 wird abgerundet. Bei 5, 6, 7, 8, 9 wird aufgerundet.
40,46 ≈ 40,5
40,43 ≈ 40,4

4 Vervollständige die Rechnung im Heft. Berechne auch den Preis bei Barzahlung. Beachte den Hinweis am Rand.

Haushaltgeräte

1 Spüle	€	363,70
1 Leiste	€	29,60
1 Dichtung	€	9,95
3 Montagestunden	€	75,00
	€	
Mehrwertsteuer 19 %	€	
Rechnungsbetrag	€	

Bei Barzahlung 2 % Skonto

4 Eine Videothek plant eine Erweiterung.
a) Der Bestand von 600 Blu-rays soll um 15% steigen. Wie viele Blu-rays gibt es dann?
b) Durch Zukäufe sollen statt bisher 850 dann 1105 DVDs vorhanden sein. Auf wie viel Prozent der ursprünglichen Anzahl an DVDs wird der Bestand steigen?
c) Um wie viel Prozent stieg in der Videothek der Bestand an Blu-rays und DVDs insgesamt?

HINWEIS ZU 4
*Das **Skonto** bezeichnet einen Preisnachlass bei sofortiger Zahlung meist in bar.*

5 Alle Preise werden um 12% reduziert. Berechne den neuen Preis.
a) 675€ b) 412€ c) 86,50€

5 Alle Preise werden um 12% erhöht. Berechne den neuen Preis.
a) 39,20€ b) 14,50€ c) 42,40€

Thema: Vermehrter und verminderter Grundwert

ERINNERE DICH
Den Prozentwert berechnet man, indem man den Prozentsatz durch 100 teilt und mit dem Grundwert multipliziert.

Häufig sieht man in Geschäften und im Internet Angebote, bei denen der Preis einer Ware reduziert wird. Oft ist dieser Rabatt in Form eines Prozentwerts angegeben. Es gibt auch Angebote, dass eine Verpackung für den gleichen Preis mehr Inhalt hat. Auch hier ist die Angabe häufig als Prozentwert angegeben.

Dabei entspricht der alte Wert immer 100 %. Man kann den neuen Wert folgendermaßen berechnen:
1. Man berechnet den Prozentwert
2. Man addiert oder subtrahiert diesen zum Grundwert.

Merke Erhöht sich der Grundwert um p %, entspricht der **vermehrte Grundwert** 100 % + p %.
Man rechnet: $G^+ = G \cdot \left(1 + \frac{p}{100}\right)$
Verringert sich der Grundwert um p %, entspricht der **verminderte Grundwert** 100 % – p %.
Man rechnet: $G^- = G \cdot \left(1 - \frac{p}{100}\right)$

Beispiel Die 200-g-Packung enthält 15 % mehr Inhalt.
$G^+ = 200\,\text{g} \cdot (1 + 0{,}15) = 200\,\text{g} \cdot 1{,}15 = 230\,\text{g}$
Die Packung enthält 230 g.
Ein Notebook kostet 600 €. Zum Jubiläum gibt es 22 % Rabatt.
$G^- = 600\,€\ (1 - 0{,}22) = 600\,€ \cdot 0{,}78$
$= 468\,€$ Das Notebook kostet nur 468 €.

1 Alle Preise werden um 12 % erhöht. Berechne den vermehrten Grundwert.

a) 20 € b) 140 € c) 4 200 € d) 39,20 €
e) 14,50 € f) 42,40 € g) 1,50 € h) 452 €

2 Alle Preise werden um 12 % reduziert. Berechne den verminderten Grundwert.

a) 600 € b) 400 € c) 80 € d) 675 €
e) 412 € f) 86,50 € g) 52,50 € h) 24,75 €

HINWEIS ZU 3
*Das **Skonto** bezeichnet einen Preisnachlass bei sofortiger Zahlung meist in bar.*

3 Vervollständige die Rechnung im Heft. Berechne auch den Preis bei Barzahlung.

Haushaltgeräte

1 Spüle	€	363,70
1 Leiste	€	29,60
1 Dichtung	€	9,95
3 Montagestunden	€	75,00
	€	
Mehrwertsteuer 19 %	€	
Rechnungsbetrag	€	

Bei Barzahlung 2 % Skonto

4 Hier sind Grundwert, Prozentsatz und vermehrter Grundwert durcheinandergekommen. Ordne sie richtig zu.

1 200 € | 15 % | 1 365 € | 1 380 € | 1 300 € | 8 % | 5 % | 1 250 € | 1 350 €

5 In einem Bekleidungsgeschäft wird eine Jacke im Preis um 25 % reduziert. Ursprünglich hat sie 80 € gekostet. In diesem Geschäft gibt es außerdem eine Kundenaktion: 25 % Rabatt auf alle reduzierten Waren.
Pia sagt: „Toll! Da muss ich ja nur die Hälfte bezahlen!"
Hat Pia recht? Rechne nach!

**25 %
Rabatt!!!**

6 Ergänze die folgende Tabelle:

Grundwert	Prozentsatz	vermehrter Grundwert	verminderter Grundwert
42 €	15 %		
36,50 €		43,80 €	
74,20 €			40,81 €
	8 %	54 €	
	10 %	54 €	

7 Die Miete für ein Geschäft soll erhöht werden. Bisher wurden monatlich 50 € pro m^2 gezahlt. Zukünftig soll die Miete 60 € pro m^2 betragen.
a) Auf wie viel Prozent wird die Miete erhöht?
b) Wie viel muss künftig mehr bezahlt werden, wenn das Geschäft 47 m^2 groß ist?
c) Wie groß wäre die zukünftige Miete bei einer Mietsteigerung von 30 %?
d) Der Ladenbesitzer handelt eine Miete von 2 700 € aus. Auf wie viel Prozent wurde die Miete erhöht?

8 Stimmen die Rechnungen? Wie kommt man auf die markierten Werte? Begründe.
a) Bruttopreis 25 €; Nettopreis?
25 : 1,19 = 21,01
b) Nettopreis 42 €; Bruttopreis?
42 · 1,19 = 59,98 €
c) Preis 40 €; Rabatt von 35 %
40 · 0,65 = 0,26
d) Preis 32 €; reduziert um 15 %
32 · 0,85 = 27,20
e) Preis 66 €; Skonto 3 %
66 · 0,03 = 1,98
f) Preis 42 €; erhöht um 20 %
42 · 1,2 = 50,40

HINWEIS ZU 8
*Der **NETTOPREIS** entspricht 100 %. Der **Bruttopreis** enthält zusätzlich die Mehr wertsteuer (zurzeit 19 %).*

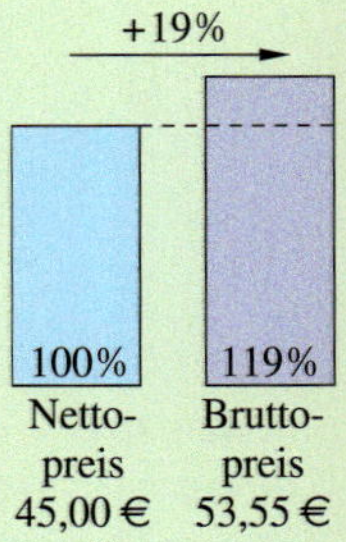

9 Eine Waschmittelfirma hat drei verschiedene Packungsgrößen im Sortiment. Im neuen Geschäftsjahr sollen alle Packungen um 20 % vergrößert werden. Danach gibt es Packungen mit 1,5 kg Inhalt, mit 3 kg Inhalt und mit 6 kg Inhalt.
a) Wie viel Inhalt hatten die Packungen vor der Vergrößerung?
b) Gleichzeitig soll auch der Preis pro Packung angehoben werden. Einer der Geschäftsführer schlägt vor: „Da alle Packungen um denselben Prozentwert vergrößert worden sind, sollten wir die Preise aller Packungen um den gleichen Betrag erhöhen." Ist das angemessen? Begründe.
c) Die Preise aller Packungen werden um 25 % erhöht. Danach kosten die unterschiedlichen Packungen 1,99 €, 3,49 € und 5,99 €. Wie teuer waren sie vor der Vergrößerung?
d) Nach einem Jahr will man die Vergrößerung der Packungen wieder zurücknehmen, weil die Verkaufszahlen zurückgehen. Ein Geschäftsführer meint: „Wenn wir den Inhalt der Packungen um 20 % und die Preise um 25 % reduzieren, ist wieder alles beim Alten." Stimmt das? Rechne nach.

6 Mia und Peter wollen das Angebot nutzen und den MP3-Player kaufen.
Peter errechnet einen Preis von 96,39 € nach der Erstattung.
Mia behauptet, es sind 100 € zu zahlen.

a) Wie haben die beiden jeweils gerechnet?
b) Welche Antwort ist richtig?
c) Begründe, dass die 119 € einem Prozentsatz von 119 % entsprechen.

---

7 Bei der Produktion von 20 000 Gummibärchen wurden 400 Fehlformen aussortiert.

a) Wie viel Prozent sind das?
b) Wie viele der abgebildeten Gummibärchen könnten demnach fehlerhaft sein?

c) Bei gleichem Fehlerprozentsatz wurden 900 Bärchen aussortiert. Wie viele Bärchen wurden wahrscheinlich produziert?

7 Berechne. Runde sinnvoll.

a) Von 251 Schülerinnen einer Schule haben 7 % an der Mathematikolympiade teilgenommen. Davon sind 15 % in die nächste Runde gekommen.
Wie viele Mädchen sind das?
b) Von 657 Schülerinnen und Schülern einer Schule haben 144 an der Mathematikolympiade teilgenommen. Davon sind 7 weitergekommen.
Wie viel Prozent waren das?
c) Fast 75 % der Mitglieder der Mathematik-AG haben bei der Mathematikolympiade mitgemacht. Insgesamt waren das 11 Personen.

---

8 Die Miete für ein Geschäft soll erhöht werden. Bisher wurden monatlich 50 € pro m^2 gezahlt. Zukünftig soll die Miete 80 € pro m^2 betragen.

a) Auf wie viel % wird die Miete erhöht?
b) Wie viel muss künftig mehr bezahlt werden, wenn das Geschäft 47 m^2 groß ist?
c) Wie groß wäre die zukünftige Miete bei einer Mietsteigerung von 30 %?
d) Der Ladenbesitzer handelt eine Miete von 3 290 € aus. Auf wie viel Prozent wurde die Miete erhöht?

8 Die Miete für eine Wohnung soll erhöht werden. Bisher wurden monatlich 9,91 € pro m^2 gezahlt. Zukünftig soll die Miete 11,13 € pro m^2 betragen.

a) Auf wie viel % wird die Miete erhöht?
b) Wie viel muss künftig mehr bezahlt werden, wenn die Wohnung 75 m^2 groß ist?
c) Wie groß wäre die zukünftige Miete bei einer Mietsteigerung von 18 %?
d) Der Mieter handelt eine Miete von 810 € aus. Auf wie viel Prozent wurde die Miete erhöht?

---

9 Arbeitet zu zweit. Beachtet den Hinweis in der Randspalte. Bei Versicherungen ergibt sich der Jahresbeitrag oft als Promillewert der Versicherungssumme. Gib jeweils den Jahresbeitrag an.

a) Ein Hausrat wurde mit 63 000 € versichert.
Der Beitrag für ein Jahr beträgt 1,83 ‰ der Versicherungssumme.
b) Bei einer Haftpflichtversicherung betragen die Gebühren im Jahr 0,56 ‰ von 50 000 €.
c) Eine Versicherung über 250 000 € kostet im Jahr 0,75 ‰ von der Versicherungssumme.

HINWEIS ZU 9
Sehr geringe Anteile gibt man häufig in Promille (‰) an. Promille bedeutet Tausendstel.
$1‰ = \frac{1}{1000} = 0{,}1\%$
$10‰ = 1\%$

---

10 Kette und Anhänger wiegen 24 g (ohne Stein). Der Goldanteil beträgt jeweils 333 ‰.

10 Erwachsene haben ca. 5 l Blut. Bei einer Verkehrskontrolle wurden bei einem Kraftfahrer 0,7 ‰ Alkoholgehalt im Blut festgestellt. Wie viel ml reinen Alkohols entspricht das?

Begriffe der Zinsrechnung

Entdecken

1 Die Zinsrechnung ist ein Anwendungsgebiet der Prozentrechnung.

a) Wenn 20 % aller 34 000 Einwohner der Stadt Viernheim Kinder sind, so sind dies 6 800. Gib den Prozentwert, den Grundwert und den Prozentsatz an.

b) Im Finanzwesen werden statt Prozentwert, Grundwert und Prozentsatz die Begriffe Zinsen, Kapital und Zinssatz verwendet. Wenn Tom 2 500 € auf einem Sparbuch zu 0,5 % anlegt, erhält er nach einem Jahr 12,50 € dazu.
Ordne die einander entsprechenden Begriffe zu.

2 Kai soll folgende Aufgabe berechnen:

Wie viel Zinsen sind für einen Kredit von 600 Euro zu zahlen, der mit 8 % verzinst wird?

Er erinnert sich an den Dreisatz und die Formel, die er bei der Prozentrechnung gelernt hat. Kann er hier diese Methoden verwenden? Wie könnte er vorgehen?

3 Finja und Felix berechnen 3 % von 50 000 €.

a) Erkläre ihre Vorgehensweisen. Wo sind die Unterschiede?

b) Überlege dir eine passende Aufgabe zu ihren Rechnungen.

BEACHTE
$p\,\% = \frac{p}{100}$

Finja rechnet:

	Anteil	Betrag	
: 100 ↓	100 %	50 000 €	↓ : 100
· 3 ↓	1 %	500 €	↓ · 3
	3 %	1 500 €	

Felix rechnet:

Zinsen (Z) = Kapital (K) · Zinssatz ($p\,\%$)

$Z = K \cdot \frac{p}{100}$

$Z = 50\,000\,€ \cdot \frac{3}{100}$

$Z = 1\,500\,€$

4 Fred hat sich im Internet über drei verschiedene Banken informiert. Die Angebote hat er zum Vergleichen in einem Diagramm dargestellt.

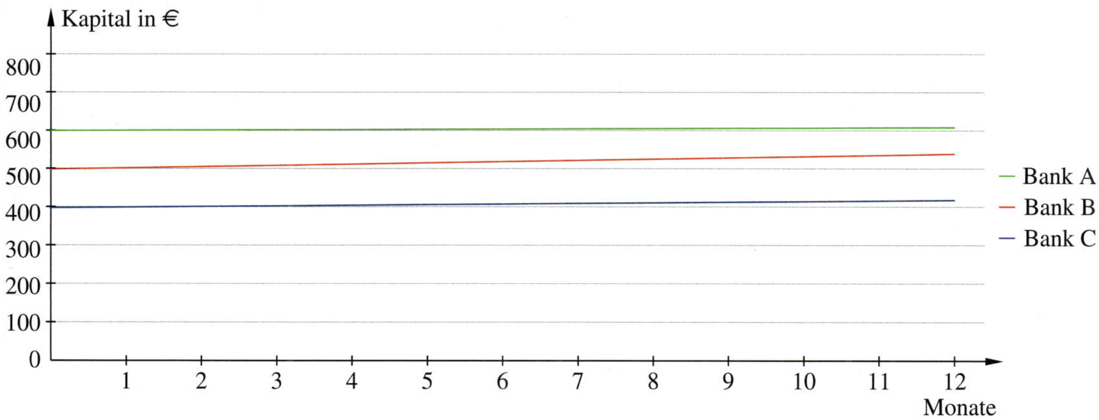

a) Welche Bank bietet den höchsten Zinssatz an?
Stelle eine Vermutung auf und begründe mithilfe des Diagramms.

b) Mit welchem Anfangskapital starten die drei Angebote jeweils?

c) Nach einem Jahr beträgt das Kapital der drei Angebote 420 €, 540 € und 609 €.
Ordne die Werte den Angeboten zu und berechne den Zinssatz.

d) Vergleiche deine Rechnung mit der Lösung von a).

Verstehen

HINWEIS
*Zur Berechnung von Zinsen, Kapital und Zinssatz **für ein Jahr** geht man genauso vor wie in der Prozentrechnung zur Berechnung von Prozentwert, Grundwert und Prozentsatz.*

Eine Bank wirbt um neue Kunden für ihre Angebote zur Geldanlage.

Besser als der Sparstrumpf! Prüfen Sie unsere Angebote.

Angebot A
Ab 400 € garantieren wir einen Zinssatz von 1,9 % p.a.

Angebot B
30 € Jahreszinsen bei einem Zinssatz von 3 % p.a. bei Einzahlung einer Mindesteinlage.

Angebot C
Bei einer Einlage ab 500 € sind 10 € garantiert.

Wie hoch sind die Zinsen für ein Jahr bei Angebot A?

Beispiel 1

400 € werden für ein Jahr zu 1,9 % angelegt.
100 % sind 400 €,
1 % sind 4 €,
1,9 % sind 7,60 €.

	Anteil	Betrag in €	
	100 %	400	
: 100	1 %	4	: 100
· 1,9	1,9 %	7,60	· 1,9

Formel zur Berechnung der **Jahreszinsen Z**:

$Z = \frac{p \cdot K}{100}$

$Z = \frac{1{,}9 \cdot 400}{100} = 7{,}60$

Die Zinsen betragen 7,60 €.

Merke Sind das Kapital und der Zinssatz bekannt, kann man die **Jahreszinsen *Z*** mit dem Dreisatz oder mit der Zinsformel berechnen.

Wie hoch ist das Kapital, das mindestens beim Angebot B eingezahlt werden muss?

Beispiel 2

Bei einem Zinssatz von 3 % p.a. (pro Jahr) betragen die Jahreszinsen 30 €.
3 % sind 30 €,
1 % sind 10 €,
100 % sind 1 000 €.

	Anteil	Betrag in €	
	3 %	30	
: 3	1 %	10	: 3
· 100	100 %	1 000	· 100

Formel zur Berechnung des **Kapitals**:

$K = \frac{Z \cdot 100}{p}$

$K = \frac{30 \cdot 100}{3} = 1\,000$ €

Das Kapital beträgt mindestens 1 000 €.

Merke Sind die Jahreszinsen und der Zinssatz bekannt, kann man das **Kapital *K*** mit dem Dreisatz oder mit der umgestellten Zinsformel berechnen.

Wie hoch ist der Zinssatz in Angebot C?

BEACHTE
$p\,\% = \frac{p}{100}$

Beispiel 3

Für ein Kapital in Höhe von 500 € werden 10 € Jahreszinsen gezahlt.
500 € sind 100 %,
1 € sind 0,2 %,
10 € sind 2 %.

	Betrag in €	Anteil	
	500	100 %	
: 500	1	0,2 %	: 500
· 10	10	2 %	· 10

Formel zur Berechnung des **Zinssatzes**:

$p\,\% = \frac{p}{100} = \frac{Z}{K}$

$p\,\% = \frac{p}{100} = \frac{10}{500} = 0{,}02 = 2\,\%$

Der Zinssatz beträgt 2 % p.a.

Merke Sind das Kapital und die Jahreszinsen bekannt, kann man den **Zinssatz *p* %** mit dem Dreisatz oder mit der umgestellten Zinsformel berechnen.

Üben und anwenden

1 Ordne den Größen jeweils die Begriffe Zinssatz, Zinsen und Kapital richtig zu.
a) 50 € von 2000 € sind 2,5 %.
b) 2 % von 600 € sind 12 €.
c) Von 36 € sind 3 % 1,08 €.

1 Ordne den Größen jeweils die Begriffe Zinssatz, Zinsen und Kapital richtig zu.
a) 4 % sind 112 € von 2800 €.
b) 110 % von 45 € sind 49,50 €.
c) 180 € sind 150 % von 120 €.

2 Arbeitet zu zweit. Ordne jeweils die zusammengehörigen Werte (Kapital, Zinsen und Zinssatz) einander zu.

6,16 € | 88 € | 95 € | 10,45 € | 125 € | 48 €
7 % | 1,08 € | 11 % | 2,25 % | 6,25 € | 5 %

3 Ergänze die Tabelle im Heft.

	a)	b)	c)	d)
Zinssatz		10 %	2 %	
Kapital (alt)	5 000 €		500 €	9 000 €
Zinsen	250 €	138 €		1 080 €
Kapital (neu)	5 250 €			

3 Ergänze die Tabelle im Heft.

	Zinssatz	Kapital (alt)	Jahreszinsen	Kapital (neu)
a)	2,5 %	2 150 €		
b)		3 300 €	198 €	
c)	4 %		296,40 €	
d)		1 850 €		1 887 €

4 Berechne jeweils den Zinssatz.
a) Für ein Kapital von 1 250 € erhält Max nach einem Jahr 25 € Zinsen.
b) Frau Griese nimmt einen Kredit über 25 000 € auf. Nach einem Jahr muss sie 2750 € Zinsen zahlen.

4 Nach einem heftigen Sturm muss Familie Berns das Dach reparieren lassen. Sie nehmen für ein Jahr einen Kredit über 6 000 € auf und zahlen nach einem Jahr 6 420 € zurück. Zu welchem Zinssatz hatte Familie Berns den Kredit erhalten?

HINWEIS
*Bei einem **Kredit** leiht man sich Geld und **zahlt** dafür Zinsen. Anders als bei einem Bankkonto.*

5 Drei Geldinstitute bieten ihre Dienste an.

Stelle eine Tabelle auf, sodass man alle Beträge vergleichen kann. Welches Angebot ist im ersten Jahr am günstigsten?

5 Herr Tunc hat 50 000 € in Pfandbriefen angelegt, die im Jahr mit 1,2 % verzinst werden.

a) Wie hoch sind die jährlichen Zinsen?
b) Wie viel betragen die Zinsen im Durchschnitt monatlich?
c) Tim meint: „Die Zinsen pro Monat machen 0,1 % des Kapitals aus." Was meinst du dazu?
d) Wie viel Zinsen würde Herr Tunc durchschnittlich pro Monat erhalten, wenn die Pfandbriefe mit 1,8 % verzinst würden?

HINWEIS ZU 5
*Ein **Pfandbrief** ist eine festverzinste Geldanleihe, deren Deckung auf Grundstücke oder Immobilien beruht.*

6 Gib jeweils die Formel und die Formatierung für die drei markierten Zellen in Zeile 4 an.

	A	B	C	D	E	F	G	H
1	Berechnung der Zinsen			Berechnung des Kapitals			Berechnung des Zinsatzes	
2	Kapital	2.000,00 €		Zinsen	80,00 €		Zinsen	80,00 €
3	Zinssatz	4,00%		Zinssatz	4,00%		Kapital	2.000,00 €
4	Zinsen	80,00 €		Kapital	2.000,00 €		Zinssatz	4,00%
5								

7 Lydia, Sascha, Hasan und Lilo haben ihr Geld bei unterschiedlichen Geldinstituten angelegt. Sie wollen vergleichen. Lege eine Tabelle an und berechne die fehlenden Werte.

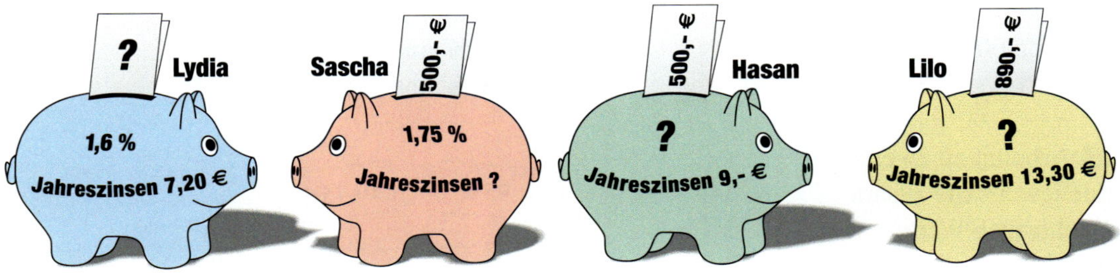

8 Herr Wüllner hat aus drei Bausparverträgen Kredite zurückzuzahlen.
① 40 000 € mit 2 000 € Jahreszinsen
② 20 000 € mit 600 € Jahreszinsen
③ 10 000 € mit 200 € Jahreszinsen

a) Welcher Zinssatz wird jeweils berechnet?
b) Welcher Zinssatz ergibt sich aus den gesamten Bausparbeträgen und den gesamten Zinsen?

8 Die Bausparkasse gibt Herrn Haupts drei Bausparkredite.
① 25 000 € mit 800 € Jahreszinsen
② 10 000 € mit 350 € Jahreszinsen
③ 4 000 € mit 200 € Jahreszinsen

a) Welchen Zinssatz hat die Bausparkasse jeweils zugrunde gelegt?
b) Welcher Zinssatz ergibt sich aus der gesamten Kreditsumme?

9 Ole erhält für sein Sparguthaben in Höhe von 3 400 € nach einem Jahr 78,20 € Zinsen. Björn hat sein Sparguthaben in Höhe von 1 300 € auf einem Konto mit einjähriger Kündigungsfrist angelegt. Er erhält 36,40 € Zinsen.
Vergleiche die beiden Zinssätze miteinander.

9 Eine Stiftung, die über 500 000 € Kapital verfügt, zeichnet jährlich Künstler für besondere Verdienste mit Geld aus. Es dürfen nur die Zinsen für die Preisgelder ausgegeben werden. Im ersten Jahr konnten 36 250 €, im zweiten Jahr 37 500 € ausgezahlt werden.
Berechne jeweils die Zinssätze.

10 Es gibt auch Angebote, bei denen sich die Zinsen in jedem Jahr verändern. Sie steigen dann nach einer sogenannten Zinstreppe an. Werden 20 000 € für 6 Jahre angelegt, so zahlt das Bankinstitut nach Ablauf eines jeden Jahres die angegebenen Zinsen aus.
Berechne, mit welchem Zinssatz jedes Jahr das Kapital verzinst wurde.

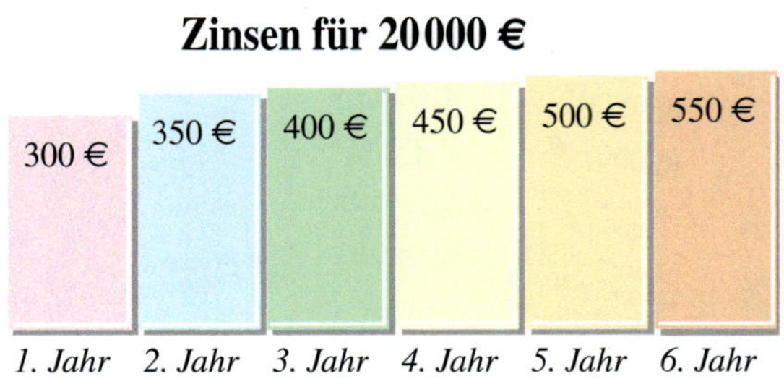

11 Ein Konto bei Bank A mit 3,8 % Verzinsung bringt nach einem Jahr 26,22 € Zinsen. Ein Konto bei Bank B, das mit 4,2 % verzinst ist, erbringt 28,56 € Zinsen.

a) Auf welchem Konto befand sich am Anfang des Jahres der höhere Geldbetrag?
b) Wieviel Geld befindet sich am Ende des Jahres auf den Konten?

11 Herr Münster hat eine Wohnung gekauft. Dafür musste er drei Hypotheken aufnehmen. Nach einem Jahr zahlt er folgende Zinsen.
① 1 100 € (Zinssatz von 5,5 %)
② 900 € (Zinssatz von 6 %)
③ 650 € (Zinssatz von 6,5 %)
Berechne die gesamten Hypothekenschulden nach einem Jahr.

Tageszinsen

Entdecken

1 Arbeitet zu zweit.
a) Erkundigt euch nach aktuellen Zinssätzen für Geldanlageformen und Kredite.
b) Erklärt gemeinsam, warum Zinsen für Geldanlagen niedriger sind als Zinsen für Kredite.
c) Die Zeit spielt in der Zinsrechung eine wichtige Rolle. Zinssätze beziehen sich immer auf ein Jahr. Doch wie könnte man Zinsen bei längeren oder kürzeren Zeiträumen berechnen, wie z. B. für einige Jahre oder nur ein paar Monate, Wochen oder Tage? Diskutiert darüber zunächst zu zweit und dann in eurer Klasse.

2 Alicia hat zu Jahresbeginn 600 € auf ihrem Sparbuch. Der Zinssatz beträgt 0,75 %.
a) Wie viel Zinsen gibt die Bank, wenn sich Alicia ihr Geld nach einem halben Jahr auszahlen lässt?
b) Wie viel Zinsen bekommt Alicia, wenn sie sich das Geld am 1. März auszahlen lässt?
Überlege erst allein. Besprich dich dann mit einem Mitschüler oder einer Mitschülerin. Diskutiert danach in der Klasse über eure Lösungswege und Ergebnisse.

3 Martin sagt zu Paula: „Ob du nun 7 % oder 7,5 % zahlen musst, die 0,5 Prozentpunkte machen bei einem Kredit fast nichts aus." Was meinst du dazu? Begründe mithilfe einer Rechnung.

4 Verdopplung von Kapital
a) Wann verdoppelt sich ein Kapital von 100 € bei einem Zinssatz von 5 %?
b) Wann verdoppelt sich ein Kapital von 100 € bei einem Zinssatz von 4 %?
c) In der Randspalte steht eine Faustregel zur Verdopplung des Kapitals.
Überprüfe die Faustregel für eine Geldanlage von 10 000 € zu 5 %, wenn die Zinsen zu gleichen Bedingungen angelegt werden. Stimmt die Faustregel?

HINWEIS
Eine Faustregel zur Verdopplung des Kapitals:
$\frac{70}{\text{Zinssatz}}$ *= Anzahl der Jahre, nach denen sich das Kapital verdoppelt.*

5 Felia möchte sparen und möglichst viele Zinsen bekommen. Sie informiert sich bei einer Bank und erhält eine Werbebroschüre, die das Anwachsen von 100 € Kapital zeigt. Wie steigen die Zinsen von Jahr zu Jahr? Was stellst du fest?

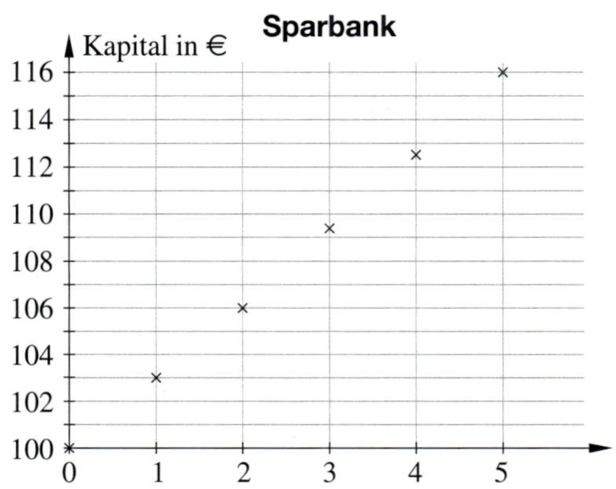

Verstehen

HINWEIS
Für Jugendliche gibt es bei vielen Banken gebührenfreie Taschengeldkonten.

Christina nimmt in diesem Schuljahr am Frankreichaustausch ihrer Schule teil. Ihre Eltern haben ihr deshalb ein kostenloses Girokonto eingerichtet.
Da sich der Kontostand oft ändern kann, berechnet die Bank bei Girokonten Tageszinsen. Zur Vereinfachung rechnet man im Bankwesen mit 30 Tagen pro Monat, also 360 Tagen pro Jahr.

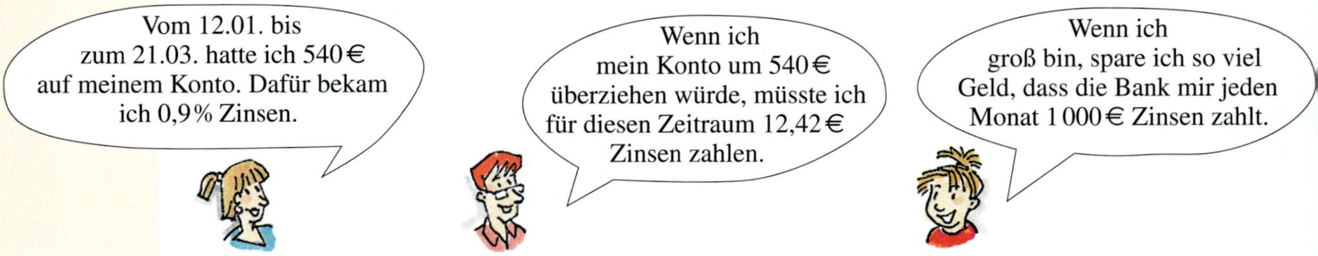

Wie viele Tage betrug der Kontostand 540 €?

Beispiel 1

BEACHTE
*Bei der Berechnung der Zinstage wird der erste Tag **nicht** mitgezählt.*

Januar					Februar					März				
01	08	15	22	29		06	13	20	27		04	11	18	25
02	09	16	23	30		07	14	21	28		05	12	19	26
03	10	17	24		01	08	15	22	29		06	13	20	27
04	11	18	25		02	09	16	23	30		07	14	21	28
05	12	19	26		03	10	17	24		01	08	15	22	29
06	13	20	27		04	11	18	25		02	09	16	23	30
07	14	21	28		05	12	19	26		03	10	17	24	

Der Zeitraum vom 12. Januar bis zum 21. März umfasst 69 Zinstage.

Wie hoch sind die Zinsen, die Christinas Konto gutgeschrieben werden?

Beispiel 2

BEACHTE
Ein Zinsjahr wird mit 12 Monaten zu 30 Tagen angegeben. Ein Tag im Jahr entspricht dem Zeitfaktor $\frac{1}{360}$. Ein Zinsmonat hat 30 Tage. Ein Tag entspricht dem Zeitfaktor $\frac{1}{30}$.

$Z = \frac{p \cdot K}{100} \cdot \frac{t}{360}$ $\quad Z = \frac{0{,}9 \cdot 540}{100} \cdot \frac{69}{360}$ $\quad Z \approx 0{,}93\,€$

Christina erhält für den Zeitraum 0,93 € Zinsen.

Merke Die Zinsen für Teile eines Jahres kann man berechnen, indem man das Kapital mit dem Zinssatz und mit dem Bruchteil eines Jahres, dem **Zeitfaktor** $\frac{t}{360}$, multipliziert.

Welchen Zinssatz hat die Bank nach der Berechnung von Christinas Vater bei der Kontoüberziehung berechnet?

Beispiel 3

$p\,\% = \frac{Z}{K} \cdot \frac{360}{t}$ $\quad p\,\% = \frac{12{,}42}{540} \cdot \frac{360}{69}$ $\quad p\,\% = 0{,}12 = 12\,\%$

Der Zinssatz für die Kontoüberziehung beträgt 12 %.

Für welches Kapital erhält man bei einem Zinssatz von 6 % monatlich 1 000 € Zinsen?

Beispiel 4

BEACHTE
$p\,\% = \frac{p}{100}$
$6\,\% = 0{,}06$

$K = \frac{Z}{p\,\%} \cdot \frac{360}{t} = \frac{Z \cdot 100}{p} \cdot \frac{360}{t}$ $\quad K = \frac{1\,000 \cdot 100}{6} \cdot \frac{360}{30}$ $\quad K = 200\,000\,€$

Das Kapital müsste 200 000 € betragen.

Üben und anwenden

1 Schreibe als Bruchteil eines Bankjahres.
a) 30 Tage b) 60 Tage c) 90 Tage
d) 180 Tage e) 16 Tage f) 45 Tage
g) 5 Monate h) 02.01.–03.02.

1 Berechne die Zinstage und den Bruchteil des Bankjahres.
a) 01.06.–30.09. b) 01.01.–18.04.
c) 05.05.–13.09. d) 11.07.–24.10.

2 Berechne jeweils die Zinsen.

	Kapital	Zinssatz p.a.	Zeit
a)	300 €	1 %	90 Tage
b)	450 €	2 %	60 Tage
c)	220 €	2 %	200 Tage
d)	235 €	1,5 %	150 Tage

2 Berechne die Zinsen.

	Kapital	Zinssatz p.a.	Zeit
a)	2 300 €	2,2 %	330 Tage
b)	8 900 €	2,5 %	150 Tage
c)	7 650 €	2,75 %	240 Tage
d)	1 200 €	1,9 %	95 Tage

3 Ein Elektronikmarkt wirbt mit folgendem Hinweis:

Der Händler verlangt 3,9 % p.a. Zinsen auf die Kaufpreise für 6 Monate.
Berechne die neuen Preise, wenn man das Angebot des Händlers annimmt.
a) Fernseher 1 199 € b) DVD-Player 99 €
c) Tablet-PC 459 € d) Digitalkamera 239 €

4 Wegen der verspäteten Zahlung einer Rechnung in Höhe von 15 576 € verlangt eine Heizungsfirma für 45 Tage Zinsen mit einem Zinssatz von 11 % p.a.
Wie viel Euro beträgt die Nachforderung?

4 Die Rechnung einer Firma in Höhe von 8 625 € wurde zu spät beglichen.
Die Firma verlangt für diese Zeit 149,50 € Zinsen bei einem Zinssatz von 12 % p. a.
Wie viele Tage wurde verspätet bezahlt?

5 Als Altersvorsorge hat Frau Martini ein Kapital bei 6 % fest angelegt.
Sie möchte in Zukunft nur die Zinsen abheben und davon leben.
Berechne das Kapital, wenn Frau Martini monatlich 2 000 € zur Verfügung stehen sollen.

5 „Ich stifte die Zinsen meines Vermögens, das zu einem Zinssatz von 3,65 % angelegt ist, dem Tierheim am Ort.
Das Kapital bleibt unangetastet. Es werden nur die Zinsen ausbezahlt. Das Tierheim erhält somit pro Tag einen Zuschuss von 50 €."

6 Eric leiht sich von seinem Freund 10 €, die er einen Monat später mit 0,50 € Zinsen zurückzahlt.
Welchem Zinssatz entspricht das?

6 Frau Gunser saniert ihr Haus. Für neue Fenster hat sie einen Kredit in Höhe von 5 000 € aufgenommen. Für eine Laufzeit von sieben Monaten hat sie 525 € Zinsen gezahlt.

7 Vergleiche die Angebote.

Kredit	A	B	C	D
Höhe	7 000 €	7 000 €	10 000 €	10 000 €
Zinssatz	9 %	9,5 %	12 %	11,5 %
Rückzahlung nach	10 Monaten	9 Monaten	18 Monaten	24 Monaten
Bearbeitungsgebühr	30 €	45 €	5 % des Kredits	5 % des Kredits
Zinsen				
Rückzahlungssumme				

HINWEIS
p.a. ist die Abkürzung für „pro anno" und bedeutet pro Jahr.

Thema: Ratenkauf

Viele Kunden nutzen sogenannte Ratenkredite. Der Kredit wird in monatlichen Raten zusammen mit Zinsen und Gebühren zurückgezahlt. Die erste Rate wird 30 Tage nach Erhalt der Ware fällig, die weiteren Raten jeweils einen Monat später.

BEISPIEL

Ein Kaufhaus bietet bis zu 36 Monatsraten und fordert je nach Laufzeit einen Aufschlag auf den Kaufpreis von 0,71 % bis 0,61 % pro Monat.

Anzahl der Monatsraten	6	12	24	36
Aufschlag auf den Kaufpreis	0,71 %	0,64 %	0,62 %	0,61 %

Ein Fernseher kostet 399 €.
Frau Ramin vereinbart einen Ratenkauf über 24 Monate. Zusätzlich zum Kaufpreis muss sie einen Aufschlag zahlen.

Aufschlag	399 € · 0,0062 · 24 = 59,37 €
Ratenkaufpreis	458,37 €
Monatsrate	458,37 € : 24 = 19,10 €

ZUM WEITERARBEITEN
Oftmals wird bei einem Ratenkauf vorausgesetzt, dass kein negativer SCHUFA-Eintrag vorliegt. Recherchiere, was das bedeutet.

1 Berechne den Gesamtpreis und die monatliche Rate für den Fernseher, wenn sich Frau Ramin für eine Laufzeit von 36 Monaten entscheidet.

2 Ein Beamer ist mit 264 € ausgezeichnet. Bei Barzahlung bietet der Händer 2 % Skonto. Wie viel Euro weniger zahlt ein Kunde im Vergleich zu einer Ratenzahlung im Kaufhaus mit sechs Monatsraten?

3 Ein Saxophon wird für 799 € angeboten.
a) Berechne den Ratenkaufpreis des Kaufhauses jeweils für folgende Zeiträume:
– 1 Jahr
– 24 Monate
– 3 Jahre
b) Wie verändert sich der Ratenkaufpreis? Welche Zahlungsweise würdest du empfehlen?

4 Ein Fußballtisch wird für 499 € angeboten.
a) Bestimme, für wie viele Monate der Käufer eine Ratenzahlung vereinbart hat, wenn die monatliche Rate 44,78 € beträgt.
b) Wie hoch ist der Aufschlag, den er gegenüber einer Barzahlung erhält?

5 Matthias' großer Bruder sagt: „Wieso Ratenkauf? Ich überziehe einfach ab und zu mein Konto, dafür ist der Dispokredit doch da!"
Was hältst du davon? Erkundige dich zunächst über Dispositionskredite.
Diskutiere anschließend darüber mit deinem Nachbarn oder deiner Nachbarin.

6 Schneide aus Prospekten Angebote vergleichbarer Artikel mit verschiedenen Finanzierungsmodellen aus und fertige ein Plakat an.
Vergleiche die Endpreise und hebe das deiner Meinung nach günstigste Angebot hervor.
Stelle dein Ergebnis der Klasse zur Diskussion vor.

7 Die Tabelle zeigt die Kontobewegungen von Christians Sparbuch. Sein Guthaben wird mit 1,2 % verzinst.

a) Berechne Christians Guthaben vom 16.03. und 24.05.

b) Wie viele Zinsen hat er insgesamt erhalten?

30.12.	–	–	150,00 €
16.03.	–	75,00 €	
24.05.	50,00 €	–	

8 Zahlt man bei einer Bank oder Sparkasse Geld für eine vereinbarte Zeit ein, so spricht man von Festgeld. Berechne die Zinsen.

a) 25 000 € für 9 Monate zu 2,2 %

b) 50 000 € für 6 Monate zu 2,7 %

c) 90 000 € für 10 Monate zu 3,1 %

Warum wird für Festgeld in der Regel ein höherer Zinssatz gewährt als für normale Sparkonten?

8 Berechne die Zinsen für einen Dispositionskredit bei einem Girokonto.

a) 4 723 € zu 10,25 % für 40 Tage

b) 8 500 € zu 11,1 % für 120 Tage

c) 3 780 € zu 12,25 % für 50 Tage

d) 8 200 € zu 11,0 % für 200 Tage

e) 4 520 € zu 8,0 % für 50 Tage

f) 10 000 € zu 13,0 % für 130 Tage

g) 12 400 € zu 12,7 % für 80 Tage

HINWEIS ZU 9
*Ein **Dispositionskredit** ist ein Überziehungskredit, den Banken ihren Kunden bei Girokonten einräumen. Dispositionskredite haben sehr hohe Zinssätze.*

9 Berechne die Zinsen für die angegebenen Zeiträume.

a) 4 500 € zu 9 % vom 20.12. bis 07.02.

b) 8 300 € zu 11 % vom 24.03. bis 03.07.

c) 7 000 € zu 9,7 % vom 05.07. bis 25.12.

9 Berechne die Zinsen für die angegebenen Zeiträume.

a) 837 € zu 1,85 % vom 01.10. bis 03.12.

b) 1 328 € zu 3,93 % vom 28.09. bis 30.10.

c) 1 450 € zu 5,51 % vom 18.05. bis 03.10.

10 Berechne jeweils das Kapital nach zwei Jahren. Runde auf ganze Cent.

	a)	b)	c)	d)
Kapital *K*	190 €	320 €	570 €	60 €
Zinssatz *p* %	1,5 %	2,2 %	3,1 %	
Zinsen für das 1. Jahr				1,50 €
Kapital zu Beginn des 2. Jahres	192,85 €			
Zinsen für das 2. Jahr				
Kapital nach 2 Jahren				

10 Enno bringt sein Geld zur Bank. Er legt 2 500 € fest an bei einem Zinssatz von 3,7 %. Die anfallenden Jahreszinsen werden jedes Jahr mitverzinst.

a) Auf welches Kapital ist sein Vermögen nach vier Jahren angewachsen?

b) Überschlage, wann sich sein Kapital verdoppelt hat. Überprüfe deine Schätzung durch eine Rechnung.

ERINNERE DICH
Eine Faustregel zur Verdopplung des Kapitals:
$\frac{70}{\text{Zinssatz}}$ *= Anzahl der Jahre, nach denen sich das Kapital verdoppelt.*

11 Lisa hat zum Geburtstag und zur Konfirmation insgesamt 1 500 € geschenkt bekommen. Sie möchte das Geld drei Jahre lang möglichst gewinnbringend für ihren Führerschein anlegen.

a) Was vermutest du: Welche Geldanlage wird die meisten Zinsen bringen und warum?

b) Nutze ein Tabellenkalkulationsprogramm, um die beste Geldanlage zu ermitteln.

	Sparbuch	Sparbrief	Wachstumssparen	Stadtbank
1. Jahr	jährlich 2,3 % Zinsen	4,7 % Zinsen jährlich bei drei Jahren Laufzeit	3 %	5 %
2. Jahr			4,5 %	4,5 %
3. Jahr			5 %	3 %

Methode: Zinseszinsen berechnen

Wird Geld über mehrere Jahre angelegt, werden in den meisten Fällen die jährlichen Zinsen nicht ausgezahlt, sondern zu dem jeweiligen Kapital addiert und mitverzinst.
Dabei entstehen **Zinseszinsen**.

Das neue Kapital kann von Jahr zu Jahr berechnet werden. Erfolgt die Verzinsung über einen längeren Zeitraum, ist die Berechnung mithilfe einer Tabellenkalkulation vorteilhaft.

BEISPIEL 1

Omas Sparguthaben wurde noch mit 2 % p. a. verzinst.
Im ersten Jahr wurden 1 200 € verzinst:
1 200 € · 1,02 = 1 224 €
Im zweiten Jahr wurden 1 224 € verzinst:
1 224 € · 1,02 = 1 248,48 € usw.

	Kapital	Zinsen
1. Jahr	1 200,00 €	+24 €
2. Jahr	1 224,00 €	+24,48 €
3. Jahr	1 248,48 €	+24,97 €
4. Jahr	1 273,45 €	+25,47 €
5. Jahr	1 298,92 €	+25,98 €
6. Jahr	1 324,90 €	+26,50 €

1 Betrachte die Zinsen im Beispiel. Was fällt Dir auf? Beschreibe ihre Entwicklung.

2 Herr Meyer hat ein Kapital von 2 000 € auf dem Konto. Er erhält jährlich 2 % Zinsen. Er hat dafür folgende Tabelle aufgestellt:

	Kapital am Jahresanfang	Jahreszinsen	Kapital am Jahresende
1. Jahr	2 000,00 €	40,00 €	2 040,00 €
2. Jahr	2 040,00 €	40,80 €	2 080,80 €
3. Jahr	2 080,80 €	41,62 €	2 122,42 €

a) Wie entwickeln sich die Jahreszinsen in den Jahren 4 und 5? Berechne mit Hilfe des Taschenrechners.
Wie entwickelt sich das Kapital in dieser Zeit?

b) Herr Meyer überlegt sich: „Hätte ich am Anfang doppelt so viel Kapital gehabt, dann hätte ich nach 3 Jahren auch doppelt so hohe Jahreszinsen.“
Was denkst du? Hat Herr Meyer recht?
Überprüfe die Behauptung von Herrn Meyer, indem du für das Startguthaben 4 800 € bei einem jährlichen Zinssatz von 2 % eine Tabelle aufstellst. Berechne die Werte mit Hilfe des Taschenrechners.

BEISPIEL 2

Die Entwicklung von Kapital, das auf einem Konto mit festem Zinssatz liegt, lässt sich mit einem Taschenrechner sehr einfach berechnen. Nutze dazu die Speicherfunktion deines Taschenrechners und speichere den Zinsfaktor. Du kannst ihn nun mehrfach abrufen und nacheinander mit dem Startkapital multiplizieren.
Um das Kapital von Herrn Meyer nach 3 Jahren auszurechnen, gibt man folgendes in den Taschenrechner ein: 2 000 · 1,02 · 1,02 · 1,02

3 Berechne mit Hilfe des Taschenrechners:

a) Startkapital: 3500 €, Zinssatz: 3 % p. a.; Laufzeit: 3 Jahre

b) Startkapital: 4750 €, Zinssatz: 2 % p. a.; Laufzeit: 5 Jahre

c) Startkapital: 5220 €, Zinssatz: 2,5 % p. a.; Laufzeit: 4 Jahre

4 Berechne das Kapital auf einem Sparkonto nach drei (vier, fünf) Jahren, wenn 5 600 € bei einem Zinssatz von 2 % p. a. angelegt werden.

5 Welcher Kontostand ergibt sich am Ende der Laufzeit?
Wie viel Zinsen wurden insgesamt erzielt?

a) Kapital: 4 500 €
Zinssatz: 4 % p. a.
Laufzeit: 2 Jahre

b) Kapital: 6 000 €
Zinssatz: 4,25 % p. a.
Laufzeit: 3 Jahre

c) Kapital: 8 500 €
Zinssatz: 4,5 % p. a.
Laufzeit: 4 Jahre

6 Herr Traunstein zahlt auf sein Konto jährlich 2 000 € ein. Wie hoch ist sein Kapital nach 3 Jahren bei einem Zinssatz von 0,75 % p. a.?

BEISPIEL 3

Bei größeren Anschaffungen kann man einen Kredit bei der Bank aufnehmen. Dabei erhält die Bank auf den Kredit Zinsen. Außerdem wird eine jährliche Rate vereinbart, die am Ende jeden Jahres zurückgezahlt wird. Der Kredit wird so im Verlauf mehrerer Jahre abbezahlt.
Diesen Vorgang nennt man **Tilgung**.
Lenas Eltern möchten sich einen Pkw kaufen. Dafür nehmen sie bei der Bank einen Kredit über 23 000 € auf. Die Bank verlangt 6 % Zinsen. Als jährliche Tilgungsrate werden 9 200 € festgelegt.
Lenas Eltern erstellen einen Tilgungsplan:

Jahr	Restschuld	Zinsen	Restschuld + Zinsen	Tilgungsrate	Restschuld nach Tilgung
1	23 000,00 €	1 380,00 €	24 380,00 €	9 200,00 €	15 180,00 €
2	15 180,00 €	910,80 €	16 090,80 €	9 200,00 €	6 890,80 €
3	6 890,80 €	413,45 €	7 304,25 €	7 304,25 €	0,00 €

Der Kredit ist nach 3 Jahren abbezahlt. Sie zahlen der Bank insgesamt 2 704,25 € Zinsen.

HINWEIS
Im letzten Schritt ist die Tilgungsrate geringer, weil die Schulden dann schon abbezahlt sind.

7 Lenas Eltern erhalten vom Autohaus ein Angebot: Sie bekommen den neuen Wagen für 20 000 €, aber die Zinsen liegen bei 7 %.

a) Erstelle einen Tilgungsplan für eine jährliche Tilgungsrate von 9 200 €.

b) Lenas Mutter meint: „Wenn wir jedes Jahr nur 8 000 € zurückzahlen, haben wir den Kredit genauso schnell abbezahlt."
Stimmt das? Erstelle dazu einen Tilgungsplan.

8 Betrachte den Tilgungsplan.

Jahr	Restschuld	Zinsen	Restschuld + Zinsen	Tilgungsrate	Restschuld nach Tilgung
1	25 000 €	1 750 €	26 750 €	5 000 €	20 000 €
2	20 000 €	1 400 €	21 400 €	5 000 €	15 000 €
3	15 000 €	1 050 €	16 050 €	5 000 €	10 000 €

a) Beim Eintragen in die Tabelle sind Fehler aufgetreten.
Überprüfe den Tilgungsplan und finde die Fehler.

b) Zu welchen Bedingungen wurde der Tilgungsplan erstellt?

Klar so weit?

→ Seite 62

Prozentrechnung

1 Vervollständige im Heft.

	120 €	4,5 t	3,75 km
3%	3,60 €		
15%			
0,75%			

1 Vervollständige die Tabelle im Heft.

Grundwert	Prozentwert	Prozentsatz
748,80 €		4,3%
8473,15 €	3754,23 €	
	847,5 km	19,4%

2 Von den drei Größen der Prozentrechnung sind jeweils zwei gegeben.
Berechne die fehlende Größe.

a) 5% von 108 € werden verbraucht.

b) Die Beteiligung betrug 252 Personen, das waren 56%.

c) Von 38,90 m Seil wurden 7,50 m verkauft.

2 Berechne die fehlende Größe.

a) Die 14,5 kg Kies entsprechen 18,5% des Vorrates.

b) Aus 750 l Fruchtsaft wurden 12 l Konzentrat erzeugt.

c) Von 154 ha Ackerfläche werden 75% bewirtschaftet.

3 In einer Schule mit 312 Schülerinnen und 288 Schülern soll die Mitgliedschaft der Jungen und Mädchen in Sportgruppen zusammengestellt werden.

a) Vervollständige die Übersicht im Heft.

b) Wie viele Jungen und wie viele Mädchen wurden *nicht* erfasst?

Mädchen		Mitgliedschaft	Jungen	
Anteil	Anzahl		Anteil	Anzahl
34%		Sportverein		37
	37	Schulschwimmmannschaft	13%	
0%		Schulhandballmannschaft	9%	
	53	Schulleichtathletikmannschaft		43

→ Seite 68

Begriffe der Zinsrechnung

4 Vervollständige die Tabelle im Heft.

Kapital	Zinssatz	Jahreszinsen
50000 €	4,7%	
4800 €		600 €

4 Vervollständige die Tabelle im Heft.

Kapital	Zinssatz	Jahreszinsen
	2,5%	45 €
81999 €	8,3%	

5 Frau Sturm möchte nach Ablauf eines Jahres 250 € Zinsen erhalten. Die Bank bietet einen Zinssatz von 4,3%.

a) Wie viel Euro müsste sie einzahlen?

b) Eine Sparkasse bietet ihr für dasselbe Kapital 290 € Zinsen. Berechne den Zinssatz.

5 Pia und Claudia legen ihr Sparguthaben an. Pia erhält für 2500 € nach einem Jahr 55 € Zinsen. Claudia erhält bei gleichem Zinssatz 66 € Zinsen.

a) Berechne den Zinssatz.

b) Wie viel Euro hat Claudia eingezahlt?

6 Herr Klein möchte 6000 € anlegen.
Er zahlt bei seiner Bank 2000 € ein und erhält 0,5% Zinsen pro Jahr. Weitere 2000 € zahlt er auf sein Sparbuch ein, hier bekommt er 1,5% Zinsen pro Jahr. Die restlichen 2000 € legt er als Sparbrief an, für den er 3,5% Zinsen pro Jahr erhält.

a) Wie viel Euro Zinsen kann Herr Klein nach einem Jahr jeweils erwarten?

b) Wie viel Prozent seines Anlagekapitals von 6000 € betragen die Zinsen insgesamt?

Tageszinsen

→ Seite 72

7 Berechne jeweils die Zinstage.
a) 01.01.–15.02.
b) 14.01.–14.03.
c) 25.01.–17.03.
d) 02.02.–02.03.

Januar					Februar					März				
01	08	15	22	29		06	13	20	27		04	11	18	25
02	09	16	23	30		07	14	21	28		05	12	19	26
03	10	17	24		01	08	15	22	29		06	13	20	27
04	11	18	25		02	09	16	23	30		07	14	21	28
05	12	19	26		03	10	17	24		01	08	15	22	29
06	13	20	27		04	11	18	25		02	09	16	23	30
07	14	21	28		05	12	19	26		03	10	17	24	

8 Lars überzieht sein Girokonto für 37 Tage um 239 €. Die Bank gibt ihm einen Dispositionskredit.
Der Zinssatz ist mit 12,5 % recht hoch.
Wie viel Zinsen muss Lars zahlen?

8 Ein Profisportler will von den Zinsen seines Vermögens leben.
Er legt 200 000 € zu 8 % an.
Wie viel Zinsen kann er sich jeden Monat auszahlen lassen?

9 Frau Quasten hat Geld aus einer Lebensversicherung für 7 Monate bei einem Zinssatz von 3,4 % festgelegt.
a) Welchen Betrag hat sie angelegt, wenn sie am Ende 892,50 € Zinsen erhält?
b) Wie viel Zinsen würde sie nach 9 Monaten ausbezahlt bekommen?

9 Herr Gerten legte ein Kapital für 180 Tage fest an. Er erhielt dafür 1 625 € Zinsen. Der Zinssatz lag bei 6,5 % p. a.
a) Welchen Betrag hat Herr Gerten angelegt?
b) Prüfe, ob das Kapital doppelt so groß sein müsste, wenn neben 90 Tagen Laufzeit alle anderen Bedingungen gleich blieben.

10 Berechne und ergänze die Tabelle im Heft.

	Kapital	Zinssatz	Laufzeit	Zinsen	Jahreszinsen
a)	3 000 €	11,5 %	$\frac{3}{4}$ Jahr		
b)	500 €	2,5 %	4 Monate		
c)		7 %	15 Tage		23,80 €
d)	270 €		110 Tage	2,06 €	

11 Frau Ohnesorg hat auf einem Sparkonto 4 250 € angelegt.
Am Jahresende erhält sie 318,75 € Zinsen.
a) Welchen Zinssatz gewährt die Bank?
b) Wie viel Geld erhält sie, wenn sie das Kapital mit Zinsen für ein weiteres Jahr zu den gleichen Bedingungen anlegt?

11 Jonathan legt 5 500 € fest an bei einem Zinssatz von 4,25 %. Die anfallenden Jahreszinsen werden mitverzinst.
a) Auf welches Kapital ist das Vermögen nach sechs Jahren angewachsen?
b) Wann würde sich das Kapital verdoppelt haben?

12 Löse mithilfe einer Tabellenkalkulation.
Sascha möchte sich neue Möbel für sein Zimmer für 1 250 € kaufen und über eine Laufzeit von 8 Jahren mit jährlichen Raten von 250 € und einem Zinssatz von 9,5 % abbezahlen.
a) Entwirf ein Tabellenblatt so, dass der geliehene Geldbetrag in jährlichen Raten getilgt wird.
b) Wie viel Euro zahlt Sascha insgesamt?

12 Löse mithilfe einer Tabellenkalkulation.
Julia legt für 6 Jahre 3 750 € an. Die Zinsen werden jährlich mitverzinst. Im ersten Jahr bekommt sie 2 % Zinsen, im zweiten und dritten Jahr 3 %, im vierten Jahr 4 %, im fünften Jahr 4,25 % und im sechsten Jahr 4,5 %.
a) Wie hoch ist ihr Endkapital?
b) Um wie viel Prozent ist ihr Anfangskapital angewachsen?

Lösungen ab Seite 164

Vermischte Übungen

1 Reduzierte Preise

a) Ein T-Shirt kostet 25 €.
Es wird auf 70 % reduziert.
Wie viel kostet es dann?

b) Eine Jeans kostet jetzt 45 €, vorher kostete diese Hose 55 €.
Um wie viel Prozent wurde sie reduziert?

1 Ein MP3-Player kostete 150 €. Zunächst wurde er auf 120 €, dann auf 109 € und dann noch einmal um 10 € reduziert.

a) Auf wie viel Prozent des ursprünglichen Preises wurde der MP3-Player insgesamt reduziert?

b) Um wie viel Prozent wurde er reduziert?

2 In der Klassenstufe 8 wurde eine Umfrage zur Bewerbung um einen Praktikumsplatz durchgeführt. Berechne die fehlenden Werte und stelle die Ergebnisse jeweils in einem Balken-, Säulen- und Kreisdiagramm dar.

Berufsfeld	Schülerwunsch	Zusage	Zusage in %
Fahrzeugtechnik	12	5	41,67 %
Handel		10	66,67 %
Bau	6	2	
Banken/ Versicherungen	25		52,00 %
Metallverarbeitung	11	10	
IT-Branche		7	77,78 %
Sonstige	8		100 %
gesamt			

ERINNERE DICH
*In einem **Kreisdiagramm** wird der jeweilige Anteil an der Gesamtzahl dargestellt. Die Gesamtzahl entspricht immer 100 %. Kreisdiagramme zeigen die relativen Häufigkeiten an.*

3 Milch besteht aus vielen verschiedenen Bestandteilen. Ein Liter Milch wiegt durchschnittlich 1 030 g.

a) Gib die Prozentsätze der einzelnen Bestandteile an.

b) Fertige ein Balkendiagramm zu den Prozentsätzen an.

c) Stelle die relativen Häufigkeiten der Bestandteile in einem Kreisdiagramm dar.

36 g	Milchfett
38 g	Milcheiweiß
52 g	Kohlenhydrate
7 g	Mineralsalze
897 g	Wasser

4 Überprüfe die Aussagen an Beispielen.

a) Verdoppelt sich der Preis, steigt er um 100 %.

b) Verdoppelt sich der Preis, steigt er auf 200 % des alten Preises.

c) Sinkt der Preis um ein Viertel, beträgt der neue Preis noch 75 % des alten Preises.

d) Der Preis kann nicht um mehr als 100 % steigen.

4 Überprüfe die Aussagen an Beispielen.

a) Verdoppelt man Prozentsatz und Grundwert, so bleibt der Prozentwert erhalten.

b) Verdoppelt man den Prozentwert und behält den Grundwert bei, so verdoppelt sich der Prozentsatz.

c) Halbiert man den Prozentwert und den Prozentsatz, so bleibt der Grundwert erhalten.

BEACHTE
*Bei Lebensmitteln werden statt 19 % nur 7 % **Mehrwertsteuer** aufgeschlagen. Schlage gegebenenfalls die Begriffe **Nettopreis** und **Bruttopreis** im Stichwortverzeichnis nach.*

5 Berechne die Mehrwertsteuer, den Nettopreis oder den Bruttopreis.

a) Für ein Kleidungsstück mussten 75,20 € bezahlt werden.
Welchen Nettopreis hatte der Artikel und wie viel Euro Mehrwertsteuer wurden aufgeschlagen?

b) Bei einem Elektrogerät wurden auf dem Kassenbon 14,20 € für die gezahlte Mehrwertsteuer ausgewiesen.
Welchen Nettopreis hatte das Gerät und welcher Bruttopreis wurde bezahlt?

c) Beim Einkauf von Obst und Gemüse wurden 16,80 € bezahlt.
Wie viel Mehrwertsteuer war in dem Preis enthalten?

6 Kerstin und Martin haben eine Tüte Gummibärchen ausgezählt und wollen die Verteilung der Farben in einer Tabelle darstellen. Sie haben 40 rote Gummibärchen, 33 gelbe Gummibärchen und 27 grüne Gummibärchen gezählt.

a) Erstelle eine Tabelle und gib die Anzahl und die Prozentsätze für die einzelnen Farben an.

b) Sabrina sagt: „Ich mag am liebsten weiße Gummibärchen. Ich habe mir vorhin alle weißen Gummibärchen herausgesucht und gegessen. Das waren genau 20.“
Wie viele Gummibärchen waren ursprünglich in der Tüte?
Erstelle noch eine Tabelle und gib die ursprünglichen Prozentsätze für die einzelnen Farben an.

7 Ron wird im nächsten Jahr 16 Jahre alt, er wünscht sich einen Motorroller. Dafür hat er 2000 € gespart und für ein Jahr zu einem Zinssatz von 4,8 % fest angelegt.
Für die restliche Finanzierung glaubt er, monatlich in diesem Jahr nur 30 € zusätzlich sparen zu müssen.

a) Hat Ron nach einem Jahr genug Geld angespart?

b) Kannst du ihm einen Rat geben, wie er seinen Wunsch verwirklichen kann?

2 100 € + 19 % MwSt.

8 Philipp erhält auf seinem Sparbuch bei einem Zinssatz von 2 % nach einem Jahr 80 € Zinsen.
Wie hoch ist das Kapital?

8 Eine Bank zahlt bei einem Zinssatz von 3,5 % nach Ablauf von einem Jahr 168 000 € Zinsen.
Wie viel Euro wurden verzinst?

9 Für ein Kapital von 1 250 € erhält Max nach einem Jahr 43,75 € Zinsen.
Wie hoch war der Zinssatz?

9 Frau Griese nimmt einen Kredit über 25 000 € auf. Nach einem Jahr muss sie 2 875 € Zinsen zahlen. Berechne den Zinssatz.

10 Berechne die Zinsen für ein Kapital von 7 000 €, die ein Sparer nach einem Jahr erhält, wenn er das Geld auf …

a) einem Girokonto einzahlt.

b) ein Tagesgeldkonto einzahlt.

c) einem Festgeldkonto anlegt.

Information für unsere Kundinnen und Kunden
Zinssätze für Guthabenzinsen
– Girokonto 0,5 %
– Tagesgeldkonto 3 %
– Festgeldkonten 3,4 % für 1 Jahr Mindesteinlage 5 000 €

10 Herr Dohmen hat 6 500 € auf einem Tagesgeldkonto für 1 Jahr angelegt.
Wie viel Zinsen hätte er mehr gehabt, wenn er das Geld auf einem Festgeldkonto angelegt hätte?

11 Stefano hat 600 € auf seinem Sparkonto. Der jährliche Zinssatz beträgt 3 %.

a) Wie viel Zinsen erhält er nach 45 Tagen (60 Tagen, 155 Tagen, 200 Tagen)?

b) Wie viel Zinsen werden nach einem Jahr auf seinem Konto gutgeschrieben?

c) Wie lautet der neue Kontostand nach Eingang der Zinsen?

d) Warum erhält er nach dem zweiten Jahr mehr Zinsen als nach dem ersten Jahr?

e) Wie hoch ist der Kontostand nach zwei Jahren?

11 Das Sparguthaben von Franziska blieb ein Jahr lang auf dem Konto unverändert.
Dafür erhält sie nun nach Ablauf eines Jahres 50 € Zinsen.
Das Konto wurde mit 2,5 % verzinst.

a) Welches Guthaben hatte Franziska am Anfang des Jahres auf ihrem Sparkonto?

b) Wie hoch ist der Kontostand nach Eingang der Zinsen?

c) Berechne den Kontostand nach zwei Jahren (drei Jahren, fünf Jahren). Eine Tabellenkalkulation kann dabei helfen.

12 Hannah hat zum Geburtstag von Verwandten 120 € erhalten. Sie möchte es 3 Jahre auf ihrem Girokonto bei 2 % jährlichen Zinsen sparen. Opa Stefan macht ihr ein Angebot: „Wenn du das Geld zu Hause im Sparschwein aufbewahrst und es nicht ausgibst, bekommst du jeden Monat 25 ct von mir."
Ist Opa Stefans Angebot besser?

HINWEISE
Eine Tabellenkalkulation kann hier helfen.

13 Bankangebot
Herr Recke möchte einen Kredit über 2 500 € aufnehmen und jährlich 500 € zurückzahlen. Dabei gilt bei der Bank ein Zinssatz von 6 %. Er sieht das Angebot der Bank und überlegt: „Vielleicht ist es günstiger 3 000 € zu leihen."

Angebot
Ab einem Kredit
von 3 000 €
nur noch 4 % Zinsen

a) Vergleiche beide Möglichkeiten, den Kredit über 2 500 € bei 6 % Zinsen und den Kredit über 3 000 € bei 4 % Zinsen. Erstelle für beide eine Tabelle.
Wann hätte er die Kredite bei einer jährlichen Rate von 500 € zurückgezahlt?
b) Wie viele Zinsen muss er bei den beiden Angeboten jedes Jahr zurückzahlen? Bei welchem Angebot zahlt er insgesamt weniger Zinsen an die Bank zurück.

14 Tilgungsplan
Frau Schneider möchte einen Kredit über 9 000 € bei einem Zinssatz von 6 % aufnehmen. Sie zahlt jährlich 1 000 € zurück. Dazu erstellt sie einen Tilgungsplan.

Jahr	Restschuld	Zinsen	Restschuld + Zinsen	Tilgungsrate	Restschuld nach Tilgung
1	9 000,00 €	540,00 €	9 540,00 €	1 000,00 €	8 540,00 €
2	8 540,00 €	512,40 €	9 052,40 €	1 000,00 €	8 052,40 €
3	8 052,40 €	483,14 €	8 535,54 €	1 000,00 €	7 535,54 €
4	7 535,54 €	452,13 €	7 987,68 €	1 000,00 €	6 987,68 €
5	6 987,68 €	419,26 €	7 406,94 €	1 000,00 €	6 406,94 €

a) Beachte den Tilgungsplan von Frau Schneider.
Welche Restschuld ist nach 5 Jahren noch zu tilgen?
b) Welche Restschuld verbleibt nach 6, 7 und 8 Jahren?
c) Frau Schneider dauert das Abzahlen zu lange. Ab dem 6. April erhöht sie die jährliche Rate auf 2 000 €.
d) Welche Restschuld verbleibt dann nach 6, 7 und 8 Jahren?
Wann wird sie ihren Kredit dann vollständig abbezahlt haben?

BEACHTE
Mit der letzten Rate muss natürlich nur noch die tatsächliche Restschuld beglichen werden.

15 Ratensparplan
Für die Berechnung eines Ratensparplans legt Luca ein neues Tabellenblatt an.

D5 | fx =B5+C5

	A	B	C	D
1		Jährliche Sparrate:	500,00 €	
2		Zinssatz:	3,00%	
3				
4	Jahr	Kapital am Jahresanfang	Jahreszinsen	Kapital am Jahresende
5	1	500,00 €	15,00 €	515,00 €
6	2	1.015,00 €	30,45 €	1.045,45 €
7	3	1.545,45 €	46,36 €	1.591,81 €
8	4	2.091,81 €	62,75 €	2.154,57 €
9	5	2.654,57 €	79,64 €	2.734,20 €
10	6	3.234,20 €	97,03 €	3.331,23 €

a) In Zelle **D5** steht die Formel **=B5+C5**.
Was bedeutet das?
b) Warum ist es sinnvoll, in Zelle **B5** einen Bezug zu Zelle **C1** zu schaffen?
c) In der Zelle **C5** steht die Formel **=B5*C2**.
Erkläre, was das **$**-Zeichen bewirkt.
d) Welche Formeln sollten in den Zellen **D6**, **C6** und **B6** stehen?
e) Erstelle das Tabellenblatt und berechne das Endkapital nach zehn Jahren.
f) Ändere die Sparrate oder den Zinssatz und gib das Endkapital nach sechs Jahren an.

Zusammenfassung

Prozentrechnung

→ Seite 62

Aufgaben zur Prozentrechnung können mit dem Dreisatz gelöst werden.
Für die vereinfachte Rechnung verwendet man die Formeln zur Prozentrechnung.

Formel zur Berechnung des **Prozentwertes**:

$W = \frac{G \cdot p}{100}$

32 % der 25 Schüler sind 13 Jahre alt.
$W = 25 \cdot \frac{32}{100} = 8$
8 Schüler sind 13 Jahre alt.

Formel zur Berechnung des **Prozentsatzes**:

$p\,\% = \frac{p}{100} = \frac{W}{G}$

12 von 25 Schülern sind in einer AG.
$p\,\% = \frac{12}{25} = 0{,}48 = 48\,\%$
48 % der Schüler sind in einer AG.

Formel zur Berechnung des **Grundwertes**:

$G = \frac{W \cdot 100}{p}$

21 Schüler kamen zu spät, das sind 5 %.
$G = 21 \cdot \frac{100}{5} = 420$
Insgesamt sind es 420 Schüler.

Begriffe der Zinsrechnung

→ Seite 68

Die Zinsrechnung ist eine Anwendung der Prozentrechnung, bezogen auf den Geldverkehr.
Bei der Zinsrechnung verwendet man andere Begriffe.

Begriffe der Prozentrechnung	Begriffe der Zinsrechnung
Prozentwert W	Zinsen Z
Prozentsatz $p\,\%$	Zinssatz $p\,\%$
Grundwert G	Kapital K

Formel zur Berechnung der **Jahreszinsen**:

$Z = \frac{K \cdot p}{100}$

200 € werden mit 1,5 % verzinst.
$Z = 200 \cdot \frac{1{,}5}{100} = 3$
Die Zinsen betragen 3,00 €.

Formel zur Berechnung des **Zinssatzes**:

$p\,\% = \frac{p}{100} = \frac{Z}{K}$

125 € Kapital ergeben 6 € Zinsen.
$p\,\% = \frac{6}{125} = 0{,}048 = 4{,}8\,\%$
Der Zinssatz beträgt 4,8 %.

Formel zur Berechnung des **Kapitals**:

$K = \frac{Z \cdot 100}{p}$

3,2 % Zinsen sind 80 €.
$K = 80 \cdot \frac{100}{3{,}2} = 2\,500$
Das Kapital beträgt 2 500 €.

Tageszinsen

→ Seite 72

Die Zinsen für Teile eines Jahres kann man berechnen, indem man das Kapital mit dem Zinssatz und mit dem Bruchteil eines Jahres, dem **Zeitfaktor** $\frac{t}{360}$, multipliziert:
$Z = K \cdot \frac{p}{100} \cdot \frac{t}{360}$

1 200 € werden für 75 Tage zu 2,2 % angelegt.
$Z = 1\,200\,€ \cdot \frac{2{,}2}{100} \cdot \frac{75}{360}$
$= 5{,}50\,€$
Die Zinsen betragen 5,50 €.

Zinseszinsen entstehen, wenn auch die Zinsen angelegt werden und wieder Zinsen erbringen.

1 200 € werden zu 2,2 % angelegt.

nach 1. Jahr: $Z = 1\,200\,€ \cdot \frac{2{,}2}{100} = 26{,}40\,€$

nach 2. Jahr: $Z = 1\,226{,}40\,€ \cdot \frac{2{,}2}{100} = 26{,}98\,€$

⋮

Teste dich!

6 Punkte

1 Bestimme jeweils die unbekannte Größe.

a) Die Fußballmannschaft verlor in der vergangenen Saison von 34 Spielen 12 Spiele. Berechne den Anteil der verlorenen Spiele in Prozent.

b) Ein Motorroller wurde für 1 902 € verkauft. Das waren 60 % seines Neuwertes. Wie viel kostete der Motorroller, als er neu war?

c) Herr Sommer legte letzte Woche mit seinem Auto 183,8 km zurück. 41,5 % davon waren Dienstwege. Wie viele Kilometer legte er privat zurück?

2 Punkte

2 Der Preis einer Hose wurde um 20 % reduziert und beträgt jetzt 20 €. Wie viel kostete die Hose vorher?

2 Punkte

3 Im neuen Schuljahr besuchen insgesamt 1 100 Schülerinnen und Schüler die Theodor-Heuss-Schule. Das sind 125 % von der bisherigen Schülerzahl.

7 Punkte

4 Berechne jeweils die fehlende Größe bei der Geldanlage für ein Jahr.

	a)	b)	c)	d)	e)	f)	g)
Kapital K	12 500 €	7 500 €			15 000 €	280 €	18 500 €
Zinsen Z			800 €	120 €	150 €	28,28 €	
Zinssatz $p\,\%$	6 %	3,6 %	8 %	1,2 %			3,75 %

2 Punkte

5 Herr Würz legt bei einer Bank 2 000 € für die Zeit vom 17. Januar bis zum 2. Mai zu einem Zinssatz von 1,75 % an. Wie viel Zinsen werden ihm nach dieser Zeit gutgeschrieben?

2 Punkte

6 Herr Gräfe zahlt 2 000 € auf ein Konto ein, das mit 2,5 % verzinst wird. Welches Kapital hat er nach zwei Jahren, wenn die Zinsen mitverzinst werden?

2 Punkte

7 Kerstin schließt mit einer Bank einen Sparvertrag über eine Laufzeit von fünf Jahren ab. Die jährliche Rate beträgt 200 €. Das Geld wird mit 2,3 % verzinst. Wie hoch ist der Betrag, den Kerstin ausgezahlt bekommt?

7 Punkte

8 Herr Wendt möchte einen Kredit über 25 000 € bei einem Zinssatz von 6 % aufnehmen. Er zahlt jährlich 6 000 € zurück. Dazu erstellt er einen Tilgungsplan.

a) Betrachte den Tilgungsplan von Herrn Wendt. Wann ist der Kredit getilgt?

b) Wie viel Euro zahlt Herr Wendt der Bank insgesamt?

c) Was wäre, wenn Herr Wendt jährlich 12 000 € zurückzahlen könnte? Erstelle dazu selbst einen Tilgungsplan. Wann hätte Herr Wendt den Kredit dann abbezahlt? Wie viel Euro würde er der Bank dann insgesamt zahlen?

Jahr	Restschuld	Zinsen	Restschuld + Zinsen	Tilgungsrate	Restschuld nach Tilgung
1	25 000,00 €	1 500,00 €	26 500,00 €	6 000,00 €	20 500,00 €
2	20 500,00 €	1 230,00 €	21 730,00 €	6 000,00 €	15 730,00 €
3	15 730,00 €	943,80 €	16 673,80 €	6 000,00 €	10 673,80 €
4	10 673,80 €	640,43 €	11 314,23 €	6 000,00 €	5 314,23 €
5	5 314,23 €	318,85 €	5 633,08 €	6 000,00 €	−366,92 €

Gold: 28–30 Punkte, Silber: 25–27 Punkte, Bronze: 18–24 Punkte

Lösungen ab Seite 164

Kannst du das?

Du hast dich in den Klassen 5–8 mit vielen Themen der Mathematik beschäftigt.

Mit diesem Kapitel kannst du die wesentlichen Bereiche der Mathematik wiederholen und üben.

Mathematik im Überblick

Die Mindmap gibt dir einen Überblick über die verschiedenen Bereiche der Mathematik und zeigt dir, was du bis jetzt gelernt hast.

→ *Seite 180*

Im Anhang findest du eine Formelsammlung. Dort kannst du Formeln zu den wichtigsten Themen aus den Klassen 5–7 nachschlagen.
Versuche zunächst, die Trainingsaufgaben ohne die Formelsammlung zu bearbeiten. Schlage erst nach, falls du nicht weiterkommst.

Arithmetik und Algebra:
Zahlen und Symbole nutzen

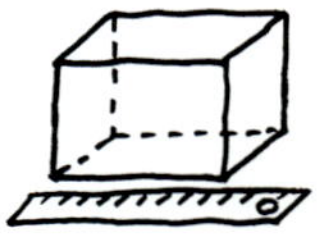

Geometrie:
Ebene und räumliche Figuren nach Maß und Form erfassen und berechnen

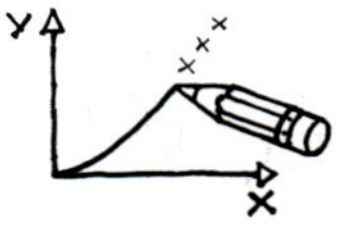

Funktionen:
Beziehungen erkunden und beschreiben

Daten und Zufall:
Daten und Wahrscheinlichkeiten nutzen

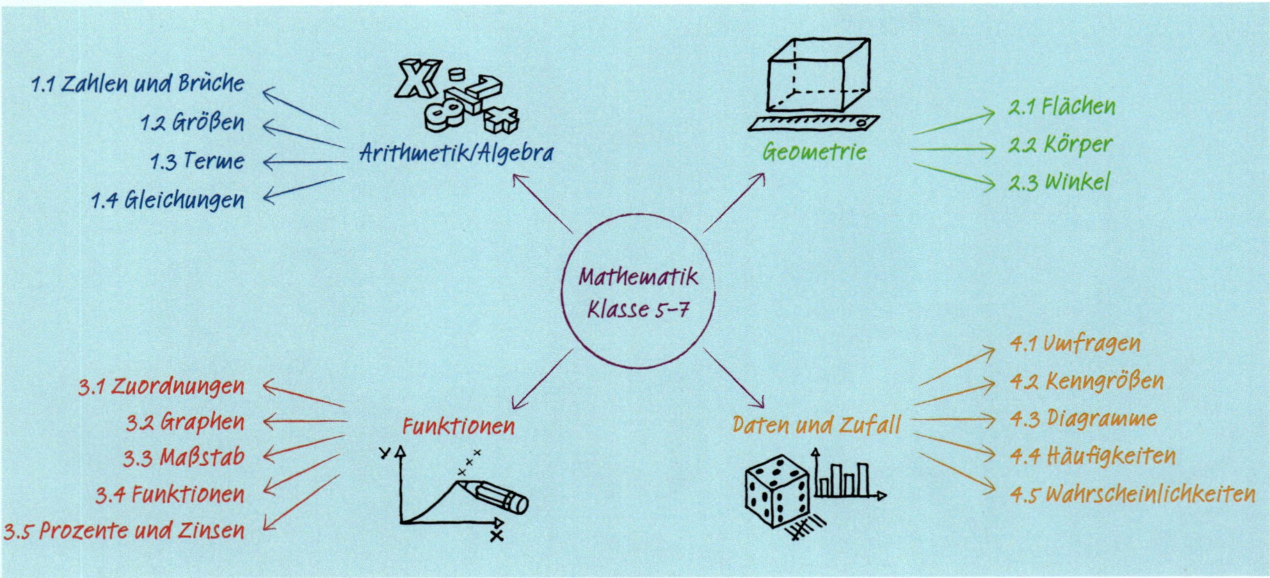

Neben Aufgaben aus den oben dargestellten Bereichen gibt es auch andere Dinge, die du beherrschen musst:
Z. B. über dein Ergebnis sprechen, mit deinem Nachbarn oder deiner Nachbarin über Lösungsmöglichkeiten diskutieren oder deinen Rechenweg begründen.

Beachte beim Bearbeiten der Aufgaben ein paar **Tipps**, die dir helfen können, leichter zum Ziel zu kommen und den Überblick zu behalten:

- Sorge dafür, dass notwendige **Werkzeuge** und **Medien bereitstehen**:
  Lineal, Geodreieck, Zirkel, Taschenrechner, Lexikon, Internet.
- **Lies** die Aufgabenstellung immer ganz **genau**.
- **Überlege**, was von dir **verlangt** wird.
- **Schreibe** dir die **wichtigsten Informationen heraus**.
- Löse zuerst Aufgaben, die dir leicht fallen.
- Halte dich nicht zu lange an einer Aufgabe auf, sonst drohen Zeitprobleme.

Trainingsaufgaben

Bevor du die Aufgaben löst, überlege dir zunächst, zu welchem Themengebiet der Mindmap diese Aufgabe gehören könnte. Notiere deine Überlegungen im Heft.

1 Mit Zahlen jonglieren

Übertrage die Aufgaben ins Heft.
Setze die Ziffern 3, 4, 5 und 6 jeweils genau einmal so in ein Kästchen ein, dass die angegebenen Bedingungen erfüllt sind.

a) Das Produkt der Zahlen soll möglichst groß sein: ▢▢ · ▢▢
b) Das Produkt der Zahlen soll möglichst klein sein: ▢▢ · ▢▢
c) Der Wert des Terms ▢ · (▢ + ▢ · ▢) soll möglichst groß sein.

2 Runden

Im Schuljahr 2017/2018 gab es in Deutschland rund 8 335 000 Schülerinnen und Schüler.

a) Wie viele Schüler gab es höchstens, wenn auf Tausender gerundet wurde?
b) Lea sagt: „In einer Zeitung stand, dass es 8 335 511 Schülerinnen und Schüler gab." Was meinst du dazu?
c) Runde die Zahl 1 748 auf Hunderter.
d) Barbara schrieb beim Runden von 2 545 auf Hunderter: $2\,545 \approx 2\,550 \approx 2\,600$. Erläutere und bewerte ihren Lösungsweg.

TIPP
Erläutern und bewerten *heißt, dass du den Lösungsweg erklären und danach begründen sollst, ob es ein guter und richtiger Lösungsweg ist.*

3 Ein Zaun für das rechteckige Blumenbeet

Ein Blumenbeet soll mit einem Zaun umrandet werden. Das Beet ist 4 m lang und 1 m breit.

a) Wie viele Zaunstücke braucht man mindestens, wenn ein Zaunstück 1,20 m lang ist?
b) Ein Zaunstück, das 1,20 m lang ist, kostet 19,95 €. Wie teuer sind 12 m Zaun?

4 Wechselkurse

Marie reist nach Kanada. Vor dem Abflug tauscht sie Geld.
Der Wechselkurs ist 1 € ≙ 1,51 kanadische Dollar (CAD).

a) Wie viel kanadische Dollar erhält sie für 650 €?
b) Wie viel Euro erhält sie nach der Reise für ihre übrig gebliebenen 175 CAD?

5 Fußleisten

a) Paul möchte eine 1,10 m lange Fußleiste in zwei gleich lange Teile zersägen. Gib an, wie lang die beiden Teile sind.
b) Von einer 1,10 m langen Fußleiste bleibt ein Fünftel übrig. Gib an, wie viel Meter Paul verwendet hat.

TIPP
Lies dir die Aufgabenstellung sehr gut durch. Jedes Wort kann wichtig sein.

6 Ein verwinkeltes Grundstück

Die Eckpunkte des Grundstücks bilden verschiedene Winkel.

a) Zeichne das Grundstück in dein Heft.
b) Markiere einen rechten Winkel innerhalb des Grundstückes rot.
c) Markiere einen stumpfen Winkel innerhalb des Grundstückes blau.
d) Wie groß sind α und β?

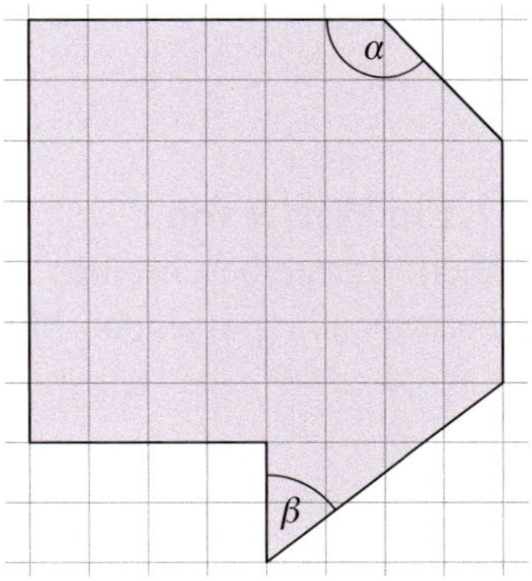

7 Urlaubsreisen

Der Deutsche Reiseverband hat im Jahr 2017 1 000 Menschen, die ihren Urlaub im Internet gebucht haben, nach ihrem Alter gefragt. In der Abbildung siehst du das Ergebnis.

a) Eine Zeitung schreibt über diese Grafik: „28 % der Online-Buchungen wurden von über 50-Jährigen getätigt.“ Ist diese Aussage richtig? Begründe deine Antwort.

b) Übertrage die Daten in ein Kreisdiagramm.

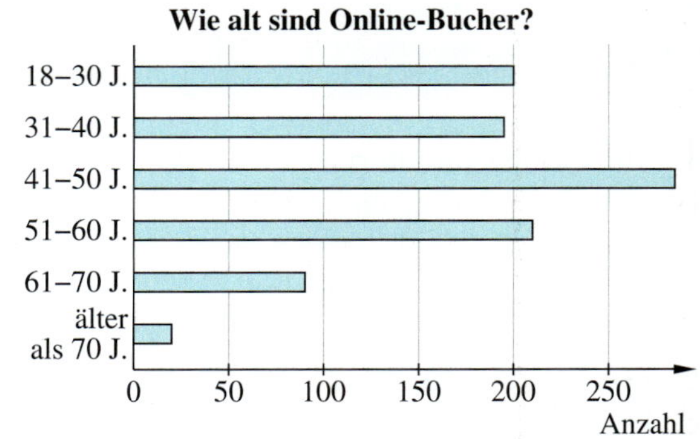

8 Meisterwerke der Musik

Das Foto zeigt die Skulptur „Meisterwerke der Musik“.
Die Skulptur besteht aus drei Viertelnoten und drei Achtelnoten. Die Achtelnoten (mit Fähnchen) wiegen 8,6 t.
Wie hoch und wie breit sind die einzelnen Noten ungefähr? Schätze, wie viel alle Noten zusammen wiegen.
Notiere jeweils deinen Lösungsweg.

BEACHTE
*Wenn dein **Lösungsweg** gefragt ist, sollst du beschreiben, wie du zu deiner Lösung gekommen bist.*

9 Verkehrszeichen

Mathematik umgibt uns immer wieder im Alltag. Ein Beispiel dafür sind Verkehrsschilder.

a) Welche Verkehrszeichen sind achsensymmetrisch. Notiere die Ziffern im Heft.

① ② ③ ④ ⑤

b) Übertrage die Figur in dein Heft und spiegle sie an der Spiegelachse *s*.

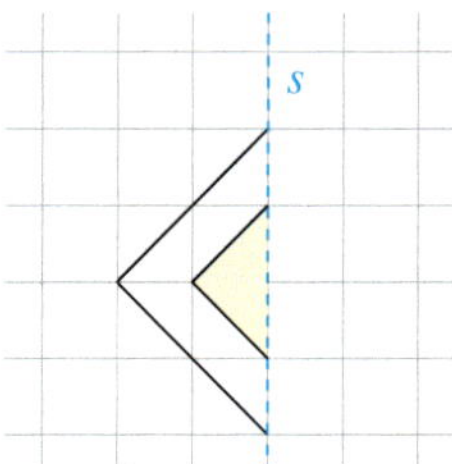

c) Sarah hat beim Spiegeln einen Fehler gemacht. Wo liegt der Fehler? Beschreibe.

10 Ein Viertel von *x*

Welche Terme beschreiben „ein Viertel der Zahl x“?
Übertrage alle passenden Möglichkeiten in dein Heft.

① $x - 4$	② $\frac{1}{4} \cdot x$	③ $x - 0{,}75\,x$
④ $x : \frac{1}{4}$	⑤ $x : 4$	⑥ 25 % von x
⑦ $x - \frac{1}{4}$	⑧ $\frac{1}{2}x : 2$	⑨ $\frac{1}{8}x \cdot 2$

TIPP
*In einigen Aufgaben gibt es **mehrere richtige** Lösungen. Achte auf die Anweisung.*

11 Würfeln

Ein 8-seitiger Würfel ist mit den Zahlen von 1–8 beschriftet.
Er wird in einem Zufallsversuch als Zufallsinstrument verwendet.

a) Welche Zahlen müssen für die aufgeführten Ereignisse oben liegen. Schreibe die Ergebnisse in dein Heft.
① Die Augenzahl ist durch 3 teilbar.
② Die Augenzahl ist ungerade.
③ Die Augenzahl ist größer als 6.
④ Die Augenzahl ist eine Primzahl.

b) Finde ein Ereignis, das genau ein Ergebnis hat.

c) Welche Augensumme kommt beim Spielen mit zwei 8-seitigen Würfeln am häufigsten vor? Begründe deine Antwort.

TIPP
Deine Antwort kannst du durch Rechnungen, Worte und in manchen Fällen auch durch Zeichnungen ***begründen****.*

12 Mathematikarbeit

Im Laufe des Halbjahres wurden in der Klasse 8e drei Klassenarbeiten geschrieben. Die Mathematiklehrerin möchte nun für jeden Schüler den Durchschnitt berechnen. Sie hat diese Tabelle angelegt.

Name	Vorname	Klassenarbeit 1	Klassenarbeit 2	Klassenarbeit 3
Gärtner	Jannis	1,75	2	2,75
Ozermis	Dougkan	2,75	4	3,25
Kiefer	Jacques	1,25	2,75	2,25
Masi	Saleem	3	3,25	3
Müller	Yves	4,75	5	4
Schmitz	Luca	1,75	2	1,75
Gül	Erdem	2	3	2,75
Maier	Nils	4,25	4	4,75

a) Berechne den Notendurchschnitt für jeden der Schüler. Wie viele Nachkommastellen sind bei den Angaben sinnvoll? Begründe deine Antwort.

b) Wie ist der Durchschnitt aller acht Schüler?

c) Anna sagt: „Luca ist der beste Mathematiker.“
Sara protestiert: „Nein, Jacques ist besser.“
Wer hat recht? Begründe deine Antwort.

13 An der Käsetheke

An der Käsetheke sind vier verschiedene Sorten im Angebot.

a) Im Schaubild wird dem Käsegewicht (in g) der Käsepreis (in €) zugeordnet. Das folgende Wertepaar ist mit zwei gestrichelten Linien gekennzeichnet: 300 g → 3,90 €.
Eine weitere gestrichelte Linie ist für ein zweites Wertepaar eingezeichnet. Wie lautet das Wertepaar?

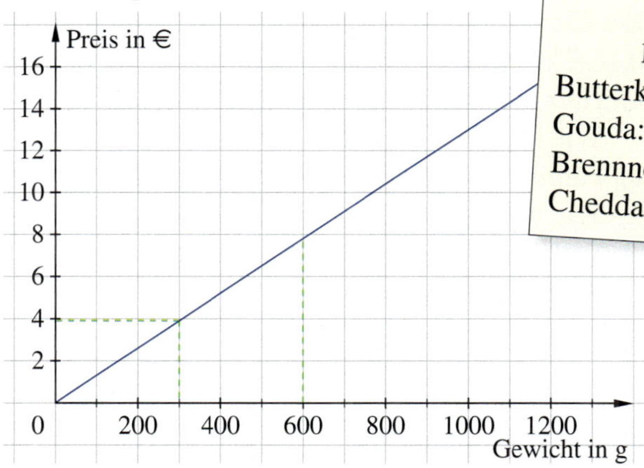

Angebot
Preis je 100 g
Butterkäse: 1,00 €
Gouda: 0,90 €
Brennnesselkäse: 1,60 €
Cheddar: 1,30 €

b) Welche Käsesorte wird im Schaubild dargestellt? Begründe.

c) Zeichne in dein Heft genau so ein Schaubild und kennzeichne für den Gouda zwei Wertepaare bei 300 g und 600 g.

d) Wie verläuft der Käsepreis für den Gouda bezüglich seines Gewichts? Zeichne die Gerade nach.

TIPP
Wenn du die richtige Antwort nicht genau weißt, versuche Antworten auszuschließen und dann nachzurechnen.

14 Gummibärchen

In einer Tüte sind vier grüne, drei rote, zwei weiße und ein oranges Gummibärchen. Mit welcher Wahrscheinlichkeit zieht Timo ohne hinzusehen ein weißes Gummibärchen? Wähle die richtige Lösung und schreibe sie in dein Heft.

① $\frac{1}{10}$ ② $\frac{1}{5}$ ③ $\frac{2}{5}$ ④ $\frac{1}{2}$ ⑤ $\frac{4}{10}$

15 Quader

Hier siehst du einen Quader, dessen Ecken mit Buchstaben versehen sind.
Daneben siehst du das Netz des Quaders, an dem vier Eckpunkte nicht beschriftet sind.
Übertrage das Quadernetz in dein Heft und beschrifte alle Eckpunkte.

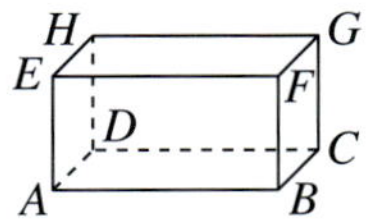

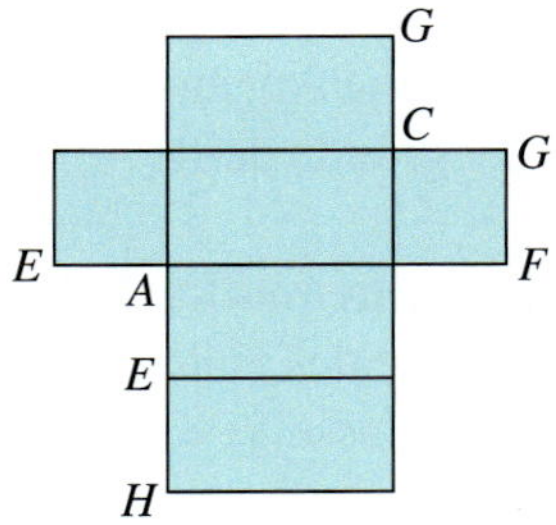

16 Fehlersuche

Gianna löst eine Gleichung. Ihren Lösungsweg siehst du hier:

$$40 - 8x = 10 - 3x \quad | +3x$$
$$40 - 11x = 10 \quad | -40$$
$$-11x = -30 \quad | :(-11)$$
$$x = 2\tfrac{8}{11}$$

a) Finde Giannas Fehler.
b) Löse die Gleichung korrekt in deinem Heft.

17 Ausverkauf

Beim Schlussverkauf räumen viele Geschäfte ihre Lager.
a) Ein Pullover kostet 49 €. Der Preis wird um 35 % gesenkt. Wie hoch ist der neue Preis?
b) Der Preis einer Jacke wird um 20 % gesenkt, man spart 24 €. Was kostete die Jacke vorher?

18 Strompreise

Ein Elektrizitätswerk verlangt für die Stromlieferung einen Grundbetrag von 48 € pro Jahr und 0,16 € für jede verbrauchte Kilowattstunde (kWh).
a) Herr Brettschneider verbrauchte im letzten Jahr 2 250 kWh.
Wie hoch war seine Stromrechnung?
b) Familie Sonnenberger musste für Strom 360 € zahlen.
Wie viele kWh hat sie verbraucht?
c) Welcher der drei Graphen veranschaulicht den Zusammenhang zwischen verbrauchten Kilowattstunden und Preis?

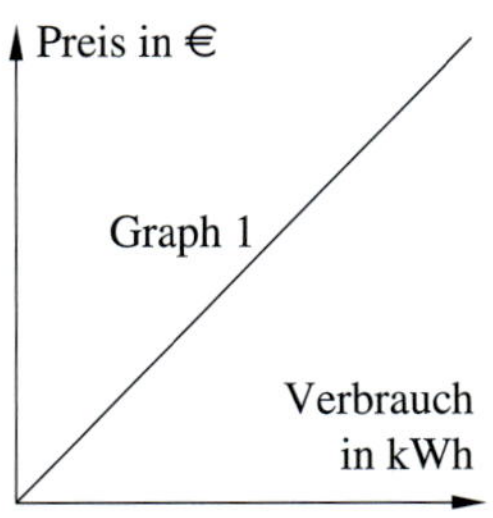

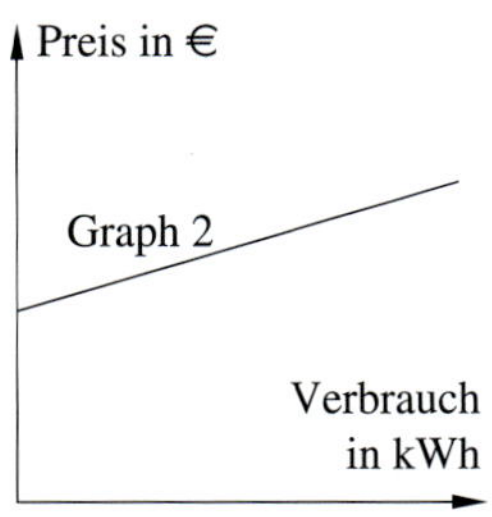

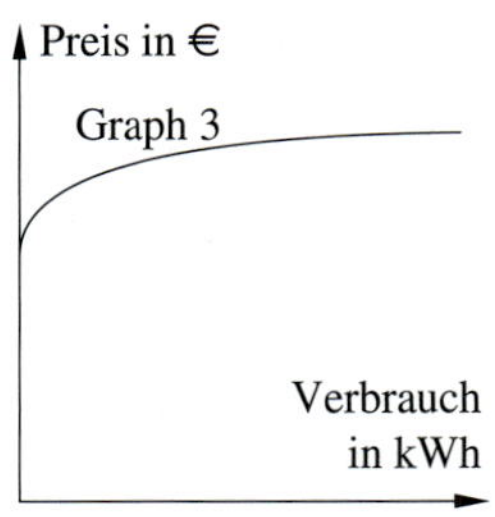

19 Basketball

Der Trainer einer Basketballmannschaft hat notiert, wie häufig seine Spieler während der letzten zehn Spiele auf den Korb geworfen und wie oft sie ihn tatsächlich getroffen haben.

Spieler	Anzahl der Würfe	Anzahl der Treffer
Marcel	48	30
Timo	5	2
Eike	50	12
Jens	64	24
Kim	20	4
Simon	45	25
Florian	16	2

a) Berechne für jeden Spieler die relative Häufigkeit für einen Wurf mit Treffer.

b) Welcher Spieler besitzt die höchste Treffsicherheit?

c) Begründe, warum man über die Treffsicherheit von Timo keine zuverlässigen Aussagen machen kann.

20 Spenden

Sarah und Patrick haben Spenden für ein Hilfsprojekt gesammelt.
Die Tabelle zeigt, welche Spenden an den einzelnen Tagen erfolgten.

	Mo	Di	Mi	Do	Fr	Sa	So
Sarah	25 €	30 €	17 €	26 €	34 €	15 €	21 €
Patrick	31 €	24 €	10 €	21 €	29 €	41 €	?

a) Berechne das arithmetische Mittel und den Zentralwert von Sarahs Spendensammlung.

b) Wie viel Euro hätte Sarah am Freitag sammeln müssen, damit das arithmetische Mittel mit dem Zentralwert übereinstimmt?

c) Patrick hat durchschnittlich 27 € pro Tag gesammelt.
Wie viel sammelte er am Sonntag?

21 Wanderung

Das Diagramm beschreibt den Verlauf einer Wanderung von Herrn Wiechert.

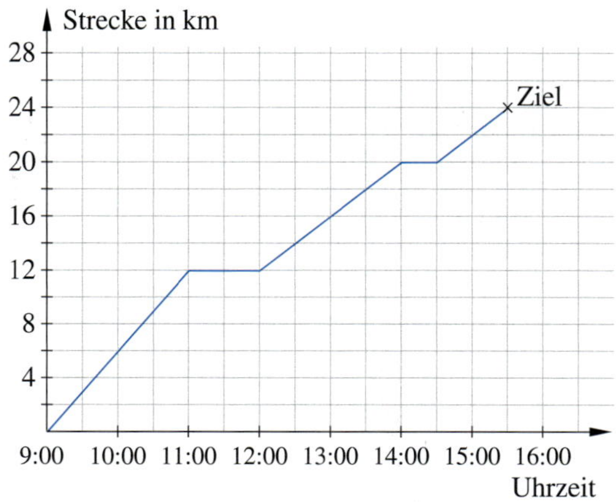

a) Wie lange dauerte die erste Pause?

b) Wie viele Stunden ist er insgesamt unterwegs?

c) Wie viele Kilometer ist Herr Wiechert gewandert?

d) Mit welcher Geschwindigkeit wanderte Herr Wiechert in den ersten beiden Stunden?

e) Zeichne das Diagramm mit dem Verlauf der Wanderung von Herrn Wiechert ab und ergänze den Verlauf der Wanderung von Frau Schmidt.
Frau Schmidt wanderte dieselbe Strecke wie Herr Wiechert, läuft aber eine halbe Stunde später los als er. In den ersten $2\frac{1}{2}$ Stunden legte sie 10 km zurück.
Danach legte sie eine halbstündige Pause ein.
Nach der Pause wanderte sie mit einer Geschwindigkeit von 5 km pro Stunde weiter.

f) Wann erreicht Frau Schmidt das Ziel, wenn sie um 9:30 Uhr aufgebrochen ist?

g) Herr Wiechert brach um 9:00 Uhr auf.
Wann begegnen sich Herr Wiechert und Frau Schmidt?

TIPP
*Falsche Aussagen kannst du durch **Gegenbeispiele** widerlegen.
Richtige Aussagen kannst du durch Erklärungen oder gelernte Merksätze begründen.*

22 Aussagen über Dreiecke und Vierecke

Entscheide, ob die Aussagen wahr oder falsch sind.
Begründe deine Entscheidung.

a) Es gibt ein Dreieck mit zwei stumpfen Innenwinkeln.
b) Alle vier Innenwinkel in einem Trapez können spitze Winkel sein.
c) Wenn ein Viereck ein Quadrat ist, dann ist es auch ein Parallelogramm.
d) Ein Quadrat besitzt genau vier Symmetrieachsen.
e) Jede Raute ist ein Quadrat.
f) Wenn ein Dreieck gleichseitig ist, dann hat es genau drei Symmetrieachsen.
g) Jeder Drachen ist eine Raute.

23 Gleichungen lösen

Du hast verschiedene Möglichkeiten zum Lösen von Gleichungen kennengelernt.

a) Kira löst die Gleichung $3x + 18 = 57$ durch Ausprobieren.
Sie setzt verschiedene Zahlen für x ein und findet so die Lösung.
Welche Lösung hat Kira gefunden?
① 7 ② 10 ③ 13 ④ 20 ⑤ 5
b) Pia löst die Gleichung $12 - 4x = 36$ rechnerisch durch schrittweises Umformen.
Schreibe Pias Lösungsweg in dein Heft.
c) Finde zwei Gleichungen, die sich sehr gut durch Ausprobieren lösen lassen, und zwei Gleichungen, die sich besser durch Umformungen lösen lassen. Begründe deine Wahl.

24 Würfel

Im Technikunterricht hat Zehra kleine Würfel aneinandergeklebt:

a) Zwei der Ansichten gehören zu Zehras Würfelfigur. Notiere die richtigen im Heft.

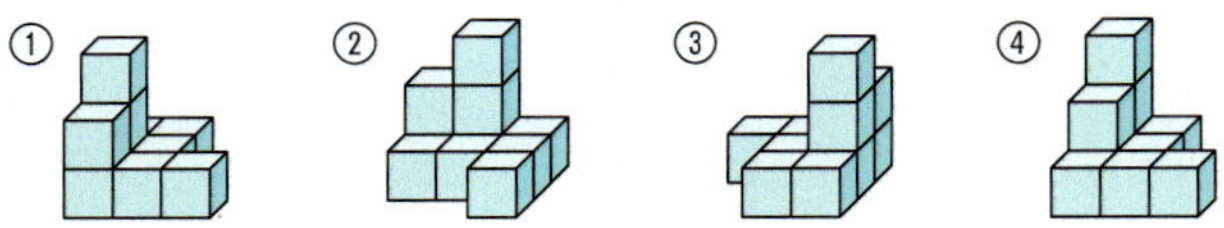

b) Aus wie vielen Würfeln besteht die Würfelfigur?
c) Zehra möchte nun so viele Würfel hinzufügen, dass ein großer Würfel entsteht.
Wie viele Würfel fehlen dafür?
d) Ein kleiner Würfel hat ein Volumen von $1\,cm^3$. Wie groß ist das Volumen des großen Würfels, nachdem Zehra ihn zusammengebaut hat?

25 Schokoladenverpackung

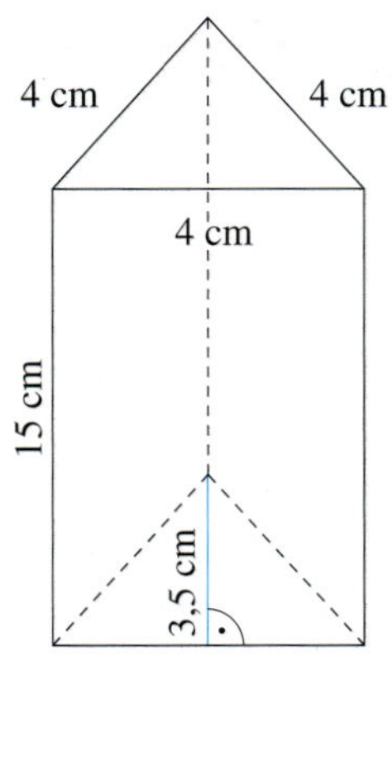

Eine Schokoladenverpackung hat die Form eines Prismas mit dreieckiger Grundfläche.

a) Wie viel cm^2 Karton benötigt man, um die abgebildete Verpackung herzustellen, wenn die Klebekanten nicht berücksichtigt werden?
b) Welche Seitenlängen muss ein Rechteck mindestens haben, damit man das Körpernetz des Prismas daraus herstellen kann?
c) Wie viel Prozent des Kartons ist Verschnitt, wenn eine Verpackung aus einem $264\,cm^2$ großen Rechteck gefertigt wird?
d) Schätze das Volumen der Verpackung. Wie gehst du dabei vor?
e) Welches Volumen erwartest du, wenn die Grundfläche gleich bleibt und die Höhe der Verpackung verdoppelt wird? Begründe.

Prismen

Das Dockland steht seit 2005 in Hamburg an der Elbe.
Das Gebäude ist ein Prisma mit
einem Parallelogramm als Grundfläche.

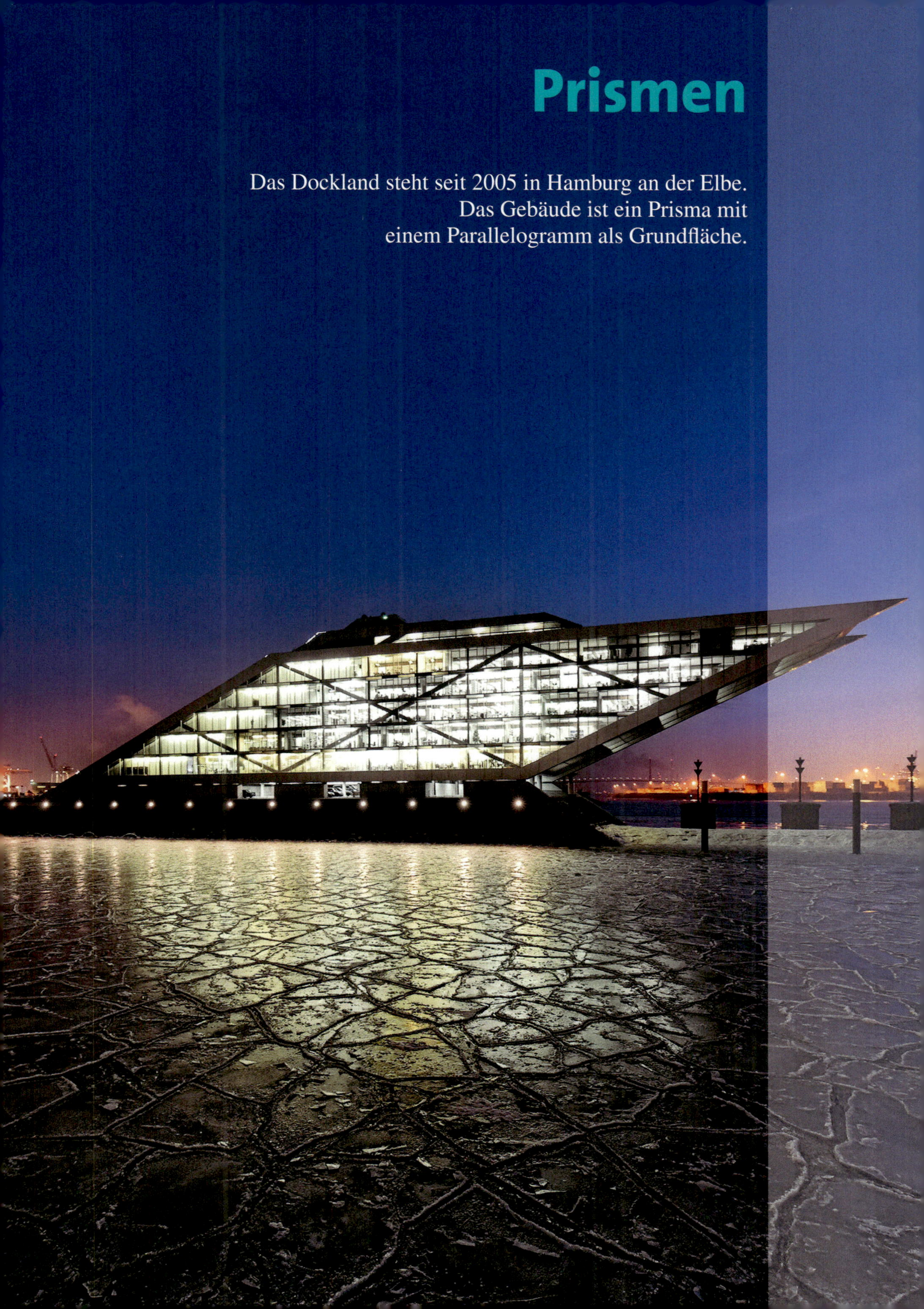

Noch fit?

Einstieg

1 Schrägbild vervollständigen
Übertrage ins Heft und vervollständige zum Schrägbild eines Quaders.

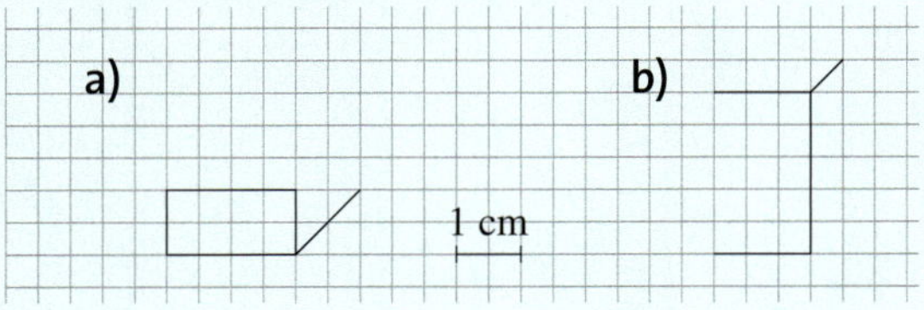

2 Würfelnetz zeichnen
Zeichne zwei verschiedene Netze eines Würfels mit der Kantenlänge $a = 3\,\text{cm}$.

3 Volumen und Oberfläche
Zeichne das Schrägbild eines Würfels mit einer Kantenlänge von 5 cm.
Berechne das Volumen des Würfels.
Berechne seine Oberfläche.

4 Einheiten umrechnen
Rechne in die in Klammern angegebene Einheit um.

a) 4 cm (mm) b) 2 500 m (km)
c) $4\,\text{cm}^2$ (mm^2) d) $300\,\text{m}^2$ (dm^2)
e) $4\,\text{cm}^3$ (mm^3) f) $9\,000\,\text{m}^3$ (dm^3)

Aufstieg

1 Schrägbild vervollständigen
Übertrage ins Heft und vervollständige zum Schrägbild eines Quaders.

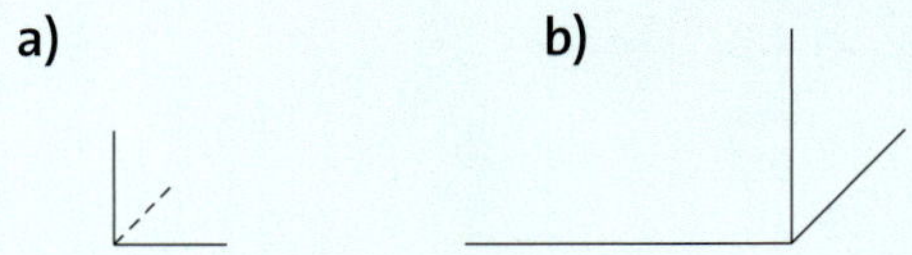

2 Quadernetz zeichnen
Zeichne verschiedene Netze eines Quaders mit $a = 3\,\text{cm}$, $b = 2\,\text{cm}$ und $c = 1{,}5\,\text{cm}$.

3 Volumen und Oberfläche
Zeichne das Schrägbild eines Quaders mit den Kantenlängen $a = 4{,}2\,\text{cm}$, $b = 2{,}3\,\text{cm}$, $c = 70\,\text{mm}$. Berechne das Volumen und die Oberfläche des Quaders.

4 Einheiten umrechnen
Rechne in die in Klammern angegebene Einheit um.

a) 4,3 cm (dm) b) 67 mm (cm)
c) $51\,\text{cm}^2$ (dm^2) d) $382\,\text{cm}^2$ (m^2)
e) 3,81 l (cm^3) f) $56\,\text{cm}^3$ (mm^3)

ERINNERE DICH

Zeichnen eines ***Schrägbildes****:*
- *Vorderseite zeichnen*
- *nach hinten verlaufende Kanten z. B. mit halber Länge und α = 45° antragen*
- *verdeckte Kanten stricheln*

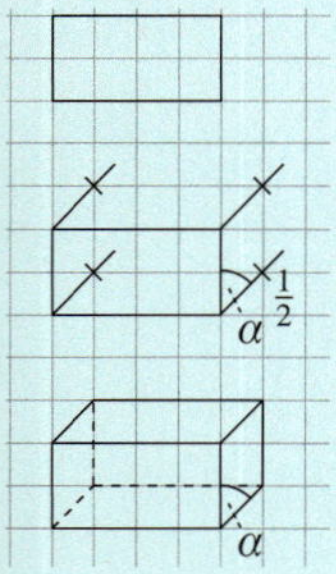

5 Umfänge und Flächeninhalte verschiedener Figuren
Bestimme die Umfänge und Flächeninhalte der folgenden Flächen.
Miss die notwendigen Maße der Figuren in der Zeichnung nach.

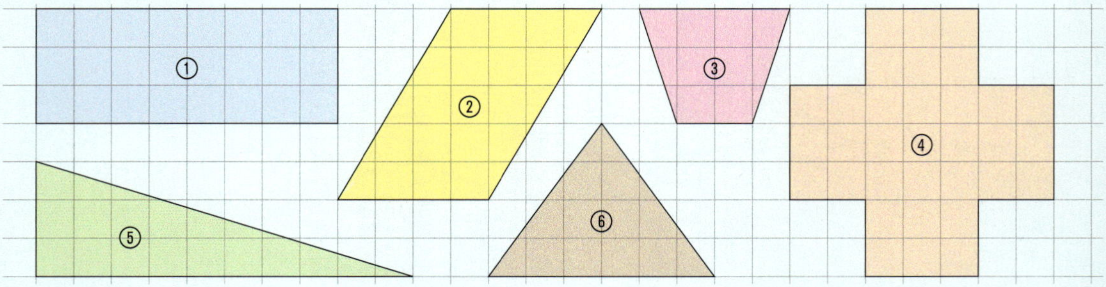

6 Kurz und knapp
a) Nenne die Eigenschaften eines Parallelogramms.
b) Ist 0,24 : 0,6 = 24 : 6? Begründe.
c) Nenne zwei Formeln zur Berechnung des Flächeninhalts eines Trapezes. Welche Eigenschaften hat ein Trapez?
d) Gib die Flächengrößen Ar und Hektar in m^2 und km^2 an.

Lösungen ab Seite 164

Prismen erkennen und beschreiben

Entdecken

1 Betrachtet die abgebildeten Verpackungen.

a) Nennt Gemeinsamkeiten und Unterschiede der Verpackungen.

b) Saskia behauptet, dass die Verpackungen hauptsächlich aus Rechtecken bestehen. Kann das sein? Begründet und diskutiert darüber.

c) Nennt weitere Dinge aus eurer Umgebung (z. B. andere Verpackungen, Möbel und Gebäude), die eine ähnliche Form besitzen.

ZUM WEITERARBEITEN
Überlege, warum die Hersteller solche Formen als Verpackungen verwendet haben.

2 Welcher Körper passt nicht in die Reihe? Begründet eure Auswahl.

a)

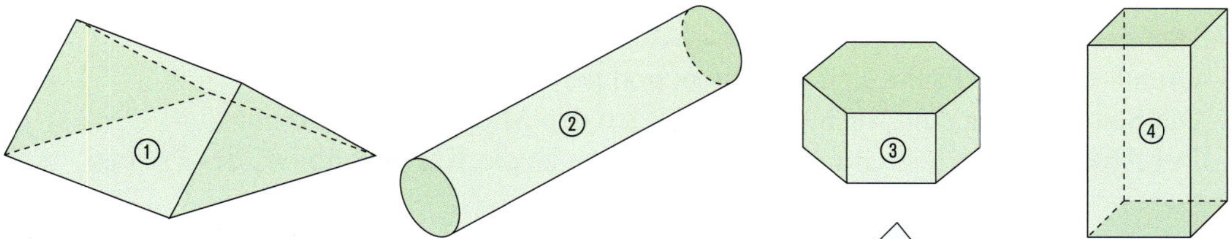

b)

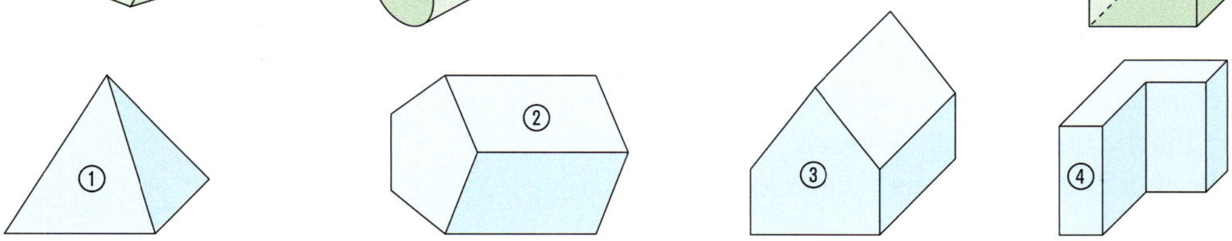

3 Karl zerschneidet einige Verpackungen und erhält dadurch folgende Netze.

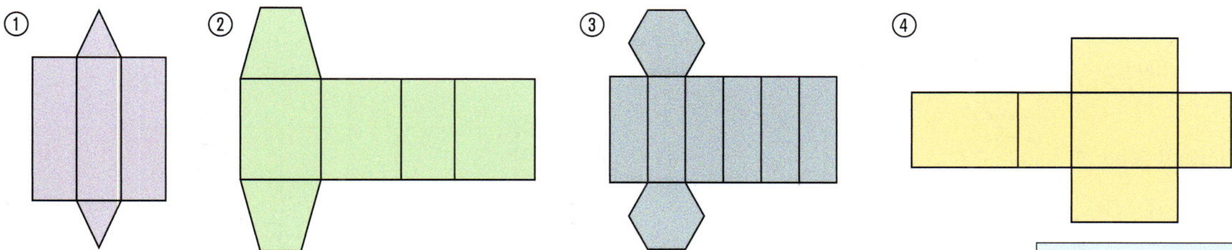

a) Kannst du erkennen, um welche Körper es sich handelt? Findest du sie in Aufgabe 1 wieder?

b) Wie viele Kanten, Ecken und Flächen haben die einzelnen Körper der abgebildeten Netze? Welche Flächen im Netz sind jeweils gleich groß?

c) Erstelle selber ein Netz eines Würfels mit der Kantenlänge $a = 5\,\text{cm}$. Vergleiche dein Netz mit denen deiner Mitschüler. Was stellst du fest?

d) Erstelle einen Steckbrief über einen Körper deiner Wahl auf einem Plakat. Präsentiere dein Ergebnis in der Klasse.

Name:
Anzahl der Flächen:
Anzahl der Kanten:
Grund- und Deckfläche:
Wo kommt dieser Körper im Alltag vor?
Netz:

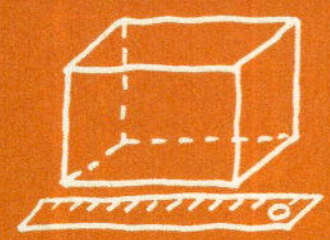

Verstehen

Die meisten Verpackungen sind quaderförmig.
Um nicht so gewöhnlich auszusehen und schnell wiedererkannt zu werden, nutzen viele Hersteller besondere Verpackungsformen.

Hierzu werden manchmal Prismen mit verschiedenen Grundflächen verwendet.

BEISPIEL 1
Dreiecksprisma

Schrägbild:

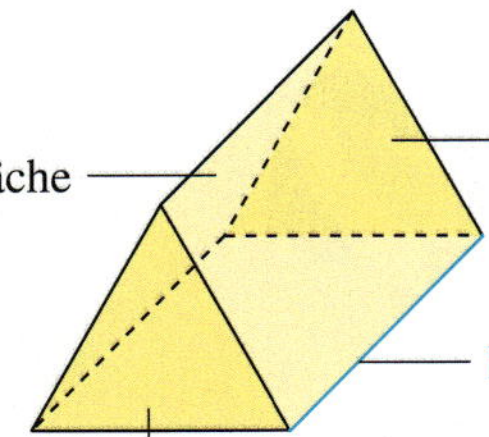

Körpernetz:

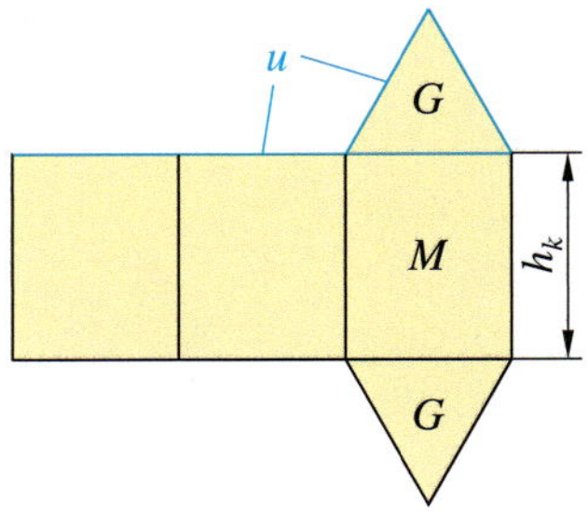

ERINNERE DICH
Kongruent bedeutet deckungsgleich.

Merke Ein Prisma hat folgende Eigenschaften:
- Grund- und Deckfläche sind kongruent und parallel zueinander.
- Die Seitenflächen sind Rechtecke, sie bilden den **Mantel** M des Prismas.
- Der Abstand zwischen Grund- und Deckfläche ist die **Körperhöhe** h_k des Prismas.

Der Name des Prismas ist abhängig von der Eckenanzahl von Grund- und Deckfläche. Ist die Grundfläche ein Dreieck (Viereck, ...), dann heißt das Prisma Dreiecksprisma (Vierecksprisma, ...).

BEISPIEL 2
Sechsecksprisma

Schrägbild:

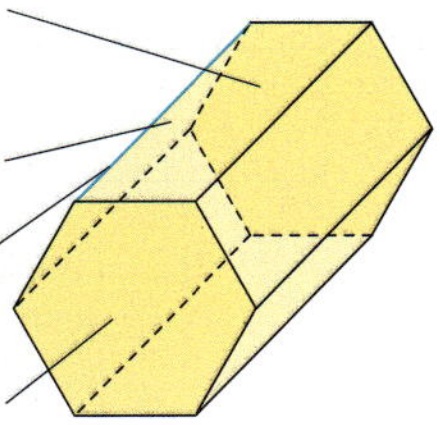

Körpernetz:

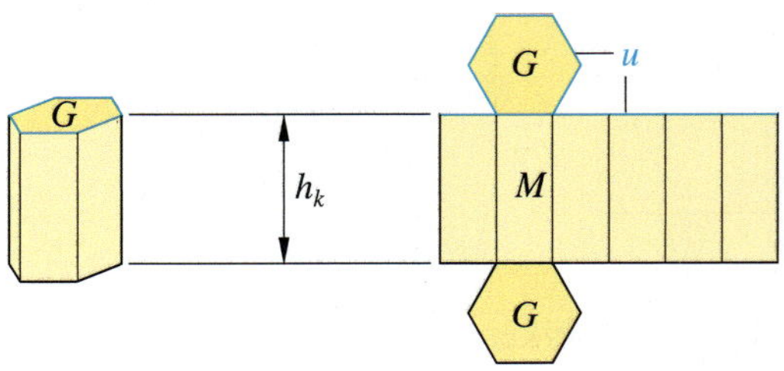

HINWEIS
In diesem Kapitel werden nur gerade Prismen berechnet.

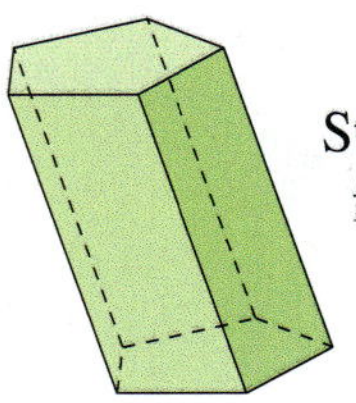

Stehen die Seitenflächen eines Prismas nicht senkrecht auf der Grund- und Deckfläche, so spricht man von einem **schiefen Prisma**.

Üben und anwenden

1 Welche der Körper sind Prismen?
Stehen sie auf der Grundfläche oder liegen sie auf einer Seitenfläche? Begründe.

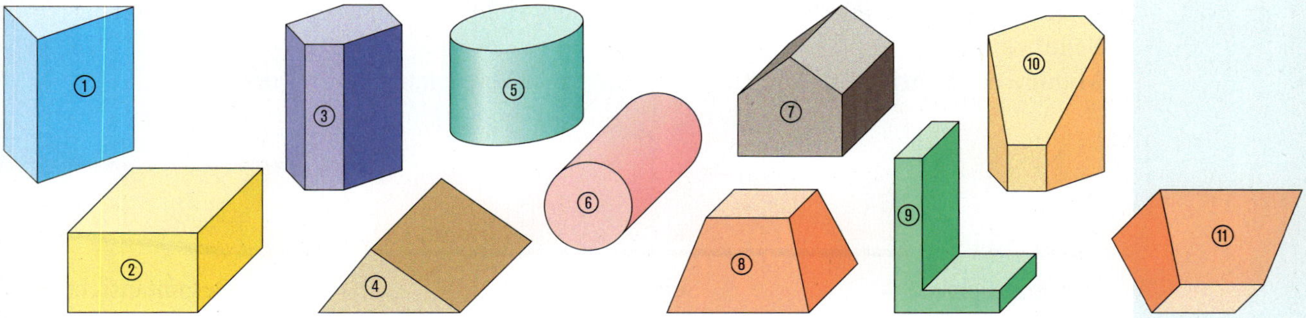

2 Handelt es sich bei dem Schuttcontainer bzw. den Goldbarren um Prismen? Begründe.

2 Wenn man aufmerksam durch Wohngebiete geht, kann man sehr unterschiedliche Hausformen entdecken.
Die verschiedenen Dachformen haben sogar eigene Namen:

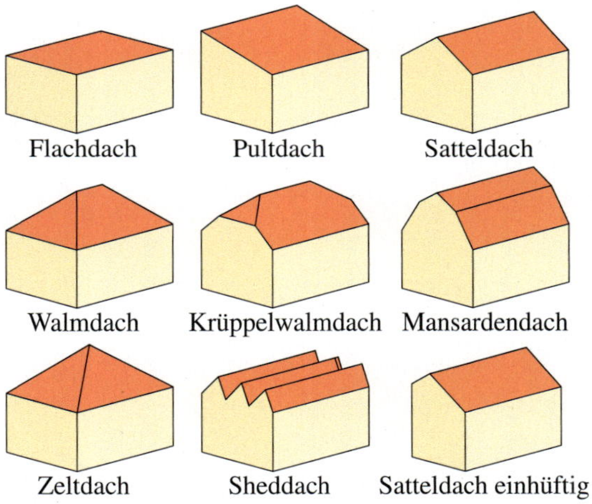

Welche Häuser sind Prismen? Benenne ihre Dachformen. Begründe.

3 Die Ecken des Prismas mit dreieckiger Grundfläche sind rot und die Kanten grün gefärbt.

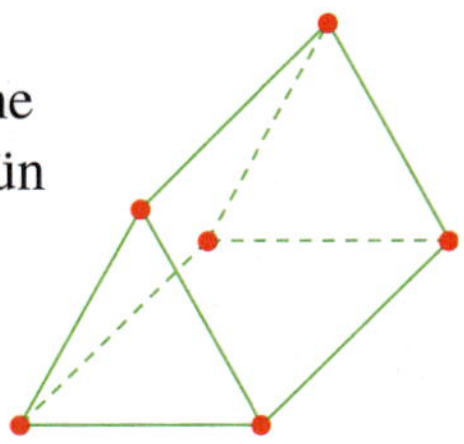

a) Wie viele Ecken, Kanten und Flächen hat das Prisma mit dreieckiger Grundfläche?
b) Wie viele Ecken, Kanten und Flächen hat ein Prisma mit fünfeckiger Grundfläche?
c) Erstelle ein Kantenmodell aus Knete mit Strohhalmen.

3 Wie verhält sich die Anzahl der Ecken, Kanten und Flächen bei Prismen? Ergänze.

a)

Grundfläche des Prismas	Anzahl am Prisma		
	Ecken	Kanten	Flächen
Dreieck	6		
Viereck		12	
Fünfeck			7
Sechseck			
Siebeneck			
Achteck			

b) Wähle ein Prisma und erstelle dazu ein Kantenmodell aus Knete mit Strohhalmen.

Methode: Schrägbilder von Prismen zeichnen

Bevor Verpackungen in die Produktion gehen, erstellt ein Verpackungsdesigner zunächst einen zeichnerischen Entwurf der Verpackung.
In der **Vorderansicht** zeichnet er die Verpackung von vorne, in der **Seitenansicht** von der Seite.
Mithilfe des **Schrägbilds** kann man sich die ganze Verpackung besser vorstellen.

Vorderansicht

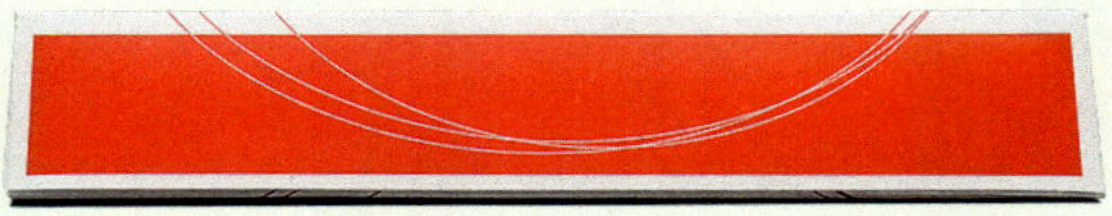
Seitenansicht

Gesamtansicht

Schrägbild eines Dreiecksprismas zeichnen

Das Schrägbild eines Dreiecksprismas mit den Seiten $a = 3\,\text{cm}$; $b = 3\,\text{cm}$; $c = 3\,\text{cm}$ und $h_k = 12\,\text{cm}$ kann nach den bereits bekannten Regeln gezeichnet werden.

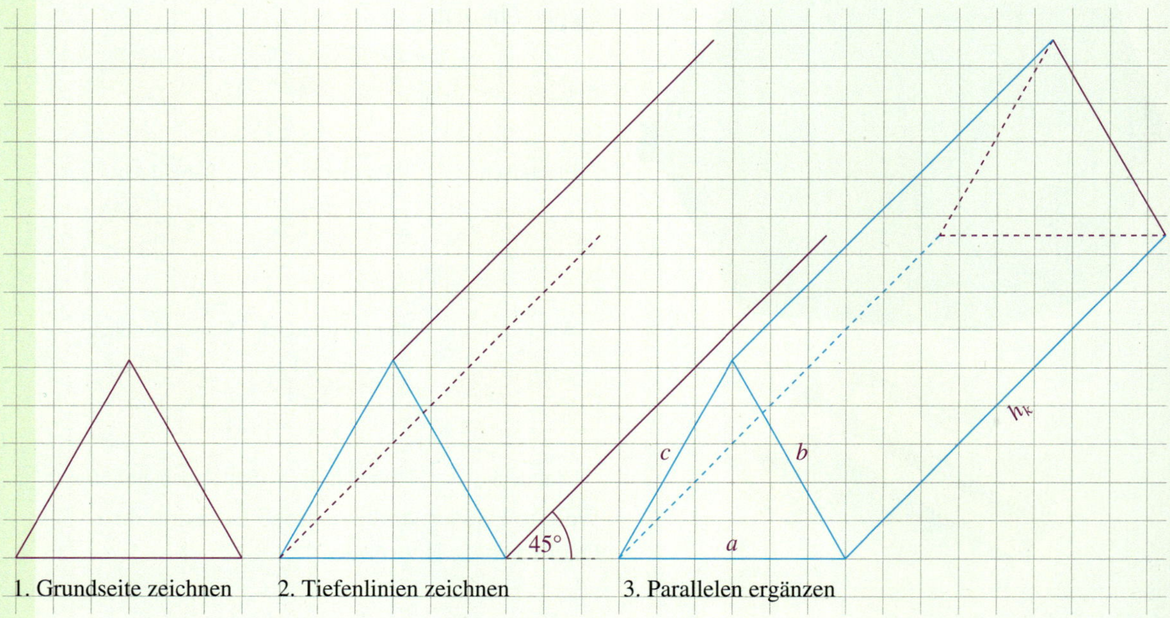

1. Zuerst wird die Grundseite des Dreiecksprismas in **Originalgröße** gezeichnet:
   $a = 3\,\text{cm}$; $b = 3$ cm und $c = 3\,\text{cm}$

2. Die nach hinten verlaufenden Kanten werden in den Eckpunkten der Grundseite in einem Winkel von **45°** und in **halber Länge** angetragen:
   $h_k = \frac{1}{2} \cdot 12\,\text{cm} = 6\,\text{cm}$
   Alle nach hinten verlaufenden Kanten sind gleich lang und parallel zueinander. Somit werden die anderen Kanten durch eine Parallelverschiebung eingezeichnet. Aufgepasst: Alle verdeckten Kanten werden **gestrichelt** gezeichnet.

3. Die Eckpunkte werden verbunden. Die Kanten des Dreieckprismas werden beschriftet.

1 Nenne die Eigenschaften von Schrägbildern.

2 Zeichne die abgebildeten Prismen als Schrägbild.

a)

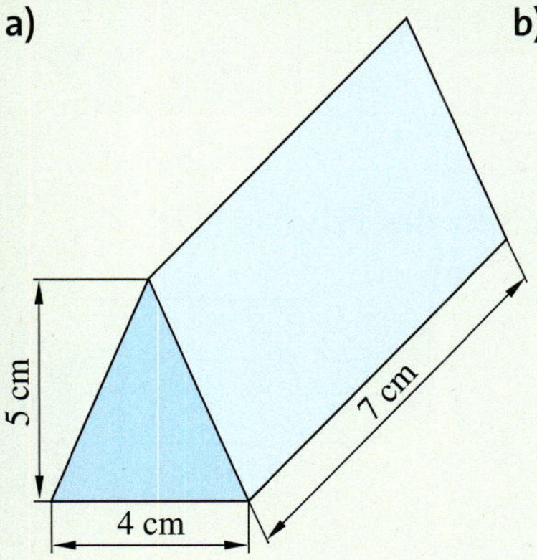

b) Höhe $h_k = 8\,\text{cm}$

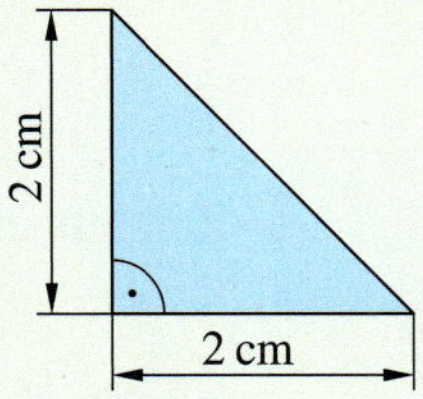

c) Höhe $h_k = 5\,\text{cm}$

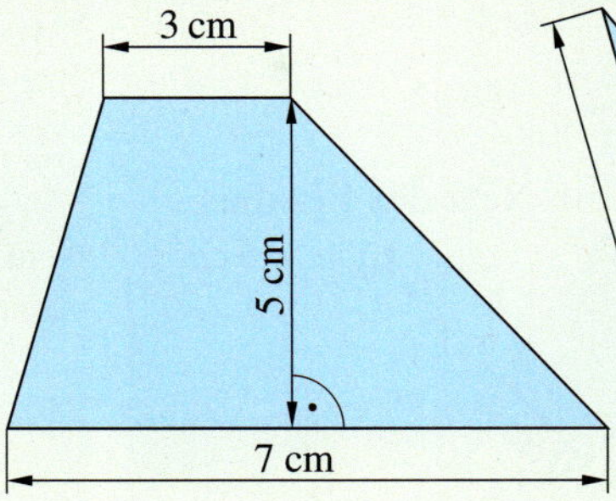

d) Höhe $h_k = 5\,\text{cm}$

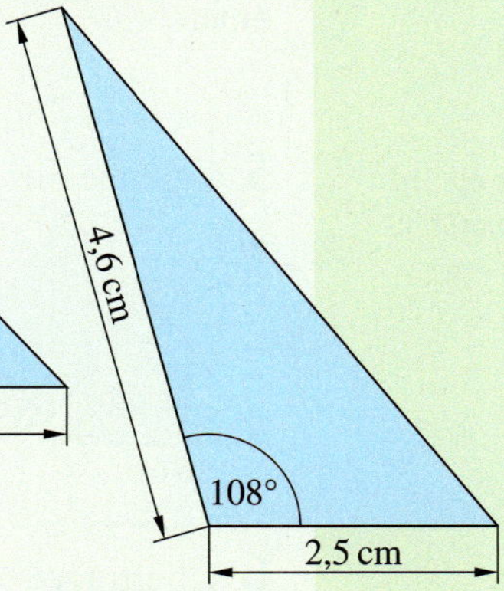

3 Zeichne das Schrägbild eines Prismas zu der abgebildeten Vorderseite mit der Körperhöhe $h_k = 10\,\text{cm}$.

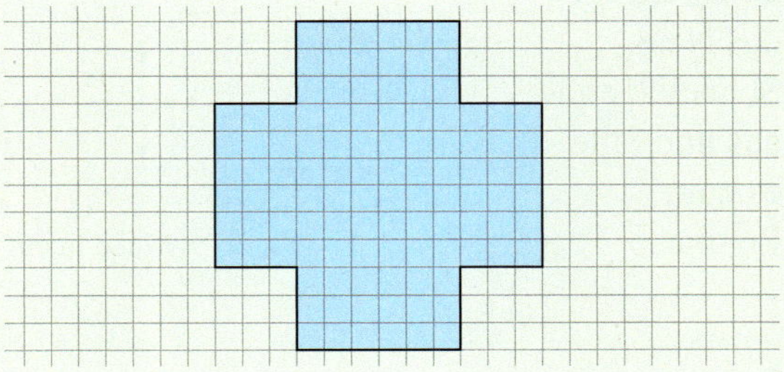

4 Ergänze die folgenden Grundflächen von Prismen zu einem Schrägbild in deinem Heft. Die Prismen sollen 10 cm hoch sein.

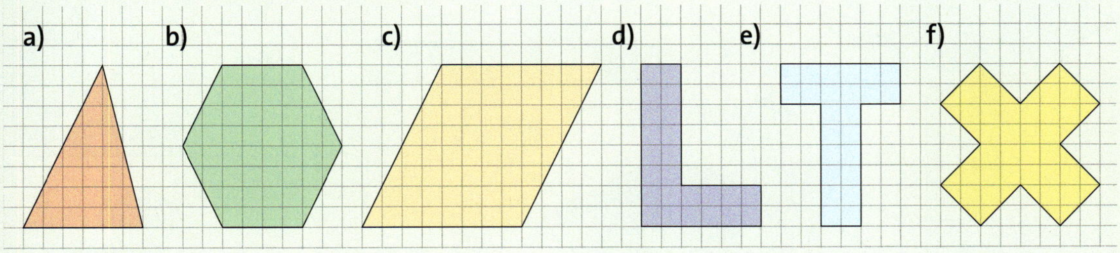

5 Die Firma „Elektro-Trapp“ möchte ihr Logo „ET“ für einen Messeauftritt aus einem Styroporblock mit den Abmessungen 90 cm × 120 cm × 60 cm ausschneiden.
Zeichne ein Schrägbild des Styroporblocks im Maßstab 1 : 10.

6 Dieses Haus ist 11 m lang.

a) Zeichne ein Schrägbild des Hauses im Maßstab 1 : 100.

b) Ergänze in deiner Zeichnung Fenster und Türen.
Denke an eine ausreichende Höhe und Breite von Fenstern und Türen.

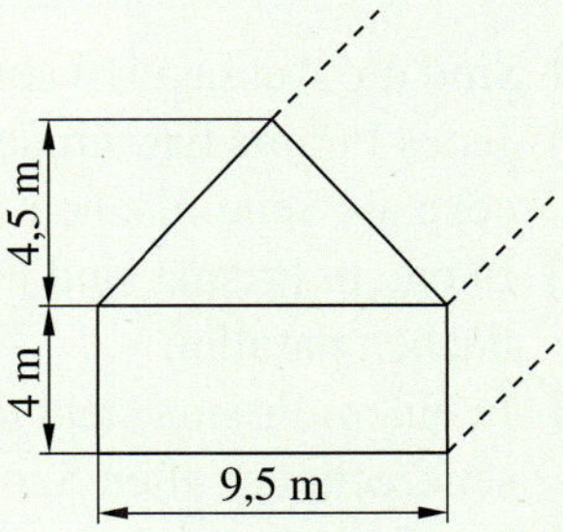

4 Übertrage das Netz auf kariertes Papier und schneide es aus. Kennzeichne Grund- und Deckfläche sowie die Mantelfläche mit verschiedenen Farben. Trage auch die Körperhöhe h_k ein.
Überprüfe durch Zusammenfalten, ob ein Prisma entsteht.

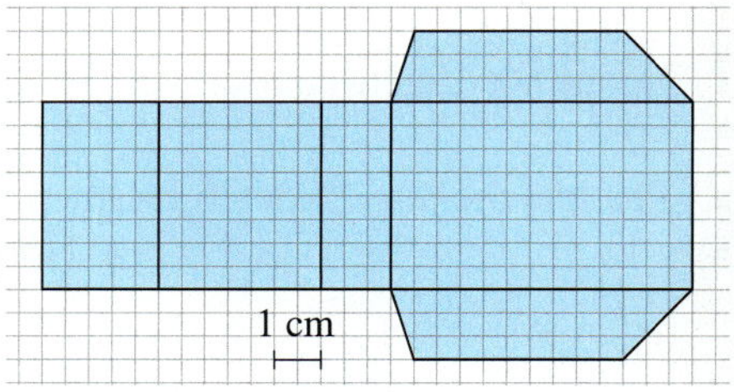

HINWEIS ZU 5b)
Die Grundfläche ist nicht eindeutig.

5 Zeichne ein Netz des Prismas.

a)

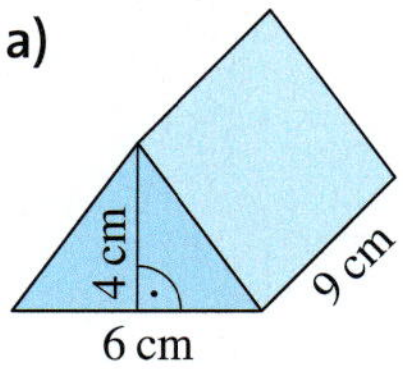

b)

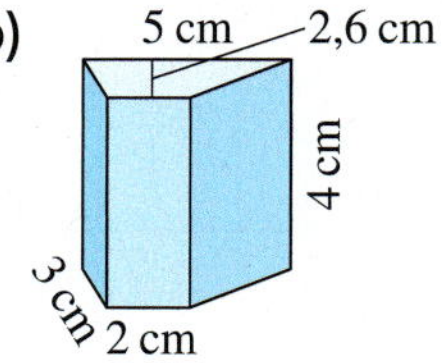

5 Zeichne ein Netz des Prismas.

a)

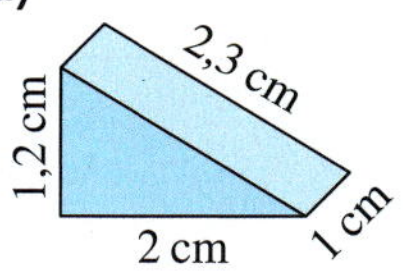

b)

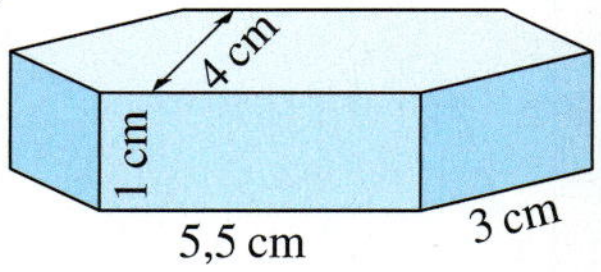

6 Übertrage das Netz. Schneide es aus und falte es zum Prisma.

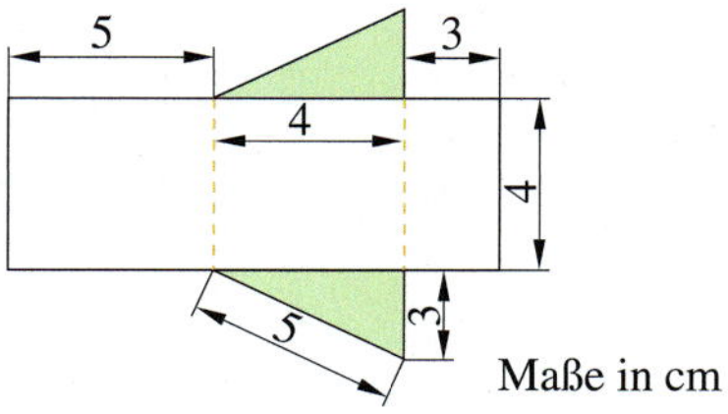

6 Übertrage das Netz. Schneide es aus und falte es zum Prisma.

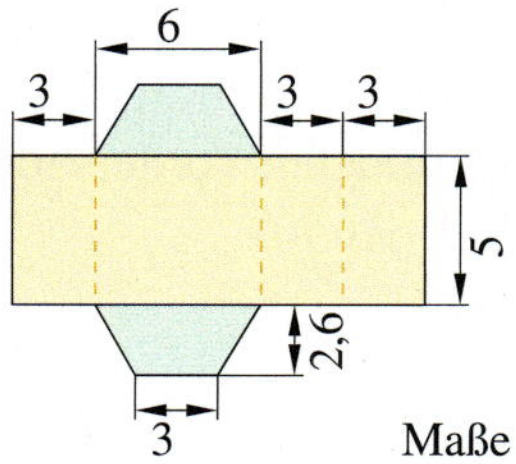

7 Ist es möglich, aus allen abgebildeten Netzen Prismen zu falten? Begründe. Ergänze ansonsten die Netze im Heft, schneide sie aus und falte sie zu Prismen.

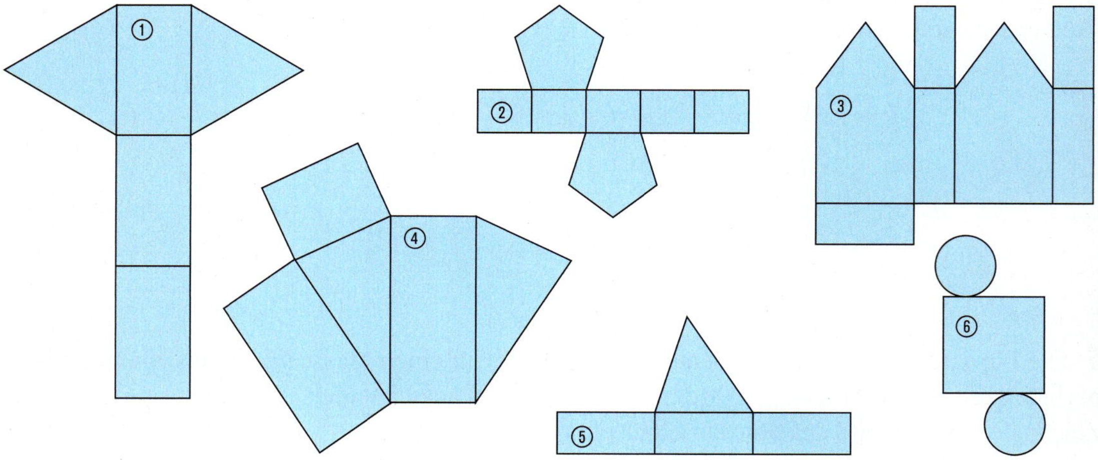

8 Sind die Aussagen wahr? Begründe.

a) Jedes Prisma hat mindestens drei Rechtecke als Seitenflächen.

b) In einem Prisma sind Deck- und Seitenflächen parallel.

c) In einem Prisma steht die Grundfläche senkrecht auf allen Seitenflächen.

d) Es gibt kein Prisma mit 10 Ecken.

8 Sind die Aussagen wahr? Begründe.

a) Ein Prisma besitzt immer mehr Ecken als Kanten.

b) Bei einem Quader kann man nicht genau sagen, ob er auf der Grund- oder Seitenfläche steht.

c) Es gibt kein Prisma, das doppelt so viele Ecken wie Flächen besitzt.

Mantelfläche und Oberfläche von Prismen

Entdecken

1 In das Schrägbild eines 2 cm breiten, 3 cm tiefen und 6 cm hohen Quaders wurde ein Prisma mit einem rechtwinkligen Dreieck als Grundfläche eingezeichnet (siehe Randspalte).
Sophia ist der Meinung, dass die Oberfläche des Quaders doppelt so groß ist wie die des Prismas. Tom ist anderer Ansicht.
Welcher Ansicht bist du? Begründe.

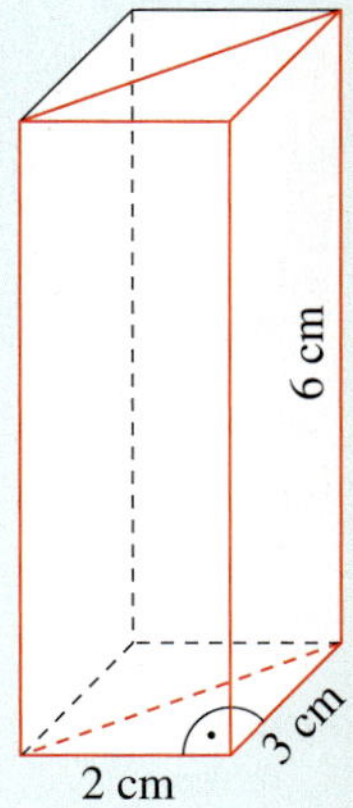

Um die Oberfläche zu vergleichen, haben Tom und Sophia Netze des Quaders und des Dreiecksprismas gezeichnet.

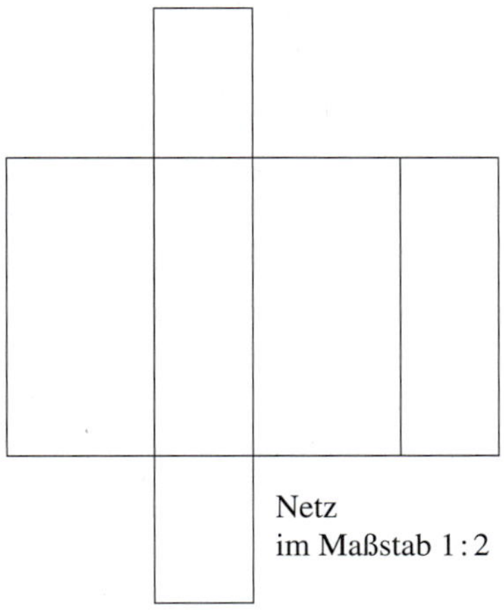
Netz
im Maßstab 1 : 2

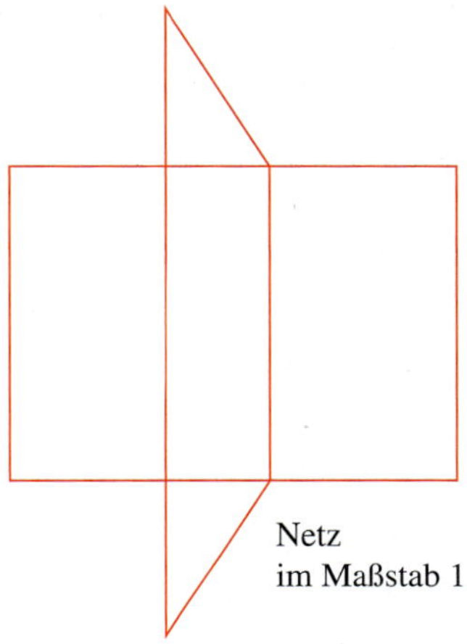
Netz
im Maßstab 1 : 2

a) Welches Netz gehört zum Dreiecksprisma, welches zum Quader? Begründe.
b) Zeichne die Netze mit den gegebenen Längen in dein Heft.
c) Markiere gleich große Flächen im Netz des Quaders und des Dreiecksprismas in den gleichen Farben.
d) Berechne die Flächeninhalte der Dreiecke und Rechtecke in den Netzen.
e) Bestimme die Oberfläche des Quaders und die des Dreiecksprismas.
f) Wer von beiden hat Recht? Sophia oder Tom?

2 Dies ist die aufgeschnittene Schachtel der in der Randspalte abgebildeten Süßigkeit.

a) Um welche Verpackungsform handelt es sich? Begründe.
b) Bei welchen Flächen handelt es sich um Klebelaschen? Welche Flächen besitzen die gleichen Abmessungen?
c) Die Verpackung ist im Original 20,8 cm hoch und hat eine Seitenlänge von 3,5 cm.
Zeichne das Netz der Verpackung in einem geeigneten Maßstab in dein Heft.
Klebelaschen müssen nicht mitgezeichnet werden.
d) Bestimme die Oberfläche der Verpackung (ohne Klebelaschen).
Vergleicht die Lösungen in der Klasse.

Verstehen

Herr Meyer ist Designer. Für einen Süßwarenhersteller soll er sich eine originelle Verpackung für Schokolinsen einfallen lassen. Er hat sich für ein Prisma mit dreieckiger Grundfläche entschieden.
Der Süßwarenhersteller möchte aus Kostengründen wissen, wie viel Pappe für die reine Oberfläche der Verpackung mindestens benötigt wird. Dazu zeichnet Herr Meyer das Netz der Verpackung.

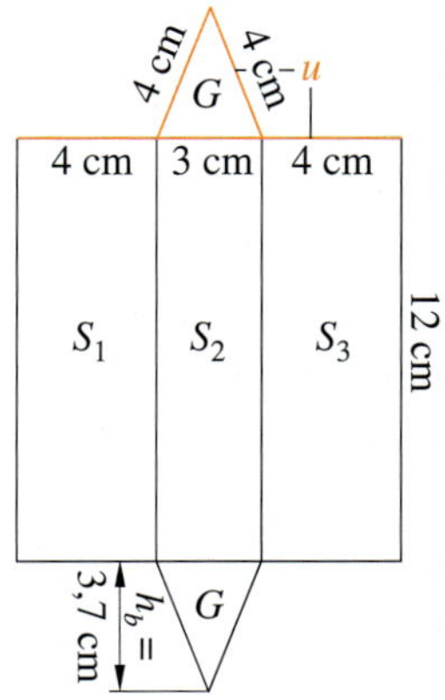

Alle Seitenflächen eines Prismas zusammen bilden ein Rechteck, dessen Flächeninhalt man als Mantelfläche M bezeichnet.

BEISPIEL 1

Gesucht ist die Mantelfläche der Verpackung.

HINWEIS
S_1 steht als Abkürzung für Seite 1, S_2 für Seite 2 usw.

1. Möglichkeit:
Teilflächenberechnung:
$S_1 = 4\,\text{cm} \cdot 12\,\text{cm} = 48\,\text{cm}^2$
$S_2 = 3\,\text{cm} \cdot 12\,\text{cm} = 36\,\text{cm}^2$
$S_3 = S_1 = 48\,\text{cm}^2$
Mantelfläche:
$M = S_1 + S_2 + S_3$
$M = 2 \cdot 48\,\text{cm}^2 + 36\,\text{cm}^2$
$M = 132\,\text{cm}^2$

2. Möglichkeit:
Umfang der Grundfläche:
$u = a + b + c$
$u = 4\,\text{cm} + 3\,\text{cm} + 4\,\text{cm}$
$u = 11\,\text{cm}$
Mantelfläche:
$M = u \cdot h_k$
$M = 11\,\text{cm} \cdot 12\,\text{cm}$
$M = 132\,\text{cm}^2$

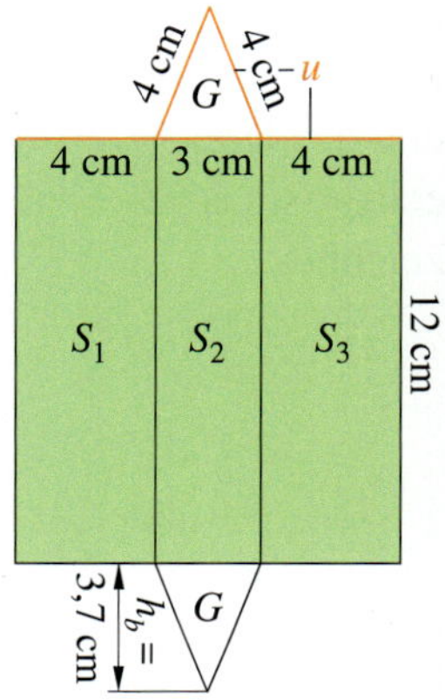

Merke Der **Mantelflächeninhalt *M*** eines Prismas lässt sich nach folgender Formel berechnen: $M = S_1 + S_2 + \ldots + S_n$
Es gilt demnach auch: $\boldsymbol{M = u \cdot h_k}$

Für die Berechnung des Oberflächeninhalts des Prismas muss man zum Mantelflächeninhalt noch den Flächeninhalt der Grund- und der Deckfläche hinzurechnen.

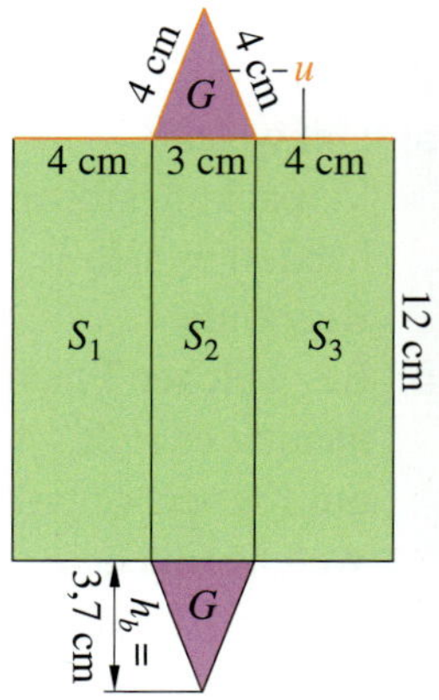

Beispiel 2

Gesucht ist der Oberflächeninhalt der Verpackung oben.

Flächeninhalt der Grundfläche: $G = \frac{g \cdot h}{2}$
$= \frac{3\,\text{cm} \cdot 3{,}7\,\text{cm}}{2}$
$= 5{,}55\,\text{cm}^2$

Oberflächeninhalt des Prismas: $O = 2 \cdot G + M$
$= 2 \cdot 5{,}55\,\text{cm}^2 + 132\,\text{cm}^2$
$= 143{,}1\,\text{cm}^2$

Für die Verpackung werden $143{,}1\,\text{cm}^2$ Pappe (plus Klebelaschen) benötigt.

Merke Die Oberfläche eines Prismas besteht aus dem Mantel sowie der Grund- und der Deckfläche. Der **Oberflächeninhalt *O*** berechnet sich deshalb so:
$O = 2G + S_1 + S_2 + \ldots + S_n$ bzw. $O = 2G + M$

Üben und anwenden

1 Übertrage die Netze der Prismen ins Heft. Kennzeichne die Mantelfläche blau und die Grund- und Deckfläche grün.

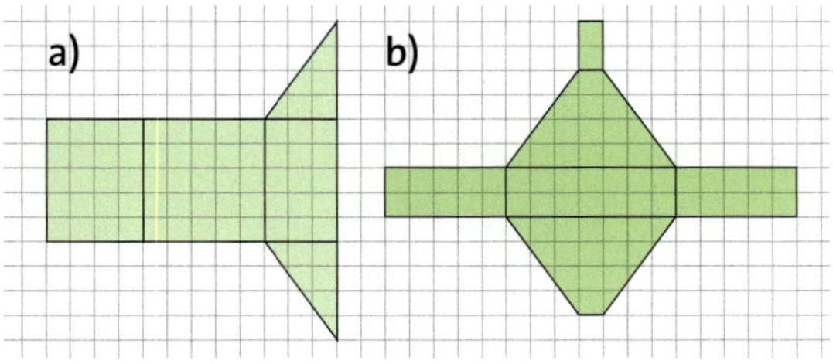

2 Zeichne das Schrägbild eines Prismas, zu dem das folgende Netz gehört, auf einer Seitenfläche stehend.
Entnimm die Maße (in cm) der Zeichnung.

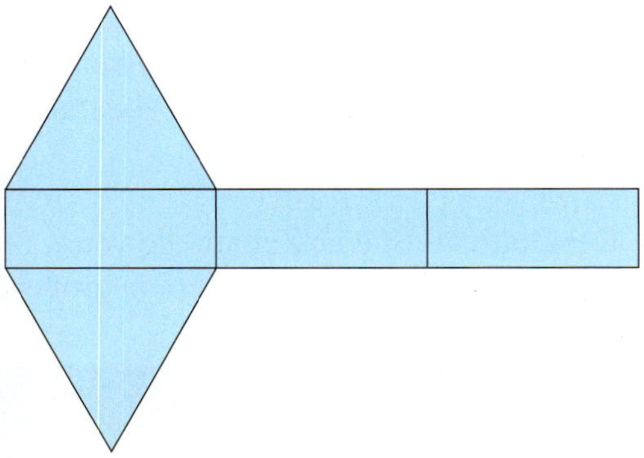

Wie groß ist die Mantelfläche?

3 Berechne den Umfang der Grundfläche und die Mantelfläche (Maße in cm).

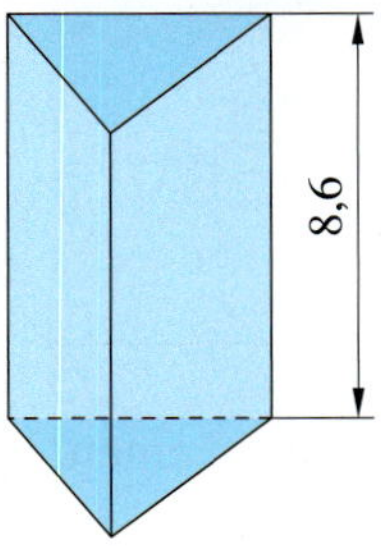

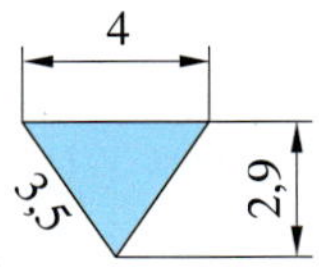

Grundfläche

1 Zeichne die Netze der folgenden Prismen mit $h_k = 3\,\text{cm}$ und der gegebenen Grundfläche in dein Heft.

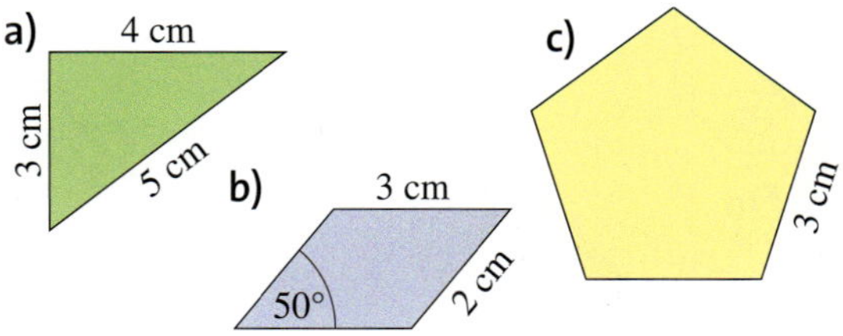

2 Zeichne das Schrägbild eines Prismas, zu dem das folgende Netz gehört, auf einer Seitenfläche stehend.
Entnimm die Maße (in cm) der Zeichnung.

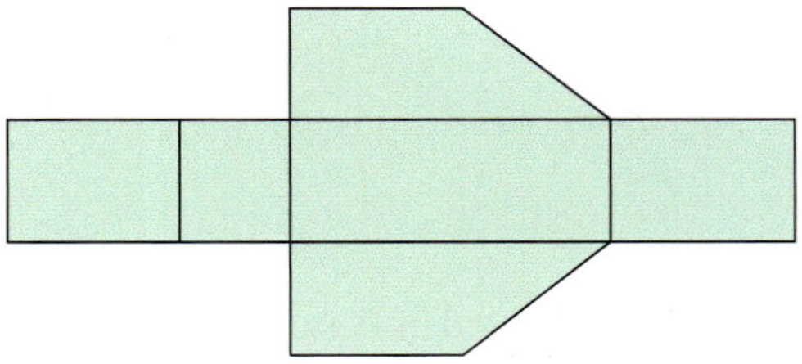

Wie groß ist die Mantelfläche?

3 Berechne die Oberfläche und die Gesamtlänge aller Kanten des Prismas (Maße in cm).

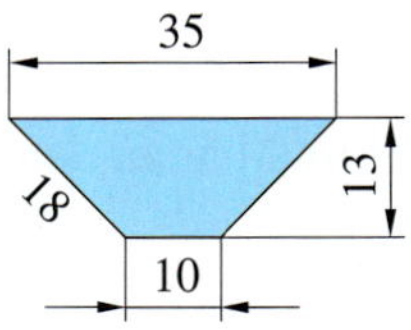

Grundfläche

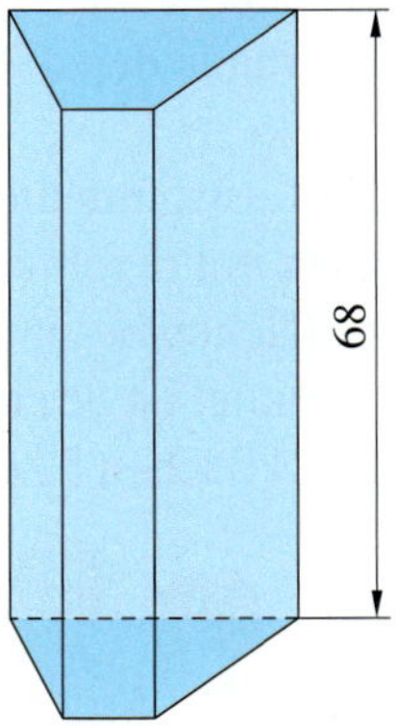

4 Berechne den Oberflächeninhalt des Prismas.

	Grundfläche	Seitenlängen der Grundfläche	Körperhöhe h_k
a)	Quadrat	$a = 3\,\text{cm}$	$h_k = 10\,\text{cm}$
b)	Rechteck	$a = 4{,}5\,\text{cm}$; $b = 6\,\text{cm}$	$h_k = 5\,\text{cm}$
c)	gleichseitiges Dreieck	$c = 4\,\text{cm}$; $h_c = 3{,}5\,\text{cm}$	$h_k = 8\,\text{cm}$
d)	unregelmäßiges Dreieck	$a = 4\,\text{cm}$; $b = 6\,\text{cm}$; $c = 9\,\text{cm}$; $h_a = 4{,}8\,\text{cm}$	$h_k = 4\,\text{cm}$
e)	gleichschenkliges Dreieck	$a = b = 4{,}5\,\text{cm}$; $c = 5\,\text{cm}$; $h_c = 3{,}7\,\text{cm}$	$h_k = 6\,\text{cm}$

5 Zeichne Netze der Prismen und berechne ihre Oberflächen (Maße in cm).

a) b) c)

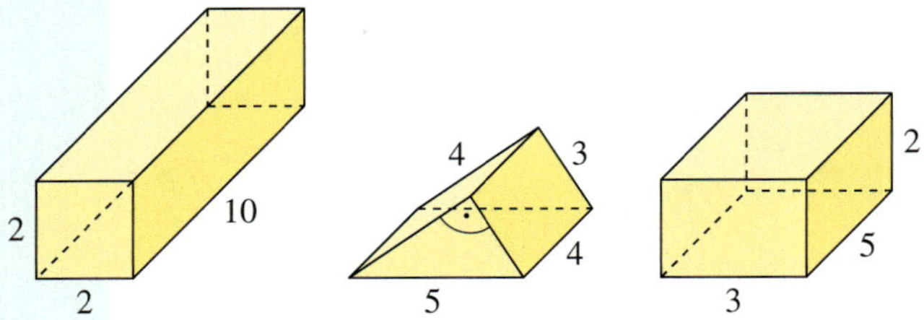

6 Betrachte die beiden Parallelogramme. (2 Kästchen ≙ 1 cm)

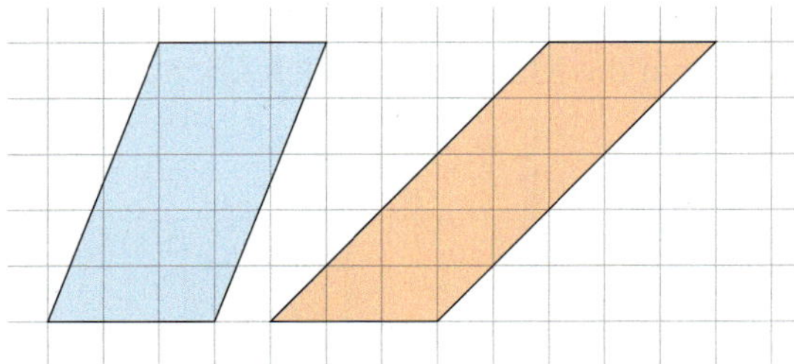

a) Zeige, dass die beiden Parallelogramme den gleichen Flächeninhalt besitzen.

b) Die Parallelogramme sind jeweils Grundfläche eines 10 cm hohen Prismas. Besitzen die Prismen die gleichen Oberflächen? Begründe deine Meinung.

7 Bei Lostrommeln sind die Formen von Prismen mit regelmäßigen sechseckigen Grundflächen besonders beliebt. Eine solche Lostrommel ist 86 cm breit und hat an den Sechseckflächen 32 cm Kantenlänge.

a) Berechne den Umfang der Grundfläche.

b) Wie groß ist die Mantelfläche des Prismas?

c) Berechne den Flächeninhalt der Grundfläche und die Oberfläche der Lostrommel.

HINWEIS ZU AUFGABE 7
So sieht die Grundfläche der Lostrommel aus:

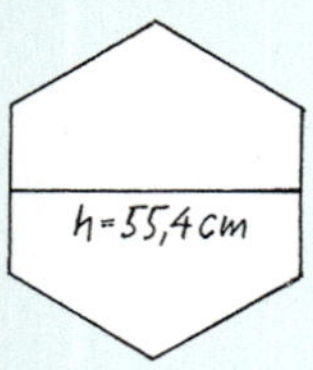

5 Zeichne die Netze der Prismen. Berechne ihre Oberflächen und die Gesamtlänge ihrer Kanten (Maße in cm).

a) b) c)

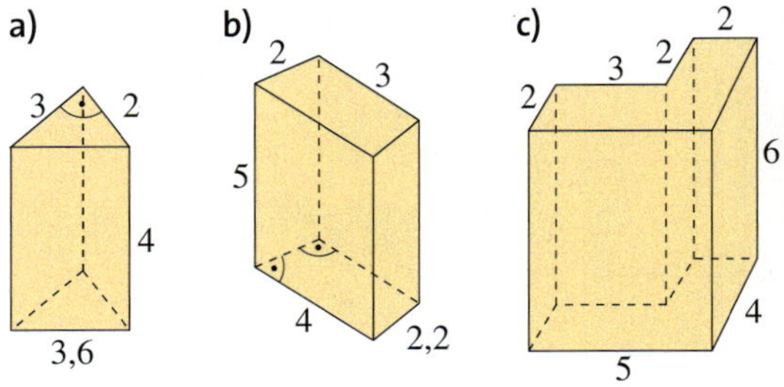

6 Ein 10 cm hohes Prisma besitzt eine dreieckige Grundfläche mit 15 cm Umfang.

a) Zeichne drei Dreiecke, die Grundflächen des Prismas sein könnten.

b) Begründe, warum die Mantelflächen der Prismen gleich groß sein müssen.

c) Ist die Oberfläche der Prismen ebenfalls gleich groß? Begründe.

7 Der Gotthard ist eine Zeltart, die von Pfadfindern vor allem zum Lagern in großen Höhen verwendet wird.

Querschnitt
(Maße in cm)

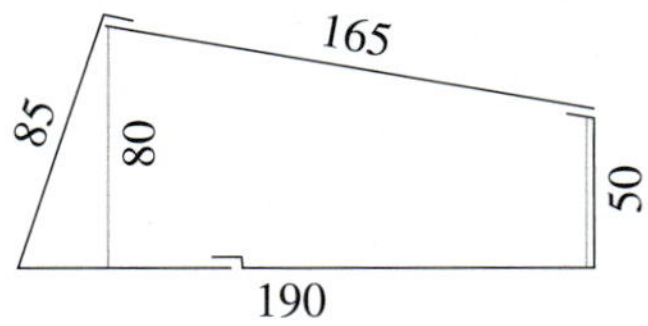

a) Übertrage den Querschnitt in einem geeigneten Maßstab in dein Heft.

b) Handelt es sich bei der Zeltform um ein Prisma? Begründe.

c) Das Zelt wird aus quadratischen Zeltbahnen mit einer Seitenlänge von 1,65 m zusammengebaut. Wie viele Zeltbahnen benötigt man, wenn Grund- und Deckfläche nicht verschlossen werden?

d) Welche Zeltaufbauten gibt es noch? Sind darunter noch andere Prismen zu finden?

Volumen von Prismen

Entdecken

1 Die Kantenlänge der abgebildeten Würfel beträgt immer 1 cm.

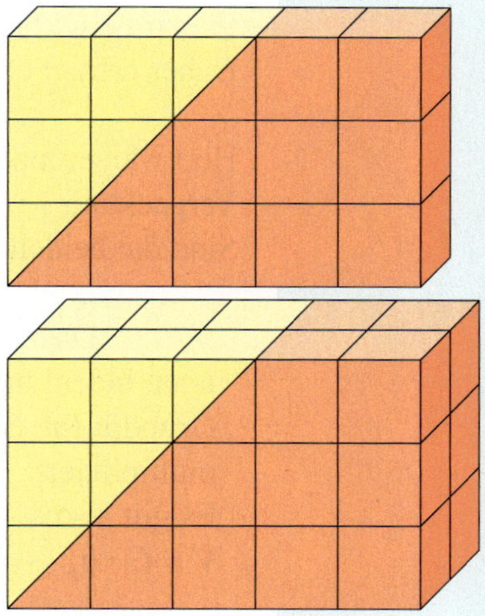

a) Welche Körperform hat der gelb (rot) gefärbte Teil des Quaders?
b) Aus wie vielen Würfeln besteht der gelb (rot) gefärbte Teil des Quaders?
c) Aus wie vielen Würfeln besteht der gelb (rot) gefärbte Teil des Quaders, wenn zwei Schichten hintereinander stehen?
d) Übertrage die folgende Tabelle in dein Heft und vervollständige sie.

Anzahl Schichten	Anzahl gelbe Würfel	Anzahl rote Würfel
1	4,5	
2		
3		
4		
5		

2 Diese „Trapez-Plus-Verpackung“ wurde entwickelt, um die Portokosten gering zu halten. Die Maße lassen sich dem Foto entnehmen.

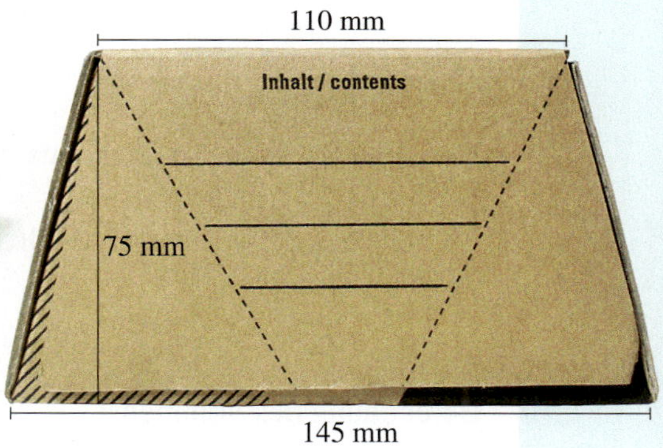

a) Welcher der folgenden Quader besitzt das gleiche Volumen wie die „Trapez-Plus-Verpackung“? Begründe deine Meinung und bestimme den Rauminhalt des Quaders und der Trapezverpackung.
Quader 1: 110 mm × 75 mm × 610 mm Quader 2: 145 mm × 110 mm × 75 mm
Quader 3: 127,5 mm × 75 mm × 610 mm Quader 4: 127,5 mm × 75 mm × 430 mm
b) Die „Trapez-Plus-Verpackung“ gibt es – bei gleichen Trapezabmessungen – auch in einer Länge von 860 mm. Was muss für das Volumen der 430 mm und 860 mm langen Verpackungen gelten?
c) Für Poster gibt es auch die Tripac-Verpackungen. Die Grundfläche ist ein gleichseitiges Dreieck. Die Seitenlänge beträgt 139 mm, die Höhe 120 mm. Die Länge der Verpackung beträgt 610 mm. Gib einen Quader an, der das gleiche Volumen wie die Tripac-Verpackung besitzt.
Erläutert in der Klasse, wie ihr dabei vorgegangen seid.
Gibt es verschiedene Lösungswege?

Verstehen

Der Süßwarenhersteller ist sich nicht sicher, ob die Schokolinsen in der von Herrn Meyer vorgeschlagenen Verpackung Platz finden. Es wird ein Volumen von mindestens $100\,cm^3$ benötigt. Daher erfragt er bei ihm das Volumen der Verpackung.

Herr Meyer macht zwei Vorschläge für die Form der Verpackung. Verpackung 1 ist ein dreiseitiges Prisma, Verpackung 2 ist ein trapezförmiges Prisma. Sind die beiden Verpackungen groß genug?

Merke Das **Volumen *V*** eines Prismas bestimmt man, indem man den Flächeninhalt der Grundfläche G mit der Körperhöhe h_k des Prismas multipliziert.
Es gilt also:
$\boldsymbol{V = G \cdot h_k}$

Kurz gesagt:
Volumen eines Prismas = Grundfläche mal Höhe

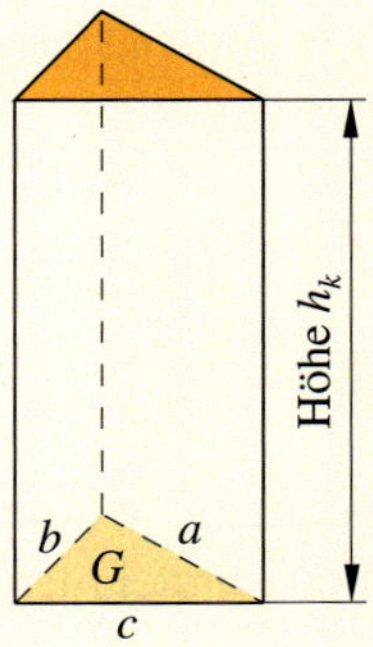

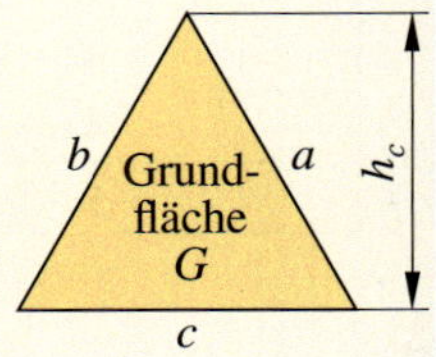

Beispiel 1

Herr Meyers dreiseitiges Prisma hat folgende Maße:
$a = 5\,cm$; $b = 5\,cm$; $c = 4\,cm$; $h_c = 4{,}6\,cm$; $h_k = 12\,cm$
Berechnung der Grundfläche (Dreieck):

$G = \frac{c \cdot h_c}{2}$

$= \frac{4\,cm \cdot 4{,}6\,cm}{2} = 9{,}2\,cm^2$

Berechnung des Volumens:
$V = G \cdot h_k$
$= 9{,}2\,cm^2 \cdot 12\,cm = 110{,}4\,cm^3$
Die vorgeschlagene Verpackung hat ein Volumen von $110{,}4\,cm^3$.

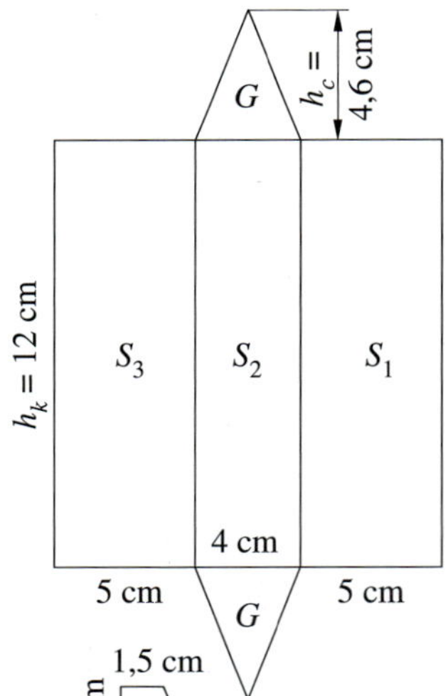

Beispiel 2

Der trapezförmige Vorschlag hat folgende Maße:
$a = 3\,cm$; $c = 1{,}5\,cm$; $h_a = 4\,cm$; $h_k = 12\,cm$
Berechnung der Grundfläche (Trapez):

$G = \frac{(a + c)}{2} \cdot h_a$

$= \frac{(3\,cm + 1{,}5\,cm)}{2} \cdot 4\,cm$

$= 2{,}25\,cm \cdot 4\,cm = 9\,cm^2$

Berechnung des Volumens:
$V = G \cdot h_k$
$= 9\,cm^2 \cdot 12\,cm = 108\,cm^3$
Die vorgeschlagene Verpackung hat ein Volumen von $108\,cm^3$. Beide Verpackungen sind groß genug.
Der Süßwarenhersteller entscheidet sich für Verpackung 2.

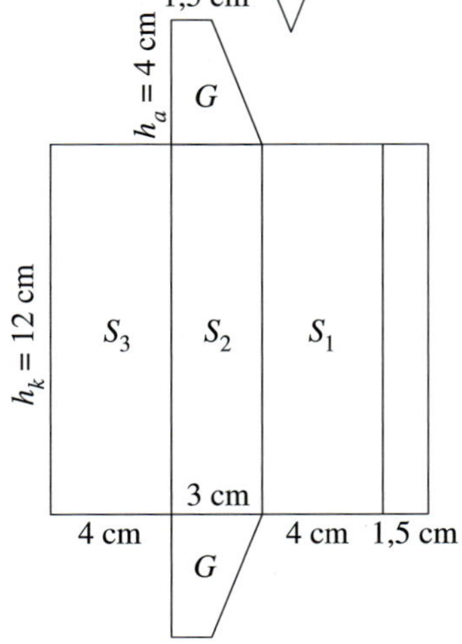

Üben und anwenden

1 Berechne das Volumen des Prismas.

a) $G = 25\,cm^2$; $h_k = 8\,cm$
b) $G = 12{,}5\,m^2$; $h_k = 10\,m$
c) $G = 49{,}5\,m^2$; $h_k = 12\,m$
d) $G = 17{,}5\,dm^2$; $h_k = 23\,cm$

2 Berechne das Volumen des Prismas.

a)
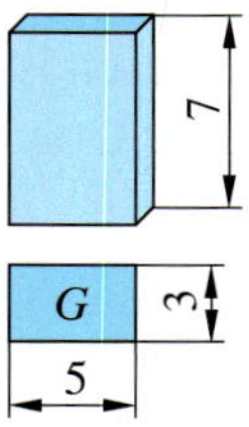

b)
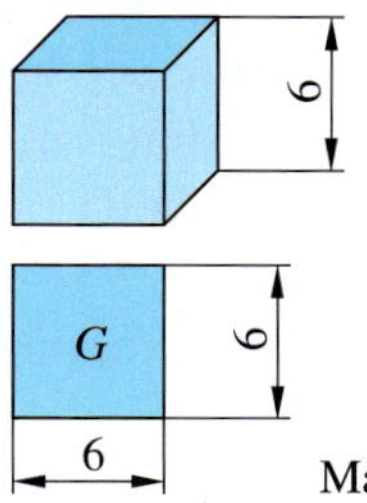

Maße in cm

3 Der Flächeninhalt der Grundfläche eines Prismas beträgt $12\,cm^2$ und die Körperhöhe 4 cm. Gib das Volumen des Prismas an.

1 Gib das Volumen des Dreiecksprismas an.

	a)	b)	c)	d)
Grundseite	8 m	13 cm	3,5 dm	13,1 m
Dreieckshöhe	6 m	9 cm	2,4 dm	17,4 m
Körperhöhe	10 m	17 cm	67 cm	120 dm

2 Berechne das Volumen des Prismas.

a)
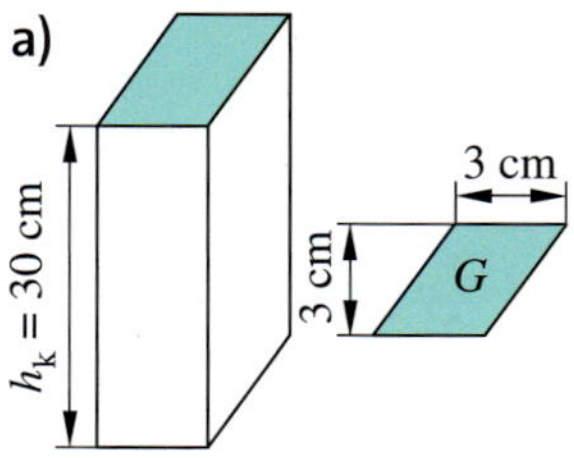

b)
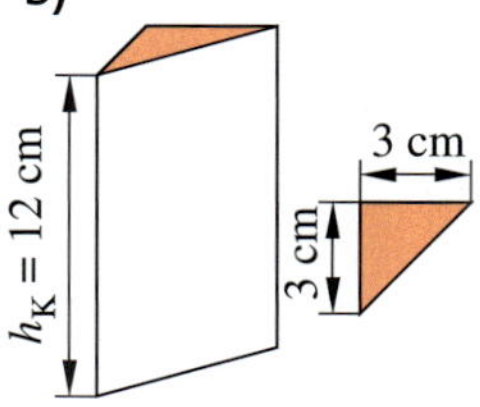

3 Ein dreiseitiges Prisma hat bei einer Höhe von 14 cm ein Volumen von $392\,cm^3$. Wie groß ist die Grundfläche? Welche Formen und Maße könnte die Grundfläche haben?

4 Berechne im Heft die fehlenden Größen der Prismen. Gib auch alle Formelumstellungen an.

	Grundfläche G	Körperhöhe h_k	Volumen V
a)	$42\,cm^2$	13 cm	
b)	$5{,}8\,dm^2$		$11{,}6\,dm^3$
c)		19,3 m	$887{,}8\,m^3$

5 Berechne das Volumen des Prismas.

a) Grundfläche: Quadrat mit $a = 2{,}4\,cm$; Höhe: $h_k = 8{,}5\,cm$
b) Grundfläche: Rechteck mit $a = 3{,}2\,cm$; $b = 1{,}2\,cm$; Höhe: $h_k = 14{,}2\,cm$
c) Grundfläche: Parallelogramm mit $a = 7{,}8\,cm$; $h_a = 2{,}5\,cm$; Höhe: $h_k = 25\,cm$
d) Grundfläche: rechtwinkliges Dreieck mit $\gamma = 90°$; $a = 4{,}2\,m$; $b = 5{,}1\,m$; Höhe: $h_k = 20\,m$

5 Berechne das Volumen des Prismas.

a) Grundfläche: gleichschenkliges Dreieck mit Basis $c = 6{,}5\,dm$; $h_c = 5{,}2\,dm$; Höhe: $h_k = 9{,}4\,dm$
b) Grundfläche: Dreieck mit $b = 4{,}5\,cm$; $h_b = 3{,}6\,cm$; Höhe: $h_k = 15\,cm$
c) Grundfläche: Trapez mit $a \parallel c$; $a = 7{,}8\,dm$; $c = 2{,}5\,dm$; $h = 3\,dm$; Höhe: $h_k = 12\,dm$
d) Grundfläche: Drachenviereck mit $e = 6{,}5\,cm$; $f = 9{,}7\,cm$; Höhe: $h_k = 3{,}8\,cm$

6 Berechne das Volumen des Prismas. Die Grundfläche ist ein Trapez. Die 1. und 2. Grundseite sind die zwei zueinander parallelen Seiten des Trapezes.

	a)	b)	c)
1. Grundseite	6 m	20 dm	4,5 cm
2. Grundseite	2 m	30 dm	1,5 cm
Trapezhöhe	5 m	8 dm	9 cm
Körperhöhe	10 m	40 dm	11 cm

6 Die Deckensteine zum Eingangsstollen der Cheopspyramide sind Prismen mit trapezförmigen Grundflächen. Berechne ihr Volumen.

	$a \parallel c$ (Maße in m)			
	a	c	h_a	h_k
oben links	4,70	2,98	1,85	2,24
unten links	3,83	2,28	2,13	2,07
oben rechts	4,93	3,07	2,56	2,24
unten rechts	4,25	2,73	2,35	2,07

7 Der „Stein des Südens“ ist der größte bisher bekannte von Menschen geschaffene Quader.
Er liegt in einer Tempelanlage im Libanon. Die Länge des Steins beträgt 21,40 m, die Breite 4,60 m und die Höhe 4,30 m. Berechne das Volumen des Quaders.

8 Berechne das Volumen des Prismas.

a) b)

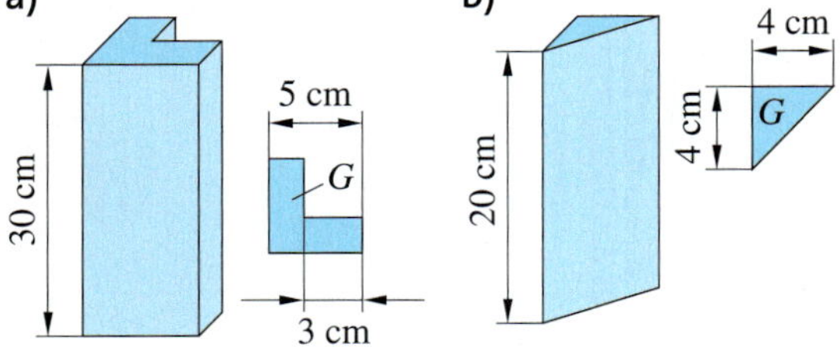

HINWEIS ZU AUFGABE 9
Zerlege die Grundfläche in Teilflächen, die du berechnen kannst.
$1\,000\,000\,cm^3 = 1\,m^3$

9 Der Luftfrachtcontainer hat die Form eines fünfseitigen Prismas mit den gegebenen Maßen. (Maße in cm)

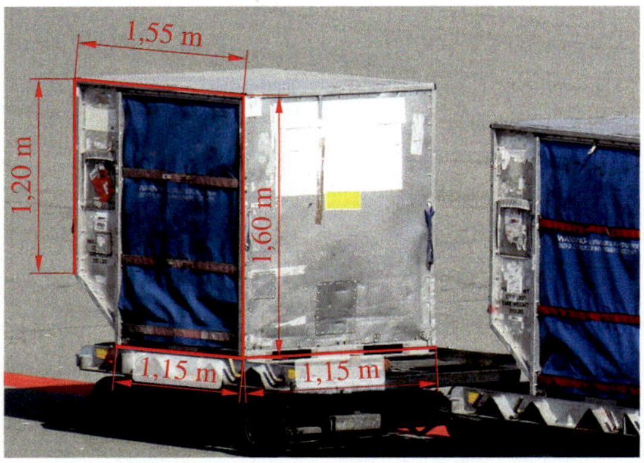

a) Bestimme die Größe der Grundfläche.
b) Wie viel Kubikmeter Volumen hat der Container?

HINWEIS
*Verschiedene Materialien wiegen unterschiedlich viel. Das Verhältnis $\frac{\text{Masse}}{\text{Volumen}}$ nennt man **Dichte**.*

10 Ein Whirlpool hat eine regelmäßige zwölfeckige Grundfläche von $G = 6{,}65\,m^2$ und 90 cm Randhöhe.

a) Wie viel Liter Wasser sind nötig, um das Becken bis zum Rand zu füllen?
b) Mit wie vielen 10-Liter-Eimern müsste das Becken gefüllt werden, wenn das Wasser mindestens 50 cm hoch stehen soll?

7 Familie Jansen will das Dachgeschoss ihres Hauses mit einem Kaminofen beheizen. Das Dachgeschoss ist am Boden 8 m breit und 12 m lang. Der Giebel ist 4 m hoch.
Für das Heizen mit einem Kaminofen müssen bei 1 kW Heizleistung mindestens $4\,m^3$ Raum vorhanden sein.

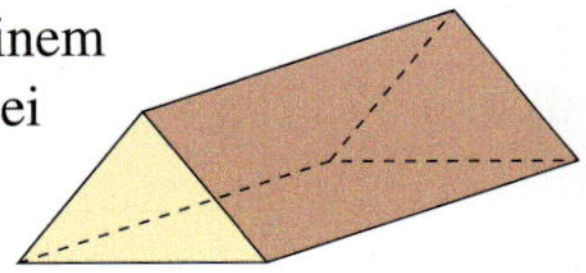

a) Welches Volumen hat das Dachgeschoss?
b) Welche Leistung (in kW) darf der Ofen höchstens haben?

8 Berechne das Volumen des Prismas.

a) b)

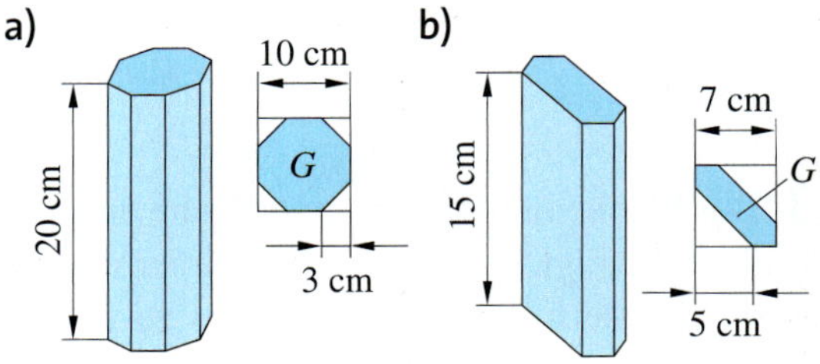

9 Ein Aquarium mit der skizzierten Grundfläche eignet sich gut zum Aufstellen in einer Zimmerecke.

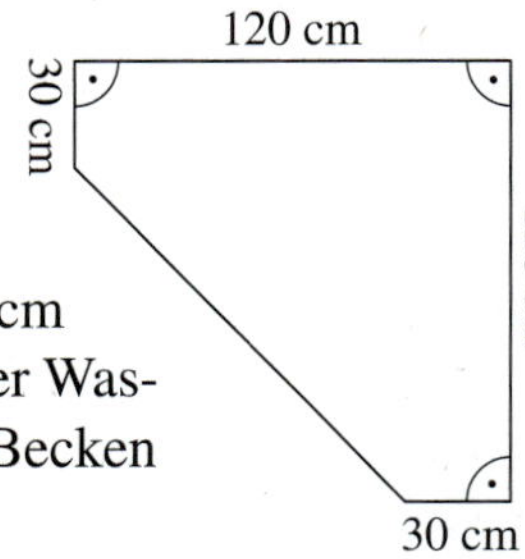

a) Bestimme die Fläche der Grundfläche.
b) Das Becken ist 65 cm hoch. Wie viel Liter Wasser können in das Becken gefüllt werden?
c) Welches Gewicht hat die Wasserfüllung, wenn das Aquarium bis 5 cm unter den Rand gefüllt wird? 1 l Wasser wiegt 1 kg.

10 Eine Schiene aus Metall hat ein U-Profil mit den in der Skizze gegebenen Maßen.

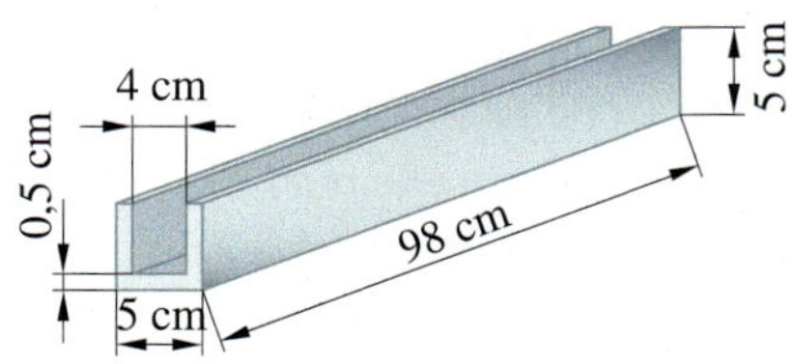

a) Welches Volumen hat die Schiene?
b) Wie viel Gramm wiegt die Schiene, wenn $1\,cm^3$ des Materials 7,8 g wiegt?

Thema: Gestalte eigene Geschenkverpackungen

Beim Schenken kann auch eine ungewöhnliche Verpackung Freude bereiten.
Oft werden besondere Verpackungen noch lange aufgehoben und zur Aufbewahrung verschiedener Dinge genutzt.
Außergewöhnliche Geschenkverpackungen für Freundschaftsringe, Glücksbringer und Co. lassen sich mit einfachen Mitteln selbst herstellen.
Dabei sind der Gestaltung keine Grenzen gesetzt.

1 Jetzt bist du als Designer gefragt. Entwirf außergewöhnliche Verpackung für einen Gegenstand deiner Wahl.
Plane nicht einfach drauf los, sondern entwickle einen Arbeitsplan:
① Überlege dir zuerst welche Form deine Verpackung haben sollte.
② Fertige einen Entwurf an. (Skizze, Netz, etc.)
③ Berechne das Material.
④ Erstelle aus Pappe ein Modell deiner Verpackung.
⑤ Beschreibe deine Verpackung.
⑥ Notiere deine Aufzeichnungen in Form eines Lerntagebuchs, aus dem hervorgeht, wie du vorgegangen bist und welche Probleme sich ergeben haben und wie du sie gelöst hast.
⑦ Präsentiere deine Verpackung in der Klasse.

2 Dreieckige Prismen kennst du wahrscheinlich von Schokoladenverpackungen.
Ein solches Prisma kannst du zum Beispiel für die Verpackung eines Stiftes verwenden.

a) Zeichne wie vorgegeben auf die Rückseite eines festeren Kalenderblatts oder auf Tonpapier einen Bastelbogen für das dreiseitige Prisma und bastele die Schachtel.

b) Bestimme das Volumen des Prismas.

c) Falls diese Verpackung im Handel für Süßigkeiten verwendet werden würde, müsste sie mindestens zu 70 % gefüllt sein, damit keine Mogelpackung entsteht.
Bis zu welcher Höhe müsste ein solches Prisma dann gefüllt werden?

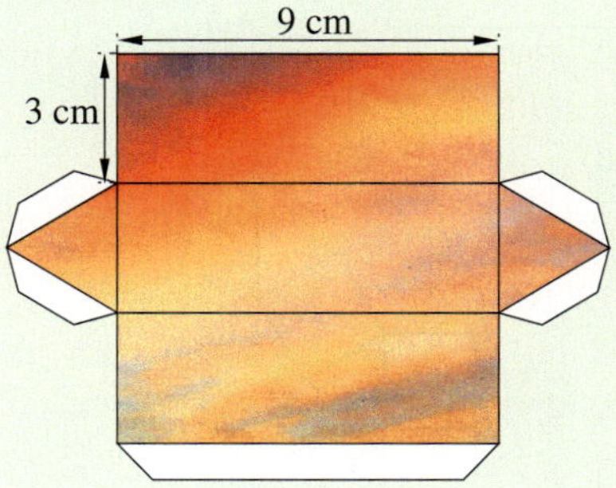

HINWEIS
Mogelpackungen *nennt man eine Verpackung, die über die wirkliche Menge oder Beschaffenheit des Inhalts hinwegtäuscht.*

3 Diese Schachtel ist ein aus einer Landkarte gefaltetes Prisma mit trapezförmiger Grundfläche.
Die parallelen Seiten des Trapezes sind 10 cm und 4 cm lang, die Höhe des Trapezes beträgt 6 cm.

a) Zeichne die Grundfläche als gleichschenkliges Trapez und berechne den Flächeninhalt und den Umfang.

b) Bestimme die Mantelfläche der Schachtel, wenn die Körperhöhe 6 cm beträgt. Miss fehlende Längen.

c) Berechne die Oberfläche und das Volumen des Prismas.

d) Zeichne ein Netz des Prismas und ergänze es mit Klebelaschen an den notwendigen Stellen. Bastele die Schachtel.

Klar so weit?

→ Seite 96

Prismen erkennen und beschreiben

1 Nenne die Eigenschaften eines Prismas.

2 Entscheide und begründe, ob der jeweilige Körper ein Prisma ist.

a) b) c) d)

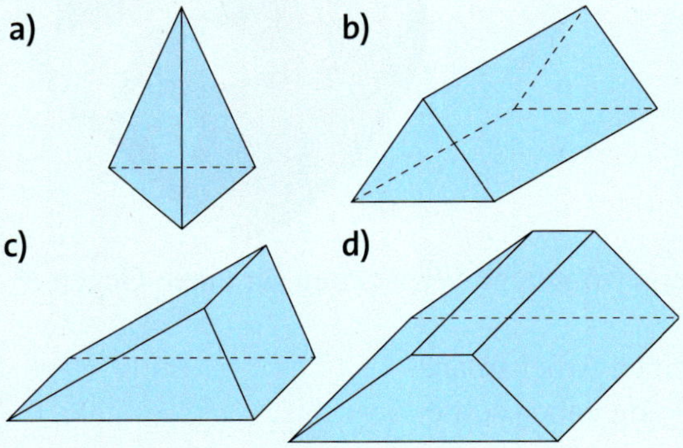

2 Entscheide und begründe, ob der jeweilige Körper ein Prisma ist.

a) b) c) d)

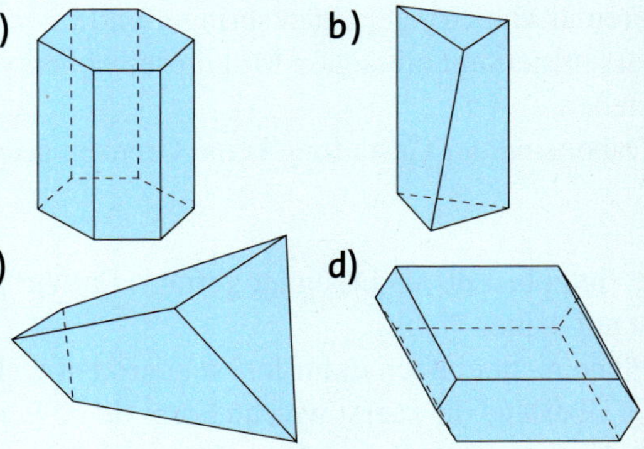

3 Können die jeweiligen Netze zu einem Prisma zusammengebaut werden?

a) b) c)

d) e) f)

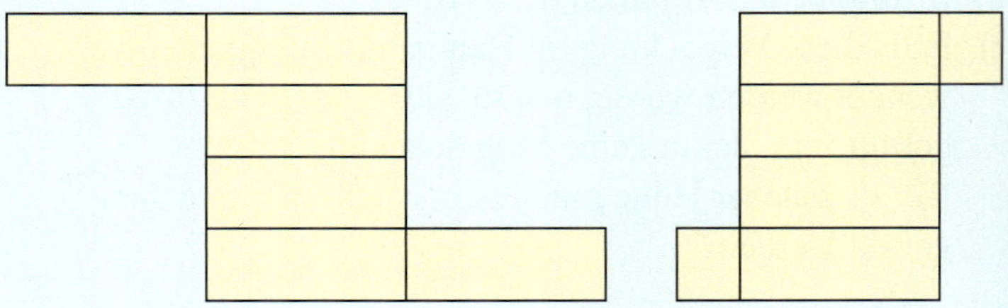

4 Die Figuren im folgenden Bild sind Grundflächen von Prismen. Die Höhe der Prismen beträgt 4 cm.
Zeichne jeweils ein Schrägbild.

a) b)

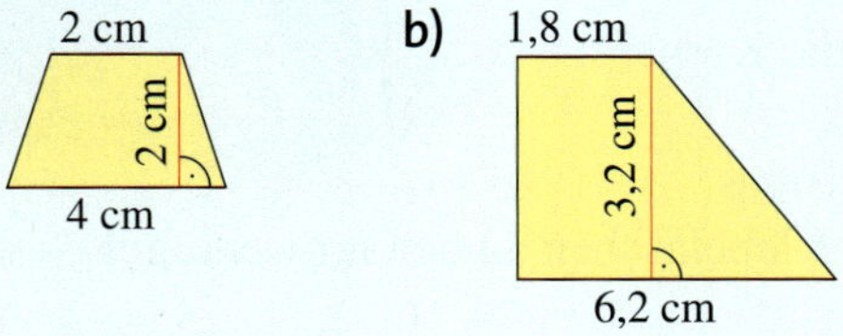

4 Die Figuren sind die Grundflächen von Prismen. Die Höhe der Prismen beträgt 5,5 cm. Zeichne jeweils ein Schrägbild des Prismas ins Heft.

a) b)

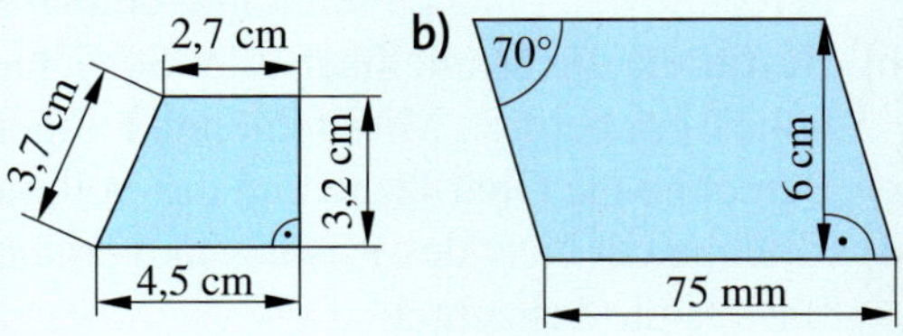

Mantelfläche und Oberfläche von Prismen

→ Seite 102

5 Gegeben ist das Netz eines Prismas.

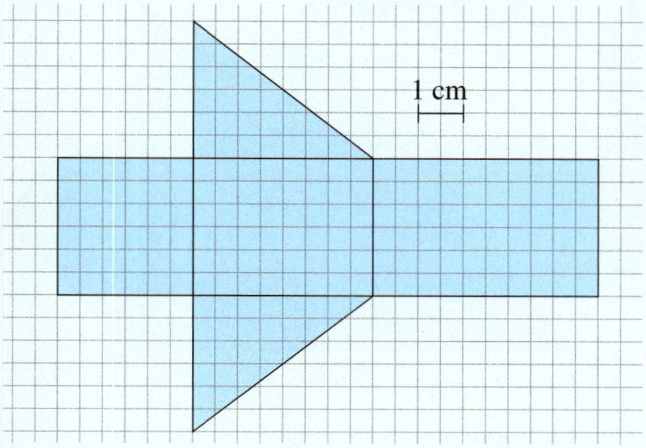

a) Entnimm der Zeichnung alle Längen und berechne den Umfang der Grundfläche.
b) Wie groß ist die Mantelfläche des Prismas?
c) Berechne die Oberfläche.

6 Berechne die Oberfläche des abgebildeten Prismas. Die Maße sind in cm gegeben.

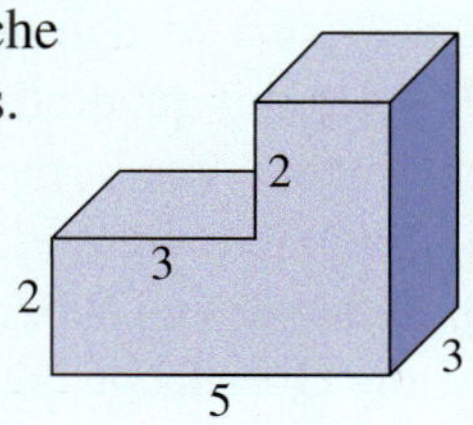

5 Für ein Frühbeet wurde ein Kasten aus Plexiglas gebaut (siehe Skizze). Wie viel Quadratmeter Plexiglas waren dazu mindestens nötig?

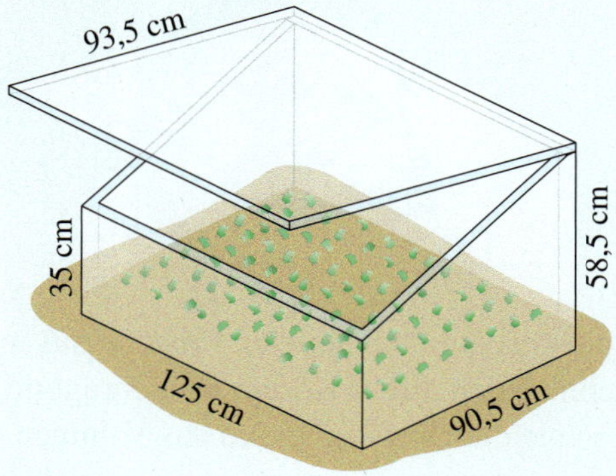

6 Ein Prisma für eine Werbung hat ein gleichseitiges Dreieck als Grundfläche. Eine Kante an der Grundfläche ist 1,90 m lang. Die Grundfläche ist 1,65 m hoch. Die Höhe des Prismas beträgt 2,25 m. Berechne die Mantelfläche und die Oberfläche des Prismas.

Volumen von Prismen

→ Seite 106

7 Berechne das Volumen der Prismen. Beachte die Maßeinheiten.

	Grundfläche G	Höhe h_k
a)	70 cm²	8 cm
b)	0,75 dm²	1,2 dm
c)	7,4 cm²	12 mm
d)	28,4 dm²	0,07 m

8 Zerlege das Prisma in Quader und berechne so das Volumen des Prismas.

(Maße in cm)

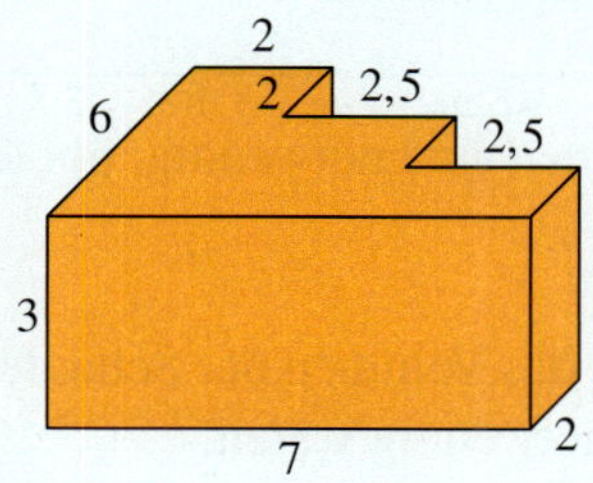

7 Berechne die fehlenden Größen der Prismen und ergänze die Tabelle im Heft.

	Grundfläche G	Höhe h_k	Volumen V
a)	56 cm²	17 cm	
b)	3,8 dm²		66,5 dm³
c)		12,8 m	853,76 m³
d)	23 500 cm²	5,7 dm	

8 Das Holzstück ist 80 cm lang. Berechne das Volumen dieses Holzstücks (Maße in cm).

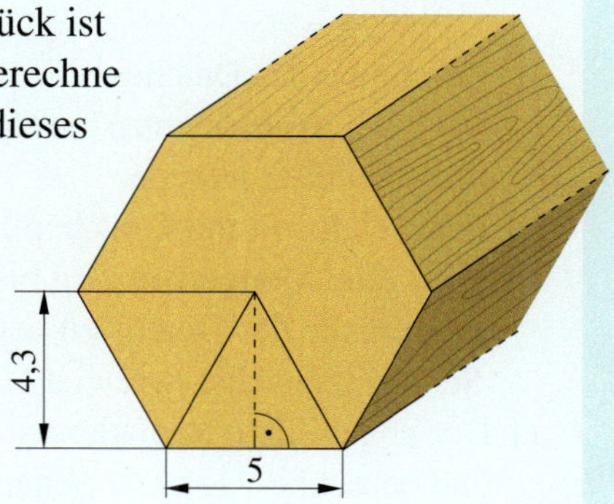

Vermischte Übungen

1 Abgebildet sind vier Prismen.

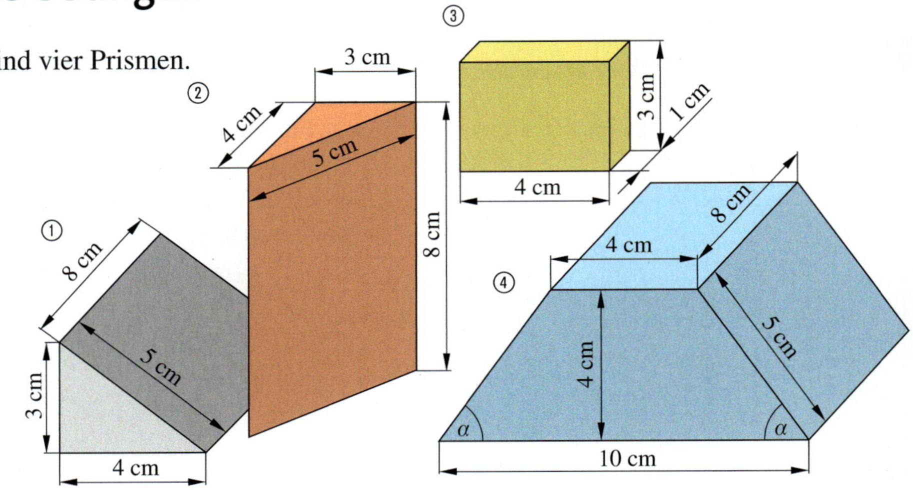

a) Wähle eins der abgebildeten Prismen aus und zeichne das Netz.

b) Zeichne einen dieser Körper als Schrägbild.

c) Berechne die Oberfläche und das Volumen der vier Körper.

HINWEIS ZU AUFGABE 2
Ein gerades Prisma mit quadratischer (oder rechteckiger) Grundfläche ist einfach ein Quader.

2 Ein Prisma hat ein Parallelogramm als Grundfläche, dessen Seiten $a = 4\,\text{cm}$ und $b = 7\,\text{cm}$ lang sind. Die Höhe des Parallelogramms beträgt $h_b = 3\,\text{cm}$.
Das Prisma ist 10 cm hoch.

a) Berechne die Oberfläche des Prismas.

b) Genügt ein DIN-A4-Blatt, um dieses Prisma vollständig von außen zu bekleben? Begründe.

2 Ein Prisma mit quadratischer Grundfläche ($a = 2\,\text{cm}$) hat eine Höhe von 8 cm.
Das Prisma wird durch zwei Schnitte in vier Prismen mit quadratischer Grundfläche und einer Höhe von 8 cm zerlegt.

a) Skizziere die Zerlegung des Prismas.

b) Um wie viel Prozent vergrößert sich die Oberfläche der vier Prismen im Vergleich zum Ausgangsprisma?

3 Ein Schmuckstück aus Kristallglas hat die in der Zeichnung vorgegebene Form und die angegebenen Maße.

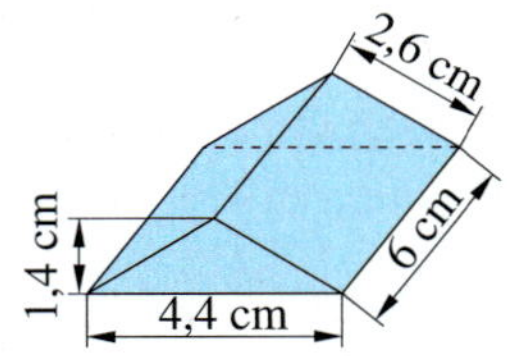

a) Berechne das Volumen des Schmuckstücks.

b) Wie viel wiegt das Prisma, wenn $1\,\text{cm}^3$ des Glases 2,9 g wiegt?

3 Ein Aquarium mit der skizzierten Grundfläche wird 60 cm hoch mit Wasser gefüllt. Wie viel Liter Wasser werden dazu benötigt?

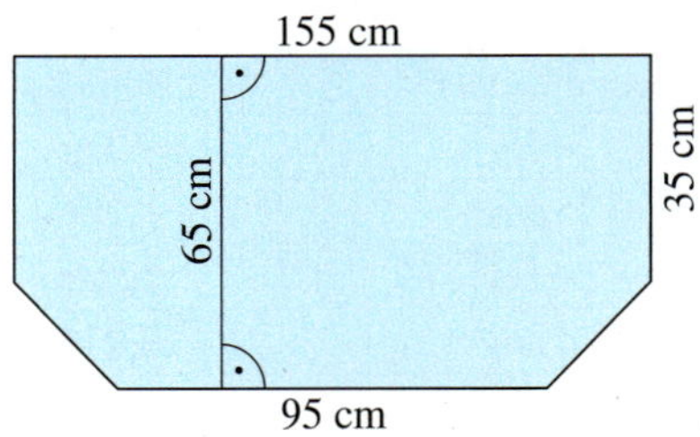

4 Der Bau eines Deiches.

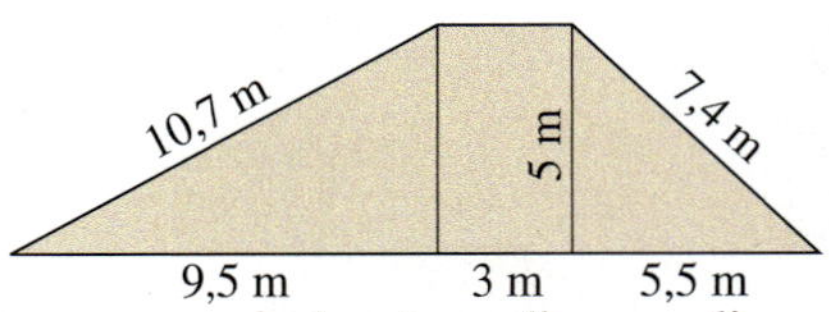

a) Wie viel m^3 Erde mussten für einen 5 km langen Deich aufgeschüttet werden.

b) Der Deich soll mit Gras bepflanzt werden. Empfohlen wird eine Menge von 20 g bis 25 g pro m^2. Wie viel kg Grassamen sind notwendig, um die Oberfläche des Deichs zu bepflanzen?
Schätze zunächst, wie viel Grassamen benötigt wird.

c) Der abgebildete Radlader hat den Deich aufgeschüttet. Schätze das Volumen der Schaufel und berechne wie viele Schaufeln voll Erde für den Deichbau notwendig waren.

5 Das Bild zeigt einen Hausanbau, einen so genannten Wintergarten.

Der Wintergarten ist 3 m breit und 6 m lang. Er hat vorne eine Höhe von 2 m und am Haus eine Höhe von 3 m.

a) Zeichne ein Schrägbild des Wintergartens im Maßstab 1 : 100.
b) Gib das Volumen des Wintergartens an.
c) Zeichne ein maßstäbliches Netz der Glasflächen des Wintergartens. Der Boden und die Hauswand werden also nicht mitgezeichnet. Vernachlässige dabei die Balken.
d) Wie groß ist die Glasfläche?

6 In einem Garten stehen Betonelemente, die als Sitzmöglichkeit oder auch als Stellmöglichkeit für Blumenschalen genutzt werden können.

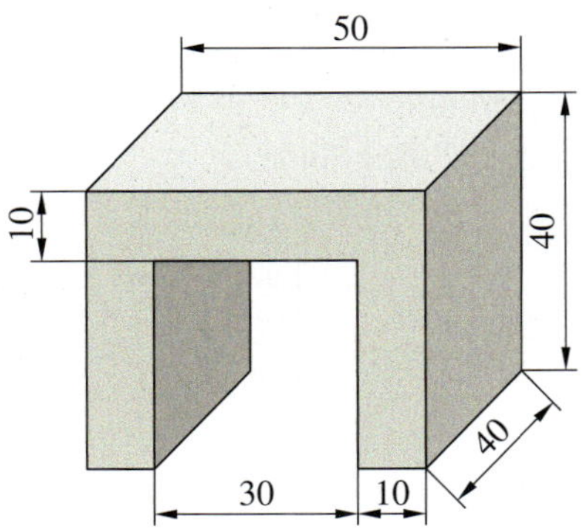

a) Zerlege die Grundfläche in drei Vierecke und berechne ihren Flächeninhalt.
b) Wie viel Kubikmeter Beton wurden für dieses Betonelement verarbeitet? Vergleicht eure Lösungswege.
c) Wie schwer ist das Betonelement, wenn $1\,m^3$ Beton 1200 kg wiegt?

5 Das Bild zeigt eine Schubkarre, die im Verkauf mit einem Volumen von 250 l angepriesen wird.

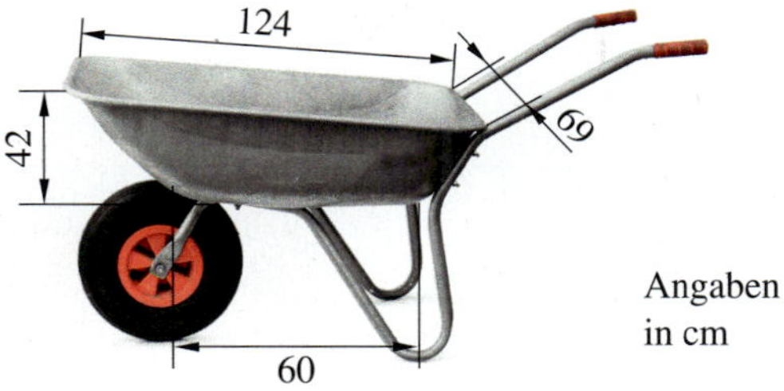

a) Überprüfe, ob das Volumen der Schubkarre tatsächlich 250 l beträgt.
b) Wie viel Blech benötigt man zur Herstellung der Wanne?
c) Welche Maße könnte eine 160 l Schubkarre besitzen?
d) Herr Borne legt einen quaderförmigen, 2,20 m breiten, 3,60 m langen und 1,20 m tiefen Teich an. Die Erde entsorgt er 150 m entfernt. Wie viele Meter legt er zurück, wenn er die 250 l Schubkarre nimmt?

6 Die Abbildung zeigt einen Container von der Seite. Er ist 2 m tief und 0,90 m hoch.

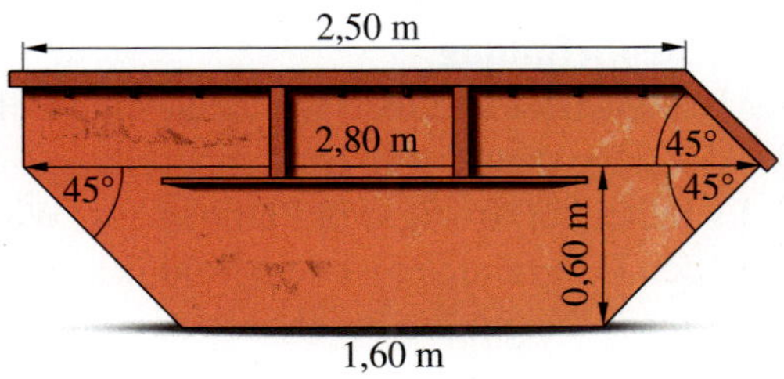

a) Zeichne ein Schrägbild des Containers im Maßstab 1 : 20.
b) Berechne das Fassungsvermögen des Containers.
c) Der Container ist bis zur halben Höhe mit Schutt gefüllt. Ist er jetzt auch „halb voll“?
d) Betrachte die Zuordnung *Schutthöhe → Volumen.* Ergänze die folgende Wertetabelle in deinem Heft und stelle sie grafisch dar.

Schutthöhe (in cm)	0	30	60	90
Volumen (in m^3)	0			

Im Freibad

Die Stadt plant den Bau eines Freibads. Das große Becken soll die folgenden Maße haben.

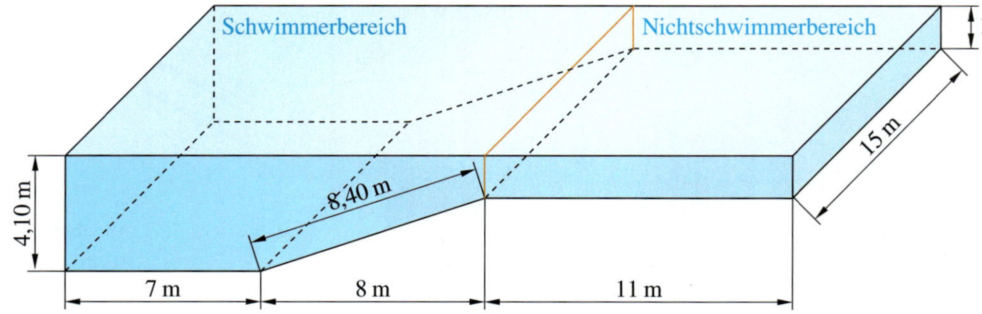

7 Das Schwimmbecken

Das Schwimmbecken ist in einem Schwimmer- und einem Nichtschwimmerbereich unterteilt.

a) Berechne das Volumen des Nichtschwimmerbereichs.

b) Berechne das Volumen des Schwimmerbeckens. Dazu gehört auch der Übergang zwischen Schwimmer- und Nichtschwimmerbereich.

c) Wie viel Liter Wasser befinden sich im gesamten Becken?

8 Wasserkosten

Die Stadtverwaltung kalkuliert die anfallenden Wasserkosten.

a) Berechne, was eine Füllung kostet.

b) Im Jahr soll das Wasser durchschnittlich 3-mal gewechselt werden. Berechne die anfallenden Gesamtkosten.

Auszug vom Wasserwerk
1 Liter Frischwasser: 0,16 ct
Monatliche Grundgebühr: 9,70 €
7 % MwSt. zu allen Angaben

HINWEIS ZU AUFGABE 9
Die Fördermenge pro Pumpe beträgt 25 000 $\frac{l}{h}$.

9 Beckenbefüllung

Der Bademeister überlegt, wie lange eine Befüllung des Beckens mit 17 Pumpen dauert.

a) Wie lange dauert eine Beckenbefüllung?

b) Es fallen kurzfristig drei Pumpen aus. Wie viel Zeit muss er mehr einplanen?

c) In den Diagrammen ist dem Volumen die Füllhöhe zugeordnet. Welches Diagramm beschreibt den Füllverlauf des Beckens? Begründe.

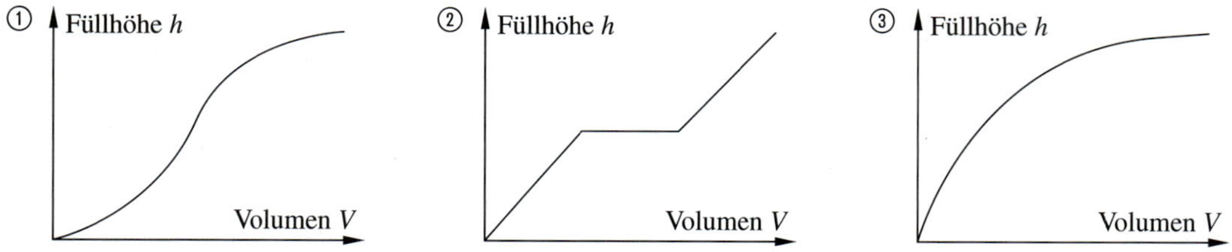

10 Das Kinderbecken

Für die kleinen Gäste wird zusätzlich ein Kinderbecken gebaut.

a) Berechne das Volumen des Beckens bei einer Tiefe von 0,3 m.

b) Das Becken erhält eine Sicherheitsumrandung aus Gummi. Wie viel Meter Gummi werden benötigt.

c) Aus hygienischen Gründen wird das Beckenwasser jede Woche erneuert. Berechne die Frischwasserkosten für eine Füllung.

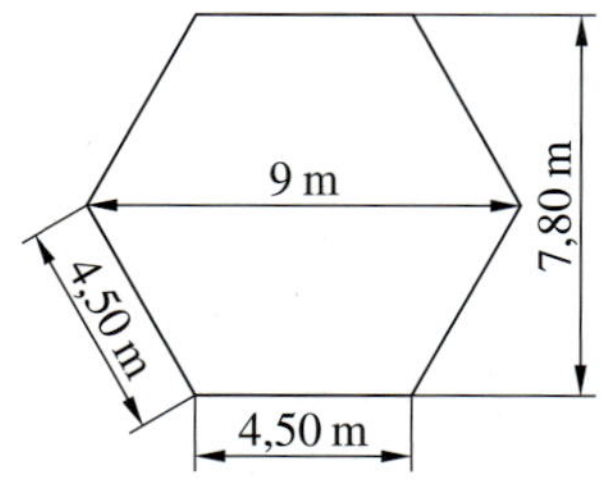

Zusammenfassung

Prismen erkennen und beschreiben

→ Seite 96

Ein (gerades) **Prisma** ist ein geometrischer Körper,
- dessen Grundfläche G und Deckfläche Vielecke sind, die deckungsgleich und zueinander parallel sind,
- dessen Seitenflächen Rechtecke sind, die senkrecht auf der Grund- und der Deckfläche stehen.

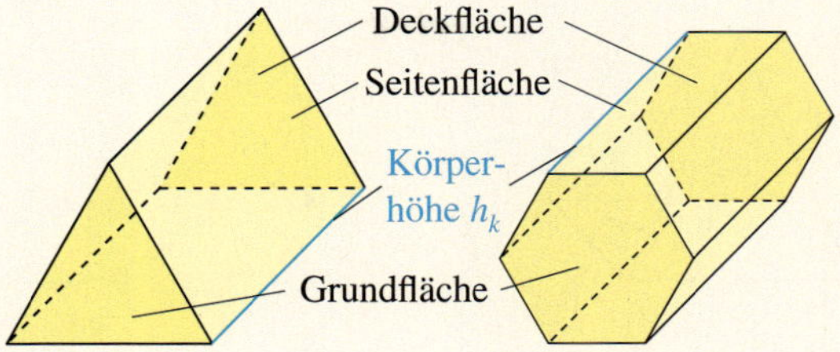

Mantelfläche und Oberfläche von Prismen

→ Seite 102

Um den **Mantel M** oder die **Oberfläche O** eines Prismas zu bestimmen, muss der Flächeninhalt der einzelnen Flächen berechnet und addiert werden.
Die Anzahl der Seitenflächen ist abhängig von der geometrischen Form der Grundfläche.

Der Mantel M eines Prismas besteht aus allen rechteckigen Seitenflächen.
$M = S_1 + S_2 + \ldots + S_n$ bzw. $\mathbf{M = u \cdot h_k}$

Die Oberfläche O eines Prismas besteht aus dem Mantel M sowie der Grund- und Deckfläche.
$O = 2G + S_1 + S_2 + \ldots + S_n$ bzw.
$O = 2G + M$

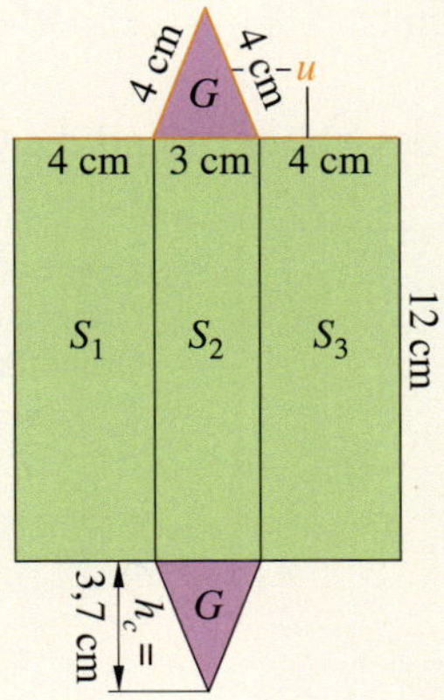

$S_1 = S_3 = 4\,\text{cm} \cdot 12\,\text{cm} = 48\,\text{cm}^2$
$S_2 = 3\,\text{cm} \cdot 12\,\text{cm} = 36\,\text{cm}^2$
$M = 2 \cdot S_1 + S_2 = 132\,\text{cm}^2$
$G = \frac{1}{2} \cdot 3\,\text{cm} \cdot 3{,}7\,\text{cm} = 5{,}55\,\text{cm}^2$
$O = 2 \cdot 5{,}55\,\text{cm}^2 + 132\,\text{cm}^2 = 143{,}1\,\text{cm}^2$

Volumen von Prismen

→ Seite 106

Das **Volumen V** eines Prismas bestimmt man, indem man den Flächeninhalt der Grundfläche G mit der Körperhöhe h_k des Prismas multipliziert.
Es gilt also: $\mathbf{V = G \cdot h_k}$

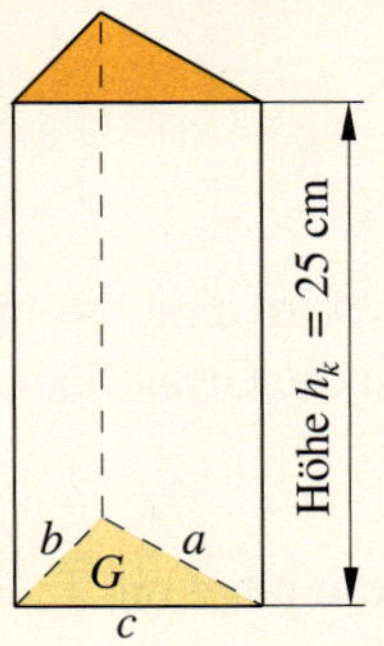

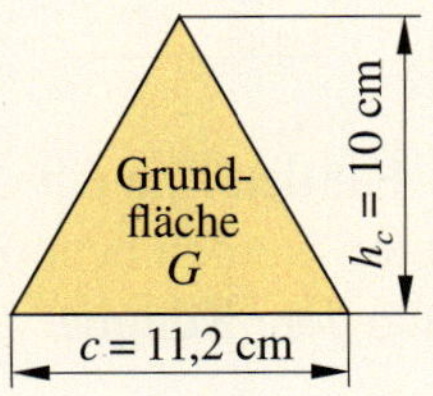

$G = \frac{c \cdot h_c}{2} = \frac{11{,}2\,\text{cm} \cdot 10\,\text{cm}}{2} = 56\,\text{cm}^2$

$V = G \cdot h_k = 56\,\text{cm}^2 \cdot 25\,\text{cm} = 1400\,\text{cm}^3$

Teste dich!

5 Punkte **1** Welche der abgebildeten Körper sind Prismen? Welche Formen haben ihre Grundflächen?

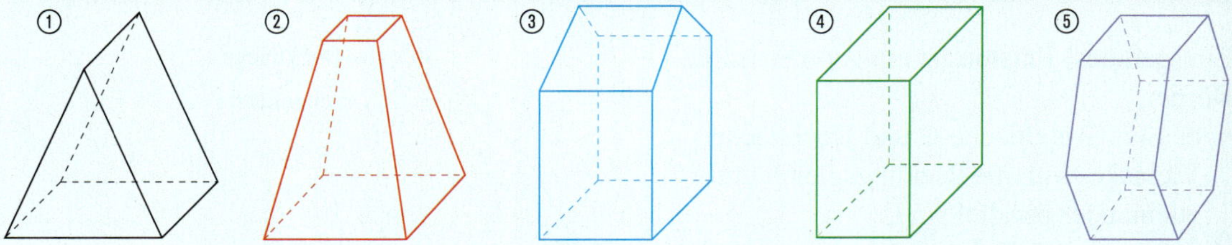

2 Punkte **2** Zeichne das Schrägbild eines Prismas mit dreieckiger Grundfläche.

a) Das abgebildete Dreieck ist die Grundfläche. Die Körperhöhe beträgt 8 cm.

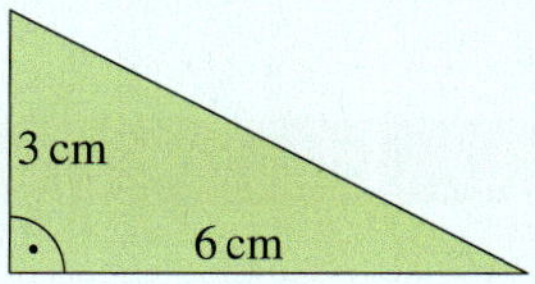

b) Die Grundfläche ist ein rechtwinkliges Dreieck mit den Seitenlängen $b = c = 3{,}8\,\text{cm}$. Die Höhe beträgt 5,6 cm.

4 Punkte **3** Berechne das Volumen und die Oberfläche der Prismen. (Maße in cm)

a)

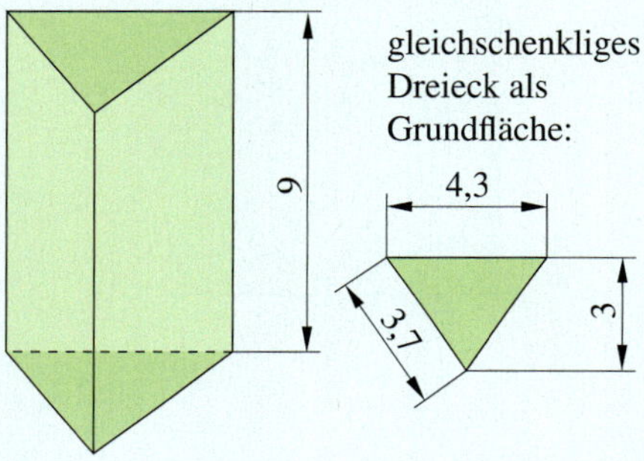

b)

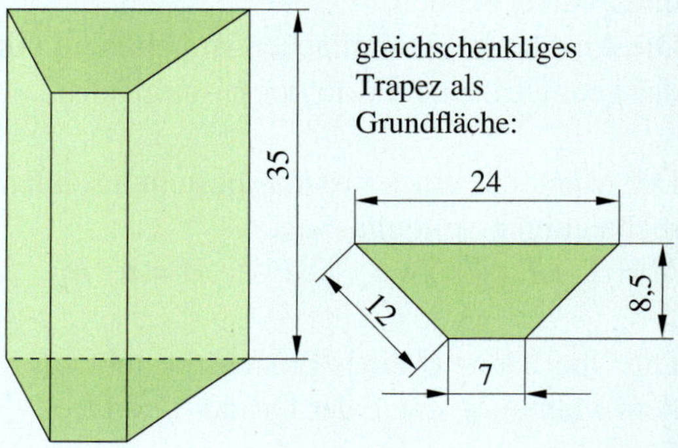

10 Punkte **4** Berechne das Volumen und die Oberfläche der Prismen mit den im folgenden Bild dargestellten Grundflächen.
Entnimm die benötigten Größen aus dem Bild.

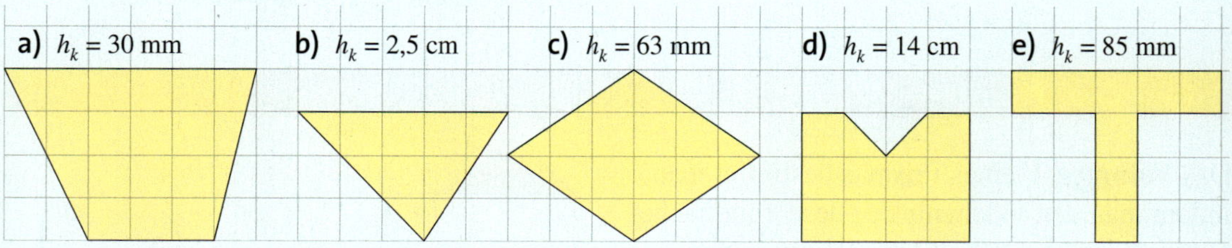

3 Punkte **5** Für den Bau eines Hauses wird eine 19 cm dicke Betonplatte gegossen. Wie viel Kubikmeter Beton werden benötigt, wenn die Grundfläche des Hauses $51\,\text{m}^2$ beträgt? Runde auf eine Stelle nach dem Komma.

1 Punkte **6** Ein größerer Tauchsportverein hat ein Tauchbecken mit einer rechteckigen Grundfläche von 5 m Breite und 8,40 m Länge.
In dem Tauchbecken können Tauchübungen bis zu 9 m Tiefe durchgeführt werden.
Mit wie vielen Kubikmetern Wasser muss das Tauchbecken gefüllt werden?

Gold: 25–23 Punkte, Silber: 22–19 Punkte, Bronze: 18–15 Punkte

Lösungen ab Seite 164

Rechnen mit Klammern

In der Mathematik verwendet man Klammern, um Terme zusammenzufassen und zu strukturieren.

Noch fit?

Einstieg

1 Terme zusammenfassen

Ordne und fasse dann zusammen.

a) $a + b + a + b + b + a + b$

b) $o + o - p + o + p - o - p - p$

c) $r^2 + s^2 + t + r - s^2 - t - r - s + s$

d) $-c^2 + d - c - e + d + e - e - c^2 + c$

e) $7 \cdot a \cdot a \cdot b$

f) $y \cdot 5x \cdot y$

Aufstieg

1 Terme vereinfachen

Vereinfache so weit wie möglich.

a) $5x + 3y + 4x + 14y + 12x$

b) $3a + 16a^2 + 7 + 19a + 8$

c) $35m - 55n - 29m - 65n + 17$

d) $5x + 3y^2 - 3x^2 - 11x + 4y^2 + 7y^2$

e) $4a \cdot 3a \cdot 7b$

f) $7y \cdot x^2 \cdot 3 \cdot y$

ZU DEN AUFGABEN 2 UND 2
Berechne den Wert der Terme
① für $a = 3$; $b = 2$
② für $a = 0$; $b = 5$

Einstieg

2 Klammer auflösen

Schreibe den Term ohne Klammer.

a) $a \cdot (b + 3)$

b) $a \cdot (b - a)$

c) $(7 - a) \cdot 2$

d) $5 + (3 + a)$

e) $a - (2 - a)$

f) $12 - (-2 - b)$

Aufstieg

2 Klammer auflösen

Schreibe ohne Klammer. Kannst du vorher bereits erkennen, ob du zusammenfassen kannst?

a) $a \cdot (7 + 2b)$

b) $b^2 \cdot (3 - a)$

c) $(b - a) \cdot a \cdot 5b$

d) $55 - (-2 - b^2)$

e) $4b - (2 - 7a + 3a \cdot 2b - a^2)$

3 Zahlenrätsel

Sina: „Ich denke mir eine Zahl. Dann addiere ich zu dieser Zahl das Dreifache der Zahl und ziehe anschließend 10 ab."

a) Gib einen Term für das Rätsel von Sina an.

b) Welches Ergebnis erhält Sina, wenn sie 8 einsetzt?

c) Welche Zahl muss man in Sinas Term einsetzen, um als Ergebnis 2 zu erhalten?

Einstieg

4 Lösungen prüfen

Überprüfe die angegebenen Lösungen. Korrigiere, falls erforderlich.

a) $x + 8 = 15$; $x = 7$

b) $x + 12 = 21$; $x = 9$

c) $x + 15 = 6$; $x = 10$

d) $4x = 16$; $x = 3$

e) $4 + x = 15$; $x = 11$

f) $5x = 50$; $x = 0$

g) $4x + 5 = 21$; $x = 4$

Aufstieg

4 Gleichungen lösen

Löse die Gleichungen.

a) $20 - 5x = 10$

b) $48 + 36a = -60$

c) $24 - 6d + 14d = 0$

d) $-35 + 8y + 9y = 64 + 26y$

e) $12v - 12 + 16 + 8v = 0$

f) $-11u - 96 = -5 - 4u$

g) $35 + 15x + 10 - 6x = 0$

h) $-8y - 4 = -6 - 2y$

5 Terme aufstellen

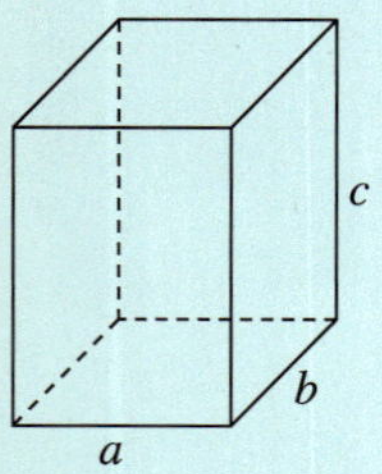

Jule und Jakob haben das Kantenmodell eines Quaders aus Draht gebaut.

a) Stellt jeweils einen passenden Term auf.

① Wie lang sind die Kanten des Quaders insgesamt?

② Stellt euch den Quader mit Begrenzungsflächen vor. Wie groß ist die Oberfläche des Quaders?

③ Wie groß ist sein Volumen?

b) Setzt für die Variablen ein: $a = 4\,\text{dm}$; $b = 1\,\text{dm}$; $c = 5\,\text{dm}$.
Berechnet die gesamte Kantenlänge, die Oberfläche und das Volumen.

Lösungen ab Seite 164

Klammern auflösen und setzen

Entdecken

1 Die Grundstücke der Familien Klein und Schmid grenzen aneinander. Da Familie Klein eine Garage anbauen will, kauft sie einen 2,50 m breiten Streifen vom Nachbargrundstück hinzu.

bisherige Grundstücksaufteilung

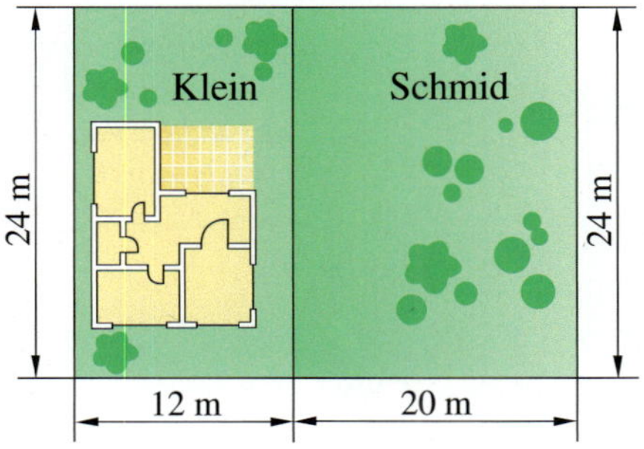

geplante Grundstücksaufteilung

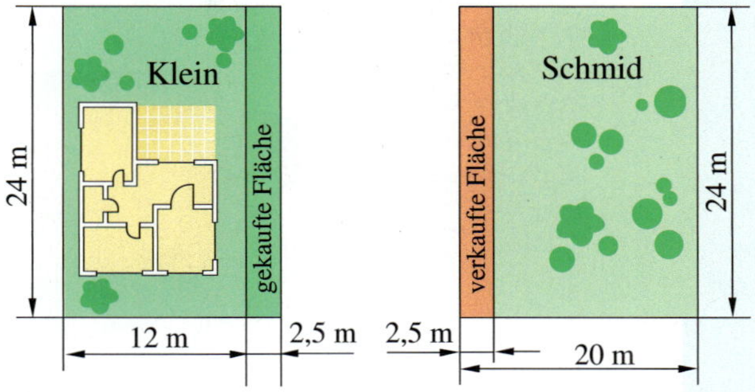

a) Durch den Kauf des Streifens wird das Grundstück der Familie Klein vergrößert. Gebt zwei verschiedene Terme an, mit denen man den neuen Flächeninhalt berechnen kann.

b) Das Grundstück der Schmids wird durch den Verkauf kleiner. Gebt auch hier zwei verschiedene Terme an, die zum neuen Flächeninhalt passen.

c) Nun sollen die Seitenlängen der Grundstücke mit Variablen so angegeben werden wie in der Randspalte gezeigt. Zeichnet die Skizzen ab und beschriftet sie mit den Variablen.

d) Sara und Antonia geben die *Gesamtfläche* der Grundstücke unterschiedlich an:
Sara: $a \cdot c + b \cdot c$
Antonia: $c \cdot (a + b)$
Erklärt beide Terme anhand eurer Skizze aus Aufgabe c). Warum passen beide Terme?

e) Gebt zwei verschiedene Terme an, mit denen man den Flächeninhalt des vergrößerten Grundstücks der Kleins berechnen kann. Verwendet die Variablen aus eurer Skizze. Überprüft durch Einsetzen, ob ihr zum gleichen Ergebnis kommt wie in Aufgabe a).

f) Stellt auch für das verkleinerte Grundstück der Schmids zwei Terme auf und überprüft sie.

ZU AUFGABE 1C

bisher:

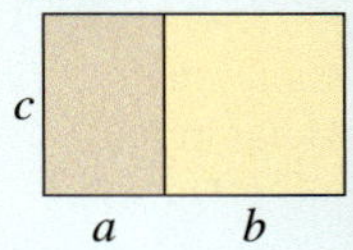

geplant:

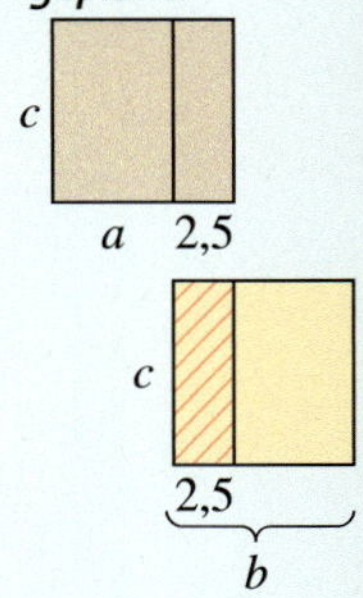

2 Arbeitet zu zweit oder in kleinen Gruppen.

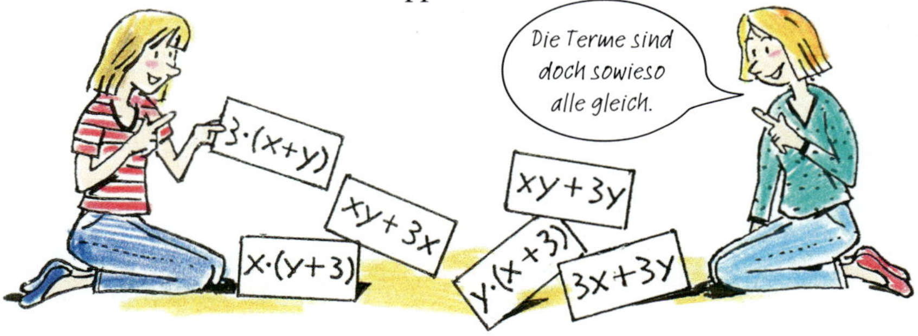

a) Überprüft, ob wirklich alle Terme oben gleich sind, indem ihr für x und für y Zahlen einsetzt.

b) Findet jeweils einen Term ohne Klammer, der zu dem gegebenen Term gleichwertig ist:
① $4 \cdot (a + b)$ ② $6 \cdot (x + y)$ ③ $8 \cdot (k - m)$ ④ $a \cdot (r + 2)$

c) Findet jeweils einen Term mit Klammer, der zu dem gegebenen Term gleichwertig ist:
⑤ $7x + 7y$ ⑥ $3s + 3t$ ⑦ $x \cdot y - x \cdot z$ ⑧ $a \cdot b - 3a$

d) Wie kann man die Klammer in einem Term der Form $a \cdot (b + c)$ auflösen? Formuliert Regeln und überprüft sie.

Verstehen

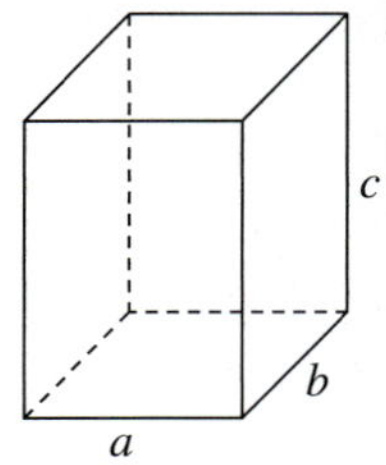

Maria und Lars haben ein Kantenmodell eines Quaders aus Draht gebaut. Sie sollen nun einen Term zur Berechnung der gesamten Kantenlänge des Quaders angeben.
Beim Aufstellen der Terme gehen sie unterschiedlich vor.

HINWEIS
Das Malzeichen vor der Klammer kann weggelassen werden:
$7 \cdot (x-3) = 7(x-3)$

Beispiele 1

$4(a+b+c) = 4a+4b+4c$

$3(5+2) = 3 \cdot 5 + 3 \cdot 2$

$(8-6+2) \cdot 4 = 8 \cdot 4 - 6 \cdot 4 + 2 \cdot 4$

$3(x+2y) = 3x+6y$

$-2(x+2y-3z) = -2x-4y+6z$

HINWEIS
Minus mal Plus ist Minus:
$-2 \cdot (+4) = -8$
Minus mal Minus ist Plus:
$-3 \cdot (-5) = +15$

Erinnere dich an das **Verteilungsgesetz** (Distributivgesetz), es gilt auch bei Termen mit Variablen:
Wird eine Summe (oder Differenz) mit einer Zahl multipliziert, kann man folgendermaßen die **Klammer auflösen**:

$a(b+c) = a \cdot b + a \cdot c$

$a(b-c) = a \cdot b - a \cdot c$

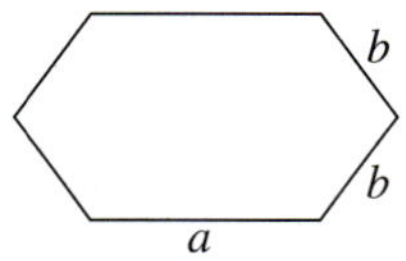

Anschließend betrachten Maria und Lars das Drahtmodell eines Sechsecks. Sie sollen einen Term zur Berechnung der Drahtlänge angeben.
Die beiden stellen die Terme unterschiedlich auf.

Maria fasst zuerst alle Kanten der Länge a und dann alle Kanten der Länge b des Sechsecks zusammen:

$2a+4b$

Lars sieht, dass die Kombination aus einer Strecke a und zwei Strecken b zweimal vorkommt:

$2(a+2b)$

Maria und Lars stellen fest:

$2a+4b = 2(a+2b)$

HINWEIS
Auch zwischen Zahl und Variable bzw. zwischen Variablen kann man das Malzeichen weglassen:
$a \cdot b = ab$

Beispiele 2

$4x+4y = 4(x+y)$

$ab-bc = b(a-c)$

$16x+24 = 8 \cdot 2x + 8 \cdot 3 = 8(2x+3)$

$ab+a = a \cdot b + a \cdot 1 = a(b+1)$

Merke Das Verteilungsgesetz kann man auch umgekehrt anwenden:
Eine Summe kann man in ein Produkt umwandeln, indem man aus allen Summanden **einen gemeinsamen Faktor ausklammert**.
Das nennt man **Faktorisieren**.

$$\underbrace{ab+ac}_{\text{Summe}} = \underbrace{a \cdot (b+c)}_{\text{Produkt}}$$

Üben und anwenden

1 Ordne im Heft die Terme mit Klammer und die Terme ohne Klammer einander zu.

- $5x(y+z)$
- $5x+xy$
- $5xy+5xz$
- $y(x+5)$
- $5(x+y)$
- $5x+5y$
- $x(5+y)$
- $xy+5y$

2 Löse die Klammer auf.

a) $2(a+b)$ b) $4(m-n)$
c) $3(x+y)$ d) $a(b-c)$
e) $4(11+c)$ f) $15(3-2a)$

3 Löse die Klammer auf.

a) $3(a+b+c)$ b) $7(2a+3b+2c)$
c) $6(x+y+2)$ d) $13(c-d-7)$
e) $8(2k-3l+4m)$ f) $15(-2+3x-5y)$
g) $c(3a+c)$ h) $m(3a+4m+b)$

1 Sind die Terme gleich? Begründe. Übertrage ins Heft und setze = oder ≠ ein.

a) $x(4+x)$ ☐ $(4+x)x$
b) $x(4+x)$ ☐ $x(x+4)$
c) $x(4-x)$ ☐ $x(x-4)$
d) $x(-4-x)$ ☐ $x(x-4)$
e) $x(-4+x)$ ☐ $x(x-4)$
f) $x(4-x)$ ☐ $(-x+4)x$

2 Löse die Klammer auf.

a) $5(x+y)$ b) $7(a-b)$
c) $25(3-y)$ d) $8(x+3y)$
e) $a(12a-3y)$ f) $12(m+10)$

3 Löse die Klammer auf.

a) $4(x+y-z)$ b) $2(3a-2b-c)$
c) $2(13k+4l-m)$ d) $6(-3+4x+6y)$
e) $2a(a+3b+4)$ f) $3x\left(7-5m-\frac{y}{x}\right)$
g) $(3a+7b)\cdot\frac{1}{2}$ h) $(19-8b)ab$

4 Auch beim Auflösen der Klammer kann man seine Lösung überprüfen.
Löse die Klammer auf.
Setze dann in *beide* Terme für die Variablen Zahlen ein: Sind die Ergebnisse gleich?

a) $4(x-2y)$ b) $m(4-7)$ c) $2(d+3)$ d) $b(2a+b)$

TIPP
Bei der Probe solltest du für die Variablen nicht 0 und nicht 1 einsetzen.

5 Löse die Klammer auf. Mache anschließend die Probe wie in Aufgabe 4.

a) $(4+b)\cdot 2$ b) $(c-5)\cdot 4$
c) $(2x+6y)\cdot 5$ d) $(3c-7)\cdot 4$
e) $(9a-3b)\cdot 5$ f) $(11x+30)\cdot y$
g) $(12c-5d)\cdot 7$ h) $(4x+7y)\cdot a$

6 Löse die Klammer auf. Wenn du dir nicht sicher bist, mache anschließend die Probe.

a) $-1(x+2)$ b) $-9(x^2+1)$
c) $-3z(-z+9)$ d) $-a(a-b)$
e) $-2(-5y-6z)$ f) $-2xy(-4a+7b)$
g) $-3z(x+9)$ h) $-2c(9a+7c)$

5 Löse die Klammer auf. Mache anschließend die Probe wie in Aufgabe 4.

a) $(3-5b)\cdot 4$ b) $(3c-6)\cdot 3$
c) $(6x-3y)\cdot 2z$ d) $(4a+15)\cdot y$
e) $(3a-5b)\cdot 3y$ f) $(8a+7b)\cdot 2c$
g) $2{,}4\cdot(x^2-0{,}1)$ h) $(30x+24)\cdot 0{,}03$

6 Löse die Klammer auf. Wenn du dir nicht sicher bist, mache anschließend die Probe.

a) $-3(x+4)$ b) $-4a(-x-8yz)$
c) $-1{,}5z(x+5)$ d) $(12x+6y)3x$
e) $0{,}1(x+6)$ f) $-x(x^2+x)$
g) $-8{,}9(x^2-0{,}5)$ h) $(10x+8)\cdot(-0{,}25)$

7 Bilde mindestens elf verschiedene Produkte und löse die Klammer auf.
Verwende jeweils einen Faktor aus der linken und einen Faktor aus der rechten Kiste.
Beispiel $-7x\cdot(4+5y)=$ ☐
Mache mindestens zweimal die Probe.

NACHGEDACHT
Wie viele Produkte kann man in Aufgabe 7 höchstens bilden?

8 Memory mit Termen: Bereitet zunächst mindestens 20 Karten vor. Jeweils zwei Karten gehören zusammen: Auf eine Karte schreibt ihr einen Term mit Klammer und auf eine andere Karte den aufgelösten Term ohne Klammer. Spielt Memory mit den Karten.

9 Klammere einen gemeinsamen Faktor aus.
Beispiel $15x + 3y = 3(5x + y)$

a) $19a - 19b$ b) $17r - 17ab$
c) $3y - 3x$ d) $2ab - 4c$
e) $9a - 18$ f) $7x^2 - 14y$
g) $2a + 2b + 2c$ h) $3b^2 - 6a$

9 Klammere einen gemeinsamen Faktor (eine Zahl oder eine Variable) aus.

a) $17c - 10cd$ b) $6b - 9ac$
c) $-xy + 3x$ d) $2x - 4z + 8y$
e) $7c - 15cd - 5ac$ f) $7x^2 - 15x$
g) $4ab + a$ h) $3x + 6$

10 Paul soll einen möglichst großen Faktor ausklammern. Er macht einen Zwischenschritt.

① $24xy - 40a$
$= 3 \cdot 8 \cdot x \cdot y - 5 \cdot 8 \cdot a$
$= 8(3xy - 5 \cdot a)$

② $35x^2y^3 - 63xy^2$
$= 5 \cdot 7 \cdot x \cdot x \cdot y \cdot y \cdot y - 7 \cdot 9 \cdot x \cdot y \cdot y$
$= 7xy^2(5xy - 9)$

a) Erkläre seine Vorgehensweise.
b) Löse die Aufgaben auf gleiche Weise.
① $30ab + 45c$ ② $48x^2 - 64xy$
c) Prüfe deine Ergebnisse aus b), indem du jeweils die Klammer wieder auflöst.

11 Sarah soll den Term $9x + 27xy + 6xz$ vereinfachen.
Sie schreibt:

$9\boldsymbol{x} + 27\boldsymbol{xy} + 6\boldsymbol{xz}$
$= \boldsymbol{x}(9 + 27\boldsymbol{y} + 6z)$

Ist das richtig?
Begründe deine Antwort.

11 Überprüfe und korrigiere die Fehler.

a) $5ab + 5ac = 5(ab + c)$
b) $12xy - 8xz = 2x(10y - 4z)$
c) $4a - 8b + 4 = 4(a - 2b)$
d) $x^3y - xz = x^2(xy - z)$
e) $a^3b - a^2b^4 = a^2b(a - b^2)$

ZU DEN AUFGABEN 12 UND 13
Es gibt hier zwei Möglichkeiten, die Probe zu machen.
– Du kannst die Klammer wieder auflösen.
– Du setzt in beide Terme (mit und ohne Klammer) für die Variablen die gleichen Zahlen ein.

12 Klammere gemeinsame Faktoren aus. Mache anschließend eine Probe, beachte dazu den Hinweis in der Randspalte.

a) $4x + 8y$ b) $27 - 9x$
c) $3x - 12$ d) $18 - 9x$
e) $14a + 28ab$ f) $36r - 24s$

12 Klammere gemeinsame Faktoren aus. Mache eine Probe, wenn du dir nicht sicher bist.

a) $27c - 45d$ b) $-15p + 45q$
c) $50ab - 125a$ d) $42xz - 63yz$
e) $bx - b$ f) $5x + 35$
g) $-14z - 35xz$ h) $8d - 72cd$

13 Klammere gemeinsame Faktoren aus. Mache eine Probe, wenn du dir nicht sicher bist.

a) $20c + 5b - 40d$
b) $16a + 24b - 8c$
c) $48x + 8y + 6z$
d) $36w - 12x + 20y - 24z$
e) $8ab + 4b - 2bc - 12bd$

13 Klammere gemeinsame Faktoren aus.

a) $ax - 4az + 5ay$
b) $21abx - 6by + 15bz$
c) $24ab - 12bc + 48ab$
d) $5bx - by - 15bz$
e) $25ab + 125ac + 75ax$
f) $16qrs - 12rst + 8stu$

14 Gib je einen Term *mit* und einen Term *ohne* Klammer für den Flächeninhalt an.

a)
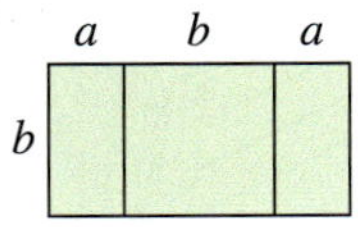

b)
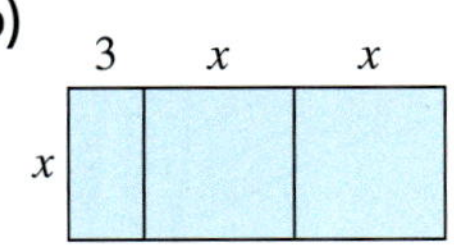

c)
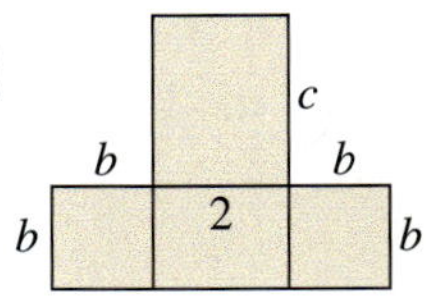

Summen multiplizieren

Entdecken

1 Eine Architektin erstellt einen Bauantrag für einen Supermarkt, den die Baubehörde vor Beginn der Bauarbeiten genehmigen muss.
Zu diesem Bauantrag gehört neben den Grundrisszeichnungen auch eine Berechnung der genutzten Fläche.
Entnimm die Maße der Zeichnung.

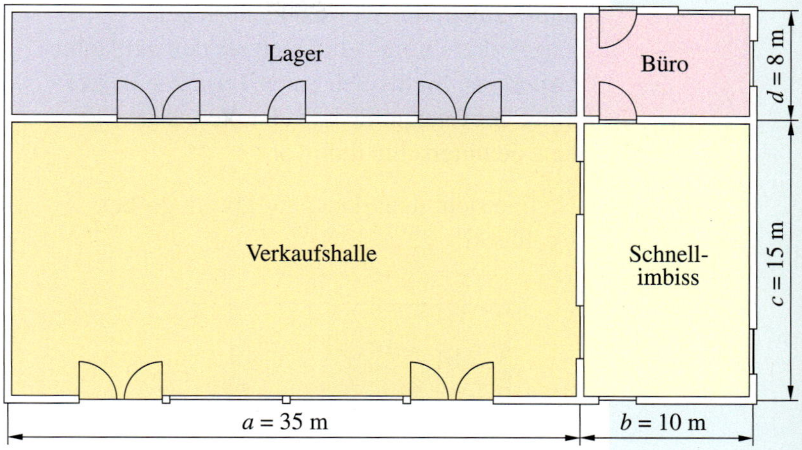

a) Berechne die Fläche der einzelnen Räume.
b) Berechne die Fläche der gesamten genutzten Fläche.
c) Zeige, dass es verschiedene Möglichkeiten gibt, die Gesamtfläche zu berechnen.
d) Für ähnliche Gebäude berechnet die Architektin die Fläche mit ihrem Tabellenkalkulationsprogramm.
Gib einen Term oder mehrere mögliche Terme für die Formel in Zelle **F3** an.

	A	B	C	D	E	F
1	**Supermarkt**	**Verkaufshalle**	**Imbiss**	**Imbiss**	**Büro**	**Supermarkt**
2		**Länge a**	**Breite b**	**Länge c**	**Breite d**	**Gesamtfläche**
3	wie im Bild	35	10	15	8	
4	Alternative 1	38	12	16	10	
5	Alternative 2	42	10	17	12	
6	...					
7						
8						

2 Arbeitet zu zweit oder in kleinen Gruppen.
a) Findet heraus, welche Rechenaufgabe in der Tabelle gelöst wurde und erläutert den Rechenweg.

	30	8	
20	600	160	760
7	210	56	266
			1026

b) Überlegt euch selbst weitere Rechenaufgaben (tauscht sie evtl. untereinander) und löst sie auf die gleiche Weise mit einer Tabelle.
c) Tabellen können beim Multiplizieren von Summen hilfreich sein. Übertragt folgende Tabellen in eure Hefte. Geht bei jeder Aufgabe so vor:
– Füllt zunächst die gelben Felder aus.
– Addiert dann die Terme aus den gelben Feldern.
– Fasst nun den Gesamtterm so weit wie möglich zusammen.
– Vergleicht eure Lösungen.

① $(a + 5) \cdot (a + 4)$

	a	4	
a	a^2	$4a$	$a^2 + 4a$
5			

② $(x + 5) \cdot (y + 6)$

	y	6
x		
5		

③ $(3 + 2a) \cdot (a + 5)$

	a	5
3		
$2a$		

d) Formuliert eine Regel für die Multiplikation von zwei Summen.

HINWEIS
Multiplizieren von Summen:
$\underbrace{(5+3)}_{\text{Summe}} \cdot \underbrace{(a+9)}_{\text{Summe}}$
Summe *mal* **Summe**

Verstehen

Im Ort soll ein Skatepark gebaut werden. Bei einer öffentlichen Sitzung wollen Nina und Nadine ihre Wünsche einbringen.
Zur Vorbereitung betrachten sie den geplanten Grundriss. Sie wollen einen Term zur Berechnung der Gesamtfläche aufstellen. Dabei gehen sie unterschiedlich vor.

Skatepark in Butzbach (in Planung):

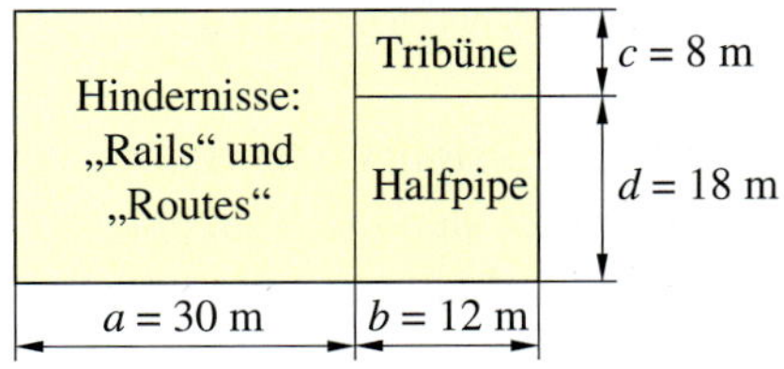

Nadine sieht den Skatepark als ein großes Rechteck.

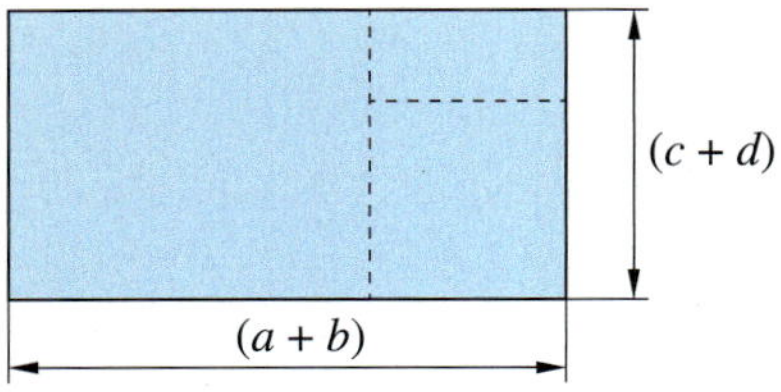

Nadine rechnet:

$(a + b) \cdot (c + d) = (30 + 12) \cdot (8 + 18)$
$= 42 \cdot 26$
$= 1092$

Nina zerlegt den Grundriss in vier Teilflächen und stellt je einen Term zur Berechnung der Teilfläche auf.

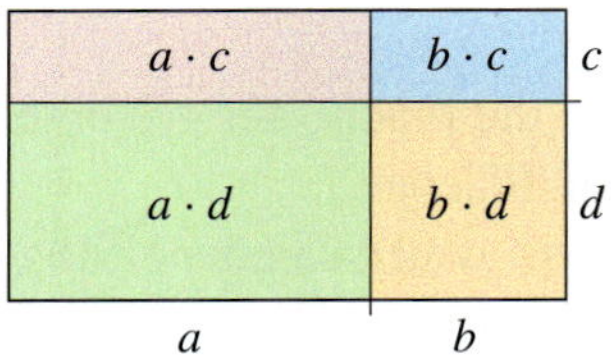

Nina hat dabei die Klammern aufgelöst:

$(a + b) \cdot (c + d)$
$= a \cdot c + a \cdot d + b \cdot c + b \cdot d$
$= 30 \cdot 8 + 30 \cdot 18 + 12 \cdot 8 + 12 \cdot 18$
$= 240 + 540 + 96 + 216 = 1092$

Merke Multiplizieren von zwei Summen
Jeder Summand der ersten Summe wird **mit jedem** Summanden der zweiten Summe multipliziert. Anschließend werden die vier Teilprodukte addiert.

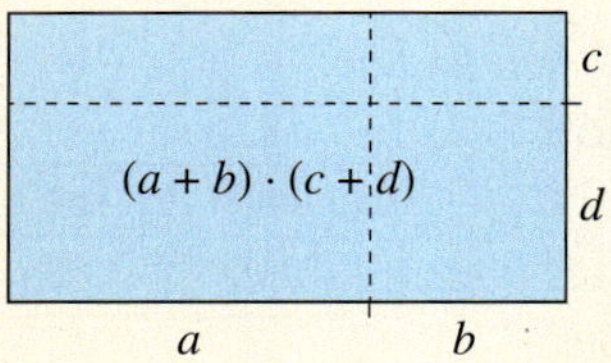

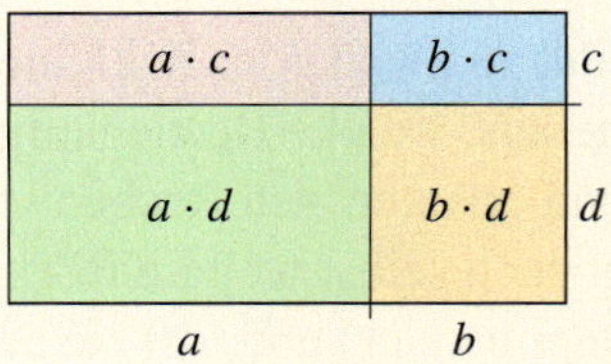

$(a + b) \cdot (c + d) = a \cdot c + a \cdot d + b \cdot c + b \cdot d$

Die Regel für das Multiplizieren von Summen gilt auch, wenn in den Klammern ein Minuszeichen steht.
Beachte: Dabei muss man immer das vorstehende Rechenzeichen „mitnehmen“.

ERINNERE DICH
$+ \cdot + = +$
$- \cdot - = +$
$+ \cdot - = -$
$- \cdot + = -$

Beispiel 1

$(a - 4) \cdot (b + 6)$
$= a \cdot b + a \cdot 6 - 4 \cdot b - 4 \cdot 6$
$= ab + 6a - 4b - 24$

Beispiel 2

$(a - 5) \cdot (b - 2)$
$= a \cdot b - a \cdot 2 - 5 \cdot b - 5 \cdot (-2)$
$= ab - 2a - 5b + 10$

Üben und anwenden

1 Ordne den Produkten jeweils die passende Summe zu.

a) $(a+2)\cdot(b+6)$ **d)** $(a+5)\cdot(9+b)$ ① $ab+3a+4b+12$ ④ $6a+ab+6+b$
b) $(a+4)\cdot(b+3)$ **e)** $(a+9)\cdot(b+3)$ ② $ab+3a+9b+27$ ⑤ $9a+ab+45+5b$
c) $(a+1)\cdot(6+b)$ **f)** $(a+4)\cdot(b+4)$ ③ $ab+6a+2b+12$ ⑥ $ab+4a+4b+16$

2 Löse die Klammern auf.

a) $(a+4)\cdot(b+8)$
b) $(x+1)\cdot(y+3)$
c) $(a+2)\cdot(12+b)$
d) $(3+d)\cdot(e+8)$
e) $(11+a)\cdot(b+5)$

2 Löse die Klammern auf.

a) $(12+a)\cdot(b+11)$
b) $(2f+3)\cdot(g+5)$
c) $(4+3u)\cdot(v+6)$
d) $(4a+8)\cdot(2b+7)$
e) $(9+2x)\cdot(5y+3)$

3 Gib einen Term zur Berechnung der Gesamtfläche an.
Löse dann die Klammern auf.

a)
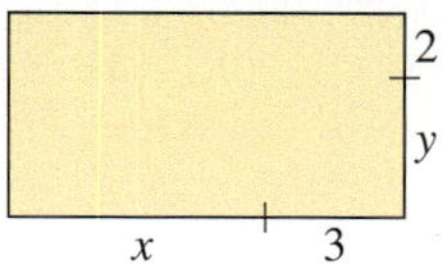

b)
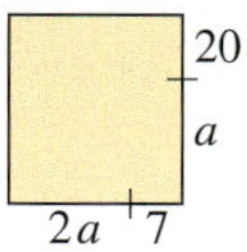

c)
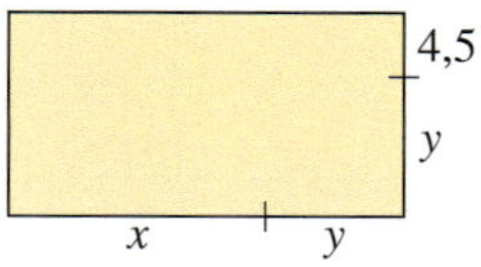

d)
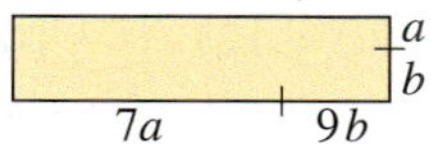

Flächen nicht maßstabsgetreu

4 Ergänze die Lücken im Heft.

a) $(x+2)\cdot(y+4) = xy+4x+2y+$ ☐
b) $(a+5)\cdot(b+6) = ab+6a+$ ☐ $+$ ☐
c) $(x+7)\cdot(y+z) = xy+xz+7y+$ ☐
d) $(c+11)\cdot(3+d) = 3c+$ ☐ $+$ ☐ $+$ ☐
e) $(3+a)\cdot(8+b) = 24+$ ☐ $+$ ☐ $+$ ☐
f) $(4+x)\cdot(y+2) = 4y+8+$ ☐ $+$ ☐

4 Übertrage ins Heft und ergänze.

a) $(x+$ ☐ $)\cdot(y+5) = xy+5x+7y+35$
b) $($☐ $+a)\cdot($☐ $+2) = 3b+6+ab+$ ☐
c) $(3+n)\cdot($☐ $+$ ☐$) = 3p+6+$ ☐ $+2n$
d) $(x+$ ☐$)\cdot($☐ $+2) = xy+$ ☐ $+4y+8$
e) $($☐ $+3)\cdot(a-4) =$ ☐ $-y\cdot 4+3a-$ ☐
f) $(z$ ☐ $2)\cdot(x$ ☐ $7) =$ ☐ $-z\cdot 7-2x+$ ☐

ZU AUFGABE 5
Im Stoffmuster haben alle dünnen Streifen die Breite b und alle dicken Streifen die Breite c. Zudem gilt a = b + c.

5 Ab dem 17. Jahrhundert war der Kilt ein typisches Kleidungsstück schottischer Männer. Normalerweise sind Kilts (auch Schottenrock genannt) kariert, wie hier beispielhaft zu sehen.

a) Beschreibe das Muster des Kilts.
b) Gib einen Term für die Gesamtfläche des Stoffstücks an.
c) Finde mindestens 10 unterschiedlich große Teilflächen in diesem Muster.
d) Finde Rechtecke, die die folgenden Flächeninhalte haben.
① $(a+b)\cdot c$ ② $(a+b)(b+c)$
③ $4b^2$ ④ $(b+c)(b+c)$
⑤ $a\cdot(b+c)$ ⑥ $c\cdot(a+b)$
⑦ $bc+2b^2$ ⑧ $ac+2bc+2b^2$
e) Zeichne ein ähnliches Bild in dein Heft. Beachte, dass $c = 5b$ und $a = 6b$ ist. Färbe das Muster nach deinem Geschmack ein und finde Formeln für mindestens 5 unterschiedliche Teilflächen.

BEACHTE
*Hier wird von **Summe** gesprochen, obwohl auch subtrahiert wird:*
$7a - ab + 2$.
Denn in diesem Term kann man auch eine Summe erkennen:
$7a \;-\; ab \;+\; 2$
$= (+7a) + (-ab) + (+2)$

ERINNERE DICH
$+ \cdot + = +$
$- \cdot - = +$
$+ \cdot - = -$
$- \cdot + = -$

6 Ordne dem Produkt die passende Summe zu. Setze anschließend zur Probe ein: $a = 3$; $b = 7$.

a) $(a-3)\cdot(b+2)$
b) $(a+4)\cdot(b-5)$
c) $(a-2)\cdot(7-b)$
d) $(a-3)\cdot(7-b)$
e) $(-a-11)\cdot(b-5)$

① $7a - ab - 21 + 3b$
② $7a - ab - 14 + 2b$
③ $ab + 2a - 3b - 6$
④ $-ab + 5a - 11b + 55$
⑤ $ab - 5a + 4b - 20$

6 Ergänze die Lücken im Heft.

a) $(x-4)\cdot(y-6) = xy - 6x - 4y + \square$
b) $(b+7)\cdot(c-3) = bc - 3b + \square - \square$
c) $(a-1)\cdot(5-b) = 5a - ab - \square + b$
d) $(d-3)\cdot(8+e) = \square + de - \square - \square$
e) $(x-9)\cdot(-y-3) = -xy - 3x + \square + \square$
f) $(12-b)\cdot(3-c) = 36 - \square - \square + \square$
g) $(u \;\square\; v)\cdot(u \;\square\; w) = \square^2 - \square - \square + \square$

7 Multipliziere.

a) $(x+2)\cdot(y-10)$
b) $(b-3)\cdot(c-5)$
c) $(d-8)\cdot(9+e)$
d) $(11-b)\cdot(2-c)$
e) $(b-7)\cdot(-c-16)$
f) $(d+12)\cdot(f-10)$
g) $(-4-g)\cdot(h+3)$

7 Multipliziere je einen Term aus dem linken mit einem Term aus dem rechten Kästchen.

Linkes Kästchen: $(a+b)$, $(b-7a)$, $(3a-8b)$, $(-b+4a)$

Rechtes Kästchen: $(15a-6)$, $(-12b+3a)$, $(-2a-10)$, $(9a+4b)$

8 Der Flächeninhalt der orangen Fläche lässt sich auf verschiedene Arten berechnen.

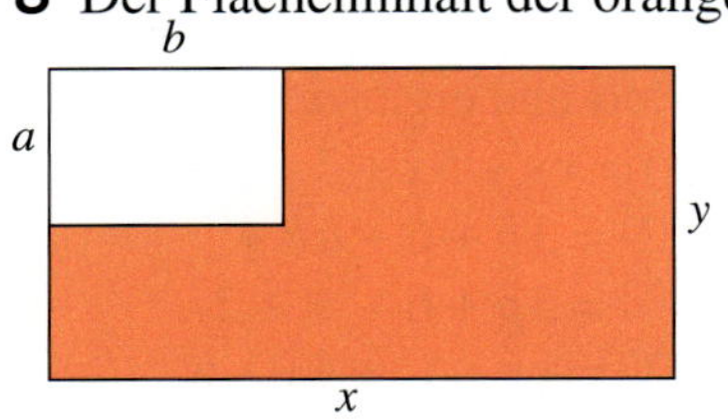

a) Welche Terme sind dafür geeignet? Begründe jeweils anhand der Zeichnung.
① $x \cdot y - a \cdot b$
② $x \cdot (y-a) + a \cdot (x-b)$
③ $x \cdot y + a \cdot b$
④ $(x-b)\cdot(y-a) + a\cdot(x-b) + b\cdot(y-a)$

b) Zeige durch Ausmultiplizieren, dass die Terme ①, ② und ④ gleich sind.

9 Ein Schwimmbecken ist von Steinplatten umrandet.

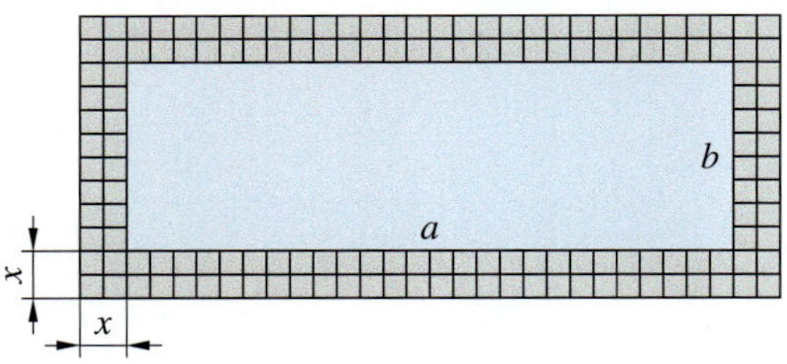

a) Wie kann man den Inhalt der Fläche berechnen, die mit Steinplatten ausgelegt ist?
b) Zeige an der Zeichnung, dass beide Terme den Flächeninhalt der Steinplatten-Umrandung angeben:
$(a+2x)\cdot(b+2x) - ab$ und
$2ax + 2x(b+2x)$.
c) Bestätige durch Ausmultiplizieren, dass die beiden Terme gleichwertig sind.
d) Berechne den Flächeninhalt für $a = 15\,\text{m}$, $b = 8\,\text{m}$ und $x = 1{,}2\,\text{m}$.

10 Multipliziere und fasse anschließend, wenn möglich, zusammen.

a) $(x-y)\cdot(2x+y)$
b) $(x-3)\cdot(4x-7)$
c) $(6a-8)\cdot(a-6)$
d) $(-12-3a)\cdot(a-3b)$
e) $(a+2b)\cdot(4b-a)$
f) $(-6x-3)\cdot(2x-4)$
g) $(8y-5)\cdot(4y-6)$

10 Multipliziere und fasse zusammen.

a) $(2a-b)\cdot(7a-8b)$
b) $(6a-2)\cdot(5+3a)$
c) $(s+3t)\cdot(9s-t)$
d) $(-3d-5)\cdot(4d+10)$
e) $(6x-15y)\cdot(3x+9y)$
f) $(-7b+8)\cdot(-16-12b)$
g) $(9x-13y)\cdot(4y-5x)$
h) $(10a-25b)\cdot(3b+2a)$

Binomische Formeln

Entdecken

1 Jedes der Quadrate ist in vier rechteckige Teilflächen zerlegt, zwei davon sind quadratisch.

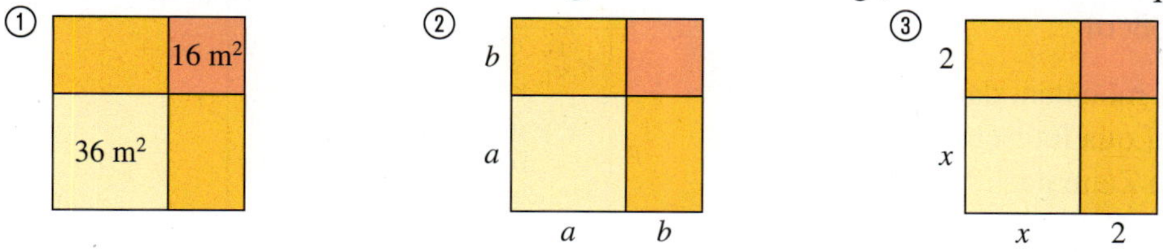

a) Wie könnte man den Flächeninhalt der Figur ① berechnen?
Die Flächeninhalte der zwei quadratischen Teilquadrate sind schon eingetragen.

b) Gib verschiedene Terme für den Flächeninhalt der Figur ② an, z. B. einen Term mit Klammern und einen ohne Klammern.

c) Übertrage Figur ③ in dein Heft (x ist beliebig).
Trage in jede Teilfläche einen Term ein, der ihren Flächeninhalt bestimmt.
Gib dann den Flächeninhalt des Gesamtquadrats auf verschiedene Weisen an.

2 In der Klasse 8 b wird dieses Quadrat an die Tafel gezeichnet. Frau Bauer fragt: „Wie kann man den Flächeninhalt des roten Quadrats berechnen?“

a) Lea stellt sich vor, dass $a = 5\,\text{cm}$ und $b = 2\,\text{cm}$ wäre.
Wie würde sie dann vorgehen, um den Flächeninhalt des roten Quadrats zu berechnen?

b) Niko meint: „Den Flächeninhalt kann man mit $(a - b) \cdot (a - b)$ berechnen.“ Hat er recht?

c) Milena rechnet den Flächeninhalt des roten Quadrats aus.

$$(a - b)^2 = (a - b) \cdot (a - b) = a^2 - ab - ab + b^2$$
$$= a^2 - 2ab + b^2$$

Skizziere die Zeichnung in deinem Heft.
Milena meint, dass man ihre Rechnung auch in der Zeichnung erkennen kann.
Wo befinden sich in der Zeichnung die Flächen, die a^2, ab und b^2 entsprechen?
Warum wird b^2 addiert?

3 Übertrage die Figur auf ein Blatt Papier und schneide sie aus.

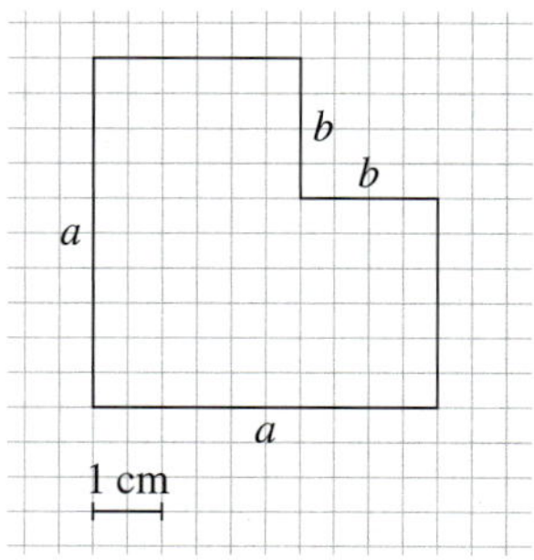

a) Zerlege die Figur durch einen geraden Schnitt so in zwei Teile, dass man aus den beiden Teilen ein Rechteck legen kann.

b) Berechne den Flächeninhalt des Rechtecks.

c) Gib einen Term (mit Variablen) für den Flächeninhalt der ursprünglichen Figur an.

d) Gib einen Term (mit Variablen) für den Flächeninhalt des zusammengelegten Rechtecks an.

e) Zeige durch Termumformungen, dass die beiden Terme identisch sind.

4 Berechne zuerst: $(3a + b)^2$.
Nun ergänze: $9x^2 + 6xy + y^2 = (\square + \square)^2$. Beschreibe, wie du dabei vorgehst.
Finde weitere Aufgaben, die sich auf diese Art zusammenfassen lassen.

Verstehen

Die Bauernfamilie Heinrich möchte ihren Hof auf den Verkauf von Bio-Eiern umstellen. Deswegen müssen sie den Hühnerauslauf vergrößern.

Die Heinrichs möchten, dass auch der neue Hühnerauslauf quadratisch ist, deswegen wollen sie den Zaun nach Norden und nach Osten um jeweils die gleiche Strecke (um b Meter) verlängern.

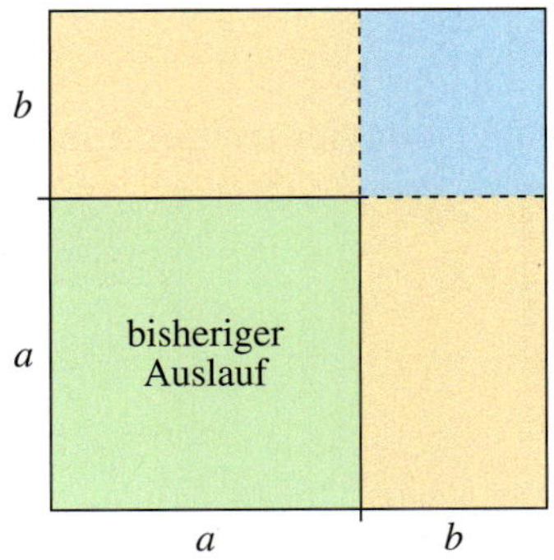

Sie überlegen, wie sie die Fläche des neuen Auslaufs berechnen können.

① Herr Heinrich multipliziert die Summen so, wie ihr es in der vorigen Lerneinheit gelernt habt:

$(a+b)^2 = (a+b)\cdot(a+b)$
$= a\cdot a + a\cdot b + b\cdot a + b\cdot b$
$= a^2 + 2ab + b^2$

② Seine Schwester betrachtet die obige Skizze. Sie kommt gleich auf das Ergebnis:

$(a+b)^2 = a^2 + 2ab + b^2$

SCHON GEWUSST?
Binom *(lateinisch binominis) heißt „zweinamig". In der Mathematik ist ein Binom eine Summe aus zwei Summanden.*

Merke Bei der Multiplikation von Summen gibt es drei Sonderfälle, bei denen sich die Ergebnisse leicht zusammenfassen lassen. Diese heißen **binomische Formeln**. Sie ermöglichen eine **Abkürzung** der ausführlichen Berechnung.

		Quadrat des 1. Summanden		doppeltes Produkt beider Summanden		Quadrat des 2. Summanden
1. binomische Formel $(a+b)^2 = a^2 + 2ab + b^2$	$(a+b)^2 =$	a^2	+	$2ab$	+	b^2
2. binomische Formel $(a-b)^2 = a^2 - 2ab + b^2$	$(a-b)^2 =$	a^2	−	$2ab$	+	b^2
3. binomische Formel $(a+b)\cdot(a-b) = a^2 - b^2$	$(a+b)\cdot(a-b) =$	a^2		$-ab+ab$	−	b^2
	$=$	a^2		0	−	b^2

Beispiele 1

$(x+4)^2 = x^2 + 2\cdot 4x + 4^2 = x^2 + 8x + 16$
$(y-5)^2 = y^2 - 2\cdot 5y + 5^2 = y^2 - 10y + 25$
$(y+3)\cdot(y-3) = y^2 - 3^2 = y^2 - 9$

Auch ein Binom wie z. B. $(2x+3y)^2$ kann man mit der 1. binomischen Formel lösen. Dazu setzt man $a = 2x$ und $b = 3y$.

Beispiele 2

$(\overbrace{2x}^{a} + \overbrace{3y}^{b})^2 = \overbrace{(2x)^2}^{a^2} + \overbrace{2\cdot 2x\cdot 3y}^{2ab} + \overbrace{(3y)^2}^{b^2} = \overbrace{4x^2}^{a^2} + \overbrace{12xy}^{2ab} + \overbrace{9y^2}^{b^2}$

$(\overbrace{4a}^{a} - \overbrace{5b}^{b})^2 = \overbrace{(4a)^2}^{a^2} - \overbrace{2\cdot 4a\cdot 5b}^{2ab} + \overbrace{(5b)^2}^{b^2} = \overbrace{16a^2}^{a^2} - \overbrace{40ab}^{2ab} + \overbrace{25b^2}^{b^2}$

$(\overbrace{4k}^{a} + \overbrace{7m}^{b})\cdot(\overbrace{4k}^{a} - \overbrace{7m}^{b}) = \overbrace{(4k)^2}^{a^2} - \overbrace{(7m)^2}^{b^2} = \overbrace{16k^2}^{a^2} - \overbrace{49m^2}^{b^2}$

Üben und anwenden

1 Überprüfe alle drei binomischen Formeln für die Zahlen $a = 14$ und $b = 18$.

2 Löse die Klammer auf. Verwende die erste binomische Formel.
a) $(4 + y)^2$ b) $(a + 5)^2$
c) $(x + 12)^2$ d) $(s + 15)^2$

2 Löse die Klammer mithilfe der ersten binomischen Formel auf.
a) $(4a + 14)^2$ b) $(6 + 3b)^2$
c) $(2x + 3)^2$ d) $(x + y)^2$

3 Löse die Klammer auf. Verwende die zweite binomische Formel.
a) $(5 - t)^2$ b) $(b - 4)^2$
c) $(8 - p)^2$ d) $(c - 7)^2$

3 Löse die Klammer mithilfe der zweiten binomischen Formel auf.
a) $(11 - 2y)^2$ b) $(3y - 3)^2$
c) $(1 - c)^2$ d) $(10 - 5x)^2$

4 Löse die Klammer auf. Verwende die dritte binomische Formel.
a) $(x + 2)(x - 2)$
b) $(8 + a)(8 - a)$
c) $(a + 9)(a - 9)$
d) $(y + z)(y - z)$

4 Löse die Klammer mithilfe der dritten binomischen Formel auf.
a) $(4 - x)(4 + x)$
b) $(2c + 3)(2c - 3)$
c) $(6 - xy)(6 + xy)$
d) $(d + 20e)(d - 20e)$

5 Die binomischen Formeln lassen sich noch schneller anwenden, wenn man die Quadratzahlen auswendig kennt.
Lerne die Quadratzahlen der Zahlen von 1 bis 20 auswendig.

6 Übertrage ins Heft, ergänze + oder –.
a) $(x + 8)^2 = x^2 \square 16x \square 64$
b) $(c \square 2d)^2 = c^2 - 4cd + 4d^2$
c) $(2 \square a)(2 \square a) = 4 - a^2$
d) $(y \square 3z)^2 = y^2 - 6yz \square 9z^2$
e) $(w \square 4x)(w \square 4x) = w^2 - 16x^2$
f) $(2 - x)^2 = 4 \square 4x \square x^2$

6 Ergänze.
a) $(k - 7)(k + \square) = \square^2 - 49$
b) $(a - 2b)^2 = \square - 4ab + \square b^2$
c) $(x + 2)^2 = x^2 + \square + 4$
d) $(y - 4)^2 = y^2 - \square + 16$
e) $(6 + x)^2 = \square + 12x + x^2$
f) $(3 + b)^2 = 9 + \square + b^2$

7 Ergänze die fehlenden Terme im Heft.
a) $(c + d)^2 = \square + 2cd + d^2$
b) $(x - 5)(x + 5) = \square - 25$
c) $(d - 5)^2 = \square - 10d + 25$
d) $(4 - m)^2 = 16 - 8m + \square$
e) $(9 + y)^2 = 81 + 18y + \square$

7 Übertrage ins Heft und vervollständige.
a) $(0{,}2 - b)(0{,}2 + b) = \square - b^2$
b) $(0{,}5 + r)^2 = 0{,}25 + r + \square$
c) $(1{,}3 - c)^2 = 1{,}69 \square \square + c^2$
d) $(a \square 1)^2 = a^2 + \square + 1$
e) $(v \square 2)^2 = v^2 - 4v + \square$

8 Ist die erste binomische Formel richtig angewandt worden?
Verbessere, wenn es nötig ist.
a) $(6 + x)^2 = 36 + 6x + x^2$
b) $(a + 8)^2 = a^2 + 16a + 64$
c) $(3 + b)^2 = 3 + 6b + b^2$
d) $(y + 5)^2 = y^2 + 10y + y^2$
e) $(o + p)^2 = o^2 + 2op + p^2$
f) $(3a + b)^2 = 9a + 3ab + b^2$

8 Wo stecken die Fehler? Korrigiere sie.
a) $(x - a)^2 = x^2 - 2ax - a^2$
b) $(2x - 4)^2 = 4x^2 - 8x + 16$
c) $(3a + 5b)^2 = 3a^2 + 30ab + 25b^2$
d) $(2x + y)(2x - y) = 4x^2 + y^2$
e) $(11 - 4x)^2 = 121 - 44x + 16x^2$
f) $(5g + 3h)^2 = 25g^2 + 30gh + 9h$

ZU AUFGABE 1
So hat Tim die 1. binomische Formel überprüft:
$(14 + 18)^2 = 32^2$
$= \square$
und
$14^2 + 2 \cdot 14 \cdot 18 + \square^2$
$= \square$

ZU AUFGABE 4
Bei 4a hat die Aufgabe nicht die Form $(a + b) \cdot (a - b)$. Warum gilt die 3. binomische Formel trotzdem?

ZU AUFGABE 5
$1^2 = 1$
$2^2 = 4$
$3^2 = 9$
$4^2 = 16$
$5^2 = 25$
$6^2 = 36$
$7^2 = 49$
$8^2 = 64$
$9^2 = 81$
$10^2 = 100$
$11^2 = 121$
$12^2 = 144$
$13^2 = 169$
$14^2 = 196$
$15^2 = 225$
$16^2 = 256$
$17^2 = 289$
$18^2 = 324$
$19^2 = 361$
$20^2 = 400$

9 Ordne jedem Term aus dem linken Kästchen einen gleichwertigen Term aus dem rechten Kästchen zu. Je ein Term bleibt übrig, finde dafür einen Partner.

$y^2 - 6y + 9$	$9 - 6y + y^2$	$4x^2 - y^2$
$x^2 - 2xy + y^2$	$x^2 + 6xy + 9y^2$	
$x^2 - 6xy + 9y^2$	$9x^2 + 6xy + y^2$	$9 + 6x + x^2$

$(3 + x)^2$	$(y - 3)^2$	$(x - y)^2$
$(x - 3y)^2$	$(3x + y)^2$	
$(3 - y)^2$	$(4x + y)(4x - y)$	$(x + 3y)^2$

10 Löse die Klammern auf. Welche binomische Formel kannst du benutzen?

a) $(y + 3)^2$ b) $(x - 4)^2$
c) $(a - 5)(a + 5)$ d) $(3 - c)^2$
e) $(a - 4)^2$ f) $(a - 9)^2$
g) $(x + 5)^2$ h) $(x + 9)(x - 9)$

10 Welche binomische Formel liegt vor? Schreibe ohne Klammern.

a) $(2x + 3)^2$ b) $(3x - 2)^2$
c) $(4x - 3)^2$ d) $(3x - 1)(3x + 1)$
e) $(5 + 2x)(5 - 2x)$ f) $(6x - 9)(6x + 9)$
g) $(6x + 7)^2$ h) $(10x - 5)^2$

11 Vervollständige im Heft.

a) $u^2 + 2uv + v^2 = (u + \square)^2$
b) $4 + 4b + b^2 = (\square + b)^2$
c) $4 - 9x^2 = (2 + \square)(2 - \square)$

11 Ergänze die Lücken im Heft.

a) $25a^2 + 30ab + 9b^2 = (5a + \square)^2$
b) $16d^2 - 4e^2 = (\square + \square)(\square - \square)$
c) $x^2 - 6xy + \square = (\square - \square)^2$

12

Erkläre, was Jona damit meint. Vergleicht eure Erklärungen untereinander.

12 Kann der Term durch Anwendung einer binomischen Formel entstanden sein? Begründe deine Antwort.

a) $x^2 + y^2$ b) $-x^2 + 2xy + y^2$
c) $x^2 + 2xy - y^2$ d) $-x^2 + y^2$

ZU AUFGABE 13
Beispiele:
$36^2 = (30 + 6)^2$
$= 30^2 + 2 \cdot 30 \cdot 6 + 6^2$
$= 900 + 360 + 36$
$= 1296$
$29^2 = (30 - 1)^2$
$= 30^2 - 2 \cdot 30 \cdot 1 + 1^2$
$= 900 - 60 + 1$
$= 841$

13 Wende die erste oder zweite binomische Formel zur Berechnung der Quadratzahl an. Beachte die Beispiele in der Randspalte.

a) 31^2 b) 28^2 c) 34^2 d) 63^2
e) 47^2 f) 98^2 g) 205^2 h) 394^2

13 Mithilfe der dritten binomischen Formel kann man bestimmte Multiplikationsaufgaben schnell lösen.

Beispiel $58 \cdot 62 = (60 - 2)(60 + 2)$
$= 3600 - 4 = 3596$

a) Erkläre den Rechenweg.
b) Berechne auf die gleiche Weise die Produkte im Kopf.
① $46 \cdot 54$ ② $72 \cdot 68$ ③ $85 \cdot 75$
④ $98 \cdot 102$ ⑤ $45 \cdot 55$ ⑥ $204 \cdot 196$

ZU DEN AUFGABEN 14 UND 14
Zeichne zu der Aufgabe je eine Skizze beider Grundstücke. Prüfe an der Skizze, ob die Grundstücke gleich groß sind.

14 Frau Meier besitzt ein quadratisches Grundstück. Dort soll ein Supermarkt gebaut werden. Zum Tausch bietet man ihr ein rechteckiges Grundstück an, das auf der einen Seite 5 m länger, aber auf der anderen Seite 5 m kürzer als ihr bisheriges Grundstück ist. Frau Meier nimmt das Angebot an. Ihre Freundin Louisa ist empört: „Da bist du ja ganz schön betrogen worden!"
Überprüfe, ob der Tausch fair war.
Tipp: Stelle einen Term auf.

14 Beim Ausmessen eines quadratischen Grundstücks hat man versehentlich die Breite um 60 cm zu kurz und die Länge um 60 cm zu weit abgesteckt. Jemand sagt: „Das macht gar nichts. Der Flächeninhalt ist der gleiche." Stimmt die Aussage? Begründe.

15 Ergänze in deinem Heft.

a) $(\square + \square)^2 = a^2 + \square + 9b^2$
b) $(\square - \square)^2 = 4x^2 - \square + y^2$
c) $(\square - 4z)^2 = \square - 24z + \square$

15 Es ist $a^2 - b^2 = (a + b) \cdot (a - b)$.
Warum ist dann $a^2 + b^2$ nicht gleich $(a + b) \cdot (a + b)$?
Begründe.

Thema: Das Pascal'sche Dreieck

***Blaise Pascal** (1623–1662 in Frankreich) war als Kind oft krank und wurde von seinem Vater zu Hause unterrichtet. Mit zwölf Jahren beschäftigte er sich mit Zusammenhängen bei Dreiecken.*
*Sein erstes Buch veröffentlichte er mit 16 Jahren. Mit 18 Jahren konstruierte er die weltweit erste Rechenmaschine, um seinem Vater bei Steuerberechnungen zu helfen; er nannte sie **Pascaline**.*
*Als Erwachsener berechnete er Wahrscheinlichkeiten beim Glücksspiel. Dazu untersuchte er auch das abgebildete **Pascal'sche Dreieck**.*

1 Das Pascal'sche Dreieck ist niemals fertig.

a) Erkläre, wie man mithilfe der Zahlen einer Zeile die Zahlen der nachfolgenden Zeile berechnen kann.

b) Übertrage das Pascal'sche Dreieck in dein Heft und ergänze die nächsten 5 Zeilen.

2 Blaise Pascal beschäftigte sich auch mit Potenzen von Binomen.
Er schrieb z. B. Terme wie $(a+b)^2$; $(a+b)^3$ und $(a+b)^4$ … als Summen:

$$(a+b)^2 = (a+b)(a+b)$$
$$= \mathbf{1} \cdot a^2 + \mathbf{2} \cdot ab + \mathbf{1} \cdot b^2$$

a) Berechne. Dann färbe die Zahlen vor den Variablen (**Koeffizienten**) ein.
① $(a+b)^3 = (a+b)(a+b)(a+b)$
② $(a+b)^4 = (a+b)(a+b)(a+b)(a+b)$

b) An welcher Stelle findest du die eingefärbten Koeffizienten im Pascal'schen Dreieck?

c) Wo im Pascal'schen Dreieck stehen die Koeffizienten, wenn man $(a+b)^5$ als Summe darstellt?

d) Die vollständigen Summanden zu $(a+b)^5$ erhältst du mithilfe dieses Schemas:

1	5	10	10	5	1
a^5	a^4 b	a^3 b^2	a^2 b^3	a b^4	b^5
$a^5 + 5a^4b + 10a^3b^2 + 10a^2b^3 + 5ab^4 + b^5$					

Erkläre das Schema und berechne anschließend $(a+b)^6$ und $(a+b)^7$.

3 Das Pascal'sche Dreieck enthält viele überraschende Zusammenhänge, die man entdecken kann, wenn man bestimmte Zahlen farbig markiert.
Teilt euch in Gruppen auf und erstellt zunächst ein Pascal'sches Dreieck mit 17 Zeilen.
Bearbeitet einen der folgenden Aufträge.
Präsentiert danach eure Ergebnisse.

Markiert alle Zahlen, die durch 3 teilbar sind.
Welches Muster entsteht?

Markiert alle Zahlen, die durch 2 teilbar sind.
Was stellt ihr fest?

Berechnet in jeder Zeile des Dreiecks die Summe der Zahlen. Die entstehende Folge von Summen ist nach einem bestimmten Muster aufgebaut.
Beschreibt das Muster.

Färbt man die Zahlen auf den Diagonalen ein, erhält man eine Folge von Zahlen. Auf der zweiten Diagonale von links oben nach rechts unten liegen z. B. die Zahlen 1, 2, 3, 4 usw. Färbt die Zahlen der dritten Diagonale ein. Welchen Zusammenhang gibt es mit der Abbildung?
Setzt die Folge fort.
Nach welchem Muster ist die Zahlenfolge aufgebaut?

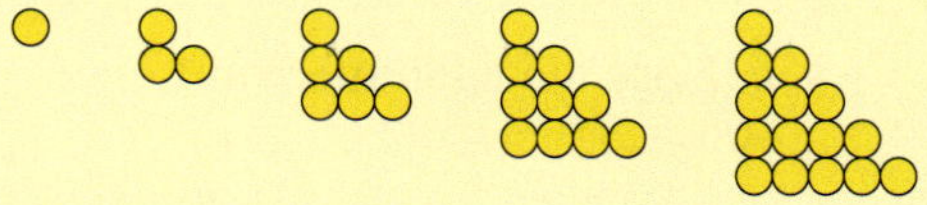

Klar so weit?

→ Seite 120

Klammern auflösen und setzen

1 Löse die Klammer auf.

a) $4(a+b)$ b) $3(3a-5b)$
c) $5(x+y+7)$ d) $12(x-6-y)$
e) $a(2a+b+c)$ f) $y(7m+3x+4y)$
g) $(12a+4b)\cdot 3a$ h) $(2-9a)ab$

1 Multipliziere aus.

a) $6(a+b-c)$ b) $8(4a-3b-c)$
c) $3(10x+4y-z)$ d) $9(-2x+5+9y)$
e) $12a(3a+b+7)$ f) $5y(10m-4xy-1)$
g) $(2a+3b)\cdot 17$ h) $(21-6b)ab$

2 Klammere den größten gemeinsamen Faktor aus.

a) $3c-3d$ b) $3a-6c$
c) $xy-xz$ d) $4xy-7xz$
e) $13c-13$ f) $14xyz-36ax$
g) $4a+4b+4c$ h) $6x^2+16x$

2 Klammere den größten gemeinsamen Faktor aus.

a) $7c-12cd$ b) $2ab-4ac$
c) $-15xy+5x$ d) $3xy-6xz+9xyz$
e) $7c-14cd-21ac$ f) $6x^2-17x$
g) $2ab^2+12a^2$ h) $5x+10x^2y^2$

3 Fasse zusammen.

a) $2+(4+5)$ b) $10-(2+8)$
c) $16-(3+x)$ d) $12+(x+y)$
e) $20+(x+5)$ f) $3-(a+b)$

3 Fasse zusammen.

a) $13-(a-2b)$ b) $2+(6-x)$
c) $8-(x+12)$ d) $11-(x-y)$
e) $m-(-n+9)$ f) $a+2(-14-b)$

4 Paul soll den Term $18a+69ab+6ac$ vereinfachen.
Er schreibt:
$18a + 69ab + 6ac = 3a(18 + 69b + 2c)$
Ist Pauls Lösung richtig? Begründe deine Antwort.

→ Seite 124

Summen multiplizieren

5 Multipliziere jeweils einen Term aus dem linken Kästchen mit einem Term aus dem rechten Kästchen. Fasse, wenn möglich, zusammen.
Bilde und bearbeite mindestens zehn solcher Terme.

Linkes Kästchen: $(a+b)$ $(b-14a)$ $(4a+6b)$ $(-a+4b)$

Rechtes Kästchen: $(16a+5)$ $(10b+6a)$ $(-14b-30)$ $(11a+25b)$

6 Löse die Klammern auf und fasse, wenn möglich, zusammen.

a) $(a+5)\cdot(b+8)$ b) $(x+6)\cdot(y+7)$
c) $(c+1)\cdot(c+6)$ d) $(4+u)\cdot(v+5)$
e) $(3+a)\cdot(a+12)$ f) $(y+8)\cdot(y+4)$

6 Löse die Klammern auf und fasse, wenn möglich, zusammen.

a) $(d+7)\cdot(d+9)$ b) $(y+2)\cdot(y+4)$
c) $(11+a)\cdot(b+10)$ d) $\left(x+5\right)\cdot\left(x+\frac{13}{5}\right)$
e) $(3g+4)\cdot(g+6)$ f) $(6+5v)\cdot(v+8)$

7 Löse die Klammern auf.

a) $(a-2)\cdot(b-4)$ b) $(c-4)\cdot(d-8)$
c) $(x-3)\cdot(y-5)$ d) $(3-u)\cdot(v-6)$
e) $(f-5)\cdot(g-6)$ f) $(x-8)\cdot(y+3)$
g) $(9+a)\cdot(b-2)$ h) $(4-u)\cdot(v+9)$

7 Löse die Klammern auf.

a) $(x-10)\cdot(y-15)$ b) $(a-2)\cdot(b-7)$
c) $(4-u)\cdot(v-3)$ d) $(-6+c)\cdot(d-8)$
e) $(x-9)\cdot(11+y)$ f) $(7+a)\cdot(-4+b)$
g) $(5-4u)\cdot(v+9)$ h) $(2c-5)\cdot\left(d-8\right)$

8 Multipliziere. Wo kannst du zusammenfassen?

a) $(x + 2y)(x + 11)$
b) $(3 + b)(a - 9)$
c) $(11t - 9)(4 - t)$
d) $(16p + 25q)(-p + 12)$

9 Gib einen Term zur Berechnung der Gesamtfläche an.
Löse alle Klammern auf.

a) 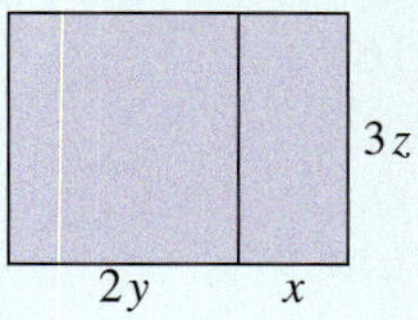

b) 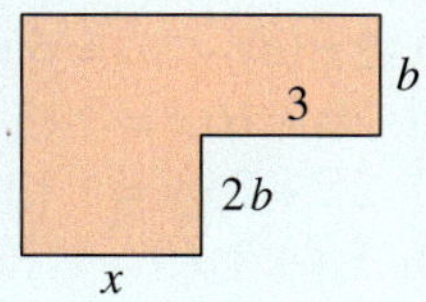

8 Löse die Klammern auf. Fasse zusammen, falls möglich.

a) $(-7 + 8c)(10b - 25)$
b) $(5x - 2)(3x + 2y)$
c) $(2u - 18v)(3 - 5v)$
d) $(-5r + 8t)(2r + 9t)$

9 Gib einen Term zur Berechnung der Gesamtfläche an.
Löse alle Klammern auf.

a) 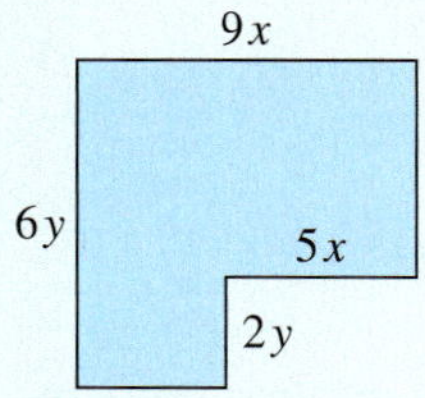

b) 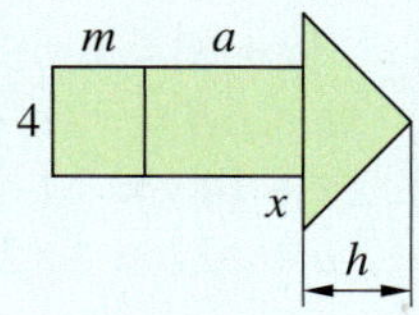

Binomische Formeln

→ Seite 128

10 Löse die Klammer auf.

a) $(u - 7)^2$
b) $(w + 9)^2$
c) $(8 - t)^2$
d) $(13 + s)^2$
e) $(m - 14)^2$
f) $(u + 18)^2$

11 Welche binomische Formel kannst du anwenden? Schreibe ohne Klammern.

a) $(a - 12)^2$
b) $(x + 15)^2$
c) $(16 - x)^2$
d) $(m - 14)(m + 14)$
e) $(x + 25)^2$
f) $(a + 13)(a - 13)$
g) $(17 - b)^2$
h) $(2{,}5 + y)^2$
i) $(2x + 5)^2$
j) $(7x - 2y)^2$

12 Die Seiten des unten abgebildeten Quadrats mit der Seitenlänge a wurden um 2 cm vergrößert.
Gib einen Term an, der den Flächeninhalt der gesamten Fläche beschreibt.

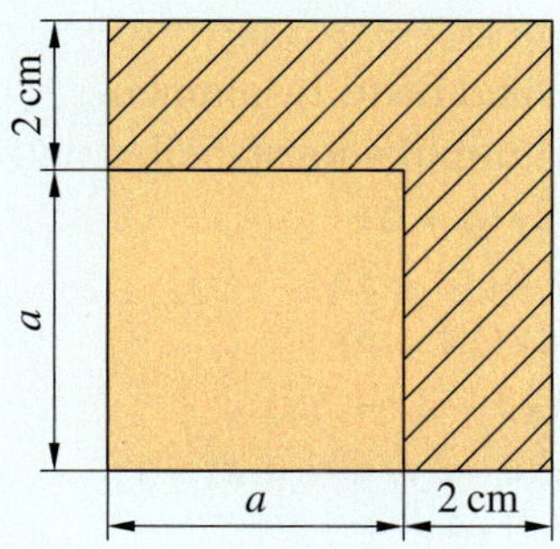

10 Löse die Klammer auf.

a) $(17 - r)^2$
b) $(e + 10)^2$
c) $(15 + k)^2$
d) $(d - 20)^2$
e) $(x + 8)^2$
f) $(11 - p)^2$

11 Welche binomische Formel kannst du anwenden? Schreibe ohne Klammern.

a) $(-d + 15)^2$
b) $(x - 18)^2$
c) $(12 - 3b)^2$
d) $(8p - 20)(8p + 20)$
e) $(17x + 9{,}5)^2$
f) $(5{,}5 + 0{,}5y)(5{,}5 - 0{,}5y)$
g) $(34m - 7)^2$
h) $(3{,}5 + 2{,}5x)^2$
i) $(25d - 9)^2$
j) $(st - 32)(32 + st)$

12 Die Seiten des unten abgebildeten Quadrats mit der Seitenlänge a wurden um 3,5 cm vergrößert.
Gib einen Term an, der die Größe der *gestreiften* Fläche beschreibt.

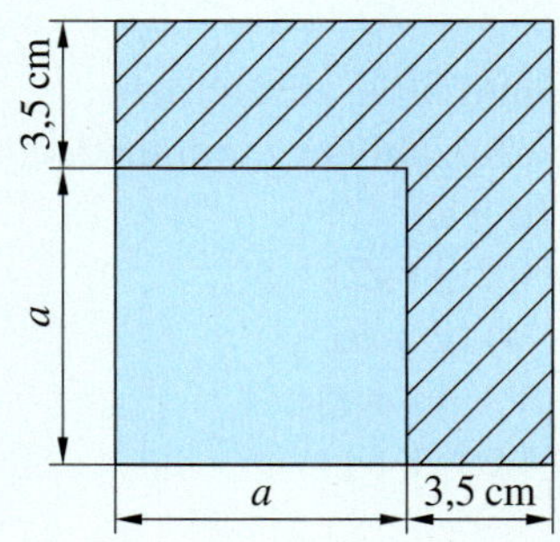

Vermischte Übungen

1 Ergänze die Tabelle im Heft.

$\cdot$	3	-12	$5x$
$(7+x)$	$3(7+x) = \square$		
$(9-y)$			
$(8x+1)$			
$(-x+3y-2)$			

1 Ergänze die Tabelle im Heft.

$\cdot$	-6	$-2a$	$1{,}5x$
$(5-y)$			
$(a+0{,}5)$			
$(-2{,}5a-1{,}2b)$			
$(0{,}1x^2-3x-0{,}5)$			

2 Ergänze so, dass die Gleichung stimmt.

a) $4(x + \square) = 4x + 20$
b) $7(\square - 3) = 7x - 21$
c) $\square(y + 8) = xy + 8x$
d) $3a + 6b = \square(a + 2b)$
e) $2x + 14y = \square(x + 7y)$
f) $8a + 12b = \square(2a + 3b)$

2 Ergänze so, dass die Gleichung stimmt.

a) $x(\square + \square) = 3x + xy$
b) $\square(9 + 2x) = 18x + 4x^2$
c) $2x(\square - \square) = 6xy - 16x$
d) $20 + 16x = \square(5 + 4x)$
e) $2x + 3xy = \square(2 + 3y)$
f) $5a + 7ab = \square(5 + 7b)$

3 Klammere jeweils den größten gemeinsamen Faktor aus.

a) $2x^2 + 4x$
b) $14x^2y - 7xy^2$
c) $x - x^3$
d) $48a^2b + 96a^3$
e) $x + x^2 + x^3$
f) $2x^2 + 4x + 6xy$
g) $6x^2 + 6x$
h) $-8x^2 - 8x$
i) $-7x - 14$
j) $-5x^2 - 5x - 5$

3 Klammere gemeinsame Faktoren aus und kürze die Brüche wie im Beispiel:

Beispiel $\frac{15a - 5b}{25 + 10ab} = \frac{\not{5}(3a - b)}{\not{5}(5 + 2ab)} = \frac{3a - b}{5 + 2ab}$

a) $\frac{3x + 6}{9x + 12}$
b) $\frac{4 + 6a}{10b + 4}$
c) $\frac{3x + 5xy}{xy + 7x}$
d) $\frac{a + ab}{a^2 + (ab)^2}$
e) $\frac{2m + 4}{2n + 4}$
f) $\frac{3x + 3}{1 + x}$

4 Multipliziere jeweils einen Term aus dem linken Kästchen mit einem Term aus dem rechten Kästchen.
Bilde mindestens zehn Produkte und löse die Klammern auf.

Linkes Kästchen: $(x + 4)$, $(3x - 5)$, $(3x + 4)$, $(x - 5)$

Rechtes Kästchen: $(x - 5)$, $(x + 4)$, $(3x - 4)$, $(3x + 5)$, $(x - 4)$, $(3x + 4)$, $(3x - 5)$

5 Löse die Klammern auf und fasse anschließend zusammen.

a) $(2b - 7)(-3a + 8)$
b) $(x + 3y)(-y + 9)$
c) $(7 - x)(x^2 - 7)$
d) $(2a - 1{,}5)(3 + 0{,}6a)$

5 Ergänze die Multiplikationstabelle. Notiere die berechnete Aufgabe und das Ergebnis.

a)

	$2x$	4
$\square$	$2xy$	
$3x$		

b)

	$3b$	$\square$
$-5a$		$20a$
$\square$		$8b$

6 Berechne und fasse zusammen.
Achte auf die Anzahl der Summanden.

a) $(2a - b)(a + 2)$
b) $(3x + 4y - 2z)(-2)$
c) $(4p + q + 4)(2 + b)$
d) $(3x + y)(4 + 4x + z)$
e) $(3x - y)(4x + 4 + z)$

6 Berechne und fasse zusammen.
Du kannst Multiplikationstabellen nutzen.

a) $(a - b + 2)(b + 6)$
b) $(2x - y + 6)(8 - 3x)$
c) $(p + q - 4)(14 + p)$
d) $(r + 4s)(15 - 2r + 3s)$
e) $(5x^2 + 12x - 2y)(-1 + x^2 - y)$
f) $(4x^2 - 3y^2)(4y^2 + 3x^2)$

7 Gib Terme zur Berechnung des Umfangs und des Inhalts der farbigen Fläche an. Notiere jeweils auf zwei verschiedene Weisen: einmal mit und einmal ohne Klammern.

a)

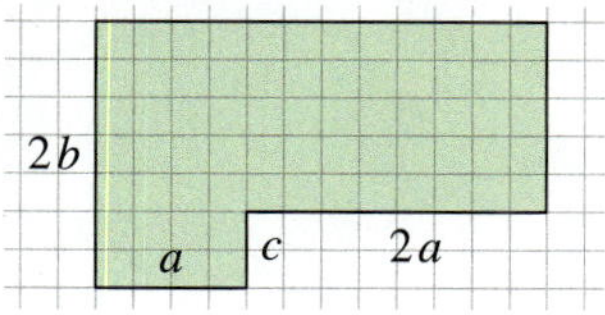

b)

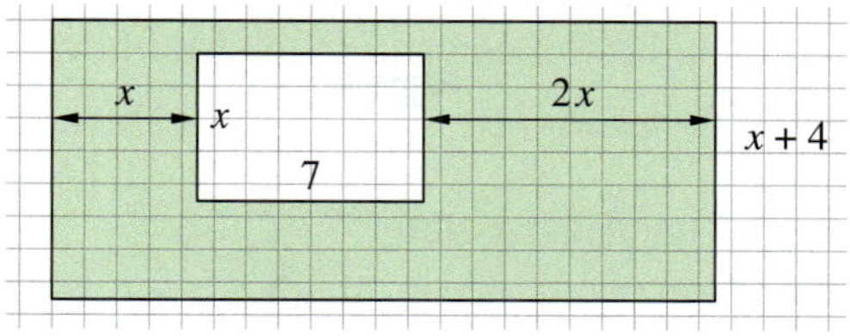

TIPP
Skizziere die Figuren in deinem Heft.

8 Gib einen Term zur Berechnung des Flächeninhalts des Rechtecks an. Wie kannst du die Klammern geschickt auflösen?

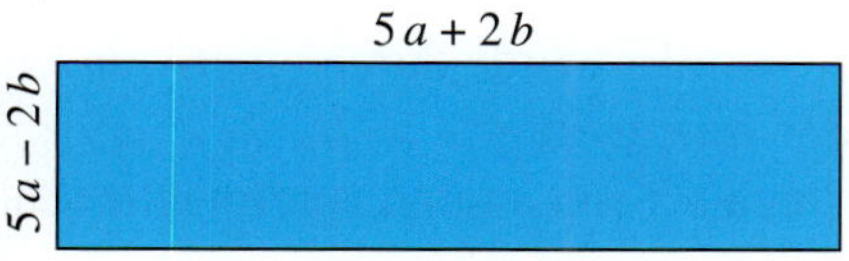

8 Jede Seite eines quadratischen Blumenbeets wird um 30 cm verkürzt.

a) Gib einen Term an, der den Flächeninhalt des Beets beschreibt, und vereinfache ihn.

b) Um wie viel Prozent verringert sich der Flächeninhalt des Beets, wenn es vorher eine Seitenlänge von 1,50 m hatte?

9 Lena und Paul zeigen mit einer Zeichnung, warum man die Klammern so auflöst:

$(a + b) \cdot (c - d) = ac - ad + bc - bd$

a) Überlegt zu zweit, was ihre Zeichnung bedeutet.

b) Veranschaulicht auf ähnliche Weise:

① $(a - b) \cdot (c + d) = ac + ad - bc - bd$

② $(a - b) \cdot (c - d) = ac - ad - bc + bd$

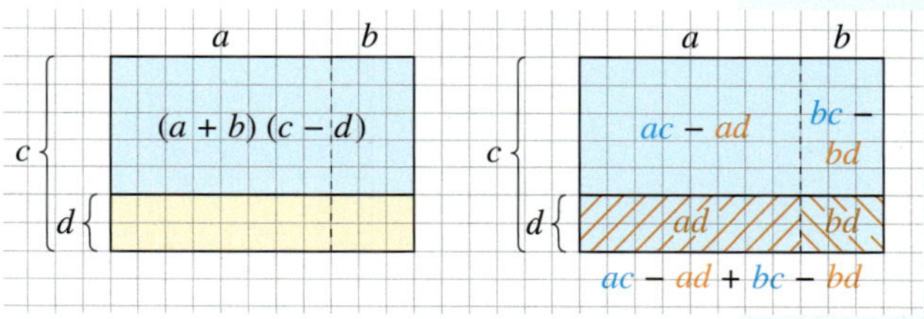

10 Löse die Klammern auf.

a) $(a + 10)^2$
b) $(b - 7)^2$
c) $(5 - c)^2$
d) $(x - 11)(x + 11)$
e) $(3z - 5)^2$
f) $(y + 0{,}5)(y - 0{,}5)$

10 Schreibe als Summe.

a) $(7x - 2)^2$
b) $(2x + 2y)(2x - 2y)$
c) $(5x + 7y)^2$
d) $(x + 8y)(x - 8y)$
e) $(6e - 7f)^2$
f) $(9x - 3{,}2)^2$

11 Setze eine eckige Klammer und berechne. Beachte die Hinweise in der Randspalte.

Beispiel $10 - (x + 2)(x - 3)$
$= 10 - [(x + 2)(x - 3)]$
$= 10 - [x^2 - 3x + 2x - 6] = \ldots$

a) $4 + (x + 1)(x - 2)$
b) $3a - (a - 3)(2a + 1)$
c) $y + 5 - (y - 4)(y + 2)$
d) $3b + 6 - (b - 2)(b + 3)$

11 Fasse so weit wie möglich zusammen.
Tipp: Setze zur Übersicht eine eckige Klammer, vergleiche das Beispiel links.

a) $(x + y)^2 + (x - y)^2$
b) $(a + 8)^2 + (a + 7)(a - 7)$
c) $(x - 3)(x + 3) - (x - 5)^2$
d) $(2a - b)^2 - (b - 3a)^2$

ERINNERE DICH
$3 - (-a + b - c)$
$= 3 + a - b + c$

HINWEIS
Die eckige Klammer verdeutlicht hier, dass die Punktrechnung zuerst gerechnet wird.

12 Die dritte binomische Formel lautet:
$(a + b)(a - b) = a^2 - b^2$
Kann man die Formel auch bei den folgenden Fällen anwenden? Erkläre.

① $(a + b)(-b + a)$
② $(a + 7)(7 - a)$
③ $(3 - x)(3 + x)$
④ $-(a + 1)(a - 1)$

12 Denke dir eine Zahl.

① Berechne das Quadrat deiner Zahl.
② Multipliziere den Nachfolger deiner Zahl mit dem Vorgänger deiner Zahl.

a) Wiederhole für weitere drei Zahlen die beiden Rechnungen. Was fällt dir auf?

b) Gib einen Term an, mit dem man Aufgabe ② für eine Zahl n berechnen kann. Vereinfache den Term.
Nun erkläre deine Beobachtung bei a).

Neueröffnung in der Innenstadt

In der Innenstadt wird ein neues Bekleidungs- und Schuhgeschäft eröffnet. Die Inhaber haben einen riesigen Stiefel an die Außenwand montiert, um viele Kunden anzulocken.

13 Der Riesenstiefel

Schätzt zu zweit: Wie groß könnte der riesige Stiefel auf dem Foto sein?
Beschreibt genau, wie ihr zu eurem Ergebnis gekommen seid.

14 Umbau vor der Eröffnung

Vor der Eröffnung wurde der Verkaufsraum aufwändig umgebaut: Er wurde durch einen quadratischen Anbau erweitert und drei Umkleidekabinen wurden hinzugefügt.

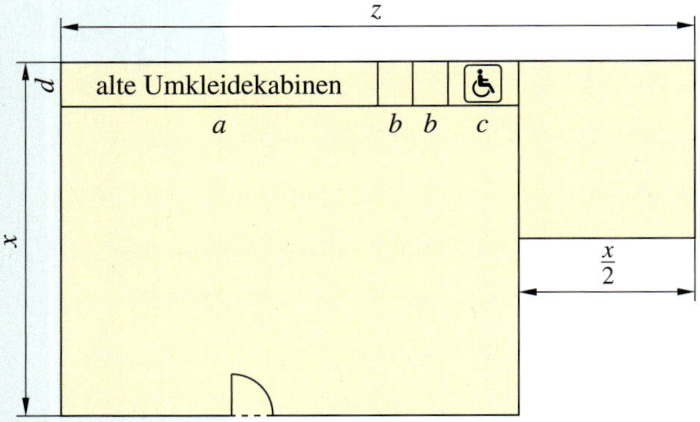

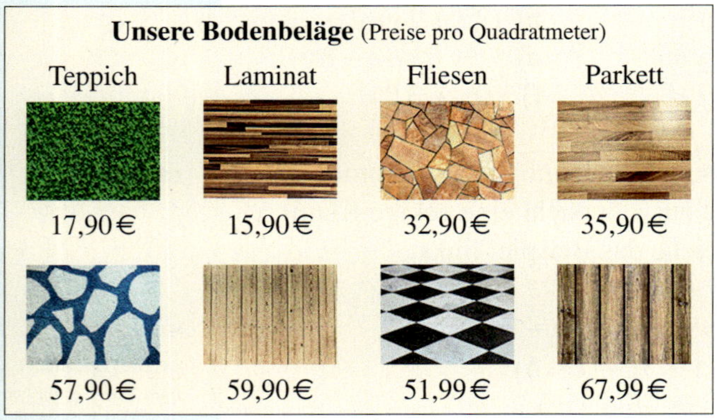

a) Gib je einen passenden Term an und vereinfache ihn so weit wie möglich:
– Fläche des Verkaufsraums
– Fläche der Umkleidekabinen
Findest du verschiedene Möglichkeiten, den Term aufzustellen?

b) Die Skizze ist maßstabsgerecht. Die mit x bezeichnete Wand ist 12 m lang.
Wie lang sind die anderen Seiten in Wirklichkeit? Beschreibe, wie du vorgegangen bist.

c) Berechne mit den Ergebnissen aus a) und b) die gefragten Flächeninhalte.

d) Mit welchem Bodenbelag würdest du den Verkaufsraum auslegen, mit welchem die Umkleidekabinen? Stelle eine allgemeine Formel zur Berechnung der Gesamtkosten auf: Setze für den Preis pro Quadratmeter eine Variable ein und plane mit 700 € Lohn für die Handwerker.

e) Die Eigentümer können höchstens 9 200 € für den gesamten Boden inklusive Lohn ausgeben.
Erstelle ihnen drei verschiedene Vorschläge und gib jeweils die Kosten an.

15 Feierliche Eröffnung

Arbeitet zu zweit.

Am Eröffnungstag bieten die Inhaber allen Besuchern Getränke und Donuts an. Jeder Besucher isst einen Donut, 70 % der Besucher trinken ein Glas Wasser, 22 % ein Glas Cola und 38 % ein Glas Apfelsaft. 20 % der Besucher sind Kinder, jedes Kind erhält einen Luftballon.

a) Stellt einen Term zur Berechnung der Gesamtkosten für Bewirtung und Luftballons auf. Gibt es verschiedene Möglichkeiten, den Term anzugeben?

b) Schätzt die Einzelpreise für die Getränke, Donuts und Luftballons.
Setzt die Preise in euren Term aus a) ein und vereinfacht den Term so weit wie möglich.

TIPP
*Wähle passende Buchstaben für die Variablen, z. B. „b" für die Anzahl der **B**esucher und „d" für den Preis eines einzelnen **D**onuts.*

Zusammenfassung

Klammern auflösen und setzen

→ Seite 120

Das Verteilungsgesetz kann man auch umgekehrt anwenden:
Eine Summe kann man in ein Produkt umwandeln, indem man aus allen Summanden **einen gemeinsamen Faktor ausklammert**. Das nennt man **Faktorisierung**.

$\underbrace{ab + ac}_{\text{Summe}} = \underbrace{a \cdot (b + c)}_{\text{Produkt}}$

$5x + a \cdot 5b = 5(x + ab)$
$42 + 12k = 6 \cdot 7 + 6 \cdot 2k = 6(7 + 2k)$
$y + xy = y(1 + x)$

Summen multiplizieren

→ Seite 124

Bei der Multiplikation von Summen gilt:
Jeder Summand der ersten Summe wird mit **jedem** Summanden der zweiten Summe multipliziert. Anschließend werden die vier Teilprodukte addiert.

$(a + b) \cdot (c + d) = a \cdot c + a \cdot d + b \cdot c + b \cdot d$

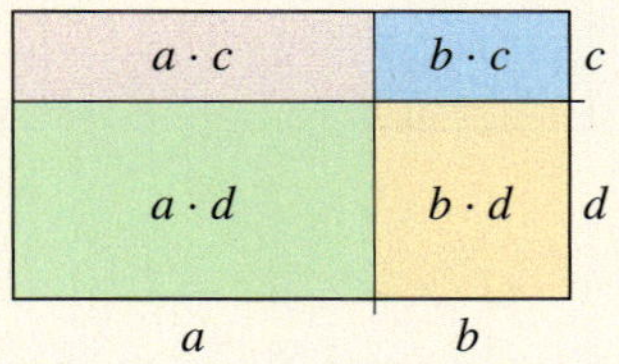

$(5x + 3) \cdot (2 + y) = 10x + 5xy + 6 + 3y$

$21 \cdot 83 = (20 + 1) \cdot (80 + 3)$
$= 20 \cdot 80 + 20 \cdot 3 + 1 \cdot 80 + 1 \cdot 3$
$= 1600 + 60 + 80 + 3$
$= 1743$

Wenn in den Klammern ein **Minuszeichen** steht, geht man ganz ähnlich vor.
Beachte: Dann muss man das vorstehende Rechenzeichen „mitnehmen".

$(a + b) \cdot (c - d)$
$= a \cdot c + a \cdot (-d) + b \cdot c + b \cdot (-d)$
$= ac - ad + bc - bd$

$(5 + 2x) \cdot (y - 4) = 5y - 20 + 2xy - 8x$

$(a - 3b) \cdot (-2 + b) = -2a + ab + 6b - 3b^2$

Binomische Formeln

→ Seite 128

Bei der Multiplikation von Summen gibt es drei Sonderfälle, bei denen sich die Ergebnisse leicht zusammenfassen lassen. Diese heißen **binomische Formeln**.

1. binomische Formel
$(a + b)^2 = a^2 + 2ab + b^2$

$(7 + 3y)^2 = 7^2 + 2 \cdot 7 \cdot 3y + (3y)^2$
$= 49 + 42y + 9y^2$

2. binomische Formel
$(a - b)^2 = a^2 - 2ab + b^2$

$(3a - 12b)^2 = (3a)^2 - 2 \cdot 3a \cdot 12b + (12b)^2$
$= 9a^2 - 72ab + 144b^2$

3. binomische Formel
$(a + b) \cdot (a - b) = a^2 - b^2$

$51 \cdot 49 = (50 + 1) \cdot (50 - 1)$
$= 50^2 - 1^2 = 2500 - 1 = 2499$
$(2x + 1) \cdot (2x - 1) = 4x^2 - 2x + 2x - 1$
$= 4x^2 - 1$

Teste dich!

6 Punkte

1 Löse die Klammern auf und fasse die Terme, wenn möglich, zusammen.

a) $3x + (2 - y)$
b) $12{,}5x - (15y - 13{,}7x - 15{,}9y)$
c) $(3 + x) - (8y - 5z)$
d) $3x + [4 - (x - 3) + 6x] - 5$
e) $b \cdot (a - 1)$
f) $20y - (3y - 6x) - [2y - (4x - 3y)]$

6 Punkte

2 Klammere jeweils den größtmöglichen Faktor aus.

a) $10x - 30y$
b) $12xy - 28x$
c) $az - bz$
d) $2ab - 7bx$
e) $7a + 14b + 35c$
f) $21abx - 6by + 15bz$

4 Punkte

3 Daniel hat zur Berechnung der Flächeninhalte der Rechtecke Terme aufgestellt.

Ⓐ $A = a \cdot b + a \cdot c = a \cdot (b + c)$
Ⓑ $A = e \cdot f + e \cdot g + e \cdot h = e \cdot (f + g + h)$
Ⓒ $A = a \cdot s + a \cdot t + b \cdot s + b \cdot t = (a + b) \cdot (s + t)$

a) Zu welcher Figur passt welcher Term? Skizziere die Figur im Heft und beschrifte sie mit den Variablen aus der passenden Formel.
b) Skizziere auch die übrig gebliebene Figur. Beschrifte sie sinnvoll und finde einen Term zur Berechnung ihres Flächeninhalts.

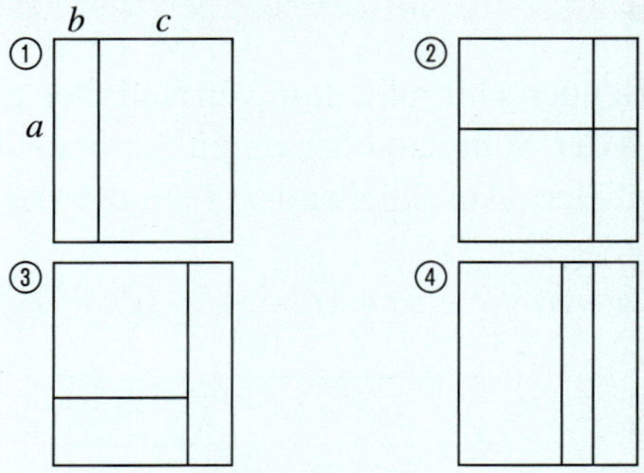

6 Punkte

4 Multipliziere und fasse, wenn möglich, zusammen.

a) $(x + 6)(x + 9)$
b) $(b + 8)(b - 12)$
c) $(s - 12)(s - 7)$
d) $(-r + s)(3 - s)$
e) $(3c + 4)(16 - c)$
f) $(x - 0{,}5)(2{,}5 + x)$

4 Punkte

5 Gib jeweils einen Term an. Löse anschließend die Klammer auf.

a) das Doppelte der Summe von a und b
b) die Hälfte des Umfangs eines Rechtecks
c) das Vierfache der Summe von einer Zahl und ihrem Nachfolger
d) die Differenz zwischen dem Quadrat einer Zahl und dem Quadrat des Vorgängers dieser Zahl

8 Punkte

6 Löse die Klammern auf und vereinfache so weit wie möglich.

a) $(a + b)^2 - (a - b)^2$
b) $(-x - y)^2 - (-y)^2$
c) $(a - 9)(a + 9)$
d) $(7 - x^2)^2$
e) $(-a^2 + b)^2$
f) $-(a - b)^2 - (a^2 - b^2)^2$
g) $(3x - 4y)^2 - (5y - 4x)^2 - (6x + 9y)^2$
h) $(5x - 7)(5x + 7) - (7 - 5x)(5x + 7)$

4 Punkte

7 Ein quadratisches Schwimmbecken wird vergrößert, indem die Seiten um je 3 m verlängert werden.

a) Gib einen Term an, der den Flächeninhalt des neuen Schwimmbeckens beschreibt. Multipliziere ihn aus.
b) Um wie viele Quadratmeter hat sich der Flächeninhalt des Schwimmbeckens vergrößert, wenn es vorher eine Seitenlänge von 15 m hatte?

Gold: 36–38 Punkte, Silber: 31–35 Punkte, Bronze: 23–30 Punkte

Lösungen ab Seite 164

Zuordnungen und Funktionen

Tropfsteine entstehen durch Wasser, das durch Kalkstein fließt.
Wenn das Wasser dann auf einen Hohlraum wie beispielsweise eine Höhle trifft, tropft es von der Decke herab.
An der Decke entstehen Stalaktiten, am Boden Stalagmiten.
Sie wachsen einander entgegen.
Durchschnittlich wachsen Stalaktiten und Stalagmiten in 100 Jahren 1 cm.

Noch fit?

Einstieg

1 Terme berechnen
Berechne den Wert des Terms.

a) $6x + 5$ für $x = 1{,}5$

b) $10 - 2{,}5x$ für $x = 7$

2 Term finden
Finde einen passenden Term:
Die Grundgebühr beim Handyvertrag kostet 4,95 €, jede Gesprächsminute kostet 0,15 €.

3 Gleichungen lösen
Bestimme die Lösung der Gleichung.

a) $x + 12 = 35$ b) $2x + 12 = 30$

c) $80 = 100 - 5x$ d) $-7x - 5 = 44$

4 Graphen von Zuordnungen benennen
Welche der Graphen gehören zu einer proportionalen und welche zu einer antiproportionalen Zuordnung? Begründe.

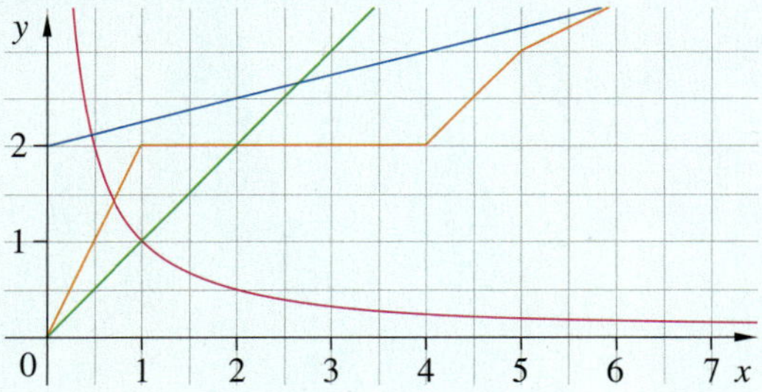

Aufstieg

1 Terme berechnen
Berechne den Wert des Terms.

a) $3(x - 4)$ für $x = 6$ und $x = -6$

b) $12(10 - 3y)$ für $y = 1{,}5$ und $y = -1{,}5$

2 Term finden
Finde einen passenden Term:
Ein rechteckiges Grundstück wird eingezäunt. Das Grundstück ist 10 m länger als breit.

3 Gleichungen lösen
Bestimme die Lösung der Gleichung.

a) $3x + 5 = -6x + 41$ b) $5x + 11 = 3x + 7$

c) $2(3x + 2) = -6x + 5$ d) $4(y + 3) = 3y - 12$

4 Zuordnungen erkennen
Entscheide, ob die Zuordnung proportional oder antiproportional ist.
Begründe.

a) Menge Benzin → Kraftstoffkosten

b) Anzahl der Pumpen → Pumpdauer

c) Geschwindigkeit → Fahrzeit

d) Fahrzeit → Fahrstrecke

e) Arbeitszeit → Arbeitslohn

f) Anzahl der Arbeiter → Arbeitsdauer

g) täglicher Verbrauch → Vorratsdauer

h) Fahrstrecke → Benzinverbrauch

5 Eigenschaften von Zuordnungen
Erkläre die Begriffe produktgleich und quotientengleich. Gib jeweils eine Wertetabelle an.

6 Proportionale Zuordnungen (Einstieg)
Ist die Zuordnung proportional?

x	2	4	6	8	10
y	6	7	8	9	10

6 Proportionale Zuordnungen (Aufstieg)
Ist die Zuordnung proportional?

x	4	8	12	16	20
y	0,5	1	1,5	2,5	3

7 Zuordnungen erkennen und darstellen
20 Eintrittskarten kosten 122,00 €.

a) Übertrage und ergänze die Tabelle. Wie viel kosten 31 Karten?

Anzahl	1	2	3	4	10
Preis in €					

b) Ist die Zuordnung proportional oder antiproportional?

c) Welche grafische Darstellung ① oder ② gehört zu der Zuordnung?

①
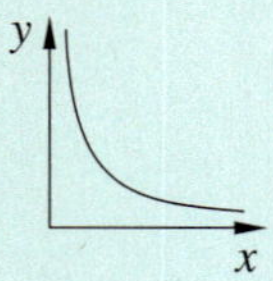

②
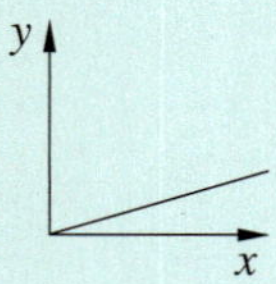

Lösungen ab Seite 164

Zuordnungen und Funktionen beschreiben

Entdecken

1 Arbeitet zu zweit.
Hier sind unterschiedliche Situationen beschrieben. Zu jeder Situation gibt es einen Text, eine Wertetabelle und ein Diagramm. Ordnet zu.

① Eine Pizza Margherita kostet 2 €, für jeden zusätzlichen Belag muss 1 € gezahlt werden.

② Ein Malermeister überlegt, wie viele Maler er einsetzen soll, um die Wände eines großen Hauses zu streichen.

③ Zahlen mit einer Nachkommastelle wurden auf Einer gerundet. Die gerundete Zahl wird ihren möglichen Ausgangszahlen zugeordnet.

④ Eine Badewanne wird mit Wasser gefüllt.

⑤ Der Stöpsel einer gefüllten Badewanne wird gezogen. Das Wasser fließt gleichmäßig ab.

Ⓐ

?	0	1	2	3	4
?	2	3	4	5	6

Ⓑ

?	0	1	2	3	4	5
?	0	20	40	60	80	100

Ⓒ

?	1	2	3	4	5
?	60	30	20	15	12

Ⓓ

?	0	0	0	0	0	1	1	1	1	1	1
?	0,0	0,1	0,2	0,3	0,4	0,5	0,6	0,7	0,8	0,9	1,0

Ⓔ

?	0	1	2	3	4	5
?	100	80	60	40	20	0

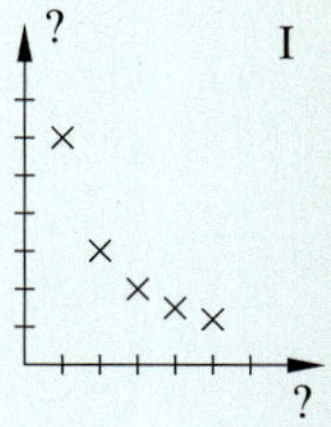

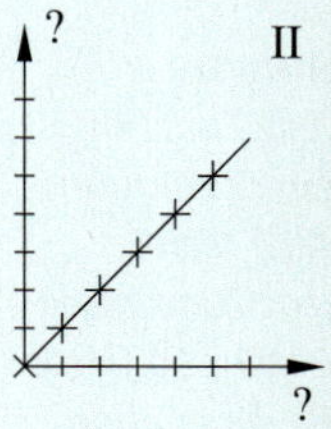

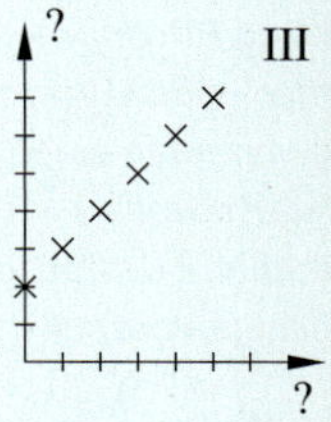

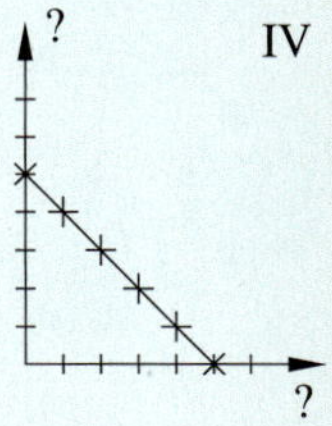

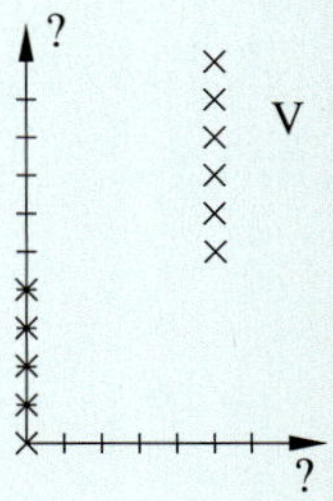

2 Das Wasser aus tropfenden Wasserhähnen kostet Geld. Fabian hat die Wassermenge über einen Zeitraum von 5 Minuten gemessen. Das Wasser tropft gleichmäßig aus dem Wasserhahn.

a) Ergänzt im Heft die Tabelle und zeichnet ein passendes Diagramm.

Zeit (in min)	1	2	3	4	5	6	7	8	9	10
Wassermenge (in ml)	20	40	60	80	100					

b) Welcher Zusammenhang besteht zwischen der vergangenen Zeit und der Wassermenge?

c) 1 000 Liter (= 1 m^3) kosten etwa 2,50 €. Wie hoch sind die Kosten, die für das Wasser aus diesem tropfenden Wasserhahn in einem Jahr anfallen?

d) Stellt zu Hause einen Messbecher unter einen tropfenden Wasserhahn und messt, wie viel Liter Wasser in 10 Minuten aufgefangen werden. Gießt später mit dem Wasser eure Blumen. Ergänzt die Wertetabelle und stellt die Zuordnung *Zeit* → *Wassermenge* grafisch dar.

Zeit (in min)	1	2	3	4	5	6	7	8	9	10
Wassermenge (in ml)										

Vergleicht untereinander: Worin unterscheiden sich die Diagramme und warum?

Verstehen

Die Kinder Franzi und Axel der Familie Ronsberg vergnügen sich an einem Sonntag im Planschbecken. Das Planschbecken ist 30 cm hoch mit Wasser gefüllt, aber beim Toben geht viel Wasser über den Rand des Beckens verloren.
Der ältere Bruder Max hat nachgemessen und die Ergebnisse aufgeschrieben.
Herr Ronsberg füllt das Wasser abends wieder nach.

Beispiel 1

Wasserverlust (alle 10 min gemessen)

x	Zeit (in min)	0	10	20	30	40	50	60
y	Wasserstand (in cm)	30	26	26	16	10	8	1

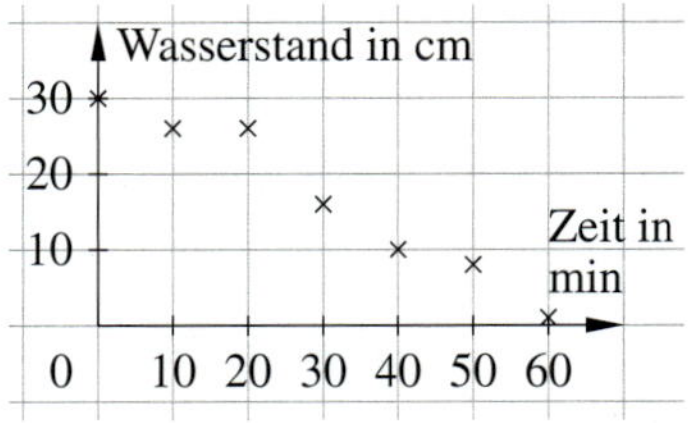

Im Beispiel 1 handelt es sich um eine **eindeutige Zuordnung** *Zeit* (x) → *Wasserstand* (y), weil jeder Minute genau ein Wasserstand (cm) zugeordnet wird.

HINWEIS
Jede Funktion ist eine Zuordnung. Aber nicht jede Zuordnung ist eine Funktion. Bei einer Zuordnung Hausnummer → Bewohner werden einer Hausnummer mehrere Bewohner zugeordnet.

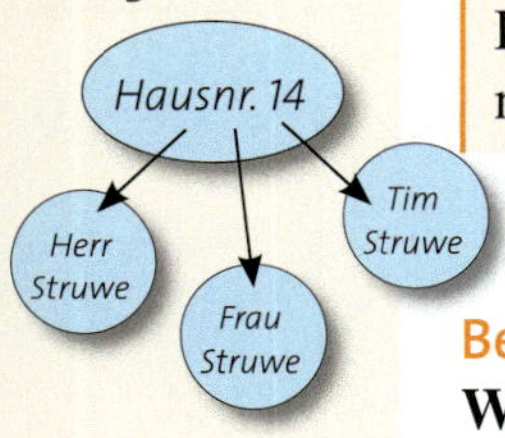

Merke Eine Zuordnung, bei der **zu jedem Wert** aus dem ersten Bereich **genau ein Wert** aus dem zweiten Bereich zugeordnet wird, ist eine **eindeutige Zuordnung**.
Eine eindeutige Zuordnung heißt **Funktion**.
Die Werte aus dem ersten Bereich sind Werte aus dem **Definitionsbereich (x)**, die zugeordneten Werte aus dem zweiten Bereich (Wertebereich) nennt man **Funktionswerte (y)**.

Funktionen können auf unterschiedliche Art dargestellt werden.

Beispiel 2

Wortvorschrift
Der Wasserstand steigt in jeder Minute um 2 cm an.
Mit dieser Wortvorschrift wird die Funktion beschrieben.

Wertetabelle

x	Zeit (min)	0	1	2	4	8
y	Wasserstand (cm)	0	2	4	8	16

Wertepaare: (0|0), (1|2), (2|4), (4|8), (8|16)

Funktionsgraph
Wenn der Definitionsbereich alle rationalen Zahlen enthält, dürfen die Punkte im Diagramm verbunden werden.
Die Darstellung im Koordinatensystem nennt man **Funktionsgraph**.

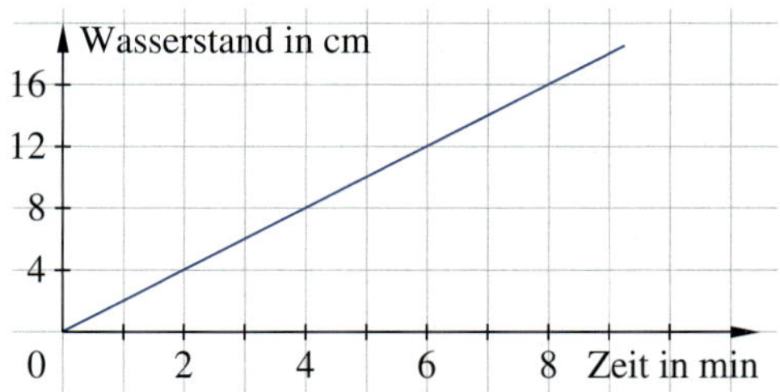

Funktionsgleichung
Die Wortvorschrift „Der Wasserstand steigt in jeder Minute um 2 cm an“ kann durch die Funktionsgleichung $y=2x$ dargestellt werden.

Wird eine Zahl aus dem Definitionsbereich für x eingesetzt, kann der Funktionswert berechnet werden, z. B. $x=4$ oder $x=8$:
$y=2\cdot 4=8$ $y=2\cdot 8=16$

Merke Die Gleichung $y=2x$ nennt man **Funktionsgleichung**.
Allgemein schreibt man für die Funktionsgleichung einer proportionalen Zuordnung $y=m\cdot x$.

Üben und anwenden

1 Bei welchen grafischen Darstellungen handelt es sich um eine Funktion? Begründe.

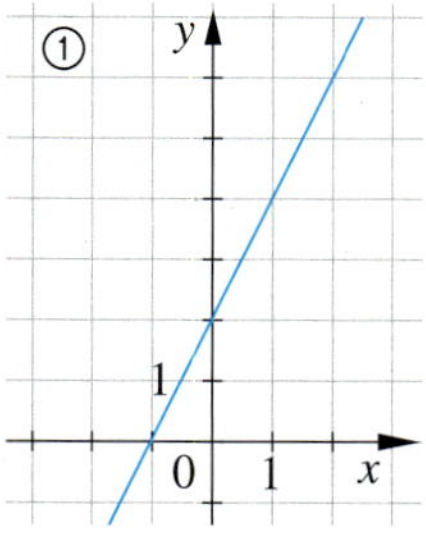

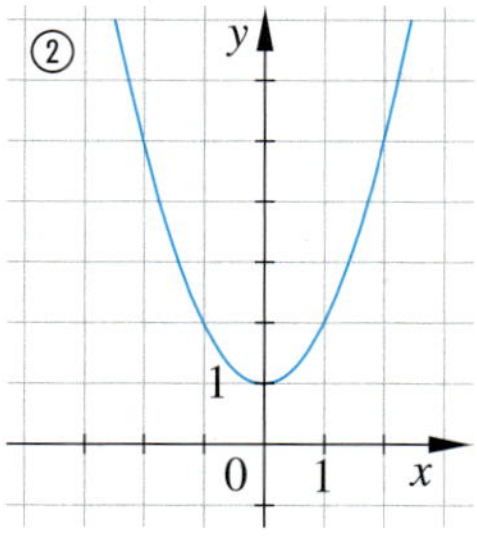

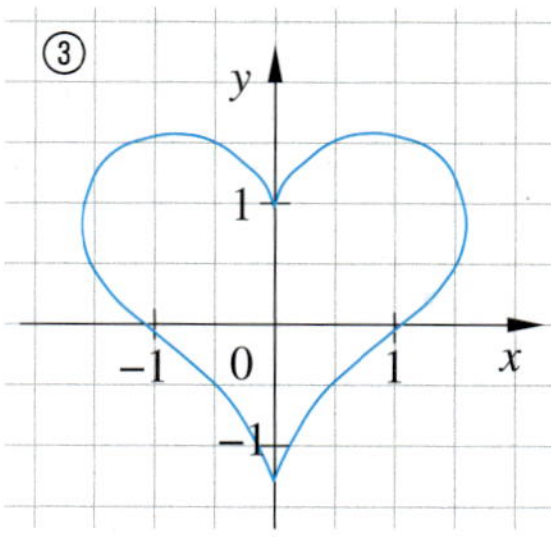

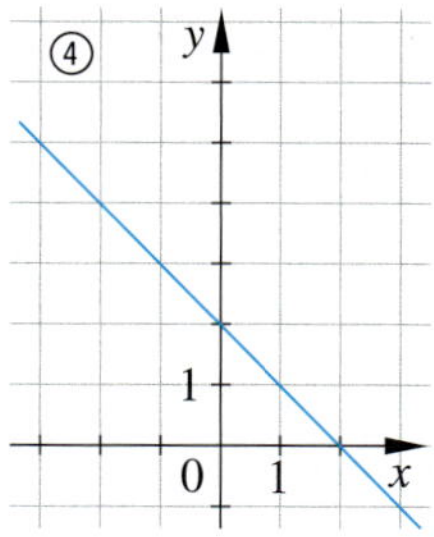

2 Handelt es sich um eine Funktion? Begründe deine Antwort.
a) *Land → Telefonvorwahl*
b) *Kantenlänge a → Oberfläche des Würfels*
c) *Vorname → Nachname*
d) *Name des Schülers → Schule*

2 Handelt es sich bei den folgenden Zuordnungen um Funktionen? Begründe.
a) Jeder Oma werden ihre Enkel zugeordnet.
b) Jedem Kind wird sein Alter zugeordnet.
c) Jeder natürlichen Zahl wird eine Primzahl zugeordnet.

3 Erklärt zu zweit an einem Beispiel die Begriffe.
a) Wortvorschrift
b) Funktionswerte
c) Wertetabelle
d) Funktionsgraph

3 Erkläre mit eigenen Worten die Begriffe. Gib jeweils ein Beispiel an.
a) Funktion
b) Wertepaar
c) Definitionsbereich
d) Wertebereich

4 Liegt eine Funktion vor? Begründe.

a)
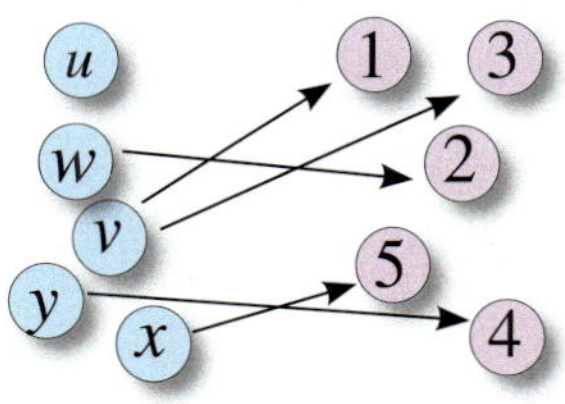

b)
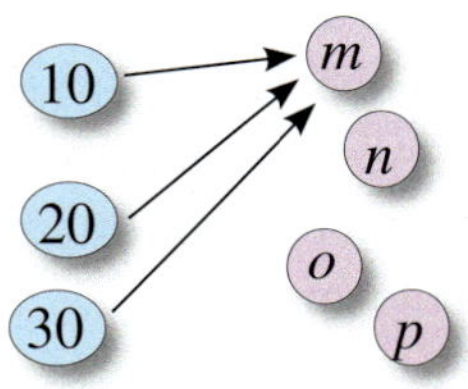

c)
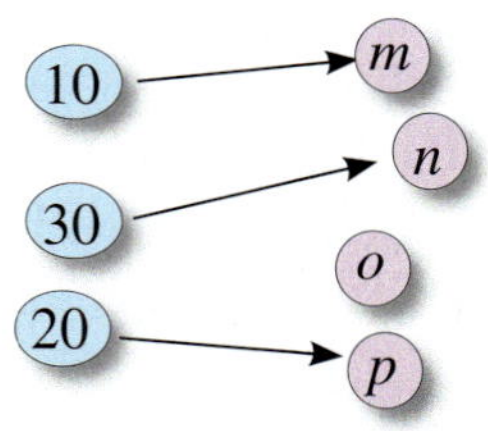

5 Lisa hat noch 1,10 € Guthaben auf ihrer Handykarte. Pro SMS zahlt sie 11 ct.
Es gilt die folgende Zuordnung:
Anzahl der SMS → Restguthaben (in ct)
a) Liegt hier eine Funktion vor?
b) Bestimme in einer Wertetabelle alle x-Werte und y-Werte.

5 Für eine Funktion sind folgende Wertepaare gegeben: (0|100), (5|80), (10|60), (15|40), (20|20), (25|0).
a) Gib die Funktionswerte y für folgende x-Werte an: 3,5 (17,5; 22,5).
b) Findet Beispiele für Funktionen aus dem Alltag. Vergleicht untereinander.

6 Die Vasen werden gleichmäßig gefüllt.
Die Graphen geben die Zuordnung *Volumen des Wassers → Höhe des Wasserstands* an.
Welche Vase passt zu welchem Graphen? Begründe deine Antwort.

a)
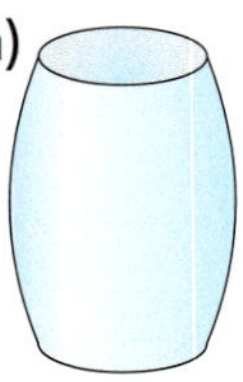

b)
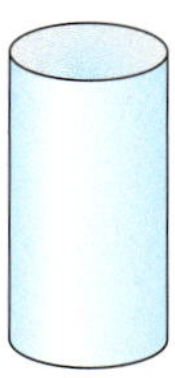

c)
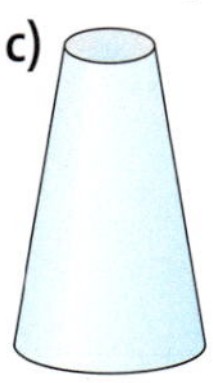

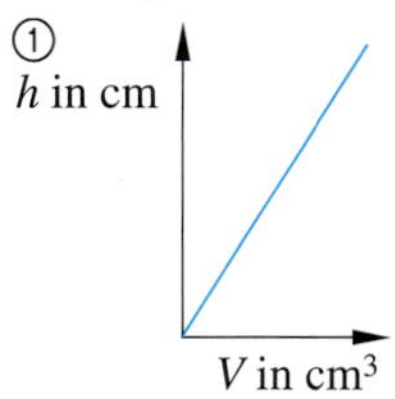

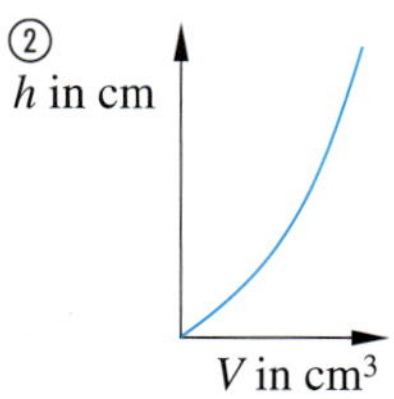

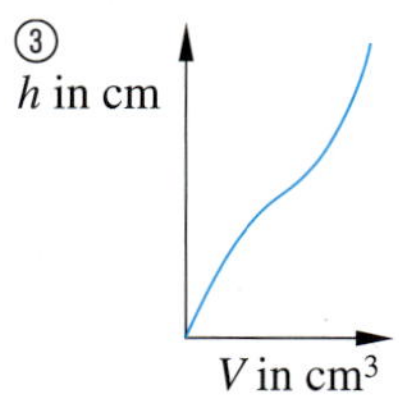

NACHGEDACHT
Richtig oder falsch?
Jede Funktion hat einen Funktionsgraphen.

7 Ist die Funktion proportional?
Wie kannst du das überprüfen?

a)

x	1	2	3	4	5
y	4	8	12	16	2

b)

x	1	2	3	4	5
y	3	6	9	12	15

8 Ordne den Wortvorschriften der Funktionen eine Wertetabelle zu.

① Jeder Zahl wird das Doppelte zugeordnet.
② Jeder Zahl wird ihre Hälfte zugeordnet.
③ Jeder Zahl x wird ihr um 1 Vermindertes $(x - 1)$ zugeordnet.

Ⓐ

x	−4	−2	0	2	4	6
y	−5	−3	−1	1	3	5

Ⓑ

x	−4	−2	0	2	4	8
y	−2	−1	0	1	2	4

HINWEIS
Um eine Wertetabelle zu erstellen, setzt du einen Wert für x in die Funktionsgleichung ein und berechnest dann den y-Wert.

9 Lege eine Wertetabelle an und zeichne den Graphen der Funktion.

a) $y = x$ b) $y = 1{,}5x$
c) $y = -x$ d) $y = -2x$

7 Ist die Funktion antiproportional?
Wie kannst du das überprüfen?

a)

x	−1,2	−3	2	4,8	7,5
y	−20	−8	12	4	3,2

b)

x	35	28	15	7	4
y	6	7,5	14	30	42

8 Ordne den Wortvorschriften der Funktionen eine Wertetabelle zu.

① Jeder Zahl wird ihr Dreifaches zugeordnet.
② Jeder Zahl wird das um 2 verminderte Doppelte zugeordnet.
③ Jede Zahl wird sich selbst zugeordnet.

Ⓐ

x	−4	−2	0	2	4	6
y	−4	−2	0	2	4	6

Ⓑ

x	−4	−2	0	3	6	9
y	−10	−6	−2	4	10	16

9 Lege eine Wertetabelle an und zeichne den Graphen der Funktion.

a) $y = 3x + 2$ b) $y = 2x + 1$
c) $y = 1{,}5x + 0{,}5$ d) $y = x - 2$

10 Lineare Funktionen lassen sich auf verschiedene Weisen darstellen. Übertrage die Tabelle in dein Heft (Querformat) und vervollständige sie. Notiere jeweils auch die Wortvorschrift. Denke dir weitere Beispiele aus.

Sachverhalt/ Wortvorschrift	Funktionsgleichung	Wertetabelle	Graph
Bei einem Konto beträgt die Grundgebühr 2,50 €. Pro Buchung fallen 0,50 € an. 	$y = 0{,}5x + 2{,}5$		
Taxifahrt 		x: 0, 5, 10, 15 / y: 2,2, 9,7, 17,2, 24,7	
Handy 	$y = 0{,}15x + 5$		
Kerze 			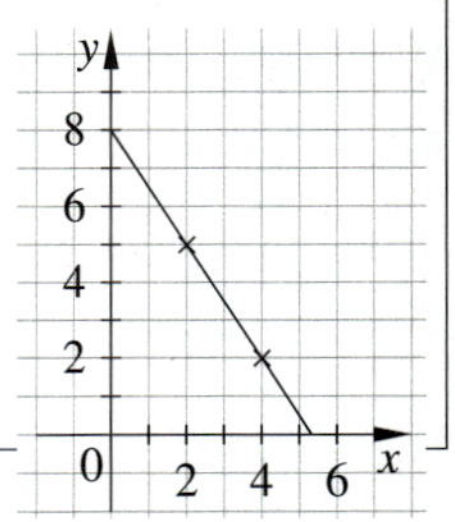

Lineare Funktionen erkennen

Entdecken

1 Frau Brücker möchte Erdbeermarmelade herstellen.
Im Supermarkt kosten die Erdbeeren pro Kilogramm 2,50 €.
In der Zeitung findet sie eine Anzeige für ein Erdbeerfeld, das allerdings 40 km entfernt ist.
Sie überlegt, ob es sich lohnt, dort hinzufahren.

a) Vergleiche die Preise für 5 kg, 10 kg, 15 kg und 20 kg Erdbeeren aus dem Supermarkt und vom Erdbeerfeld.
b) Wovon hängt es ab, ob es sich lohnt, zum Erdbeerfeld zu fahren? Überlege erst allein. Tauscht euch dann untereinander aus.
c) Mit dem Bus kostet die Hin- und Rückfahrt zum Erdbeerfeld 8,40 €. Wie viel Kilogramm Erdbeeren muss Frau Brücker mindestens pflücken und kaufen, damit sich die Busfahrt lohnt? Braucht sie so viele Erdbeeren? Begründe.
d) Überschlage, ab wie viel Kilogramm sich die Fahrt mit dem Auto zum Erdbeerfeld lohnt.

Erdbeeren selber pflücken
Selbst der weiteste Weg lohnt sich!
Ganz frisch und ungespritzt
nur 1,80 € pro kg.
Erdbeerfeld Mühlenhof

2 Die beiden Vasen werden mit Wasser gefüllt.
Ordne jeweils die passenden Graphen zu.

a) Beschreibe, wie sich der Wasserstand in den Gefäßen verändert.
b) Wie sieht der Füllgraph aus, wenn die Vasen zu Beginn jeweils 10 cm hoch mit Wasser gefüllt sind? Zeichne die veränderten Füllgraphen.

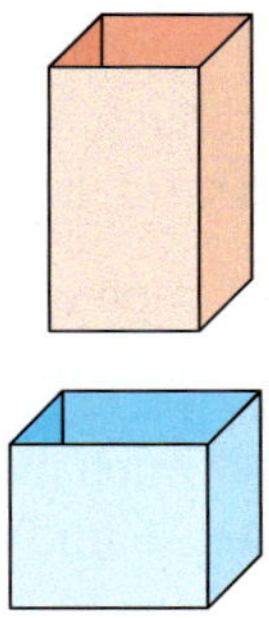

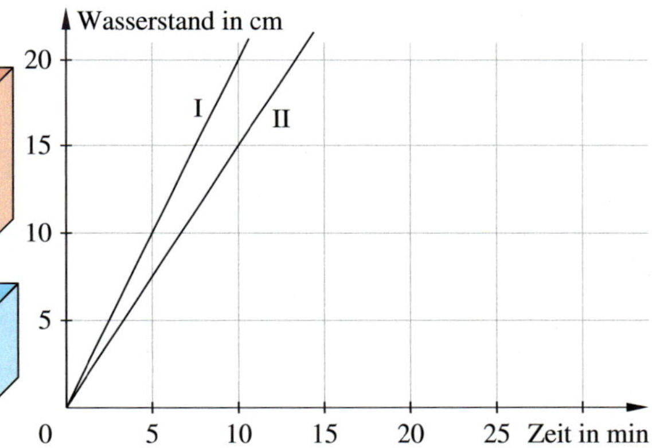

c) Erfinde selbst zwei Füllgraphen.
Überlege zunächst, wie hoch das Wasser am Anfang im Gefäß steht und um wie viel Zentimeter das Wasser pro Minute ansteigt.
Schreibe jeweils auf eine Karteikarte die entsprechende Wertetabelle (siehe Randspalte).
Zeichne jeweils auf eine andere Karte den Füllgraphen.
Vermischt eure Karten und spielt zu viert Memory.

BEISPIEL ZU 2c)

Zeit (in min)	0	1
Wasserstand (in cm)	0	2

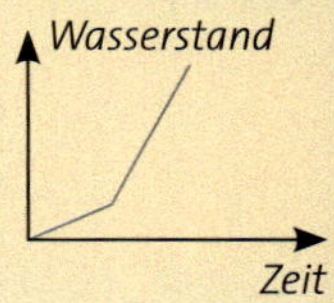

3 Arbeitet in Gruppen von zwei bis fünf Personen.
Herr Müller ist während seiner Geschäftsreisen in Leipzig und in Köln mehrfach mit dem Taxi gefahren. Er sortiert nun seine Quittungen (siehe Randspalte).

a) Frau Müller meint: „Etwas kann nicht stimmen. Eine Fahrt, die doppelt so weit ist, muss doch doppelt so viel kosten."
Was meint ihr? Begründet eure Meinung.
b) In welchem Ort zahlt man für eine 20 km lange Fahrt mehr?
Beratet, wie ihr eine Lösung finden könnt. Erläutert euer Vorgehen.
c) Es gibt eine Fahrstrecke, bei der man in beiden Städten den gleichen Betrag zahlen muss.
Welche ist das? Findet gemeinsam eine Lösung, auch Probieren ist erlaubt.
Erklärt euch gegenseitig eure Lösungswege und überprüft die gefundenen Lösungen.

ZU 3:

Taxi Kramer
Leipzig
Strecke: 12 km
Betrag: 17,90 €

Köln
Taxi-Express
15 km: 22,80 €

Taxi Kramer
Leipzig
Strecke: 6 km
Betrag: 10,10 €

Köln
Taxi-Express
8 km: 13 €

Verstehen

Mia möchte sich einen Hamster kaufen. Einen Käfig hat sie bereits zu Hause. Ein Hamster kostet in der Zootierhandlung 5 €.
Für Futter muss sie mit durchschnittlich 2 € pro Woche rechnen.

Futterkosten

Anzahl der Wochen	0	1	2	3	4
Futterkosten (in €)	0	2	4	6	8

Gesamtkosten

Anzahl der Wochen	0	1	2	3	4
Gesamtkosten (in €)	5	7	9	11	13

Die Futterkosten und die Gesamtkosten kann man mit einer Funktionsgleichung beschreiben.

Futterkosten: $y = 2x$

Kosten pro Woche (2) – Anzahl der Wochen (x)

Die Futterkosten steigen um 2 € pro Woche. In der Gleichung wird dieses Steigen mit 2 angegeben: $y = 2x$.
x ist die Anzahl der Wochen.

Gesamtkosten: $y = 2x + 5$

Kosten für x Wochen ($2x$) – Anschaffungskosten (5)

Zu den wöchentlichen Kosten kommen einmalig die Anschaffungskosten von 5 € hinzu. Dies wird in der Gleichung mit +5 angegeben: $y = 2x + 5$.

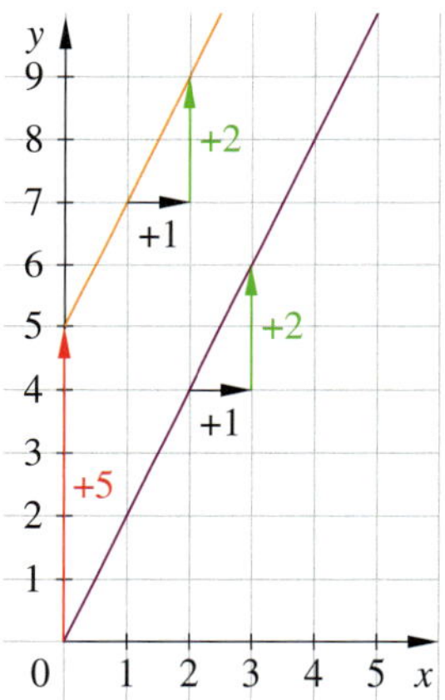

Die Funktion $y = 2x$ hat die Steigung $m = 2$ und schneidet die y-Achse im Punkt $P(0|0)$.

Die Funktion $y = 2x + 5$ hat die Steigung $m = 2$ und schneidet die y-Achse im Punkt $P(0|5)$.
5 ist der Abschnitt auf der y-Achse.

Merke Eine Funktion, deren Funktionsgleichung in der Form $\boldsymbol{y = mx + b}$ geschrieben wird, heißt **lineare Funktion**.

Ihr Graph ist eine Gerade mit der **Steigung m** und dem **Achsenabschnitt b**.

Der Graph dieser Funktion schneidet die y-Achse im Punkt $P(0|b)$.

BEACHTE
Eine proportionale Funktion ist eine lineare Funktion mit $b = 0$, also $y = m \cdot x$.

x-Werte und y-Werte können am Graphen abgelesen oder berechnet werden.

Beispiel
Wie viel kostet der Hamster in acht Wochen?
Funktionsgleichung: $y = 2x + 5$
Für $x = 8$ gilt: $y = 2 \cdot 8 + 5 = 21$
Die ersten acht Wochen kosten 21 €.

Mia hat 57 € für den Hamster ausgegeben.
Wie lange hat sie den Hamster schon?
Funktionsgleichung: $y = 2x + 5$
Für $y = 57$ gilt:

$$\begin{aligned} 57 &= 2x + 5 \quad &| -5 \\ 52 &= 2x \quad &| :2 \\ 26 &= x \end{aligned}$$

Mia hat den Hamster seit 26 Wochen.

Merke Der ***y*-Wert** einer Funktion kann berechnet werden, indem der x-Wert in die Funktionsgleichung eingesetzt wird.

Der ***x*-Wert** einer Funktion kann berechnet werden, indem der y-Wert in die Funktionsgleichung eingesetzt wird.
Durch Äquivalenzumformungen wird die Funktionsgleichung nach x aufgelöst.

BEACHTE
Um zu prüfen, ob ein Punkt auf dem Graphen liegt, setzt man die Koordinaten in die Funktionsgleichung ein.

$y = 2x + 5$
$P(3|11)$
$11 = 2 \cdot 3 + 5$
$11 = 11$
P liegt auf der Geraden.

$Q(3|13)$
$13 = 2 \cdot 3 + 5$
$13 \neq 11$
Q liegt nicht auf der Geraden.

Üben und anwenden

1 Welche Funktion ist linear?
Gib für diese Funktionen die Steigung m und den Achsenabschnitt b an.

a) $y = 2x + 5$ b) $y = 3x$
c) $y = 2x^2 - 1$ d) $y = \frac{1}{x}$
e) $y = 0{,}5x - 4$ f) $y = -4x + 1{,}2$

1 Welche Funktion ist linear?
Gib für diese Funktionen die Steigung m und den Achsenabschnitt b an.

a) $y = 2{,}4x - 1{,}3$ b) $y = 2x + x - 3$
c) $y = x^3 + 3$ d) $y = 7x$
e) $y = -x$ f) $y = 1{,}2$

2 Stelle die Funktionsgleichung auf, lege jeweils eine Wertetabelle an und zeichne den Graphen der Funktion.

Beispiel $m = 4;\ b = 1;\ y = 4x + 1$

a) $m = 2;\ b = 3$ b) $m = 3;\ b = 5$
c) $m = 3;\ b = 0{,}5$ d) $m = 5;\ b = 2{,}5$
e) $m = 4;\ b = -2$ f) $m = 0{,}5;\ b = -2$

2 Stelle die Funktionsgleichung auf, lege jeweils eine Wertetabelle an und zeichne den Graphen der Funktion. Erläutere den Verlauf der Funktion, wenn m negativ ist.

a) $m = 2;\ b = -3{,}5$ b) $m = -1;\ b = -1$
c) $m = 0;\ b = 2$ d) $m = -1{,}8;\ b = 2{,}8$
e) $m = \frac{3}{4};\ b = -2$ f) $m = -\frac{5}{8};\ b = 0$

NACHGEDACHT
Wie viele Wertepaare in einer Wertetabelle musst du bei einer linearen Funktion bestimmen, um den Graphen zeichnen zu können?

3 Arbeitet zu zweit.
Betrachtet die Abbildung zu Zuordnungen und Funktionen.
Erklärt die Gemeinsamkeiten und Unterschiede.
Gebt zu jedem Begriff ein Beispiel an.

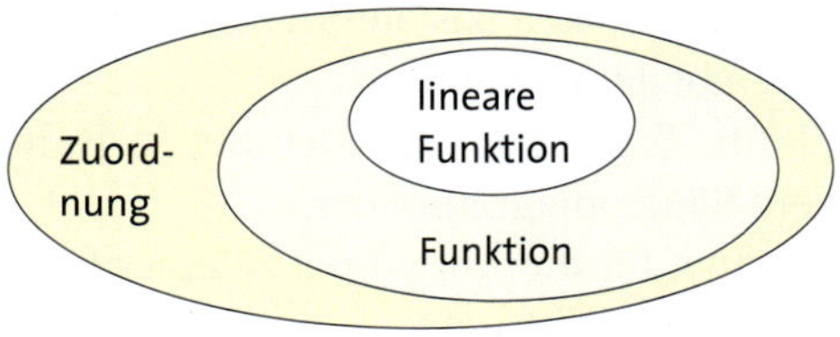

4 Lege eine Wertetabelle an und zeichne den Graphen der Funktion. Gib m und b an.

a) $y = 3x + 2$
b) $y = 2x + 1$
c) $y = -1{,}5x + 0{,}5$
d) $y = x - 2$

4 Lege eine Wertetabelle an und zeichne den Graphen der Funktion. Gib m und b an.

a) $y = 0{,}5x + 1$
b) $y = 2{,}5x - 1$
c) $y = 4{,}5x + 1$
d) $y = 3{,}5x - 2$

5 Die Tabelle beschreibt eine lineare Funktion.

x	0	1	2	3	4	5	6	7
y			3	5	7			

a) Übertrage die Tabelle in dein Heft und ergänze die fehlenden Werte.
b) Zeichne den Graphen der Funktion.
c) Welche der folgenden Funktionsgleichungen passt zu der Funktion? Begründe.
① $y = 3x + 2$ ② $y = 2 - 3x$
③ $y = 2x + 1$ ④ $y = 2x - 1$

5 Begründe:
Handelt es sich um Funktionen, lineare Funktionen oder keine Funktionen?

a)

x	−3	−2	−2	0	1	2	3
y	5	2	5	1	5	6	1

b)

x	0	1	2	3	4	5	6
y	2	3	5	7	−11	13	17

c)

x	−15	−10	−5	0	5	10	15
y	−3	−2	−1	0	1	2	3

6 Welche Funktionsgleichung passt?
Gib an, was y, m und b bedeuten.
Ein Haar ist 12 cm lang. Es wächst pro Monat um 0,8 cm.

① $y = 12x + 0{,}8$
② $y = 0{,}8x + 12$

6 Welche Funktionsgleichung passt?
Gib an, was y, m und b bedeuten.
Ein Becken wird geleert. Das Wasser steht 1,20 m hoch und sinkt stündlich um 8 cm.

① $y = -8x + 1{,}2$
② $y = -0{,}8x + 12$

Thema: Was kostet ein Handy?

Kannst du dir ein Leben ohne Handy kaum noch vorstellen? Das Handy ist für viele Jugendliche ein wichtiger Bestandteil ihres Lebens geworden, da man damit immer erreichbar ist und schnell Kontakt zu Freunden und Bekannten aufnehmen kann.
Die meisten Jugendlichen legen großen Wert auf die Ausstattung und Technik ihrer Handys und beschäftigen sich weniger mit den Verträgen, Laufzeiten und Tarifen.
Daher ist es nicht verwunderlich, dass laut einer Studie der Verbraucherzentrale jeder zehnte 13- bis 17-Jährige Schulden durch sein Handy hat.

1 Was bist du für ein Handytyp?

Bevor man sich für einen Handy-Tarif entscheidet, sollte man überlegen, wofür man das Handy hauptsächlich benötigt und wie oft man es nutzen wird.

a) Beantworte zunächst für dich die Fragen rechts.

b) Erfasst alle Daten aus eurer Klasse mithilfe einer Tabellenkalkulation.
Stellt die Ergebnisse übersichtlich, z. B. in einem Säulendiagramm dar.

c) Berechnet für die Antworten zu einer Frage den Durchschnittswert.

1. Wie viele Minuten telefonierst du etwa pro Monat?
2. Surfst du mit deinem Handy im Internet?
3. Wie viel kostet dich dein Handy durchschnittlich im Monat?
4. Wie viel Geld gibst du für neue Apps, Logos oder Klingeltöne pro Monat aus?

2 Die Qual der Wahl – Welcher Tarif ist der beste?

Die Tabelle zeigt die Tarife verschiedener Handy-Anbieter.

Tarif	Hello Prepaid	Talk Spezial	Flat 4 you	Talk 100
Handypreis	ohne Handy	Handy inklusive	Handy inklusive	119,00 €
Grundpreis (pro Monat)	–	7,50 €	29,90 €	19,00 €
Inklusivminuten	–	–	–	100
telefonieren ins deutsche Festnetz und alle Mobilfunknetze (Preis pro Minute)	0,06 €	0,10 €	inklusive	100 Minuten inklusive, danach 0,39 €
Internetnutzung (Preis pro Monat)	9,95 €	300 MB inklusive	300 MB inklusive	200 MB inklusive
Vertragslaufzeit	keine Laufzeit	24 Monate	24 Monate	24 Monate

a) Welcher Tarif passt zu deinen Telefongewohnheiten?

b) Wovon hängen die monatlichen Grundpreise ab?

c) Bei den Tarifen *Flat 4 you* und *Talk 100* ist dasselbe Smartphone inklusive.
Bewerte die Grundpreise beider Tarife.

d) Gib Empfehlungen für einen Tarif ab.
- Kai telefoniert nur sehr wenig, will aber überall online sein.
- Mira hat gerade erst ein neues Smartphone geschenkt bekommen. Sie telefoniert täglich mit ihrer besten Freundin.
- Damir braucht ein besseres Telefon. Er hat aber gerade nicht genug Geld dafür.

e) Was machst du, wenn du in den USA mit dem Handy telefonieren oder das Internet nutzen möchtest?
Tauscht euch darüber in der Klasse aus.

3 Tarifdaten aus Funktionsgraphen entnehmen

Jeder Funktionsgraph stellt einen Tarif dar.

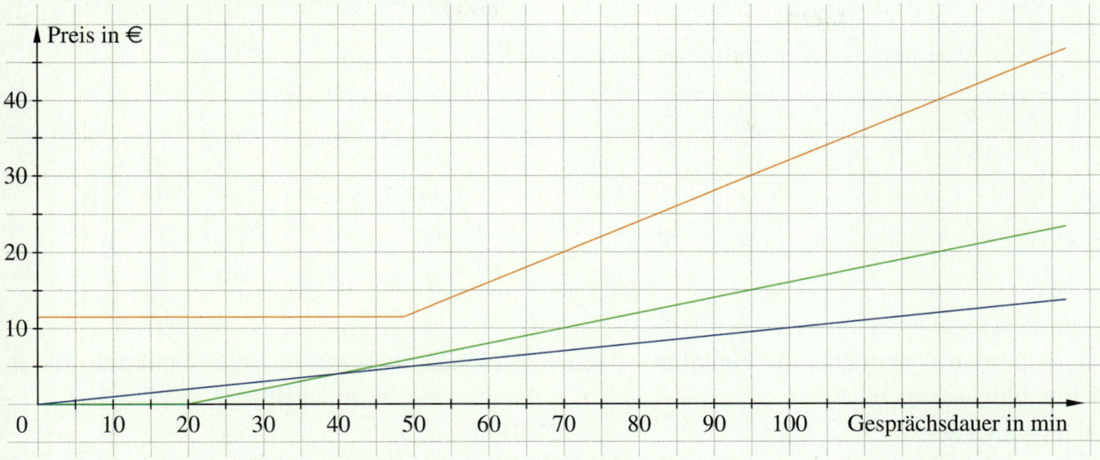

a) Beschreibe so genau wie möglich, welche Leistungen die Kunden zu erwarten haben.
b) Welchen Tarif hältst du für den fairsten? Begründe.

4 Rechnungsdaten auswerten

Falls du einen Handyvertrag hast, erstelle eine Kostenübersicht zu den letzten 12 Monaten.

a) Lege ein Tabellenblatt mit einem Tabellenkalkulationsprogramm an und erfasse z. B. folgende Daten:
   – Anzahl der Gesprächsminuten
   – Datenvolumen.
b) Erstelle aus den Daten Diagramme.
c) Beschreibe dein Nutzungsverhalten.
d) Hast du den für dich richtigen Tarif gewählt? Begründe.

5 Den Überblick bei den Tarifen behalten

Arbeitet in Gruppen.

a) Sucht im Internet oder in Werbeprospekten nach mindestens drei verschiedenen Tarifen unterschiedlicher Mobilfunkanbieter.
b) Erstellt wie in Aufgabe 2 eine Tabelle, die die Grundgebühr, den Mindestumsatz, die Anzahl der Inklusivminuten und die Minutenpreise für Telefongespräche enthält.
c) Erstellt je eine Wertetabelle, zeichnet die Graphen und gebt die Funktionsgleichung an.
d) Vergleicht die Tarife untereinander und schreibt einen Bericht für die Schülerzeitung.

6 Das Gesamtpaket berechnen

Arbeitet in Gruppen.

a) Entscheidet euch anhand von Prospekten für ein Handy und den dazugehörigen Vertrag.
b) Erstellt eine Liste mit Zubehör und zusätzlichen Leistungen für ein Handy. Entscheidet euch für die Dinge, auf die ihr nicht verzichten wollt.
c) Berechnet die voraussichtlichen Kosten bei Abschluss des Vertrags für einen Zeitraum von 24 Monaten. Geht dabei von eurer durchschnittlichen monatlichen Handynutzung aus.

7 Betrachte die Wertetabellen. Überprüfe, ob die Funktionen linear sind. Falls ja, gib die Funktionsgleichung an.

a)

x	0	2	4	8	20
y	8	12	16	24	48

b)

x	0	1	2	3	4
y	20	15	10	5	0

c)

x	−2	0	2	4	5
y	0	3	6	9	12

8 Notiere, was man über die Funktion wissen kann, ohne sie zu zeichnen.

a) $y = 3x + 4$

b) $y = -2x - 1$

9 Überprüfe, welche Punkte auf einer der beiden Geraden liegen.

① $y = x + 3$ ② $y = 2x + 4$

$P(4|12)$ $Q(-5|2)$ $R(0|-4)$

$S(0{,}5|3{,}5)$ $T(-1|2)$ $U(-2|0)$

10 Gib drei verschiedene Punkte an, die auf dem Funktionsgraphen der Funktion $y = 2x - 4$ liegen. Kontrolliere deine Punkte, indem du den Funktionsgraphen zeichnest.

11 Berechne den Schnittpunkt des Graphen mit der x-Achse. Dort ist $y = 0$.

a) $y = x + 2$

b) $y = 3x + 6$

12 Timo, Tom und Tanja haben den Handyvertrag abgeschlossen. Die Gleichung für die monatlichen Kosten lautet:
$y = 0{,}09x + 8{,}95$.

a) Timo telefoniert im April 55 Minuten. Wie viel muss er bezahlen?

b) Tom telefoniert nur 25 Minuten. Wie hoch ist seine Rechnung?

c) Tanja hat in zwei Monaten 90 Minuten telefoniert und 45 SMS geschrieben. Wie viel muss sie für beide Monate zusammen bezahlen?

Handy kostenlos!

Grundgebühr nur 8,95 €/Monat
pro Minute 9 Cent in alle Netze

7 Lies zunächst den y-Achsenabschnitt b und die Steigung m ab. Gib dann die Funktionsgleichung der linearen Funktion an.

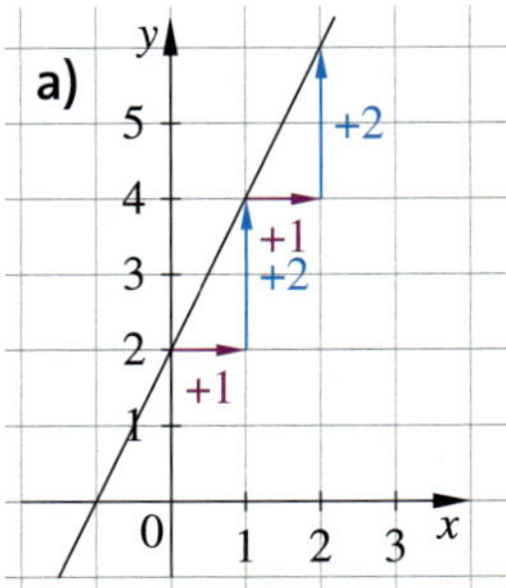

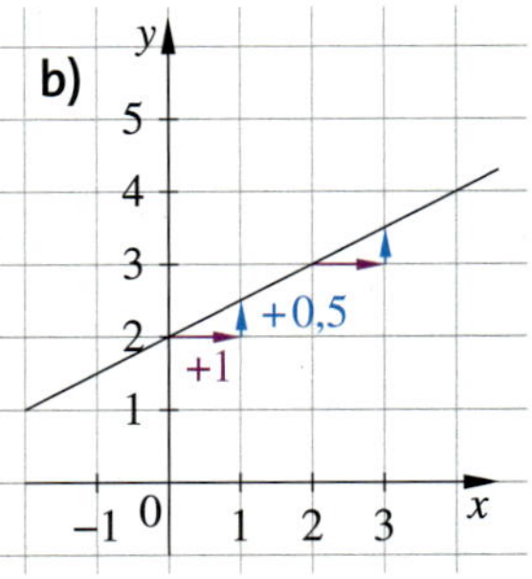

8 Notiere, was man über die Funktion wissen kann, ohne sie zu zeichnen.

a) $y = -1{,}5x$

b) $y = \frac{4}{5}x - \frac{2}{3}$

9 Überprüfe, welche Punkte auf einer der beiden Geraden liegen.

① $y = 3x - 2$ ② $y = \frac{4}{5}x + 5$

$P(-3|7)$ $Q(-5|13)$ $R(0|-4)$

$S(3|7{,}4)$ $T(-3|-11)$ $U(0|4)$

10 Gib drei verschiedene Punkte an, die auf dem Funktionsgraphen der Funktion $y = -1{,}6x - 2{,}3$ liegen. Kontrolliere deine Punkte anhand des Funktionsgraphen.

11 Berechne den Schnittpunkt des Graphen mit der x-Achse. Es wird $P(x|0)$ gesucht.

a) $y = -x + 2$

b) $y = 2x - 4{,}6$

12 Tim und Kaja haben den Vertrag abgeschlossen.

a) Gib eine Gleichung für die Kosten an, wenn vierteljährlich abgerechnet wird.

b) Tim telefoniert 12 Minuten im Monat. Wie viel muss er nach drei Monaten bezahlen?

c) Kaja telefoniert gerne und viel. Ihre Eltern haben 20 € als monatliche Obergrenze festgelegt. Wie lange darf Kaja höchstens telefonieren?

Lineare Funktionen untersuchen und zeichnen

Entdecken

1 Daniel hat verschiedene Geraden gezeichnet, ohne vorher eine Wertetabelle zu erstellen.

① $y = 3x - 1$ ② $y = -3x + 2$ ③ $y = \frac{3}{4}x - 2$ ④ $y = -\frac{2}{3}x + 1$

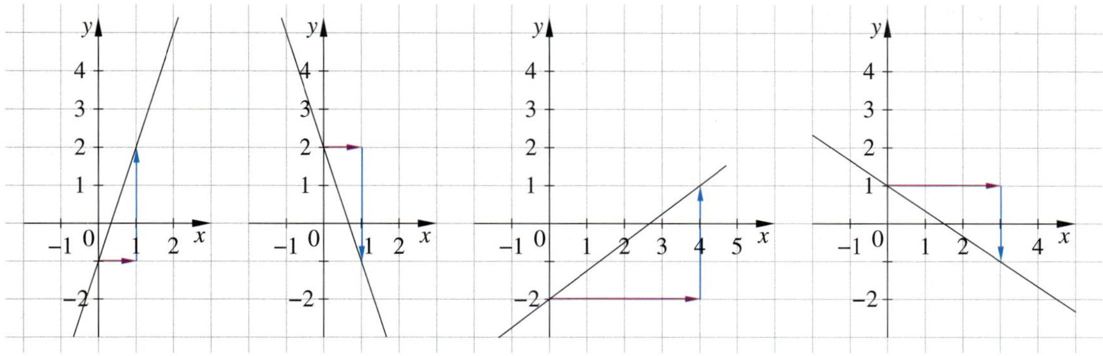

a) Daniel erklärt: „Ich bin immer von der Grundform $y = mx + b$ ausgegangen. b ist der y-Achsenabschnitt, also schneidet die Gerade der Gleichung $y = 3x - 1$ die y-Achse im Punkt ______. m ist die Steigung, also …“
Führe seine Erklärung zu Beispiel ① fort. Erläutere auch sein Vorgehen in Beispiel ②.

b) Betrachte nun die Beispiele ③ und ④. Warum ist Daniel hier etwas anders vorgegangen?

2 Eine Kerze brennt ab.
Erkläre, wie du die Informationen abliest.

a) Wie hoch war die Kerze zu Beginn?
b) Um wie viel Zentimeter brennt die Kerze in einer Stunde ab?
c) Wann ist die Kerze abgebrannt?
d) Warum endet der Graph beim Schnittpunkt mit der x-Achse?
e) Stelle eine Funktionsgleichung auf.

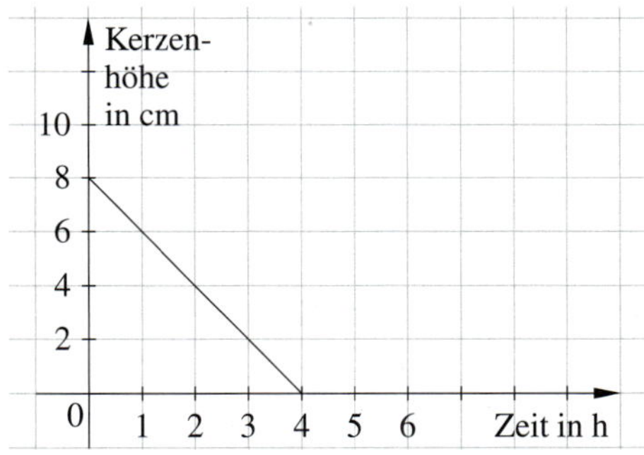

3 Die Schülerinnen und Schüler der 8a haben Funktionssteckbriefe erstellt.

① Meine Funktion geht durch den Punkt $P(2|3)$ und hat die Steigung 1,5.

② Meine Funktion hat die Steigung $\frac{1}{2}$ und schneidet die y-Achse bei 5.

③ Meine Funktion schneidet die x-Achse bei 4 und die y-Achse bei 2.

④ Meine Funktion geht durch die Punkte $P(2|3)$ und $Q(4|6)$.

⑤ Meine Funktion ist parallel zur Funktion $y = 3x + 1$ und schneidet die y-Achse bei 4.

a) Überlege, welche Funktionsgleichungen die Funktionen haben.

b) Vergleicht zu zweit eure Ergebnisse und erklärt einander, wie ihr die Gleichungen bestimmt habt. Falls ihr nicht alle Gleichungen ermitteln konntet, informiert euch bei einer anderen Kleingruppe.

c) Erstellt ein Plakat und notiert, wie man die Funktionsgleichungen in den verschiedenen Fällen bestimmen kann.

ZUM WEITERARBEITEN
Denkt euch selbst Steckbriefe aus und lasst eure Mitschülerinnen und Mitschüler die Funktionsgleichungen finden.

Verstehen

Die Pharaonin Hatschepsut ließ in Ägypten einen Tempel in eine Felswand bauen. Die Tempelanlage besteht aus zwei Ebenen. Auf die obere Ebene gelangt man über eine Rampe. Die Rampe hat eine bestimmte **Steigung**, die von ihrer Länge und ihrer Höhe abhängt.

HINWEIS
*Das Verhältnis von Höhenunterschied zu Horizontalunterschied heißt **Steigung**.*

Die Steigung einer linearen Funktion $\boldsymbol{y = mx + b}$ kann mithilfe des Steigungsdreiecks und den Koordinaten zweier Punkte bestimmt werden.

Beispiel 1

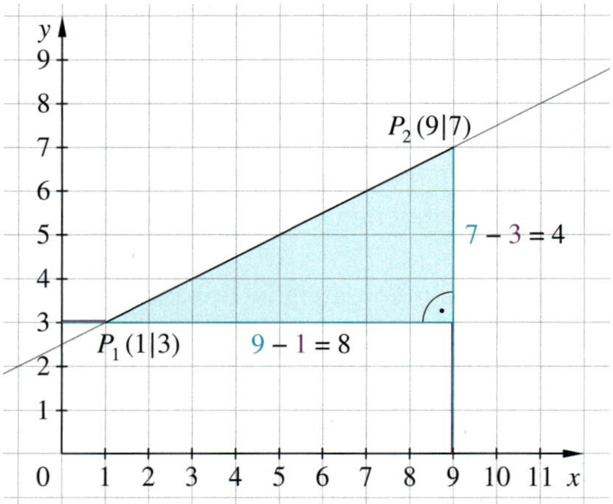

Der **Höhenunterschied** der Punkte $P_2(9|7)$ und $P_1(1|3)$ ist die **Differenz der *y*-Koordinaten** beider Punkte, er beträgt $7 - 3 = 4$.

Der **Horizontalunterschied** der Punkte $P_2(9|7)$ und $P_1(1|3)$ ist die **Differenz der *x*-Koordinaten** beider Punkte, er beträgt $9 - 1 = 8$.

Um die **Steigung *m*** der Funktion zu bestimmen, wird der Höhenunterschied durch den Horizontalunterschied dividiert:

$m = \frac{7-3}{9-1} = 0{,}5$

Die Funktionsgleichung lautet $y = \mathbf{0{,}5}x + 2{,}5$.

HINWEIS
Beim Berechnen der Steigung darf man die Punkte vertauschen:

$m = \frac{3-7}{1-9} = 0{,}5$

Merke Bei Erhöhung des *x*-Wertes um 1 erhöht sich der *y*-Wert in einer linearen Funktion immer um den gleichen Wert *m*.
Dies nennt man die **Steigung *m*** der Funktion:

$m = \frac{y_2 - y_1}{x_2 - x_1}$

Ist ***m*** **positiv**, **steigt** die Funktion gleichmäßig.
Ist ***m*** **negativ**, **fällt** die Funktion gleichmäßig.

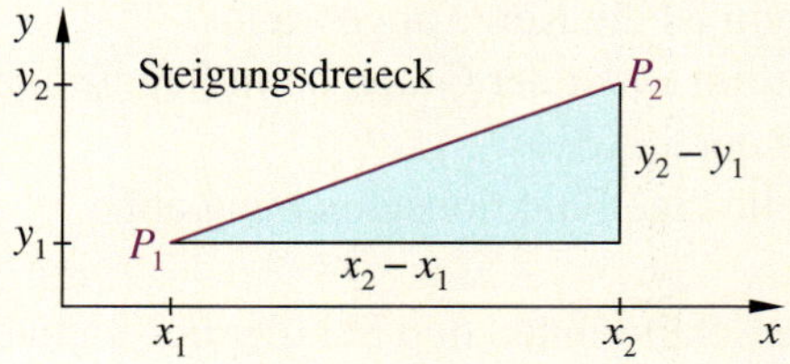

Beispiel 2 $y = 1{,}5x + 1$

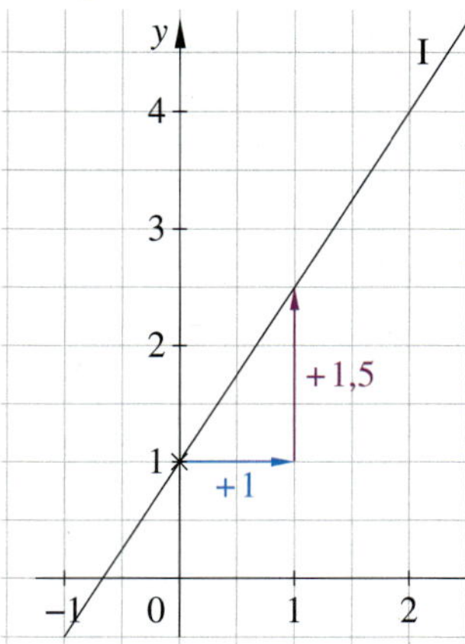

y-Achsenabschnitt: $b = 1$

Steigung:

$m = \frac{1{,}5}{1} = 1{,}5$

Die Funktion steigt.

Beispiel 3 Graph mit $P_1(0{,}5|3)$ und $P_2(1{,}5|1)$

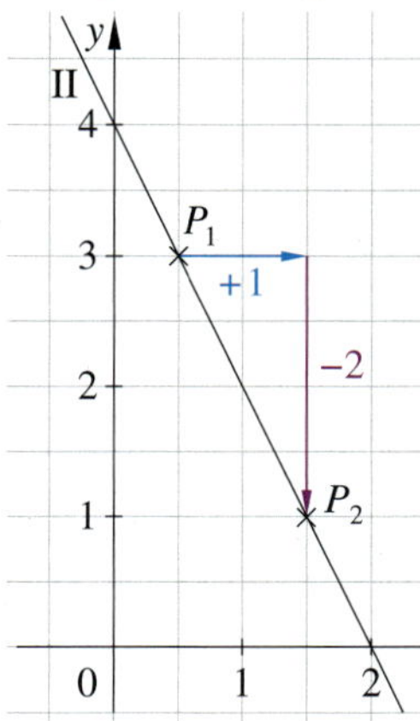

y-Achsenabschnitt: $b = 4$

Steigung:

$m = \frac{-2}{1} = -2$

Die Funktion fällt.

$y = -2x + 4$

Üben und anwenden

1 Kevin und Niklas haben den Graphen der Funktion $y = \frac{2}{5}x + 2$ gezeichnet.
a) Vergleiche ihre Vorgehensweise.
b) Welches Verfahren ist genauer?
c) Denke dir fünf Funktionsgleichungen aus. Zeichne die Graphen möglichst genau.

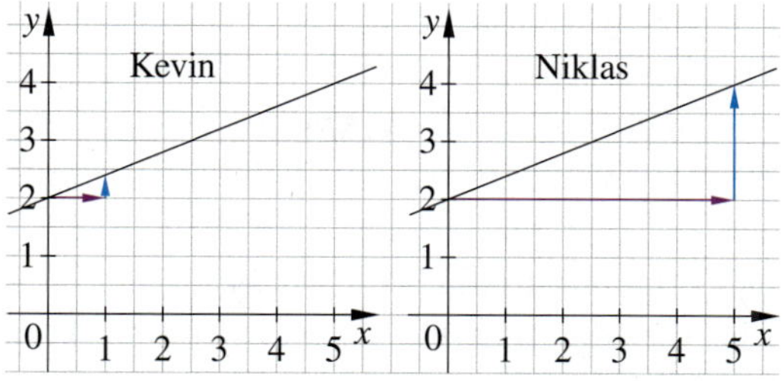

NACHGEDACHT
Wie verlaufen die Geraden mit den Gleichungen $y = 3$ oder $x = 5$?

2 Ist die Funktion steigend oder fallend? Zeichne den Graphen mithilfe eines Steigungsdreiecks.
Gib die Funktionsgleichung an.
a) $m = 2;\ b = 1$ b) $m = -4;\ b = 0{,}5$
c) $m = -2;\ b = 4$ d) $m = \frac{2}{3};\ b = -2$

2 Ist die Funktion steigend oder fallend? Zeichne den Graphen mithilfe eines Steigungsdreiecks.
Gib die Funktionsgleichung an.
a) $m = 0{,}5;\ b = 4$ b) $m = 2{,}5;\ b = -2$
c) $m = -1{,}5;\ b = 2\frac{1}{2}$ d) $m = -\frac{1}{2};\ b = -1$

3 Gib die Steigung m und den Achsenabschnitt b an und zeichne die Gerade.
a) $y = 7x + 2$ b) $y = 4x - 1$
c) $y = -3x + 6$ d) $y = -4x - 0{,}5$

3 Lies die Steigung m und den Achsenabschnitt b ab und zeichne die Gerade.
a) $y = -x + 3$ b) $y = \frac{1}{2}x - 1$
c) $y = -2{,}3x$ d) $y = -\frac{2}{5}x - \frac{3}{5}$

4 Zeichne eine Gerade, die durch den Punkt P geht und die Steigung m hat.
Gib anschließend die Geradengleichung an.
a) $P(1|2);\ m = 1$ b) $P(2|3);\ m = 2$
c) $P(-1|3);\ m = -4$ d) $P(-2|0);\ m = 3$

4 Zeichne eine Gerade durch die Punkte A und B. Bestimme ihre Funktionsgleichung.
a) $A(-4|4);\ B(4|6)$
b) $A(-3|-9);\ B(2|-1{,}5)$
c) $A(0|-3);\ B(3|0)$

HINWEIS
*Bei linearen Funktionen kann man die **Funktionsgleichung** auch **Geradengleichung** nennen.*

5 Zeichne die drei Geraden in ein Koordinatensystem. Was fällt dir auf? Erkläre.
a) I $y = 2x + 3$ II $y = 2x + 1$ III $y = 2x - 1$ b) I $y = 2x + 2$ II $y = x + 2$ III $y = -3x + 2$

6 Lies b und m ab.
Gib an, welche Funktionsgleichung zum Funktionsgraphen passt?
① $y = \frac{1}{2}x + 1$
② $y = -2x + 1$
③ $y = 2x + 1$

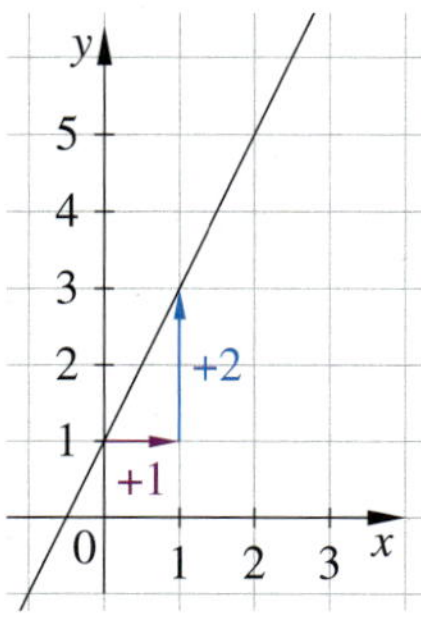

6 Ordne den Graphen die richtige Gleichung zu.
① $y = \frac{2}{3}x + \frac{3}{2}$
② $y = -1{,}5x + 2$
③ $y = -\frac{1}{4}x - 1$
④ $y = x - 1\frac{1}{2}$

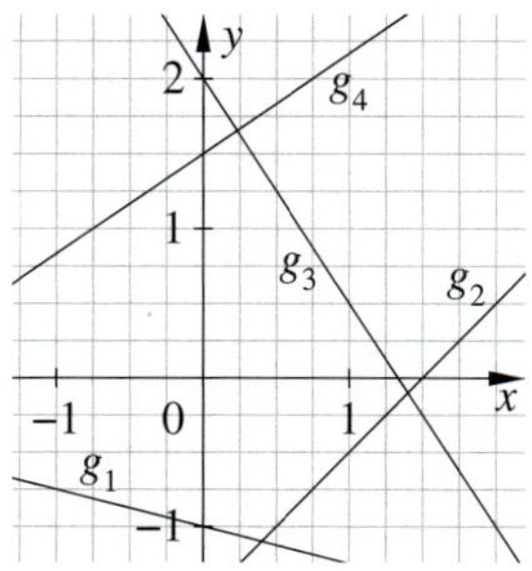

7 Ein Schwimmbecken wird geleert.
Der Wasserstand beträgt zunächst 2,5 m und sinkt pro Stunde um 0,15 m.
a) Erstelle eine Wertetabelle.
b) Zeichne den Funktionsgraphen.
c) Liegt eine lineare Funktion vor? Begründe.
d) Gib die Funktionsgleichung an.

7 Nach einem Fußballspiel verlassen 56 000 Zuschauer das Stadion durch vier Ausgänge.
Pro Minute kommen durch jeden Ausgang etwa 220 Zuschauer heraus.
a) Gib eine passende Funktionsgleichung an.
b) Wie viele Zuschauer befinden sich nach 25 Minuten noch im Stadion?

HINWEIS
Im Schnittpunkt des Graphen mit der x-Achse nimmt die Funktion den Wert ***y = 0*** *an. Diese Stelle auf der x-Achse heißt* ***Nullstelle****.*

8 Bestimme rechnerisch die Nullstellen: Für welches x gilt $y = 0$?

a) $y = 4x - 5$ **b)** $y = 2{,}5x + 2$
c) $y = 2x + 4$ **d)** $y = 3x - 4{,}5$
e) $y = -3x + 4{,}5$ **f)** $y = -0{,}5x + 2{,}2$

9 Forme um in die Form $y = mx + b$.
Lies die Steigung m und den Schnittpunkt mit der y-Achse b ab.
Berechne jeweils die Nullstelle.

a) $2x + y = 5$ **b)** $2x - y = 3$
c) $3y - x = 9$ **d)** $x - 2y = 6$

10 Gegeben sind zwei Funktionsgraphen.

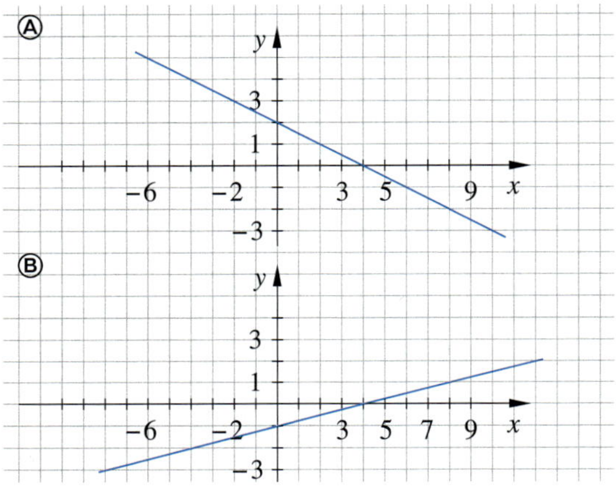

a) Ordne die richtige Funktionsgleichung zu.
① $y = 4x - 1$ ② $y = -\frac{1}{2}x + 2$
③ $y = -2x + 2$ ④ $y = \frac{1}{4}x - 1$

b) Lies den Schnittpunkt mit der x-Achse ab.
c) Überprüfe durch eine Rechnung. Setze dazu $y = 0$.

11 Der Funktionsgraph beschreibt den Wertverlust eines gebrauchten Autos pro Jahr.

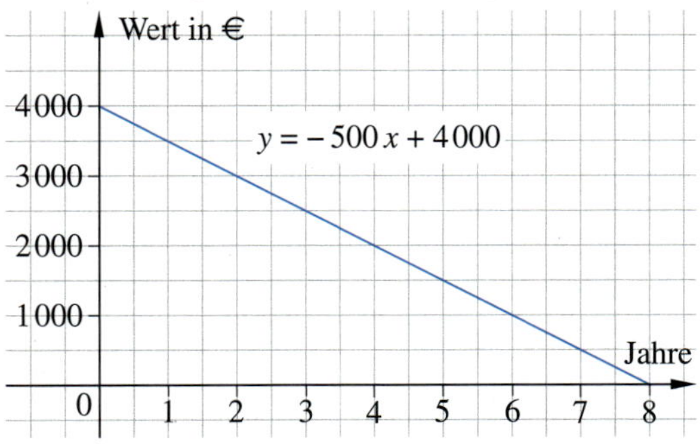

a) Zu welchem Preis wurde das Auto gekauft?
b) Wann liegt der Wert bei 0 €?
c) Berechne die Nullstelle. Was fällt dir auf?

NACHGEDACHT
Wie lautet die Gleichung einer Geraden mit der Steigung m, die durch den Nullpunkt (0 | 0) verläuft?
Wie viele Nullstellen kann eine lineare Funktion haben?

8 Zeichne eine Gerade durch A und B. Bestimme ihre Gleichung und lies die Nullstelle ab. Überprüfe mit einer Rechnung.

a) $A(2|3);\ B(6|5)$ **b)** $A(-1|4);\ B(-2|6)$
c) $A(3|0);\ B(5|1)$ **d)** $A(0|-2);\ B(1|2)$

9 Forme die Gleichung um und notiere sie in der Form $y = mx + b$.
Lies m und b ab und berechne jeweils die Nullstelle.

a) $2x + 3y = 0$ **b)** $4x - 3y = 12$
c) $5x = 2y$ **d)** $2x - 3y - 6 = 0$

10 Gegeben sind drei Funktionsgraphen.

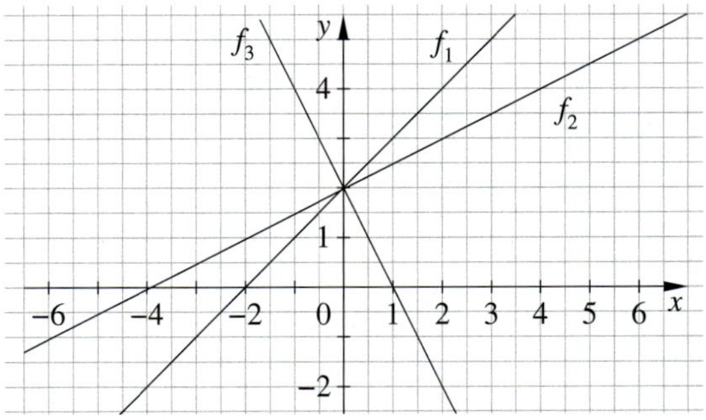

a) Beschreibe den Verlauf der Graphen.
b) Lies die Schnittpunkte mit den Achsen ab. Welchen benötigst du zur Bestimmung der Geradengleichung?
c) Gib jeweils die Funktionsgleichung an.
d) Arbeitet zu zweit.
Welche y-Koordinate muss ein Punkt $P(-2|y)$ haben, damit er auf f_1, f_2 oder f_3 liegt? Beschreibt euren Rechenweg.

11 Zwei Kerzen aus demselben Material haben verschiedene Formen.
Sie brennen unterschiedlich schnell ab.

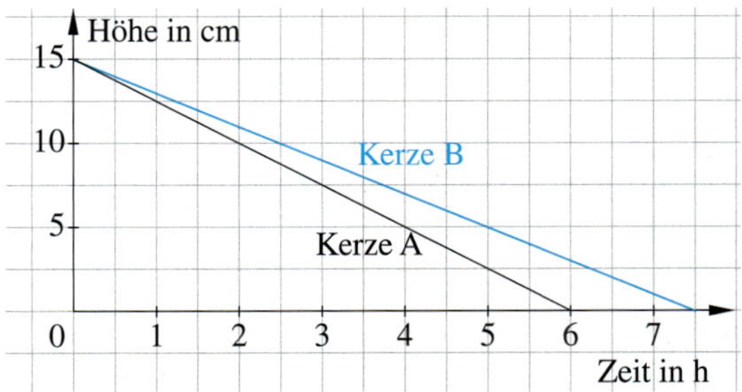

a) Gib die Brenndauer der Kerzen an.
b) Wie könnten die Kerzen geformt sein?
c) Bestimme beide Funktionsgleichungen.

Methode: Arbeiten mit einem Funktionenplotter

Ein Funktionenplotter ist ein Computerprogramm, das Graphen von Funktionen zeichnen kann. Muss man viele Funktionsgraphen zeichnen, ermöglicht einem ein Funktionenplotter einen schnellen Überblick über den Verlauf der Graphen.

In eine Eingabezeile oder ein Eingabefeld wird der Term der Funktionsgleichung eingegeben. Beachte, dass bei manchen Programmen ein Punkt statt einem Komma gesetzt werden muss und dass einige Programme ein Malzeichen zwischen der Variable und dem Faktor fordern.

Wenn du den Funktionsterm anschließend veränderst, dann passt sich der Funktionsgraph automatisch an.

Einige Funktionenplotter können Schnittpunkte des Funktionsgraphen mit der x-Achse direkt angeben: Wähle dazu das Werkzeug, mit dem zwei Objekte geschnitten werden. Schneide dann den Funktionsgraphen und die x-Achse.
Lassen sich der Graph oder die Achse nicht direkt anwählen, kannst du sie mit einer Geraden nachzeichnen.

BEACHTE
Es gibt viele kostenlose Funktionenplotter im Internet.

Beispiel $f(x) = 0{,}5x + 2$

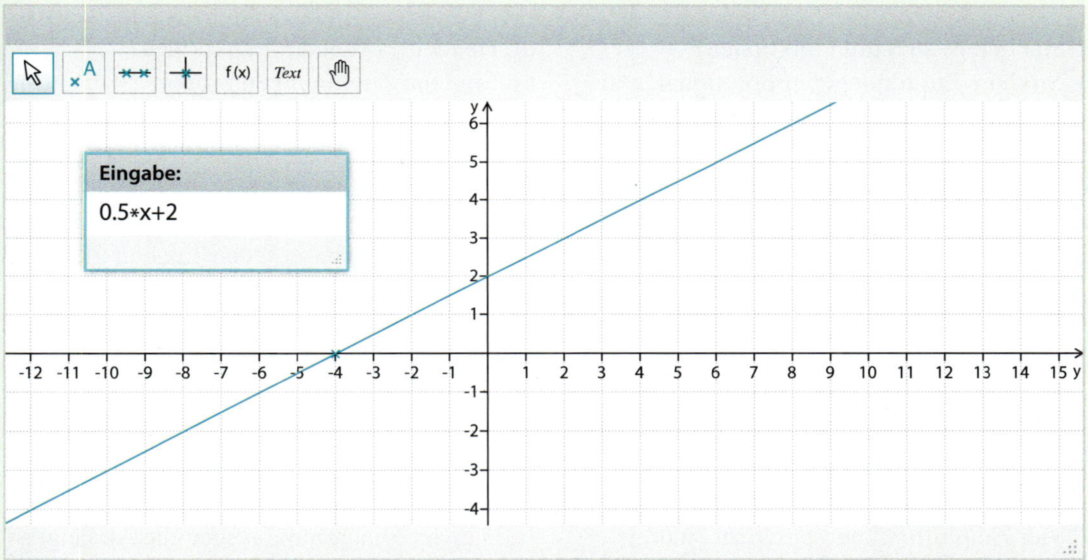

1 Zeichne die Funktionen mit einem Funktionenplotter.

a) $f(x) = 3x + 4$ b) $f(x) = -2x + 5$ c) $f(x) = \frac{1}{3}x - 2$

2 Gib je eine Gleichung einer linearen Funktion an, die durch die angegebenen Punkte geht.
Überprüfe mithilfe des Funktionenplotters, ob die Funktionsgleichung richtig ist.

a) $P(0|3)$, $Q(6|0)$ b) $R(1|2)$, $S(3|6)$ c) $A(-2|0)$, $B(4|-3)$

3 Zeichne die vier Funktionsgraphen rechts mit einem Funktionenplotter nach.
Beschreibe, wie du vorgehst.

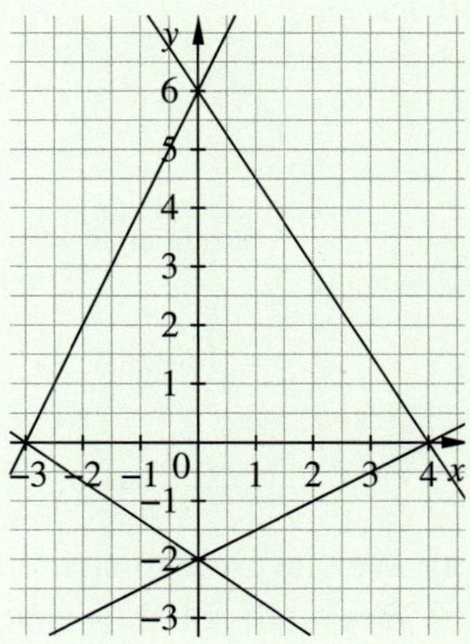

BEACHTE
Für einen Bruch benutzt man den Schrägstrich, z. B. 1/5.
Das Komma bei einer Dezimalzahl gibt man als Punkt ein, z. B. 0.5 statt 0,5.

Klar so weit?

→ Seite 146

Zuordnungen und Funktionen beschreiben

1 Handelt es sich bei den Zuordnungen um Funktionen?

a) *Briefkasten → Hausnummer*
b) *Flugzeug → Flugkapitän*
c) *Zahl → Quadratzahl*

2 Betrachte die beiden Graphen.

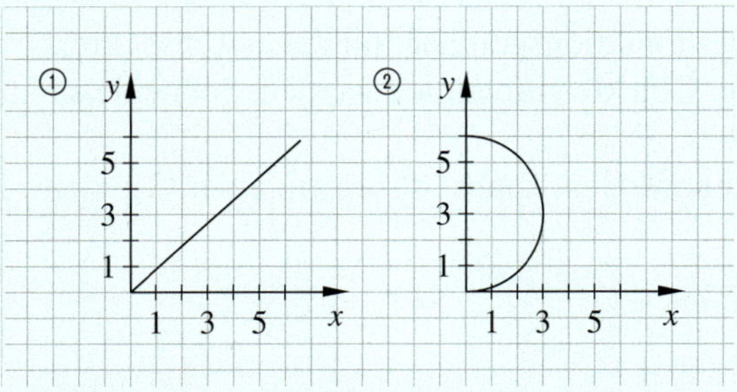

a) Handelt es sich um Funktionen?
b) Sind die Zuordnungen proportional, antiproportional oder keines von beiden?

3 Für eine Beachvolleyball-Anlage bringen Lastwagen den Sand. Ein Lastwagen benötigt dafür 12 Stunden.

a) Wie viele Stunden benötigen 3 (5, 8) Lastwagen? Erstelle eine Wertetabelle.
b) Handelt es sich um eine Funktion? Prüfe rechnerisch, ob eine proportionale oder eine antiproportionale Funktion vorliegt.

4 Vier Heißluftballons starten zu einer gemeinsamen Fahrt. Die Diagramme veranschaulichen, wie jeder Ballon die Fahrt beginnt.

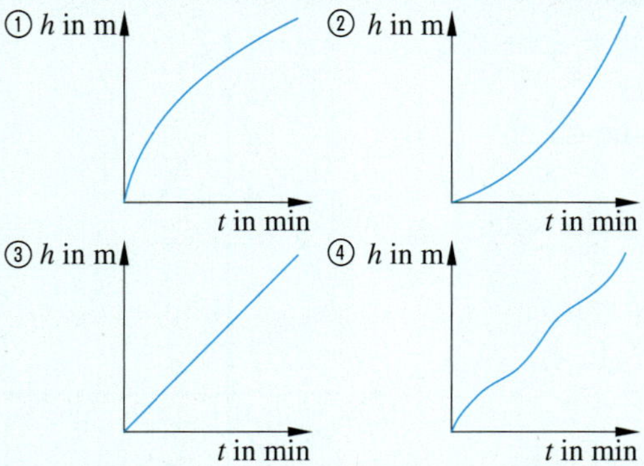

a) Welche Größen sind einander zugeordnet?
b) Begründe, ob dies eine Funktion ist.

1 Lies die Zuordnung in beide Richtungen. Handelt es sich jeweils um eine Funktion?

a) *Berg → Höhe*
b) *Buchstabe → Morsezeichen*
c) *Staat → Nationalflagge*

2 Betrachte die beiden Graphen.

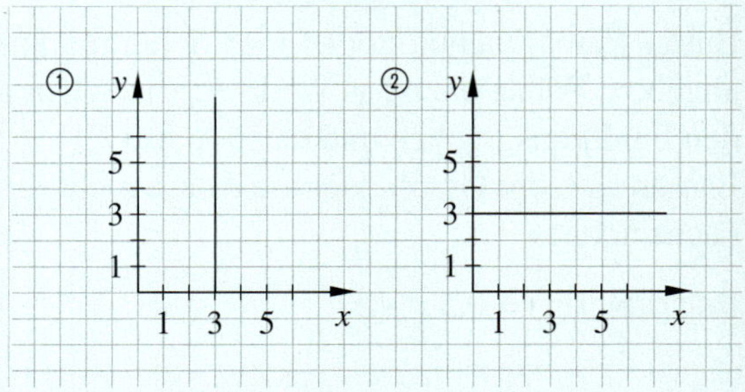

a) Handelt es sich um Funktionen?
b) Sind die Zuordnungen proportional, antiproportional oder keines von beiden?

3 Max überlegt, wie er sein Taschengeld für die Radtour von Lübeck bis Stralsund so einteilen kann, dass er jeden Tag den gleichen Betrag zur Verfügung hat.
Bei 12 Tagen hätte er 11 € pro Tag.

a) Handelt es sich um eine Funktion? Begründe.
b) Prüfe rechnerisch, ob die Funktion proportional oder antiproportional ist.

4 Die vier Diagramme zeigen die Abhängigkeiten zwischen zwei Größen.

a) Entscheide jeweils, ob es sich um eine Funktion handelt. Begründe deine Entscheidung.

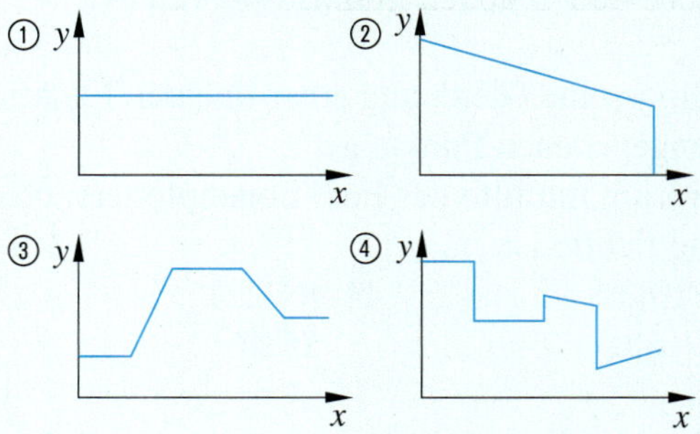

b) Finde jeweils eine passende Situation, die die Funktionsgraphen beschreiben.

Lineare Funktionen erkennen

→ Seite 150

5 Jeder rationalen Zahl x wird ihre Hälfte zugeordnet.
a) Erstelle eine Wertetabelle für den Definitionsbereich von -2 bis 5.
b) Gib die Anzahl der Wertepaare an.
c) Trage die Werte in ein Koordinatensystem ein und zeichne den Graphen.
d) Handelt es sich um eine Funktion? Begründe.

6 Handelt es sich um eine lineare Funktion? Wenn ja, gib die Steigung m und den y-Achsenabschnitt b an.
a) $y = 9x + 5$
b) $y = x^2 + 2$
c) $y = -x$
d) $y = x^3 - 2$

7 Für den Transport werden Bücher in Kisten gepackt. Eine Kiste wiegt 600 g, jedes Buch 400 g.
a) Handelt es sich um eine lineare Funktion?
b) Welcher Term gilt?
① $y = 400x + 600$ ② $y = 600x + 400$
c) Wie viel wiegt eine Kiste mit 12 Büchern?
d) Wie groß darf die Anzahl der Bücher höchstens sein, wenn das Gesamtgewicht 13 kg nicht überschreiten darf?

5 Erstelle zu den Wortvorschriften der Funktionen jeweils eine Wertetabelle.
Wähle Werte für x von -3 bis $+3$.
a) Jeder Zahl wird das 2,5-Fache zugeordnet.
b) Jeder Zahl wird das um 3 verminderte Vierfache zugeordnet.
c) Jeder Zahl wird ihre Quadratzahl zugeordnet.
d) Das Produkt von x und y ist 36.

6 Handelt es sich um eine lineare Funktion? Wenn ja, gib die Steigung m und den y-Achsenabschnitt b an.
a) $y = \frac{2}{x} + 2$
b) $y = 4 - 0{,}1x$
c) $y = 3 + x^2$
d) $y = x - 2x + 1$

7 Herr Kunze mietet ein Auto. Die Grundgebühr beträgt 59 €. Pro gefahrenen Kilometer werden 60 ct berechnet.
a) Handelt es sich um eine lineare Funktion?
b) Gib einen Term an, der die Zuordnung beschreibt.
c) Wie viel muss Herr Kunze zahlen, wenn er 53 km gefahren ist?
d) Wie viele Kilometer darf Herr Kunze fahren, wenn er 100 € zur Verfügung hat?

Lineare Funktionen untersuchen und zeichnen

→ Seite 156

8 Ist die Funktion steigend oder fallend? Zeichne den Graphen mithilfe des Steigungsdreiecks.
a) $y = -x + 2$
b) $y = 4x - 3$
c) $y = x$
d) $y = -2x + 4$

8 Ist die Funktion steigend oder fallend? Zeichne den Graphen mithilfe des Steigungsdreiecks.
a) $y = -3{,}5x + 1{,}5$
b) $y = \frac{1}{3}x - 3$
c) $y = -5$
d) $y = 0{,}1x - 0{,}2$

9 Gib jeweils mindestens eine passende Funktionsgleichung an.
a) eine Funktion mit der Steigung $m = 4$
b) eine fallende Funktion mit dem y-Achsenabschnitt $b = 1{,}5$
c) eine steigende Funktion mit dem Punkt $P(2|0)$
d) eine zu $y = 3x - 1$ parallele Funktion

Vermischte Übungen

1 Stelle für die folgenden Zuordnungen eine Wertetabelle auf und trage die Werte in ein Koordinatensystem ein.
Sind die Zuordnungen Funktionen?

a) *Seitenlänge eines Quadrates → Flächeninhalt eines Quadrates*
b) *Zahl → das Dreifache der Zahl*
c) *Alter einer Person → Größe der Person*

2 Ergänze im Heft die Tabelle so, dass die Zuordnung $x \rightarrow y$ …

a) eine Funktion ist,
b) keine Funktion ist.

x	1	3	4		6	8
y	4	6	9	9		12

3 Durch die Wertetabelle wird eine lineare Funktion beschrieben.

x	1	2	3	4	5	6	7	8
y	5	7	9	11				

a) Ergänze die Tabelle im Heft.
b) Zeichne den Graphen der Funktion.
c) Welche Funktionsgleichung passt zu der Tabelle? Begründe.
① $y = 4x + 1$ ② $y = 4x - 1$
③ $y = 2x + 3$ ④ $y = 3x + 2$

4 Lies die Steigung m und den y-Achsenabschnitt b ab.
Gib an, welche Funktionsgleichung zum Graphen passt.
① $y = 2x + 0{,}5$
② $y = -0{,}5x + 2$
③ $y = 0{,}5x + 2$

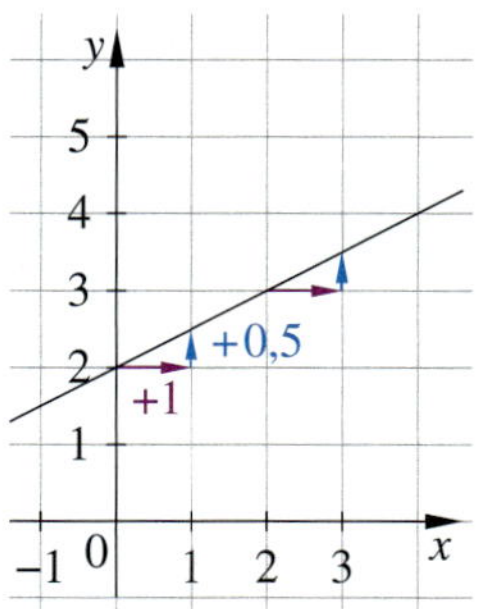

5 Die Punkte $P(6|11)$ und $Q(2|3)$ liegen auf dem Graphen einer linearen Funktion.
Wie lautet die Geradengleichung?

1 Gib für die folgenden Wortvorschriften die Wertepaare an. Trage diese Werte in ein Koordinatensystem ein. Gib Definitions- und Wertebereich an.
Sind die Zuordnungen Funktionen?

a) *Anzahl der Wochen → Anzahl der Tage*
b) Den natürlichen Zahlen von 11 bis 15 werden ihre Teiler zugeordnet.

2 Sind die folgenden Aussagen richtig? Begründe und gib je zwei Beispiele an.

a) Zuordnungen, bei denen zwei verschiedenen Werten der gleiche Wert zugeordnet wird, sind keine Funktionen.
b) Proportionale Zuordnungen sind Funktionen.

3 Durch die Wertetabelle wird eine lineare Funktion beschrieben.

x	0	1	2	3	4	5	6	7
y			3,5		6,5			

a) Ergänze die Tabelle im Heft.
b) Zeichne den Graphen der Funktion.
c) Welche Funktionsgleichung passt zu der Tabelle? Begründe.
① $y = 1{,}5x + 3{,}5$ ② $y = 1{,}5 + 1x$
③ $y = 1{,}5x + 0{,}5$ ④ $y = 3{,}5x + 1{,}5$

4 Gib jeweils m und b an. Notiere dann jeweils die Funktionsgleichung.

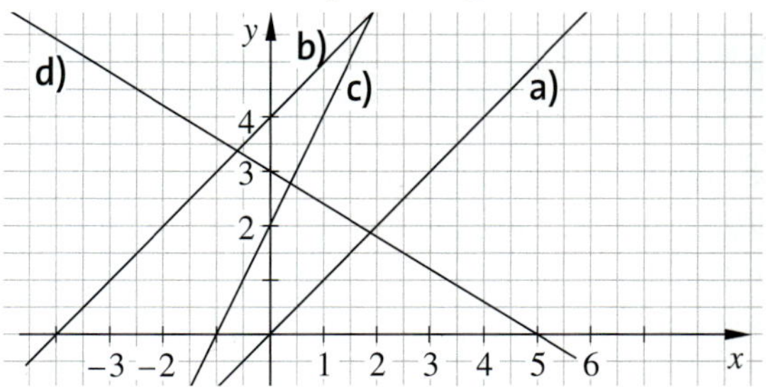

5 Eine lineare Funktion verläuft durch die Punkte $P(-3|5)$ und $Q(2|7)$.
Wie lautet die Geradengleichung?

6 Erkläre zunächst, wie du das Steigungsdreieck zeichnest. Zeichne dann den Graphen.

a) $y = 2x$ b) $y = -4x + 1$ c) $y = \frac{8}{2}x + 1{,}5$ d) $y = \frac{2}{3}x + 3$
e) $y = 3{,}5x$ f) $y = \frac{1}{4}x + \frac{3}{4}$ g) $y = -2{,}5x - 1{,}5$ h) $y = -x + \frac{3}{2}$

7 Übertrage die Wertepaare in ein Koordinatensystem. Zeichne die Funktionsgraphen. Handelt es sich um lineare Funktionen? Begründe.

a)

x	0	1	2	4	6
y	15	13	11	7	3

b)

x	−1	0	1	2	3
y	8	10	13	15	18

c)

x	−2	0	2	4	6
y	−6	0	6	12	18

7 Betrachte die Wertetabellen. Handelt es sich um Funktionen, lineare Funktionen oder keine Funktionen? Begründe.

a)

x	−2	−1	0	1	2	3	4
y	13	10	7	4	1	−2	−5

b)

x	−3	0	3	10	12	15	20
y	0	4	7	8	4	0	7

c)

x	1	3	2	3	4	5	6
y	0	1	2	3	4	5	6

8 Eine dünne Kerze brennt ab.

Zeit (in min)	0	10	20	30
Höhe (in cm)	12	10	8	6

a) Wie hoch war die Kerze zu Beginn?
b) Nach wie vielen Minuten ist die Kerze ganz abgebrannt?
c) Welche Funktionsgleichung passt?
① $y = 2x + 12$ ② $y = 12x - 2$
③ $y = 12 - x$ ④ $y = 12 - 0{,}2x$

8 Ein Eiswürfel schmilzt in der Sonne.

Zeit (in min)	0	1	2	3
Höhe (in cm)	8	7,6	7,2	6,8

a) Gib eine passende Funktionsgleichung an.
b) Wann ist der Eiswürfel geschmolzen?
c) Zeichne den Graphen der Funktion.

9 Gib die Funktionsgleichung an und zeichne mithilfe des Steigungsdreiecks den Graphen.
a) $m = 3;\ b = 1$ b) $m = 1;\ b = -3{,}5$
c) $m = -2;\ b = +2{,}5$ d) $m = -2;\ b = -0{,}5$

9 Gib jeweils die Funktionsgleichung an. Zeichne den Graphen der linearen Funktion.
a) $m = \frac{1}{5};\ b = 1$ b) $m = -\frac{2}{5};\ b = \frac{1}{2}$
c) $m = 2;\ b = 3$ d) $m = -1;\ b = 0$

10 Der Graph einer linearen Funktion verläuft durch die Punkte *A* und *B*.
Bestimme die Funktionsgleichung. Vergleiche deine Ergebnisse mit der Randspalte.
a) $A(1|4);\ B(3|14)$
b) $A(2|7);\ B(4|3)$
c) $A(3|-2);\ B(6|7)$
d) $A(-1|2);\ B(3|8)$
e) $A(-3|6);\ B(2|-8)$

10 Der Graph einer linearen Funktion verläuft durch den Punkt *P* und hat die Steigung *m*.
Stelle die Funktionsgleichung auf.
a) $m = 4;\ P(3|15)$
b) $m = \frac{2}{3};\ P(6|1)$
c) $m = 0{,}3;\ P(-2|5)$
d) $m = -3;\ P(5|-2)$
e) $m = -1{,}4;\ P(-3|-1)$

ZU AUFGABE 10

11 Die Orte Urigen und Balm liegen in der Schweiz. Zwischen beiden Orten verläuft eine Etappe des Radrennens „Tour de Suisse".
Erkläre, wie du die Steigung *m* der Strecke berechnen kannst.
Entnimm alle Angaben aus der Zeichnung.

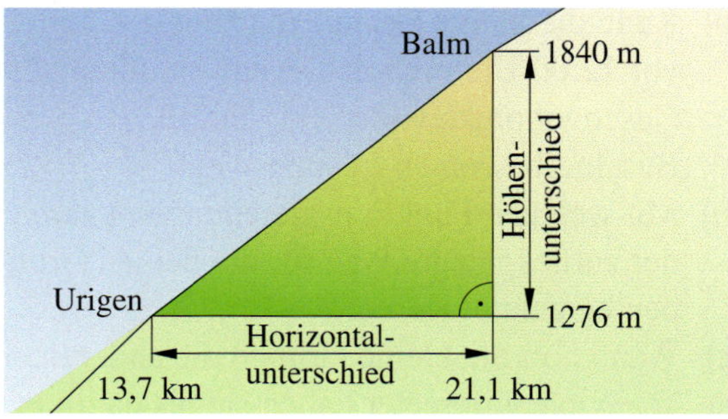

Klassenfahrt in den Schwarzwald

Die Klassen 8 a und die 8 b fahren gemeinsam mit drei Lehrern in den 300 km entfernten Schwarzwald. 27 Schülerinnen und Schüler gehen in die Klasse 8 a und 25 in die 8 b.

12 Die Anreise

Die Klassen 8 a und 8 b starten um 8:00 Uhr. Bis 9:30 Uhr haben sie bereits 150 km zurückgelegt. Aufgrund einer Baustelle ist eine Spur gesperrt und die Autos stauen sich. Bis 10:30 Uhr legen sie nur 60 km zurück und machen erst einmal eine 30-minütige Pause.
Um 12:30 Uhr erreichen sie ihr Ziel.

a) Notiere alle wichtigen Informationen aus dem Text in einer Tabelle.
b) Übertrage die Wertepaare in ein Koordinatensystem.
c) Bestimme mithilfe des Steigungsdreiecks die Geschwindigkeiten auf den einzelnen Abschnitten der Fahrt.
d) Wie schnell ist der Bus im Durchschnitt gefahren? Beschreibe deinen Lösungsweg.
e) Wo könnte der Bus losgefahren sein? Finde mögliche Heimatorte z.B. im Atlas.

13 Der Besuch im Kletterpark

Zum Klettern braucht jede Schülerin und jeder Schüler eine Einverständniserklärung der Eltern. Außerdem müssen sie eine Mindestgreifhöhe von 1,90 m haben.
Insgesamt werden drei Schülerinnen und Schüler und ein Lehrer beim Klettern nur zuschauen.

Eintrittspreise

Erwachsene:	13 €
ermäßigt:	10 €
Zuschauer:	0 €

Gruppenermäßigung

ab 10 Personen:	10 %
ab 30 Personen:	15 %

Klassentarif
keine weitere Ermäßigung

Schüler:	9 €
Lehrer:	frei

a) Vergleiche die unterschiedlichen Preismodelle.
Berechne den günstigsten Eintrittspreis für
– die gesamte Gruppe
– beide Klassen einzeln.
b) Schätze, wie groß eine Person mit einer Greifhöhe von 1,90 m ist.
Mit welchem Faktor müsste man die Körpergröße multiplizieren?
c) In einigen Kletterparks gelangt man über eine Seilrutsche von der obersten Plattform zurück auf den Boden. Bestimme zeichnerisch die Steigung, wenn die Seilrutsche in einer Höhe von 30 m startet und die Länge des Seils 60 m beträgt.

14 Die Panne vor der Radtour

Um 8:00 Uhr brechen alle zu einer Radtour auf. Sie fahren mit einer durchschnittlichen Geschwindigkeit von $16\,\frac{\text{km}}{\text{h}}$.
Stefans Fahrrad muss repariert werden, sodass eine kleine Gruppe erst um 8:45 Uhr losfährt.

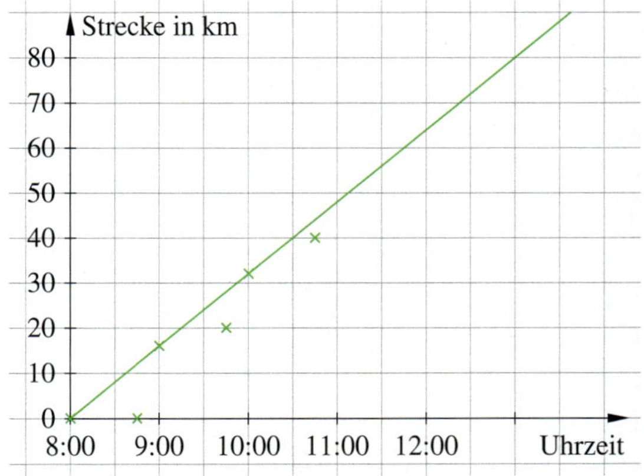

a) Kann die kleine Gruppe die Klasse noch vor 12:00 Uhr einholen, wenn sie mit einer Geschwindigkeit von $20\,\frac{\text{km}}{\text{h}}$ fährt? Beschreibe deinen Lösungsweg.
b) Mit welchen Funktionsgleichungen kann der zurückgelegte Weg für die beiden Gruppen berechnet werden?
c) Wann holt die kleine Gruppe die anderen ein?
Wie viele Kilometer haben sie bis dahin in etwa zurückgelegt?

Zusammenfassung

Zuordnungen und Funktionen beschreiben

→ Seite 146

Eine Zuordnung, bei der jedem Wert x aus dem Definitionsbereich genau ein Wert y aus dem Wertebereich zugeordnet wird, heißt **Funktion**.

Eine Funktion kann man durch eine **Wortvorschrift**, eine **Wertetabelle**, einen **Funktionsgraphen** oder eine **Funktionsgleichung** darstellen.

Alle **proportionalen Zuordnungen** sind Funktionen mit der Funktionsgleichung $y = m \cdot x$, ihre Graphen gehen durch $P(0|0)$.

Jedem x wird sein doppelter Wert zugeordnet.

x	1	2	3
y	2	4	6

$y = 2x$

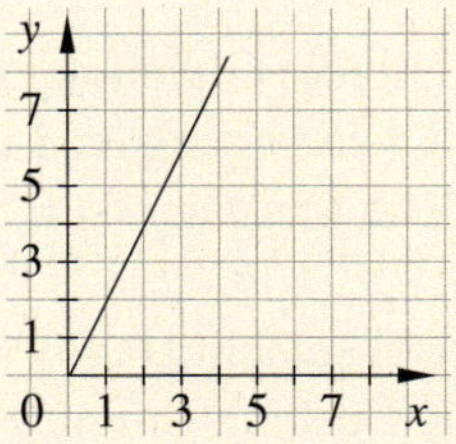

Lineare Funktionen erkennen

→ Seite 150

Eine Funktion mit der **Funktionsgleichung** $y = m \cdot x + b$ $(m \neq 0)$ heißt **lineare Funktion**.
$\boldsymbol{m}$ ist die **Steigung** der Funktion.
Der Graph der Funktion ist eine Gerade, die die y-Achse im Punkt $P(0|b)$ schneidet.
$\boldsymbol{b}$ ist der **Achsenabschnitt** auf der y-Achse.

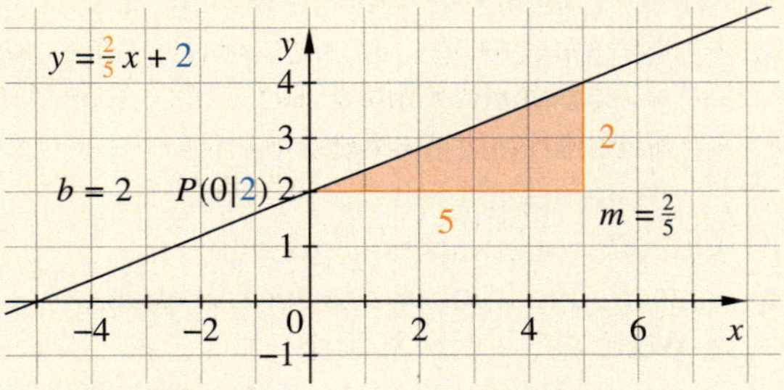

Der zu x gehörende y-Wert kann mithilfe der **Funktionsgleichung** berechnet werden.

y-Wert für $x = 5$:
$y = \frac{2}{5} \cdot 5 + 2 = 2 + 2 = 4$
Der Punkt $P\,(5|4)$ liegt auf der Geraden.

Umgekehrt kann man auch den x-Wert berechnen, wenn der y-Wert bekannt ist.

x-Wert für $y = 6$:
$6 = \frac{2}{5}x + 2 \quad | -2$
$4 = \frac{2}{5}x \quad | \cdot \frac{5}{2}$
$10 = x$
Der Punkt $P\,(10|6)$ liegt auf der Geraden.

Lineare Funktionen untersuchen und zeichnen

→ Seite 156

Die Steigung m einer linearen Funktion kann berechnet werden:

$$m = \frac{\text{Differenz der } y\text{-Koordinaten}}{\text{Differenz der } x\text{-Koordinaten}} = \frac{y_2 - y_1}{x_2 - x_1}$$

Für $\boldsymbol{m > 0}$, ist die Funktion **steigend**,
für $\boldsymbol{m < 0}$ ist die Funktion **fallend**.
Die **Nullstelle** einer linearen Funktion erhält man, indem man $y = 0$ setzt.
Die **Nullstelle** der Funktion ist die x-Koordinate des Schnittpunkts des Graphen mit der x-Achse.

Eine lineare Funktion verläuft durch die Punkte $(2|1)$ und $(4|5)$.

$m = \frac{5-1}{4-2} = \frac{4}{2} = 2 > 0$, also ist die Funktion steigend.

Nullstelle der Funktion $y = 2x - 3$:
$2x - 3 = \mathbf{0} \quad | +3$
$2x = 3 \quad | :2$
$x = 1{,}5$
Die Nullstelle ist $x = 1{,}5$.
Der Punkt $P\,(1{,}5|0)$ liegt auf der Geraden.

Teste dich!

6 Punkte

1 Nenne jeweils zwei Beispiele für eine …
a) Zuordnung.
b) Funktion.
c) lineare Funktion.

4* Punkte Zusatzpunkte

2 Gib die Gleichung für die linearen Funktionen an und zeichne die Graphen.
a) Die Steigung ist 3 und der y-Achsenabschnitt liegt bei -1.
b) Die Steigung ist 0,5 und der y-Achsenabschnitt liegt bei -2.

2* Punkte Zusatzpunkte

3 Bei seinem Handyvertrag bezahlt Björn im Monat 9,99 € Grundgebühr. Jede Gesprächsminute kostet 0,11 €.
a) Stelle eine Funktionsgleichung auf. Bezeichne die Anzahl der Minuten mit x.
b) Wie viel zahlt Björn, wenn er in einem Monat 60 Minuten telefoniert hat?

4* Punkte Zusatzpunkte

4 Betrachte den Funktionsgraphen.
a) Gib folgende Werte an:
– Steigung m
– y-Achsenabschnitt b
– Schnittpunkt mit der x-Achse
– Schnittpunkt mit der y-Achse
b) Gib die Funktionsgleichung an.
c) Lies die Funktionswerte für folgende x-Werte ab: -6; -3; 2; 4.
d) Liegt der Punkt $A\,(7|4)$ auf dem Graphen?

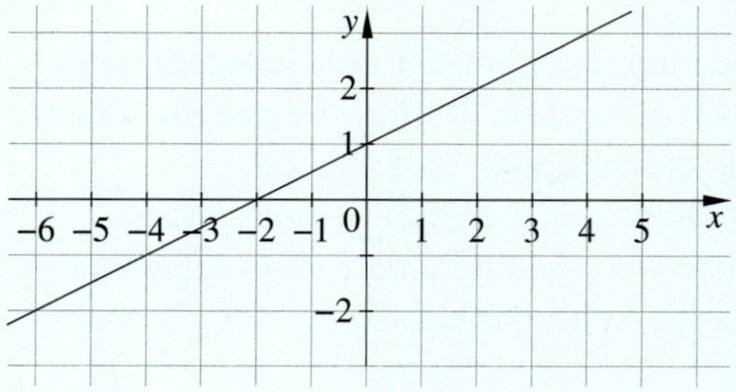

5* Punkte Zusatzpunkte

5 In einem quaderförmigen Becken steht das Wasser 2,20 m hoch. Der Wasserspiegel sinkt pro Stunde um 0,3 m.
a) Stelle das Ablaufen des Wassers in einer Wertetabelle dar.
b) Übertrage die Wertepaare in ein Koordinatensystem.
c) Gib eine Funktionsgleichung an, mit der der Wasserstand berechnet werden kann.
d) Wie hoch steht das Wasser nach 3,5 h im Becken?

6 Punkte

6 In einem Park wird der Rasen gemäht.

① Ein Gärtner mäht den Rasen allein.

Zeit (in h)	1	2	3	4	5
Fläche (in m²)		5000			

② Mehrere Gärtner mähen den Rasen.

Anzahl der Gärtner	1	2	3	4	5
Zeit (in h)		6			

a) Übertrage die Wertetabellen ins Heft und ergänze sie.
b) Um welche Art von Zuordnung handelt es sich?
c) Handelt es sich um eine Funktion? Begründe.

12* Punkte Zusatzpunkte

7 Erstelle eine Wertetabelle mit Werten für x von -3 bis $+3$. Zeichne die Graphen der Funktionen mithilfe des Steigungsdreiecks.
a) $y = 5x - 7$
b) $y = 3x + 2{,}2$
c) $y = -x - 1$
d) $y = 1{,}5x + 1{,}5$
e) $y = -2x + 4$
f) $y = -3 + 2x$

Gold: 11–12 Punkte, Silber: 9–10 Punkte, Bronze: 7–8 Punkte
Lösungen ab Seite 164

Anhang

Vielecke und Kreise berechnen

Seite 8

Noch fit?

1 ②, ④, ⑥

1 A: Quadrat; B: Parallelogramm; C: Raute
D: Parallelogramm; E: Rechteck; F: Quadrat

2 Zeichenübung
a) $u_{\text{Quadrat}} = 12\,\text{cm}$; $u_{\text{Rechteck}} = 12\,\text{cm}$
b) $A_{\text{Quadrat}} = 9\,\text{cm}^2$; $A_{\text{Rechteck}} = 8\,\text{cm}^2$
c) $u_{\text{Quadrat}} = 4a$; $u_{\text{Rechteck}} = 2 \cdot (a + b)$
$A_{\text{Quadrat}} = a^2$; $A_{\text{Rechteck}} = a \cdot b$

2 Zeichenübung
a) $u = 4a = 16\,\text{cm}$; $A = a^2 = 16\,\text{cm}^2$
b) $u = 4a = 30\,\text{cm}$; $A = a^2 = 56{,}25\,\text{cm}^2$
c) $u = 2 \cdot (a + b) = 250\,\text{mm}$; $A = a \cdot b = 3\,600\,\text{mm}^2$
d) $u = 2 \cdot (a + b) = 33\,\text{cm} = 3{,}3\,\text{dm}$; $A = a \cdot b = 60{,}5\,\text{cm}^2 = 0{,}605\,\text{dm}^2$

3 **a)** 12 dm **b)** 17 cm
c) 44 dm **d)** 1,3 km
e) $1\,\text{dm}^2$ **f)** $5\,\text{cm}^2$
g) $1000\,\text{dm}^2$ **h)** $700\,000\,\text{cm}^2$

3 **a)** 27,5 cm **b)** 300 mm
c) 3,5 cm **d)** 120,4 dm
e) $2\,\text{dm}^2$ **f)** $45\,\text{cm}^2$
g) $510\,\text{dm}^2$ **h)** $1\,357\,\text{cm}^2$

4

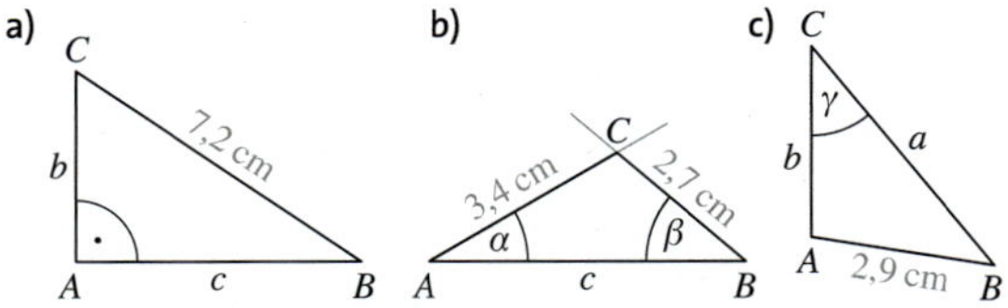

Abbildungen maßstäblich verkleinert

4

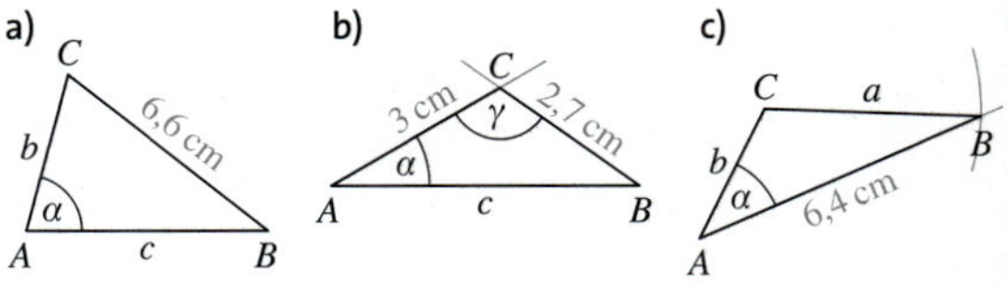

Abbildungen maßstäblich verkleinert

5 $r_1 = 1{,}3\,\text{cm}$; $r_2 = 0{,}9\,\text{cm}$; $r_3 = 0{,}5\,\text{cm}$
$d_1 = 3{,}6\,\text{cm}$; $d_2 = 2{,}6\,\text{cm}$; $d_3 = 1{,}4\,\text{cm}$

5 Die beiden Kreismittelpunkte liegen 10,7 cm (2,3 cm) voneinander entfernt.

6 **a)** In einem Rechteck sind alle Winkel **rechte Winkel**.
b) Zwei Geraden sind parallel zueinander, wenn **sie überall denselben Abstand zueinander haben**.
c) Zwei Geraden sind senkrecht zueinander, wenn **sie sich in einem Winkel von 90° schneiden**.
d) Die Verbindung gegenüberliegender Eckpunte im Rechteck nennt man **Diagonale**.
e) Zwei Dreiecke sind kongruent (deckungsgleich), wenn sie **in allen Seitenlängen und in allen Winkelgrößen übereinstimmen**.

Seite 28/29

Klar so weit?

1 **a)** $u = 38\,\text{cm}$ **b)** $u = 31\,\text{m}$ **c)** $u = 69\,\text{mm}$
d) $u = 19{,}1\,\text{cm}$ **e)** $u = 20{,}1\,\text{cm}$

1

	a)	b)	c)	d)
a	51 cm	35 mm	**9,04 m**	73 mm
b	9,2 cm	**16 mm**	10,42 m	4,8 cm
c	45,8 cm	2,9 cm	2,15 m	**6,9 cm**
u	**106 cm**	80 mm	21,61 m	1,9 dm

2

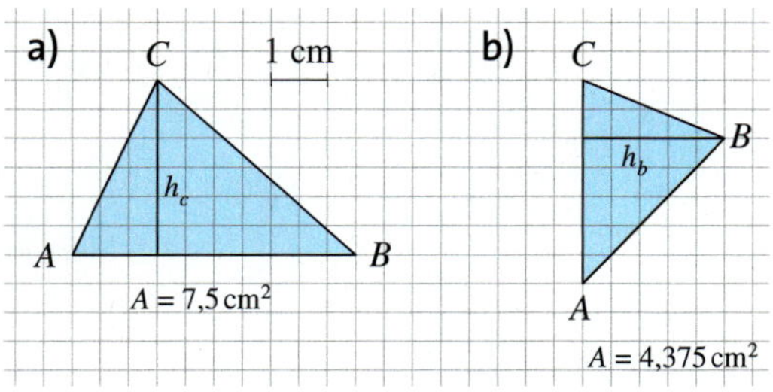

2 rote Fläche: $A = 63\,\text{cm}^2$
blaue Fläche: $A = 45\,\text{cm}^2$

Seite 28/29

3

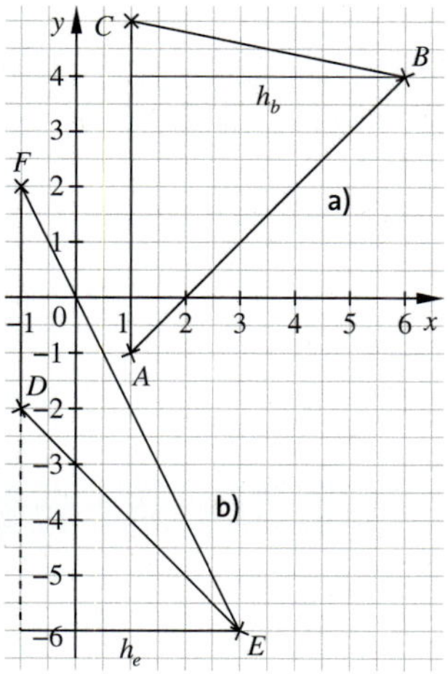

$u = 18{,}2\,\text{cm}$
$A = 15\,\text{cm}^2$

$u = 18{,}6\,\text{cm}$
$A = 8\,\text{cm}^2$

4 a) $A = 5\,\text{cm}^2$ b) $A = 10\,\text{cm}^2$
c) $A = 8\,\text{cm}^2$ d) $A = 4\,\text{cm}^2$

5 a) $30{,}24\,\text{cm}^2$ b) $20{,}46\,\text{cm}^2$
c) $9{,}75\,\text{cm}^2$ d) $0{,}6\,\text{cm}^2$

6 a) $14\,\text{cm}^2$
b) $16\,\text{cm}^2$

7 a) $A = 8{,}82\,\text{cm}^2$
b) $f = 12\,\text{m}$
c) $e = 2{,}72\,\text{dm}$

8

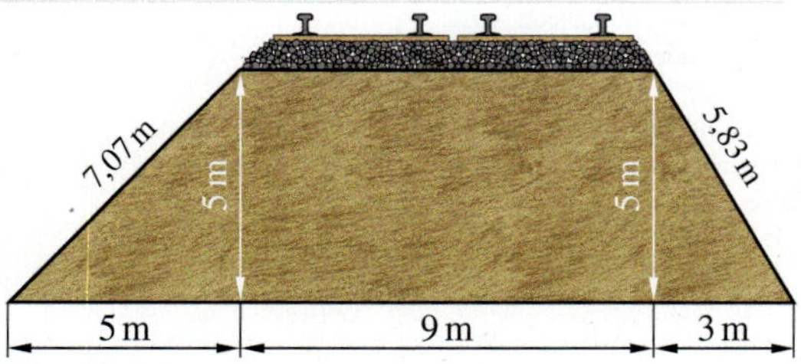

$u = 38{,}9\,\text{m}$
$A = 65\,\text{m}^2$

9 Zeichenübung $u \approx 31{,}45\,\text{cm}$; $A = 78{,}54\,\text{cm}^2$

10 a) 1 cm b) 2 cm c) 3 cm d) 1,5 cm

11 Der Rasensprenger kann etwa eine Fläche von $28{,}27\,\text{m}^2$ bis $452{,}39\,\text{m}^2$ bewässern.

3 a)

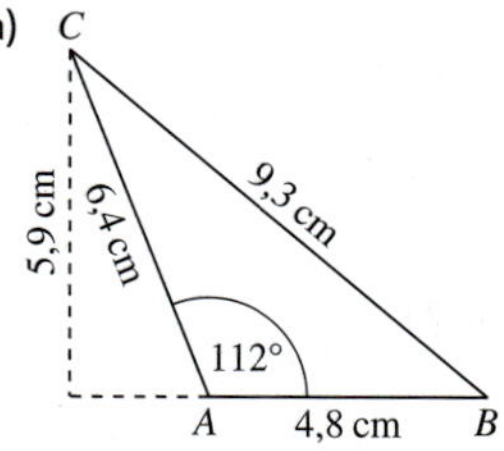

$u = 20{,}5\,\text{cm}$
$A = 14{,}2\,\text{cm}^2$

b)

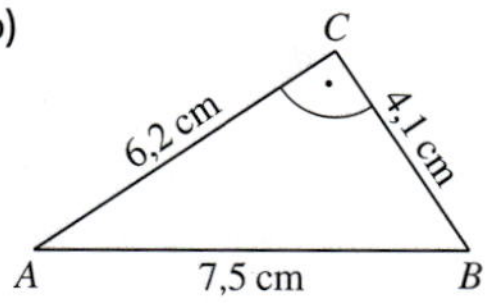

$u = 17{,}7\,\text{cm}$
$A = 12{,}71\,\text{cm}^2$

Abbildungen maßstäblich verkleinert

4 a) $A = 8\,\text{cm}^2$ b) $A = 6\,\text{cm}^2$
c) $A = 9\,\text{cm}^2$

5 a) $25{,}83\,\text{cm}^2$ b) $17{,}08\,\text{cm}^2$
c) $19{,}98\,\text{cm}^2$ d) $15{,}75\,\text{cm}^2$

6 a) $A_{\text{blau}} = 6\,\text{cm}^2$; $A_{\text{gelb}} = 17{,}5\,\text{cm}^2 - 6\,\text{cm}^2 = 11{,}5\,\text{cm}^2$
b) $A_{\text{blau}} = 10\,\text{cm}^2$; $A_{\text{gelb}} = 25\,\text{cm}^2 - 10\,\text{cm}^2 = 15\,\text{cm}^2$

7

	a	b	u	e	f	A
a)	3,8 cm	1,9 cm	**11,4 cm**	5 cm	3 cm	**7,5 cm²**
b)	4 m	**5,5 m**	19 m	8 m	**5 m**	20 m²
c)	**2,2 cm**	28 mm	10 cm	**4 cm**	32,5 mm	6,5 cm²

8 a) $A = 17{,}5\,\text{cm}^2$ b) $A = 36\,\text{cm}^2$
c) $A = 37{,}5\,\text{cm}^2$ d) $A = 27\,\text{cm}^2$

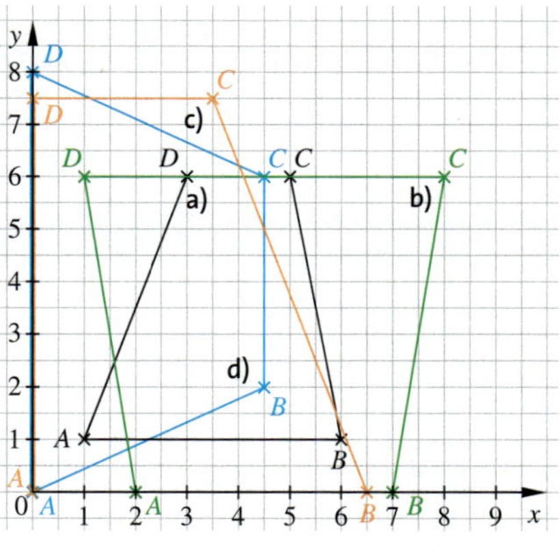

9 Zeichenübung $A = 58{,}01\,\text{cm}^2$

10 a) 1,1 cm b) 1,8 cm c) 3,1 cm d) 1,6 cm

11 Es werden etwa 78,5 % erreicht.

Teste dich!

Seite 34

1 a) $u = 7{,}4\,\text{cm}$, $A = 2{,}465\,\text{cm}^2$ b) $u = 8{,}6\,\text{cm}$, $A = 2{,}775\,\text{cm}^2$ c) $u = 9{,}6\,\text{cm}$, $A = 3{,}84\,\text{cm}^2$ d) $u = 9\,\text{cm}$, $A = 3{,}9\,\text{cm}^2$

2 a) ① $A = 7{,}35\,\text{m}^2$ ② $A = 5{,}13\,\text{m}^2$
b) ① Das Glas kostet 703,17 €. ② Das Glas kostet 490,79 €.

Seite 34

3 ① $u = 10{,}8\,cm$; $A = 5{,}95\,cm^2$ ② $u = 20{,}6\,cm$; $A = 20{,}72\,cm^2$ ③ $u = 8\,cm$; $A = 4{,}08\,cm^2$ ④ $u = 19{,}6\,cm$; $A = 22{,}75\,cm^2$

4 **a)** Er erhält eine Entschädigung in Höhe von 170 289 €. **b)** Die Jahrespacht beträgt 191 €.

5 **a)** $d = 9{,}4\,cm$; $u \approx 29{,}53\,cm$; $A \approx 69{,}40\,cm^2$
b) $r = 0{,}4\,m$; $u \approx 2{,}51\,m$; $A \approx 0{,}50\,m^2$;
c) $r \approx 0{,}80\,dm$; $d \approx 1{,}59\,dm$; $A \approx 1{,}99\,dm^2$

Lineare Gleichungen

Seite 36

Noch fit?

1 **a)** $4c$ **b)** $-x$ **c)** $2p$ **d)** $-3x$ **e)** $5n$ **f)** y

2 **a)** 0 (52 und 130) **b)** 0 (72 und 180) **c)** 0 (22 und 55) **d)** 46 (14 und −34) **e)** 0 (42 und 105) **f)** 0 (12 und 30)

3 **a)** richtig
b) falsch; $x = 8$
c) falsch; $x = -1$
d) richtig
e) richtig
f) falsch; $x = 10$
g) richtig

1 **a)** $2c + 2d$ **b)** $p + q$ **c)** $4x + z$ **d)** $-3a$ **e)** $4n + 2p$ **f)** $2r - y$

2 **a)** −6 (0; 22 und 60) **b)** 1 (10; 43 und 100) **c)** −10 (2; 46 und 122) **d)** −19 (17; 149 und 377) **e)** 6 (0; −22 und −60) **f)** −61 (35; 387 und 995)

3 **a)** $x = 0$
b) $x = 2$
c) $x = -4$
d) $x = -2{,}5$
e) $x = \frac{2}{5}$
f) $x = 2$
g) $x = 12$

4 **a)** ④ **b)** ⑥ **c)** ② **d)** ① **e)** ③ **f)** ⑤

5 **a)** Eine Variable ist ein Platzhalter oder eine Unbekannte.
Ein Term (Rechenausdruck) ist eine sinnvolle Zusammensetzung aus Rechenzeichen, Zahlen und/oder Variablen.
Den Wert des Terms kann man berechnen, indem für die Variable eine Zahl eingesetzt wird.
b) Kommutativgesetz: Bei der Addition dürfen Summanden vertauscht werden: $a + b = b + a$.
Bei der Multiplikation dürfen Faktoren vertauscht werden: $a \cdot b = b \cdot a$.
Assoziativgesetz: Bei der Addition dürfen Summanden beliebig zusammengefasst werden: $a + (b + c) = (a + b) + c$.
Bei der Multiplikation dürfen Faktoren beliebig zusammengefasst werden: $a \cdot (b \cdot c) = (a \cdot b) \cdot c$.
Distributivgesetz: $a \cdot (b \pm c) = a \cdot b \pm a \cdot c$; $(a \pm b) : c = a : c \pm b : c$, mit $c \neq 0$.
c) Die Hose wurde um 15 % reduziert.

Seite 50

Klar so weit?

1 **a)** nein; kein Gleichheitszeichen
b) ja; Gleichheitszeichen verbindet zwei Terme
c) ja; Gleichheitszeichen verbindet zwei Terme
d) nein; kein Gleichheitszeichen
e) ja; Gleichheitszeichen verbindet zwei Terme
f) nein; zwei Gleichheitszeichen verbinden drei Terme

2 **a)** falsch **b)** falsch **c)** falsch **d)** falsch **e)** wahr **f)** wahr **g)** falsch

3 **a)** $2x + 2 = 6$ **b)** $3x + 6 = 5x + 2$

4 a), f)

5 $3a = 4 + a$
a) $3a = 4 + a \quad | -a$
$2a = 4 \quad | :2$
$a = 2$
b) $3a = 4 + a \quad | +a$
$4a = 4 + 2a \quad | :2$
$2a = 2 + a \quad | -a$
$a = 2$

1 **a)** ja; Gleichheitszeichen verbindet zwei Terme
b) ja; Gleichheitszeichen verbindet zwei Terme
c) nein; zwei Gleichheitszeichen verbinden drei Terme
d) ja; Gleichheitszeichen verbindet zwei Terme
e) ja; Gleichheitszeichen verbindet zwei Terme
f) nein; zwei Gleichheitszeichen verbinden drei Terme

2 **a)** $x = -5$ **b)** $x = 8$ **c)** $x = -2$ **d)** $x = 6$ **e)** $x = 0{,}5$ **f)** $x = 1$ **g)** $x = 3$

4 **a)** $x = 16$ **b)** y beliebig **c)** $u = 146{,}34$ **d)** $v = 2{,}5$ **e)** $z = 0$ **f)** $w = 9{,}9$

5 $4b + 5 = 2b + 45$
a) $4b + 5 = 2b + 45 \quad | -5$
$4b = 2b + 40 \quad | -2b$
$2b = 40 \quad | :2$
$b = 20$
b) $4b + 5 = 2b + 45 \quad | +5$
$4b + 10 = 2b + 50 \quad | :2$
$2b + 5 = b + 25 \quad | -b$
$b + 5 = 25 \quad | -5$
$b = 20$

Seite 50/51

6 a) $a = 3$ b) $b = 3$ c) $c = 4$
d) $d = 3{,}5$ e) $e = 3$

6 a) $a = 4$ b) $b = 3$ c) $c = 0{,}7$
d) $d = 1$ e) $e = -3{,}5$ f) $f = \frac{1}{10}$

7
$3x - 8 = 31 - 10x \quad | + \mathbf{10x}$
$\mathbf{13}\,x - 8 = 31 \quad | + 8$
$13x = \mathbf{39} \quad | : \mathbf{13}$
$x = \mathbf{3}$

7
$0{,}5x + 6 = 2x + 5{,}25 \quad | - \mathbf{0{,}5x}$
$6 = \mathbf{1{,}5}\,x + 5{,}25 \quad | - \mathbf{5{,}25}$
$0{,}75 = \mathbf{1{,}5x} \quad | : \mathbf{1{,}5}$
$\mathbf{0{,}5} = x$

8 a) ⑧ b) ① c) ②, ⑤ d) ⑦ e) ⑤, ② f) ⑥ g) ④ h) ③

9
a) $x - 12 = 2$; $x = 14$
b) $x + 35 = 100$; $x = 65$
c) $\frac{1}{3}x = 7{,}5$; $x = 22{,}5$
d) $x + 5 = 50$; $x = 45$
e) $79 - x = 50$; $x = 29$
f) $2x = 650$; $x = 325$

9
a) $x + 2 = 1{,}5$; $x = -0{,}5$
b) $3x = 54$; $x = 18$
c) $\frac{2}{3}x = 460$; $x = 690$
d) $x + 3{,}5 = 18$; $x = 14{,}5$
e) $97 - x = 86$; $x = 11$
f) $\frac{1}{3}x = 260$; $x = 780$

10
a) $14 - 7 = x + 2$
$x = 5$
Mäuschen ist heute fünf Jahre alt.
b) $14 + x = 2 \cdot (5 + x)$
$x = 4$
In vier Jahren ist Wanda doppelt so alt wie ihre Katze.

10
a) $x + 8 + x = 22$
$x = 7$
Schröder ist sieben Jahre alt, Tim ist 15 Jahre alt.
b) $15 - x = 3 \cdot (7 - x)$
$x = 3$
Vor drei Jahren war Tim zwölf Jahre alt und sein Hund vier Jahre alt. Also war Tim 3-mal so alt wie sein Hund.

Teste dich!

Seite 58

1 Aussage **c)** trifft zu.

2 a) Er bezahlt 57,90 €.
b) Es ist günstiger, sieben Vierertickets (50,40 €) zu kaufen als sechs Vierertickets und drei Einzeltickets (50,70 €).
c) Er hat sechs Vierertickets gekauft.

3 a) $a = 16$ b) $b = 49$ c) $c = 8$ d) $d = -3$
e) $e = -1{,}4$ f) $f = 4$ g) $g = 14$ h) $h = -4$

4 a) $a = 12$ b) $b = -2{,}5$ c) $c = 0{,}75$ d) $d = -20$
e) $e = 1{,}4$ f) $f = -7{,}6$ g) $g = -9$ h) $h = -9$

5 a) $2x + 43 = 77$; $x = 17$
b) $3 \cdot (x - 4) + 12 = 42$; $x = 14$

6 a) Anne ist 28 Jahre alt, Birte ist 13 Jahre alt und Charlene ist ein Jahr alt.
b) Oma Frieda ist 60 Jahre alt, Jasmina ist zehn und Jasminas Vater ist 30 Jahre alt.
c) Opa Karl-Heinz ist 70 Jahre alt, sein Enkel Jan-Marvin ist sieben Jahre alt.

7 a) Eine Kinokarte kostet 9,20 €.
b) Eine Currywurst kostet jetzt 2,50 €.
c) Eine Theaterkarte kostet regulär 16 €, Herr Hauprecht zahlt nur 11 €.

Prozent- und Zinsrechnung

Noch fit?

Seite 60

1

	a)	b)	c)	d)	e)	f)
Dezimalbruch	0,25	**0,1**	0,60	**0,125**	**1**	0,05
Bruch	$\frac{25}{100}$	$\frac{1}{10}$	$\mathbf{\frac{60}{100}}$	$\mathbf{\frac{125}{1000}}$	$\mathbf{\frac{100}{100}}$	$\mathbf{\frac{5}{100}}$
Prozentangabe	25 %	**10 %**	**60 %**	**12,5 %**	100 %	**5 %**
Anteil	25 von 100	**10 von 100**	**60 von 100**	12,5 von 100	**100 von 100**	**5 von 100**

Seite 60

2

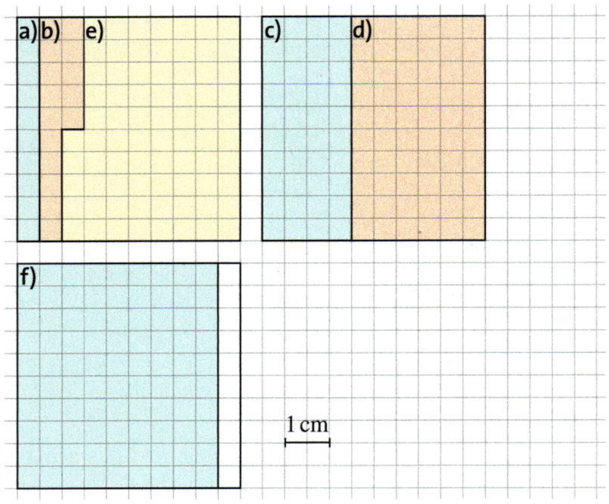

2

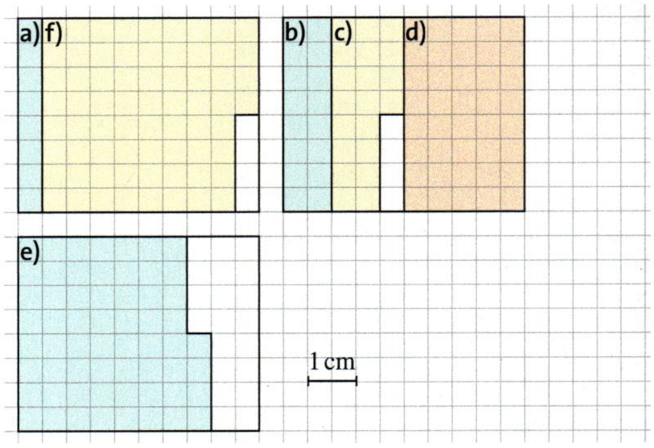

3 a) $\frac{3}{10} = 30\%$; $\frac{5}{10} = 50\%$; $\frac{6}{10} = 60\%$; $\frac{15}{20} = 75\%$; $\frac{15}{10} = 150\%$

b) $\frac{2}{50} = 4\%$; $\frac{2}{40} = 5\%$; $\frac{2}{20} = 10\%$; $\frac{2}{10} = 20\%$; $\frac{1}{2} = 50\%$

3 a) $\frac{2}{7} \approx 28{,}6\%$; $\frac{2}{6} \approx 33{,}3\%$; $\frac{2}{5} = 40\%$; $\frac{2}{4} = 50\%$; $\frac{2}{3} \approx 66{,}7\%$

b) $\frac{4}{5} = 80\%$; $\frac{5}{6} \approx 83{,}3\%$; $\frac{6}{7} \approx 85{,}7\%$; $\frac{7}{8} = 87{,}5\%$; $\frac{8}{9} \approx 88{,}9\%$

4 a) ① 52,3 % Jungen; 47,7 % Mädchen; ② 396 Teilnehmer erhalten ein Abzeichen.

b) 264 Teilnehmer wählten Hochsprung, 176 wählten Weitsprung.

c) 1000-m-Lauf: 132 Teilnehmer; 2000-m-Lauf: 108 Teilnehmer; Radfahren: 200 Teilnehmer

5

	a)	b)	c)	d)
Prozentwert	**4,8 m**	720 l	16 €	48 kg
Grundwert	240 m	**1800 l**	20 €	120 kg
Prozentsatz	2 %	40 %	**80 %**	**40 %**

5

	a)	b)	c)	d)
Prozentwert	**0,675 t**	12,50 €	0,75 l	0,029
Grundwert	4,5 t	**312,50 €**	25 l	**0,058**
Prozentsatz	15 %	4 %	**3 %**	50 %

6 a) Gesucht ist der Prozentwert. Das Spiel kostet jetzt 17,50 €.

b) Gesucht ist der Grundwert. Der Pkw-Bestand lag 2015 bei ca. 47,22 Mio. Pkw.

c) Gesucht ist der Prozentsatz. Die Bevölkerung stieg auf ca. 287,1 %.

Seite 78/79

Klar so weit?

1

	120 €	4,5 t	3,75 km
3 %	3,60 €	**0,135 t**	**0,1125 km**
15 %	**18 €**	**0,675 t**	**0,5625 km**
0,75 %	**0,90 €**	**0,03375 t**	**0,028125 km**

1

	Grundwert	Prozentwert	Prozentsatz
a)	748,80 €	**≈ 32,20 €**	4,3 %
b)	8473,15 €	3754,23 €	**≈ 44,3 %**
c)	**≈ 4368,6 km**	847,5 km	19,4 %

2 a) 5,40 € werden verbraucht.

b) Es gab insgesamt 450 Personen.

c) Es wurden ca. 19,3 % des Seils verkauft.

2 a) Der Vorrat beträgt ca. 78,4 kg.

b) Das Konzentrat besitzt 1,6 % des ursprünglichen Volumens.

c) 115,5 ha Ackerfläche werden bewirtschaftet.

3 a)

Mädchen		Mitgliedschaft	Jungen	
Anteil	Anzahl		Anteil	Anzahl
34 %	**106**	Sportverein	**12,8 %**	37
11,9 %	37	Schulschwimm-mannschaft	13 %	**37**
0 %	**0**	Schulhandball-mannschaft	9 %	**26**
17 %	53	Schulleichtathletik-mannschaft	**14,9 %**	43

b) 116 Schülerinnen und 145 Schüler wurden nicht erfasst.

4

Kapital	Zinssatz	Jahreszinsen
50000 €	4,7 %	**2350 €**
4800 €	**12,5 %**	600 €

4

Kapital	Zinssatz	Jahreszinsen
1800 €	2,5 %	45 €
81999 €	8,3 %	**6805,92 €**

Seite 78/79

5 **a)** Sie müsste 5 813,95 € einzahlen.
b) Die Sparkasse bietet einen Zinssatz von ca. 5 %.

5 **a)** Der Zinssatz beträgt 2,2 %.
b) Claudia hat 3 000 € eingezahlt.

6 **a)** Er erhält 10 € von seiner Bank, 30 € wurden auf seinem Sparbuch gutgeschrieben und der Sparbrief bringt ihm 70 € ein. Insgesamt erhält er 110 €.
b) Die Zinsen betragen insgesamt ca. 1,8 % des Anlagekapitals.

7 **a)** 44 Tage **b)** 60 Tage **c)** 52 Tage **d)** 30 Tage

8 Lars muss 3,07 € Zinsen zahlen.

8 Er kann sich monatlich 1 333,33 € auszahlen lassen.

9 **a)** Sie hat 45 000 € angelegt.
b) Sie hätte 1 147,50 € erhalten.

9 **a)** Er hat 50 000 € angelegt.
b) Unter diesen Bedingungen müsste das Kapital mit 100 000 € doppelt so hoch sein.

10

Kapital	Zinssatz	Laufzeit	Zinsen	Jahreszinsen
3 000 €	11,5 %	$\frac{3}{4}$ Jahr	**258,75 €**	**345 €**
500 €	2,5 %	4 Monate	**4,17 €**	**12,50 €**
340 €	7 %	15 Tage	**0,99 €**	23,80 €
270 €	**2,5 %**	110 Tage	2,06 €	**6,74 €**

11 **a)** Die Bank gewährt 7,5 % Zinsen.
b) Nach einen weiteren Jahr erhält sie 342,66 €.

11 **a)** Nach sechs Jahren ist das Vermögen auf 7 060,23 € angewachsen.
b) Laut der Faustformel wäre das Kapital nach 16,5 Jahren verdoppelt.

12 **a)**

	A	B	C	D	E	F	G
1	Tilgungsplan		Darlehen	Zinssatz	Raten (jährlich)		
2			1.250 €	10%	250 €		
3							
4	Jahr	Restschuld	Zinsen	Restschuld + Zinsen		Tilgungsrate	Restschuld nach Tilgung
5	1	1.250,00 €	118,75 €	1.368,75 €		250,00 €	1.118,75 €
6	2	1.118,75 €	106,28 €	1.225,03 €		250,00 €	975,03 €
7	3	975,03 €	92,63 €	1.067,66 €		250,00 €	817,66 €
8	4	817,66 €	77,68 €	895,34 €		250,00 €	645,34 €
9	5	645,34 €	61,31 €	706,64 €		250,00 €	456,64 €
10	6	456,64 €	43,38 €	500,03 €		250,00 €	250,03 €
11	7	250,03 €	23,75 €	273,78 €		250,00 €	23,78 €
12	8	23,78 €	2,26 €	26,04 €		250,00 €	-223,96 €
13	Ratenkaufpreis: 1.776,04 €						

b) Er zahlt insgesamt 1 776,04 €.

12 **a)** Ihr Endkapital beträgt 4 597,60 €.
b) Ihr Kapital ist um 22,6 % gewachsen.

Teste dich!

Seite 84

1 **a)** Sie verlor 35,3 % der Spiele.
b) Der Neuwert betrug 3 170 €.
c) Er legte 107,523 km privat zurück.

2 Die Hose kostete 25 €.

3 Bisher besuchten 880 Schülerinnen und Schüler die Theodor-Heuss-Schule.

4

	a)	b)	c)	d)	e)	f)	g)
Kapital K	12 500 €	7 500 €	**10 000 €**	**10 000 €**	15 000 €	280 €	18 500 €
Zinsen Z	**750 €**	**270 €**	800 €	120 €	150 €	28,28 €	**693,75 €**
Zinssatz p %	6 %	3,6 %	8 %	1,2 %	**1 %**	**10,1 %**	3,75 %

5 Er hat in 105 Tagen 10,21 € angespart.

6 Nach zwei Jahren besitzt er 2 101,25 €.

7 Nach fünf Jahren werden ihr 1 071,15 € ausgezahlt.

Seite 84

8 **a)** Der Kredit ist nach 5 Jahren getilgt.
b) 29 633,08 €.
c)

Jahr	Restschuld	Zinsen	Restschuld + Zinsen	Tilgungsrate	Restschuld und Tilgung
1	25 000 €	1500 €	26 500 €	12 000 €	14 500 €
2	14 500 €	870 €	15 370 €	12 000 €	3370 €
3	3370 €	202,20 €	3572,20 €	3572,20 €	0 €

Nach 3 Jahren wäre der Kredit abbezahlt. Herr Wendt würde der Bank insgesamt 27 572,20 € zahlen.

Kannst du das?

Seite 87

1 **a)** $63 \cdot 54 = 3402$ **b)** $35 \cdot 46 = 1610$ **c)** $6 \cdot (3 + 4 \cdot 5) = 138$

2 **a)** 8 335 499
b) 8 335 511 ≈ 8 336 000, also ist die Angabe in der Zeitung falsch oder die gerundete Zahl in der 1. Zeile stimmt nicht.
c) 1 700
d) Barbara hat erst auf Zehner gerundet und die gerundete Zahl auf Hunderter gerundet. Das ist falsch! Richtig ist: 2 545 ≈ 2 500

3 **a)** $u = 2 \cdot (4\,\text{m} + 1\,\text{m}) = 10\,\text{m}$
Anzahl der Zaunstücke: $z = \frac{u}{1{,}20\,\text{m}} = \frac{10\,\text{m}}{1{,}20\,\text{m}} = 8\frac{1}{3}$
Es werden mindestens neun Zaunstücke benötigt.
b) $12\,\text{m} : 1{,}2\,\text{m} = 10$; $10 \cdot 19{,}95\,€ = 199{,}50\,€$
12 m Zaun kosten 199,50 €.

4 **a)** $650 \cdot 1{,}51 = 981{,}50$; Marie erhält 981,50 CAD für 650 €.
b) $175 : 1{,}51 = 115{,}89\,€$; Marie erhält 115,89 € für 175 CAD.

5 **a)** $1{,}1\,\text{m} : 2 = 55\,\text{cm}$; Die beiden Fußleisten sind jeweils 55 cm lang.
b) $\frac{1}{5} \cdot 1{,}1\,\text{m} = 22\,\text{cm}$; $1{,}1\,\text{m} - 0{,}22\,\text{m} = 0{,}88\,\text{m}$; Paul hat 88 cm verwendet.

6 **a)**
b)
c)

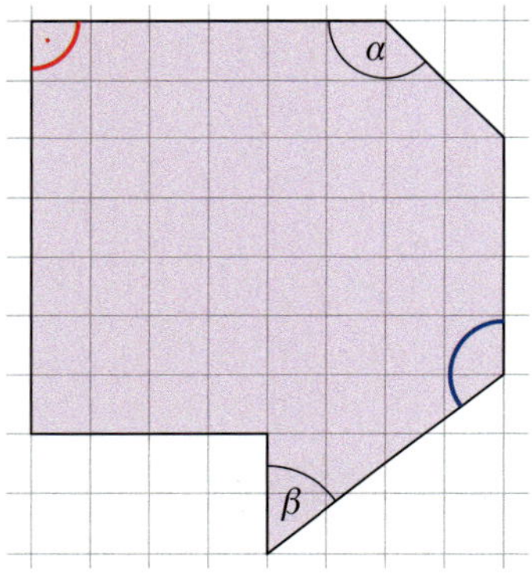

d) $\alpha = 135°$; $\beta \approx 53°$

Seite 88

7 **a)** Die Aussage ist falsch: Die drei Balken der über 50-Jährigen ergeben zusammen eine Anzahl von ca. 320 Personen. Das entspricht 32 % der Befragten.
b)

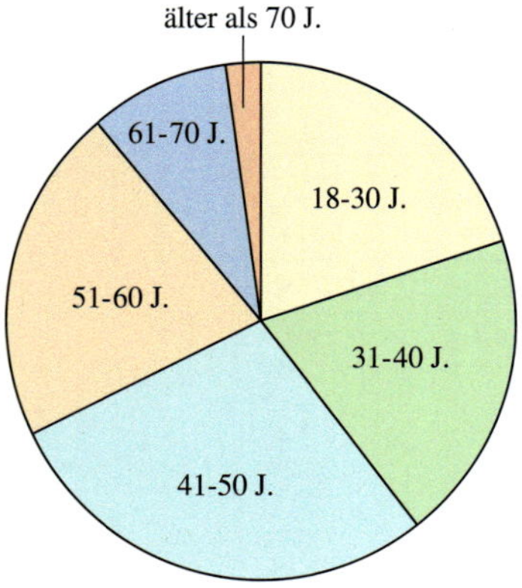

8 Die Noten haben eine Höhe von 8,1 m und sind 3,2 m breit bzw. 5,4 m mit Fähnchen. Seite 88
Lösungsweg (Beispiel): Man sucht sich eine Person auf dem Foto, die auf einer Höhe mit einer der Noten steht. Die Größe der Person wird auf dem Foto gemessen und ihre Größe in der Wirklichkeit geschätzt, z. B. 0,6 cm gemessen und 1,80 m geschätzt. Aus diesen Werten kann der Maßstab 1 : 300 berechnet werden. Die Schätzwerte lauten dann 7,8 m, 3 m und 5,1 m.
Die Noten mit Fähnchen wiegen 8,6 t, die Noten ohne Fähnchen können auf ca. 8 t geschätzt werden, da das Fähnchen im Vergleich zum Rest der Note sehr leicht sein muss. Das ergibt ein Gesamtgewicht von 49,8 t.

9 **a)** ①, ③, ⑤
b)

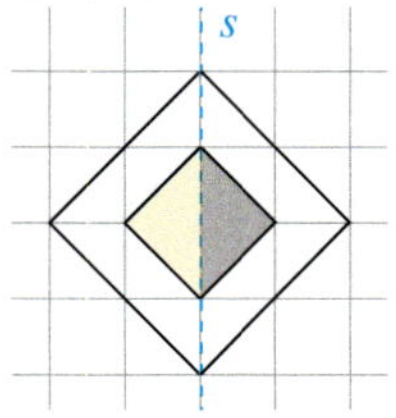

c) Der Buchstabe „N“ wurde nicht gespiegelt.

10 ②, ③, ⑤, ⑥, ⑧, ⑨

11 **a)** ① 3; 6 Seite 89
② 1; 3; 5; 7
③ 7; 8
④ 2; 3; 5; 7
b) z. B. E: Augenzahl ist größer als 7.
c)

+	1	2	3	4	5	6	7	8
1	2	3	4	5	6	7	8	**9**
2	3	4	5	6	7	8	**9**	10
3	4	5	6	7	8	**9**	10	11
4	5	6	7	8	**9**	10	11	12
5	6	7	8	**9**	10	11	12	13
6	7	8	**9**	10	11	12	13	14
7	8	**9**	10	11	12	13	14	15
8	**9**	10	11	12	13	14	15	16

Am häufigsten kommt als Ergebnis 9 vor, da das Ereignis „9“ die meisten günstigen Ergebnisse hat.
P(„9“) $= \frac{8}{64} = \frac{1}{8}$

12 **a)** Jannis Gärtner: 2,17; Dougkan Ozermis: 3,33; Jacques Kiefer: 2,08; Saleem Masi: 3,08; Yves Müller: 4,58; Luca Schmitz: 1,83; Erdem Gül: 2,58; Nils Maier: 4,33
Zwei Nachkommastellen sind sinnvoll, da die Noten der einzelnen Klassenarbeiten auch mit zwei Nachkommastellen angegeben sind.
b) Der Durchschnitt aller acht Schüler beträgt 3,00.
c) Luca ist im Durchschnitt der drei Klassenarbeiten besser als Jacques. Jacques hat die beste Arbeit der Klasse geschrieben. Anna hat recht.

13 **a)** 600 → 7,80 €
b) Das Diagramm zeigt die Preise vom Cheddar, da der Punkt (100 g | 1,30 €) auf dem Graphen liegt.
c) **d)** Zeichenübung

14 $4 + 3 + \underline{2} + 1 = 10$; $\frac{2}{10} = \frac{1}{5}$; Antwort ② ist richtig. Seite 90

15

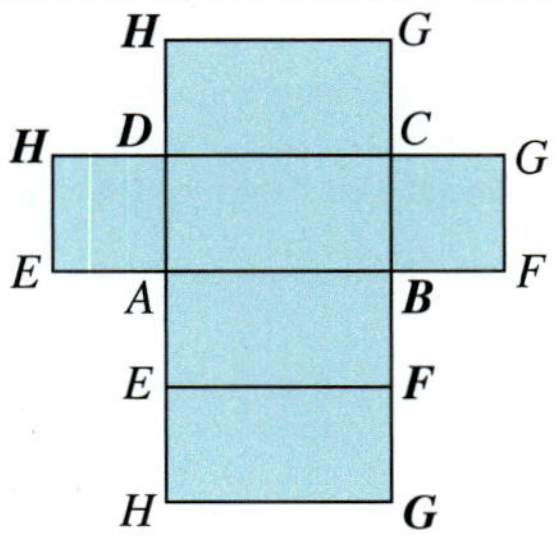

16 **a)** Die Äquivalenzumformung „$+ 3x$“ wurde nur auf der rechten Seite ausgeführt, links wurde 3x subtrahiert.
b) $40 - 8x = 10 - 3x \quad | + 3x$
$40 - 5x = 10 \quad | - 40$
$-5x = -30 \quad | : (-5)$
$x = 6$

Seite 90

17 **a)** Der neue Preis des Sweatshirts beträgt 31,85 €.
b) Die Jacke hat vorher 120 € gekostet.

18 $y = 0{,}16 \cdot x + 48$
a) Die Stromrechnung betrug 408 €.
b) Sie haben 1 950 kWh verbraucht.
c) Graph 2 stellt den Zusammenhang zwischen verbrauchten Kilowattstunden und Preis dar.

Seite 91

19 **a)**

Spieler	relative Häufigkeit für einen Treffer
Marcel	$\frac{5}{8} = 62{,}5\,\%$
Timo	$\frac{2}{5} = 40\,\%$
Eike	$\frac{6}{25} = 24\,\%$
Jens	$\frac{3}{8} = 37{,}5\,\%$
Kim	$\frac{1}{5} = 20\,\%$
Simon	$\frac{5}{9} \approx 55{,}6\,\%$
Florian	$\frac{1}{8} = 12{,}5\,\%$

b) Marcel hat die höchste Treffsicherheit.
c) Die Anzahl der Würfe von Timo war zu gering für eine verlässliche Aussage.

20 **a)** arithmetisches Mittel: 24 €; Zentralwert: 25 €
b) Sarah hätte am Freitag 41 € sammeln müssen.
c) Patrick sammelte am Sonntag 33 €.

21 **a)** Die Pause dauerte eine Stunde.
b) Er ist insgesamt $6\,\frac{1}{2}$ Stunden unterwegs.
c) Er ist 24 km gelaufen.
d) Er ist mit $6\,\frac{\text{km}}{\text{h}}$ gelaufen.
e)

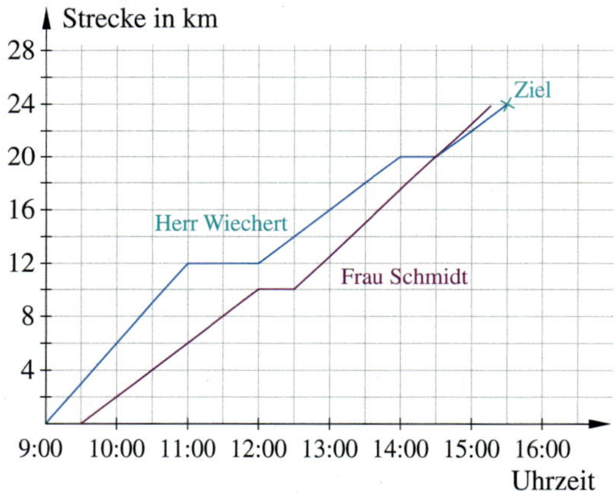

f) Nach 5 h 48 min erreicht sie ihr Ziel, also um 15:18 Uhr.
g) Sie begegnen sich um 14:30 Uhr.

Seite 92

22 **a)** falsch; Die Innenwinkelsumme im Dreieck beträgt 180°, zwei stumpfe Winkel wären zusammen aber schon größer als 180° (stumpfer Winkel: $90° < \alpha < 180°$).
b) falsch; Die Innenwinkelsumme im Viereck beträgt 360°, vier spitze Winkel wären zusammen aber kleiner als 360° (spitzer Winkel: $0° < \alpha < 90°$).
c) richtig; Jedes Quadrat ist ein Parallelogramm, da die gegenüberliegenden Seiten gleich lang sind und die gegenüberliegenden Winkel gleich groß sind.
d) richtig; Beide Diagonalen und beide Seitenhalbierenden sind Symmetrieachsen.

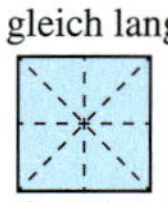

e) falsch; Nicht jede Raute hat vier rechte Winkel.
f) richtig; Ein gleichseitiges Dreieck hat drei gleich lange Seiten und drei gleich große Winkel, somit hat es auch drei Symmetrieachsen (Winkelhalbierende ist gleich Mittelsenkrechte).
g) falsch; Nicht jeder Drachen hat vier gleich lange Seiten.

23 **a)** Kira hat Lösung ③ gefunden.
b)
$12 - 4x = 36 \quad | -12$
$-4x = 24 \quad | : (-4)$
$x = -6$
c) individuell, z. B. lassen sich die Gleichungen $3x + 3 = 4x$ und $-2x = 8$ leicht durch Ausprobieren lösen. Die Gleichungen $\frac{1}{3}x + \frac{1}{2} = 25$ und $3{,}7 \cdot (x + 2{,}8) + 4x = 27 - \frac{3}{4}x$ lassen sich eher durch Äquivalenzumformungen lösen.

Seite 92

24 a) ①, ③
b) Die Figur besteht aus zehn Würfeln.
c) Es fehlen 17 Würfel.
d) Der große Würfel hat ein Volumen von $27\,cm^3$.

25 a) Man benötigt $194\,cm^2$ Karton.
b) Das Rechteck hat mindestens die Maße $12\,cm \times 22\,cm$.

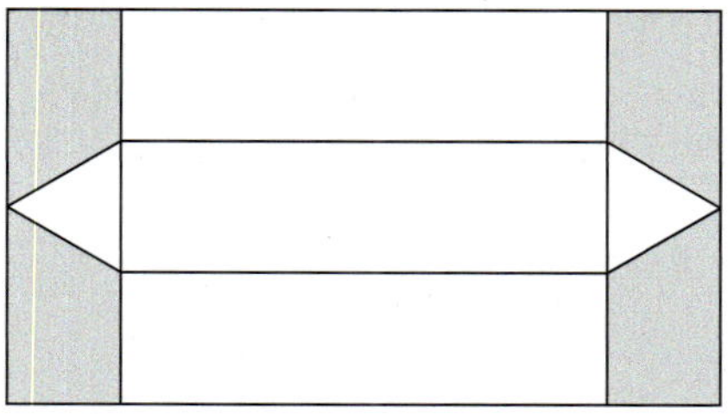

Abbildung maßstäblich verkleinert

c) Der Verschnitt bei einem $264\,cm^2$ großen Karton beträgt ca. 26,5 %.
d) Schätzung und Vorgehensweise individuell; das Volumen der Verpackung beträgt $105\,cm^3$.
e) Das Volumen verdoppelt sich: Eine Verdopplung der Höhe entspricht dem Übereinanderstapeln von zwei Schokoladenverpackungen, diese haben dann das doppelte Volumen von einer Verpackung, also $210\,cm^3$.

Prismen

Noch fit?

Seite 94

1

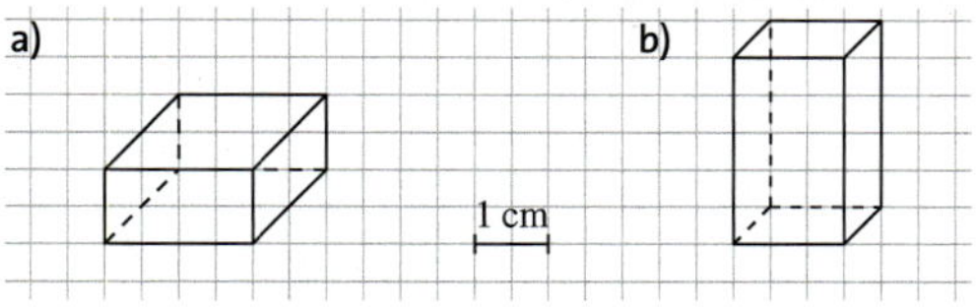

1

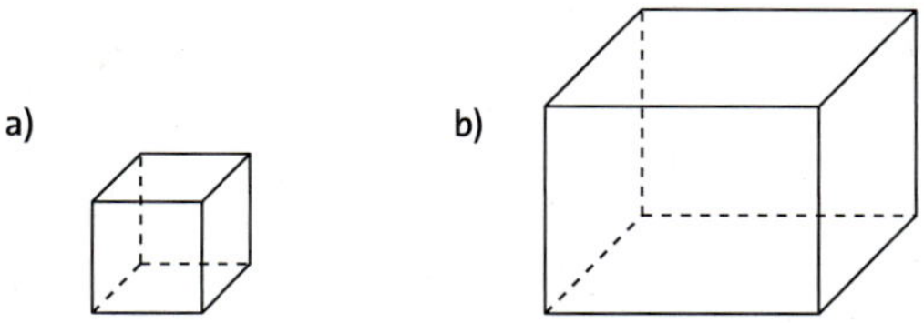

2 Die Netze sind verkleinert dargestellt.
Es gibt elf mögliche Netze.

2 Zeichnung verkleinert, z. B.

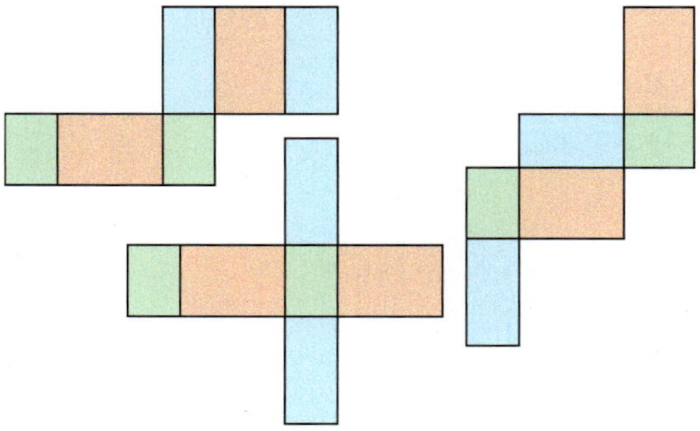

3

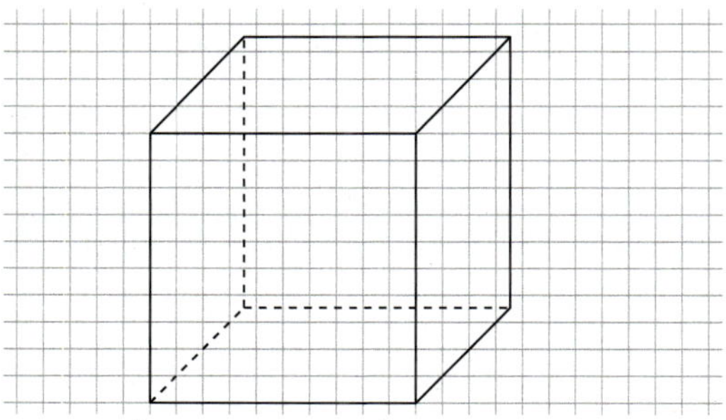

$V = 125\,cm^3$ $O = 150\,cm^2$

3

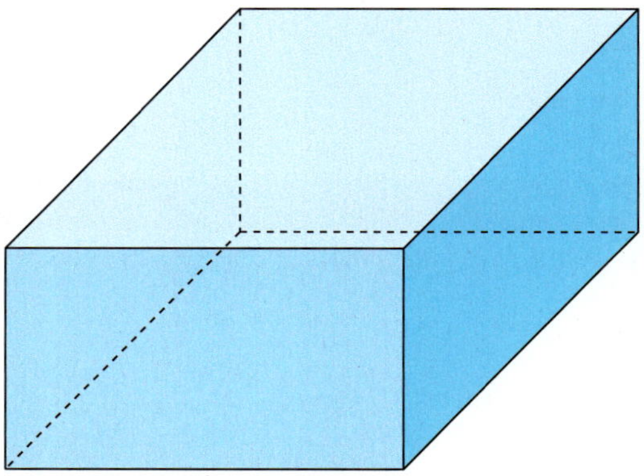

$V = 67{,}62\,cm^3$ $O = 110{,}32\,cm^2$

Seite 94

4 a) 40 mm b) 2,5 km c) 400 mm^2
d) 30 000 dm^2 e) 4 000 mm^3 f) 9 000 000 dm^3

4 a) 0,43 dm b) 6,7 cm c) 0,51 dm^2
d) 0,038 2 m^2 e) 3 810 cm^3 f) 56 000 mm^3

5 ① $u = 11\,cm$; $A = 6\,cm^2$
② $u = 9{,}8\,cm$; $A = 5\,cm^2$
③ $u = 6{,}2\,cm$; $A = 2{,}25\,cm^2$
④ $u = 14\,cm$; $A = 8{,}25\,cm^2$
⑤ $u = 11{,}7\,cm$; $A = 3{,}75\,cm^2$
⑥ $u = 8\,cm$; $A = 3\,cm^2$

6 a) Parallele Gegenseiten (gleich lang); gegenüberliegende Winkel sind gleich groß.
b) Nein; da Dividend und Divisor nicht mit demselben Faktor multipliziert wurden.
Richtig ist 0,24 : 0,6 = 2,4 : 6 = 0,4.
c) $A_{Trapez} = \frac{a+c}{2} \cdot h_c = m \cdot h$ Trapeze haben mindestens zwei parallele Seiten.
d) $1\,a = 10\,m \cdot 10\,m = 100\,m^2 = 0{,}0001\,km^2$
$1\,ha = 100\,a = 10\,000\,m^2 = 0{,}01\,km^2$

Seite 110/111

Klar so weit?

1 Kongruente und parallele Grund- und Deckfläche; Rechtecke als Seitenflächen

2 a) Nein; keine Deckfläche (Pyramide)
b) Dreiecksprisma
c) Dreiecksprisma
d) Vierecksprisma

2 a) Sechseckprisma
b) Nein; Seitenflächen nicht rechteckig
c) Nein; Grund- und Deckfläche nicht kongruent
d) Sechseckprisma

3 a) nein b) nein c) nein d) ja e) nein f) ja

4
a)
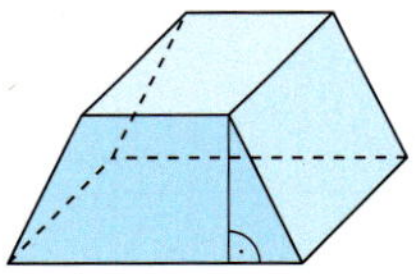
b)
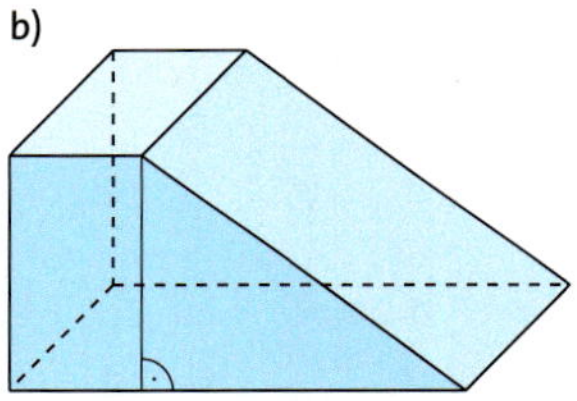
Abbildungen maßstäblich verkleinert

4
a)
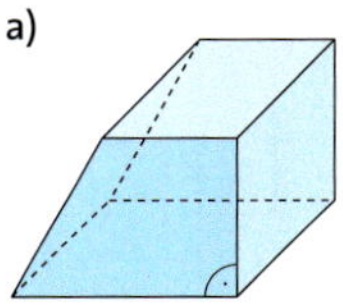
Abbildungen maßstäblich verkleinert
b)
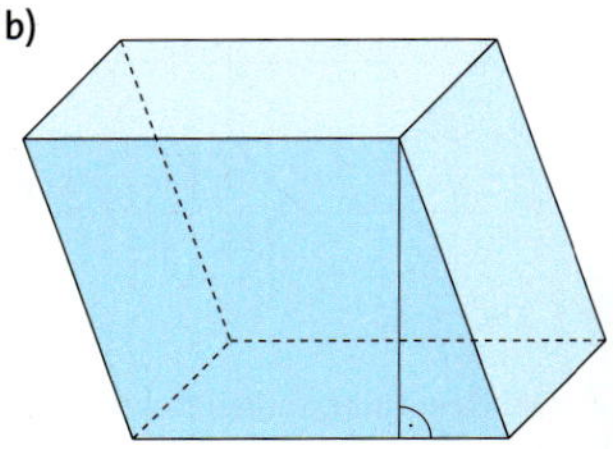

5 a) $u = 12\,cm$
b) $M = 36\,cm^2$
c) $O = 48\,cm^2$

5 $O = 11\,687{,}50\,cm^2$ (ohne Grundfläche!)
$+ 8\,461{,}75\,cm^2$
$+ 4\,375{,}00\,cm^2$
$+ 7\,312{,}50\,cm^2$
$31\,836{,}75\,cm^2$ Es werden ca. 3,2 m^2 Glas benötigt.

6 $O = 2 \cdot 14\,cm^2 + 54\,cm^2 = 82\,cm^2$

6 $M = 12{,}825\,m^2$ $O = 15{,}96\,m^2$ ($h_a = 1{,}65\,m$)

7 a) $V = 560\,cm^3$
b) $V = 0{,}9\,dm^3$
c) $V = 8{,}88\,cm^3$
d) $V = 19{,}88\,dm^3$

7

	Grundfläche G	Höhe h_k	Volumen V
a)	56 cm^2	17 cm	**$V = 952\,cm^3$**
b)	3,8 dm^2	**$u = 17{,}5\,dm$**	66,5 dm^3
c)	**$A_G = 66{,}7\,m^2$**	12,8 m	853,76 m^3
d)	23 500 cm^2	5,7 dm	**$V \approx 1339{,}5\,dm^3$**

8 $V = 81\,cm^3$

8 $V = 5160\,cm^3$

Seite 116

Teste dich!

1 ① Dreieck; ③ Fünfeck; ④ Viereck; ⑤ Sechseck

Seite 116

2 Zeichnungen maßstäblich verkleinert

a)

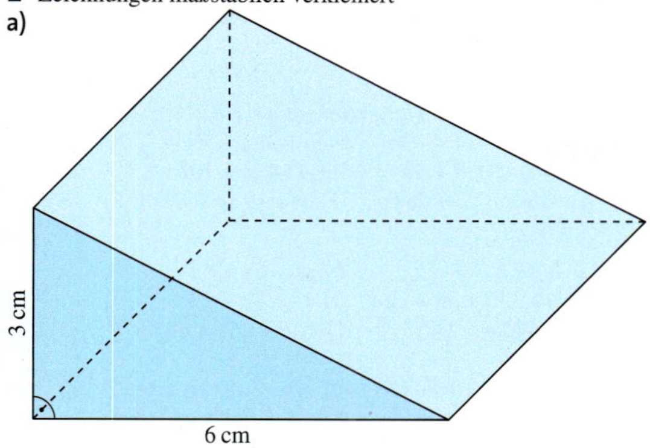

b)

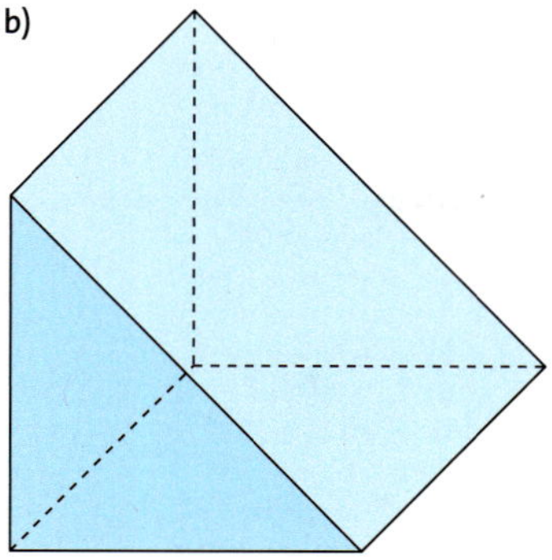

3 a) $V = 58{,}05\,\text{cm}^3$; $O = 118{,}2\,\text{cm}^2$
b) $V = 4\,611{,}25\,\text{cm}^3$; $O = 2\,188{,}5\,\text{cm}^2$

4 a) $V = 13{,}5\,\text{cm}^3$; $O = 35{,}4\,\text{cm}^2$
b) $V = 4{,}6875\,\text{cm}^3$; $O = 19{,}75\,\text{cm}^2$
c) $V = 18{,}9\,\text{cm}^3$; $O \approx 51{,}36\,\text{cm}^2$
d) $V = 38{,}5\,\text{cm}^3$; $O \approx 109{,}1\,\text{cm}^2$
e) $V = 17\,\text{cm}^3$; $O = 80{,}5\,\text{cm}^2$

5 $V = 9{,}69\,\text{m}^3 \approx 9{,}7\,\text{m}^3$ Es werden ca. $9{,}7\,\text{m}^3$ Beton benötigt.

6 $V = 378\,\text{m}^3$ Das Tauchbecken muss mit mindestens $378\,\text{m}^3$ Wasser gefüllt werden.

Rechnen mit Klammern

Noch fit?

Seite 118

1 a) $3a + 4b$ b) $2o - 2p$
c) r^2 d) $-2c^2 + 2d - e$
e) $7a^2b$ f) $5xy^2$

1 a) $21x + 17y$ b) $22a + 16a^2 + 15$
c) $6m - 120n + 17$ d) $-6x + 14y^2 - 3x^2$
e) $84a^2b$ f) $21x^2y^2$

2 a) $ab + 3a$ b) $ab - a^2$
c) $14 - 2a$ d) $8 + a$
e) $2a - 2$ f) $14 + b$

2 a) $7a + 2ab$ b) $3b^2 - ab^2$
c) $5ab^2 - 5a^2b$ d) $57 + b^2$
e) $4b - 2 + 7a - 6ab + a^2$

3 a) $x + 3x - 10 = 4x - 10$
b) 22
c) $4x - 10 = 2 \quad |+10$
$4x = 12 \quad |:4$
$x = 3$

4 a) richtig b) richtig c) falsch; $x = -9$
d) falsch; $x = 4$ e) richtig f) falsch; $x = 10$
g) richtig

3 a) $x = 2$ b) $a = -3$ c) $d = -3$
d) $y = -11$ e) $v = -\frac{1}{5}$ f) $u = -13$
g) $x = -5$ h) $y = \frac{1}{3}$

5 a) ① $4 \cdot (a + b + c)$ ② $2 \cdot (ac + bc + ab)$ ③ abc
b) ① 40 dm ② $58\,\text{dm}^2$ ③ $20\,\text{dm}^3$

Klar so weit?

Seite 132/133

1 a) $4a + 4b$ b) $9a - 15b$
c) $5x + 5y + 35$ d) $12x - 72 - 12y$
e) $2a^2 + ab + ac$ f) $7my + 3xy + 4y^2$
g) $36a^2 + 12ab$ h) $2ab - 9a^2b$

1 a) $6a + 6b - 6c$ b) $32a - 24b - 8c$
c) $30x + 12y - 3z$ d) $-18x + 45 + 81y$
e) $36a^2 + 12ab + 84a$ f) $50my - 20xy^2 - 5y$
g) $34a + 51b$ h) $21ab - 6ab^2$

2 a) $3 \cdot (c - d)$ b) $3 \cdot (a - 2c)$
c) $x \cdot (y - z)$ d) $x \cdot (4y - 7z)$
e) $13 \cdot (c - 1)$ f) $2x \cdot (7yz - 18a)$
g) $4 \cdot (a + b + c)$ h) $2x \cdot (3x + 8)$

2 a) $c \cdot (7 - 12d)$ b) $2a \cdot (b - 2c)$
c) $5x \cdot (-3y + 1)$ d) $3x \cdot (y - 2z + 3yz)$
e) $7c \cdot (1 - 2d - 3a)$ f) $x \cdot (6x - 17)$
g) $2a \cdot (b^2 + 6a)$ h) $5x \cdot (1 + 2xy^2)$

3 a) 11 b) 0 c) $13 - x$
d) $12 + x + y$ e) $25 + x$ f) $3 - a - b$

3 a) $13 - a + 2b$ b) $8 - x$ c) $-4 - x$
d) $11 - x + y$ e) $m + n - 9$ f) $a - 28 - 2b$

4 Paul hat die 69 und die 18 nicht durch 3 geteilt. Richtig lautet der vereinfachte Term: $3a \cdot (6 + 23b + 2c)$

Seite 132/133

5 $(a + b) \cdot (16a + 5) = 16a^2 + 5a + 16ab + 5b$
$(a + b) \cdot (-14b - 30) = -14ab - 30a - 14b^2 - 30b$
$(a + b) \cdot (10b + 6a) = 6a^2 + 16ab + 10b^2$
$(a + b) \cdot (11a + 25b) = 11a^2 + 36ab + 25b^2$

$(4a + 6b) \cdot (16a + 5) = 64a^2 + 20a + 96ab + 30b$
$(4a + 6b) \cdot (-14b - 30) = -56ab - 120a - 84b^2 - 180b$
$(4a + 6b) \cdot (10b + 6a) = 24a^2 + 76ab + 60b^2$
$(4a + 6b) \cdot (11a + 25b) = 44a^2 + 166ab + 150b^2$

$(b - 14a) \cdot (16a + 5) = 16ab + 5b - 224a^2 - 70a$
$(b - 14a) \cdot (-14b - 30) = -14b^2 - 30b + 196ab + 420a$
$(b - 14a) \cdot (10b + 6a) = 10b^2 - 134ab - 84a^2$
$(b - 14a) \cdot (11a + 25b) = 25b^2 - 339ab - 154a^2$

$(-a + 4b) \cdot (16a + 5) = -16a^2 - 5a + 64ab + 20b$
$(-a + 4b) \cdot (-14b - 30) = 14ab + 30a - 56b^2 - 120b$
$(-a + 4b) \cdot (10b + 6a) = -6a^2 + 14ab + 40b^2$
$(-a + 4b) \cdot (11a + 25b) = -11a^2 + 19ab + 100b^2$

6 a) $ab + 8a + 5b + 40$ b) $xy + 7x + 6y + 42$
c) $c^2 + 7c + 6$ d) $4v + 20 + uv + 5u$
e) $a^2 + 15a + 36$ f) $y^2 + 12y + 32$

7 a) $ab - 4a - 2b + 8$ b) $cd - 8c - 4d + 32$
c) $xy - 5x - 3y + 15$ d) $3v - 18 - uv + 6u$
e) $fg - 6f - 5g + 30$ f) $xy + 3x - 8y - 24$
g) $9b - 18 + ab - 2a$ h) $4v + 36 - uv - 9u$

8 a) $x^2 + 11x + 2xy + 22y$
b) $3a - 27 + ab - 9b$
c) $-11t^2 + 53t - 36$
d) $-16p^2 + 192p - 25pq + 300q$

9 a) $3xz + 6yz$ b) $3b + 3bx$

10 a) $u^2 - 14u + 49$ b) $w^2 + 18w + 81$
c) $64 - 16t + t^2$ d) $169 + 26s + s^2$
e) $m^2 - 28m + 196$ f) $u^2 + 36u + 324$

11 a) 2. binomische Formel; $a^2 - 24a + 144$
b) 1. binomische Formel; $x^2 + 30x + 225$
c) 2. binomische Formel; $256 - 32x + x^2$
d) 3. binomische Formel; $m^2 - 196$
e) 1. binomische Formel; $x^2 + 50x + 625$
f) 3. binomische Formel; $a^2 - 169$
g) 2. binomische Formel; $289 - 34b + b^2$
h) 1. binomische Formel; $6{,}25 + 5y + y^2$
i) 1. binomische Formel; $4x^2 + 20x + 25$
j) 2. binomische Formel; $49x^2 - 28xy + 4y^2$

12 $(a + 2)^2 = a^2 + 4a + 4$

6 a) $d^2 + 16d + 63$ b) $y^2 + 6y + 8$
c) $11b + 110 + ab + 10a$ d) $x^2 + \frac{38}{5}x + 13$
e) $3g^2 + 22g + 24$ f) $5v^2 + 46v + 48$

7 a) $xy - 15x - 10y + 150$ b) $ab - 7a - 2b + 14$
c) $4v - 12 - uv + 3u$ d) $-6d + 48 + cd - 8c$
e) $11x + xy - 99 - 9y$ f) $-28 + 7b - 4a + ab$
g) $5v + 45 - 4uv - 36a$ h) $2cd - 16c - 5d + 40$

8 a) $-70b + 175 + 80bc - 200c$
b) $15x^2 + 10xy - 6x - 4y$
c) $6u - 10uv - 54v + 90v^2$
d) $-10r^2 - 29rt + 72t^2$

9 a) $44xy$ b) $4a + 4m + 2h + xh$

10 a) $289 - 34r + r^2$ b) $e^2 + 20e + 100$
c) $225 + 30k + k^2$ d) $d^2 - 40d + 400$
e) $x^2 + 16x + 64$ f) $121 - 22p + p^2$

11 a) 2. binomische Formel; $d^2 - 30d + 225$
b) 2. binomische Formel; $x^2 - 36x + 324$
c) 2. binomische Formel; $144 - 72b + 9b^2$
d) 3. binomische Formel; $64p^2 - 400$
e) 1. binomische Formel; $289x^2 + 323x + 90{,}25$
f) 3. binomische Formel; $30{,}25 - 0{,}25y^2$
g) 2. binomische Formel; $\frac{9}{16}m^2 - \frac{21}{2}\,\mathrm{m} + 49$
h) 1. binomische Formel; $12{,}25 + 17{,}5x + 6{,}25x^2$
i) 1. binomische Formel; $\frac{4}{25}d^2 + \frac{2}{25}d + \frac{1}{100}$
j) 3. binomische Formel; $\frac{1}{4}s^2t^2 - \frac{9}{4}$

12 $(a + 3{,}5)\ 2 - a\ 2 = a\ 2 + 7a + 12{,}25 - a\ 2 = 7a + 12{,}25$

Seite 138

Teste dich!

1 a) $3x + 2 - y$ b) $26{,}2x + 0{,}9y$ c) $3 + x - 8y + 5z$
d) $8x + 2$ e) $ab - b$ f) $12y + 10x$

2 a) $10 \cdot (x - 3y)$ b) $4x \cdot (3y - 7)$ c) $z \cdot (a - b)$
d) $b \cdot (2a - 7x)$ e) $7 \cdot (a + 2b + 5c)$ f) $3b \cdot (7ax - 2y + 5z)$

3 a) Ⓐ ①

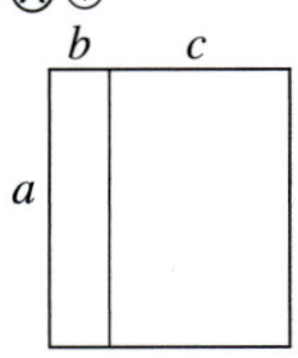

Ⓑ ④

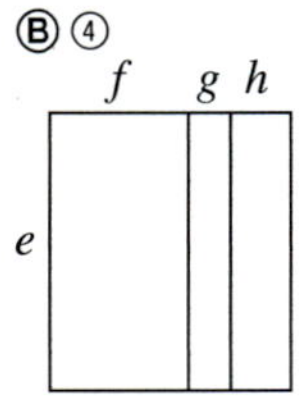

Ⓒ ②

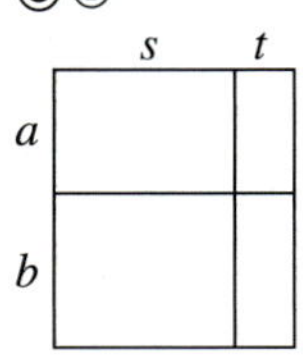

b) ③, z. B.

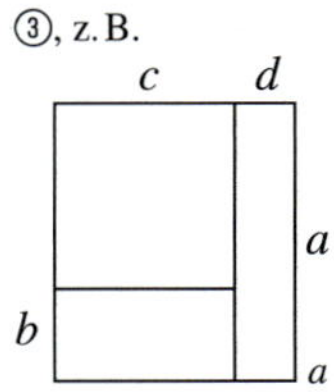

$a \cdot d + b \cdot c + (a - b) \cdot c = ad + ac$

4 a) $x^2 + 15x + 54$ b) $b^2 - 4b - 96$ c) $s^2 - 19s + 84$
d) $-3r + rs + 3s - s^2$ e) $-3c^2 + 44c + 64$ f) $x^2 + 2x - 1{,}25$

5 a) $2 \cdot (a + b) = 2a + 2b$ b) $\frac{1}{2} \cdot 2 \cdot (a + b) = a + b$ c) $4 \cdot (x + x + 1) = 8x + 4$ d) $x^2 - (x - 1)^2 = 2x - 1$

Seite 138

6 a) $4ab$ b) $x^2 + 2xy$ c) $a^2 - 81$ d) $49 - 14x^2 + x^4$
e) $a^4 - 2a^2b + b^2$ f) $-a^2 + 2ab - b^2 - a^4 + 2a^2b^2 - b^4$ g) $-43x^2 - 92xy - 90y^2$ h) $50x^2 - 98$

7 a) $(x + 3)^2 = x^2 + 6x + 9$
b) Das alte Schwimmbecken hatte eine Fläche von $A = 225\,m^2$, das neue hat eine Fläche von $A = 324\,m^2$.
Somit hat sich die Fläche um $99\,m^2$ vergrößert.

Zuordnungen und Funktionen

Noch fit?

Seite 140

1 a) 14 b) −7,5

2 $4{,}95 + 0{,}15 \cdot x$

3 a) $x = 23$ b) $x = 9$
c) $x = 4$ d) $x = -7$

4 Der grüne Graph ist ein Strahl, der im Nullpunkt beginnt. Die Wertepaare sind quotientengleich. Der Graph beschreibt eine proportionale Zuordnung.
Der rote Graph beschreibt eine antiproportionale Zuordnung. Die Wertepaare sind produktgleich und liegen auf einer Hyperbel.
Der blaue Graph ist nicht proportional, da er nicht im Nullpunkt beginnt.
Der gelbe Graph ist nicht proportional, da er kein Strahl ist.

1 a) 6; −30 b) 234

2 $u = 2a + 2(a + 10) = 4a + 20$

3 a) $x = 4$ b) $x = -2$
c) $x = \frac{1}{12}$ d) $x = -24$

4 a) proportional b) antiproportional
c) antiproportional d) proportional
e) proportional f) antiproportional
g) antiproportional h) proportional

5 produktgleich: Das Produkt der einander zugeordneten Werte ist gleich, hier im Beispiel ist das Produkt jeweils 2.
Beispiel:

x	0,1	0,5	1	2	4
y	20	4	2	1	0,5

quotientengleich: Die einander zugeordneten Werte bilden einen gleichwertigen Quotienten, hier im Beispiel ist der Quotient jeweils $\frac{1}{8}$.
Beispiel:

x	0	0,5	1	2	3
y	0	4	8	16	24

6 nein

7 a)

Anzahl	1	2	3	4	10	31
Preis in €	**6,10**	**12,20**	**18,30**	**24,40**	**61,00**	**189,10**

b) proportional
c) Grafik ② beschreibt die Zuordnung.

6 nein

31 Karten kosten 189,10 €.

Klar so weit?

Seite 156/157

1 a) Funktion
b) keine Funktion
c) Funktion

2 a) Nur Graph ① beschreibt eine Funktion.
b) ① ist proportional; ② ist nicht proportional

3 a)

Lastwagen	1	3	5	8
Ladungen	12	4	2,4	1,5

b) Es liegt eine antiproportionale Funktion vor.

1 a) keine Funktion (die Zuordnung *Höhe* → *Berg* ist nicht eindeutig)
b) Funktion
c) Funktion

2 a) Nur Graph ② beschreibt eine Funktion.
b) Beide sind weder proportional noch antiproportional.

3 a) Die Zuordnung *Dauer der Radtour* → *Taschengeld pro Tag* ist eine Funktion:
$y = \frac{132}{x},\ x \neq 0$
b) Die Wertepaare sind produktgleich, daher ist die Funktion antiproportional.

Seite 156/157

4 **a)** Die Höhe des Ballons ist der Zeit nach dem Start zugeordnet: *Zeit* → *Flughöhe*
b) Es handelt sich um eine Funktion, da sich jeder Ballon zu einem Zeitpunkt in nur einer Höhe befinden kann.

4 **a)** Die Graphen ① und ③ sind Funktionen, da jedem x-Wert genau ein y-Wert zugeordnet wird.
Bei den Graphen ② und ④ gibt es x-Werte, denen mehrere y-Werte zugeordnet werden.
b) individuell

5 **a)**

x	−2	−1	0	1	2	3	4	5
y	−1	−0,5	0	0,5	1	1,5	2	2,5

b) Es gibt unendlich viele Wertepaare.
c)

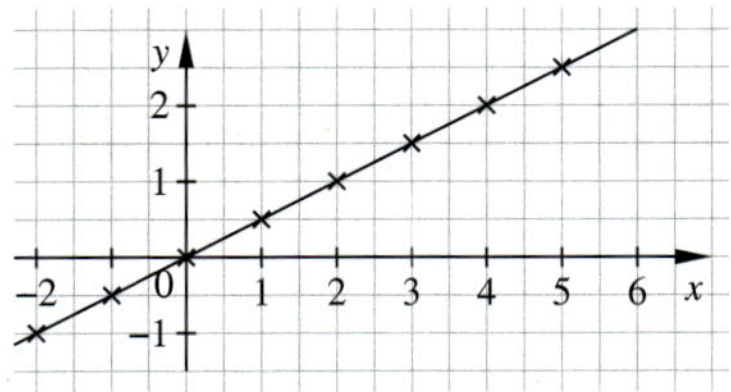

d) Es handelt sich um eine Funktion, da jedem x-Wert genau ein y-Wert zugeordnet ist.

5 **a)**

x	−3	−2	−1	0	1	2	3
y	−7,5	−5	−2,5	0	2,5	5	7,5

b)

x	−3	−2	−1	0	1	2	3
y	−15	−11	−7	−3	1	5	9

c)

x	−3	−2	−1	0	1	2	3
y	9	4	1	0	1	4	9

d)

x	−3	−2	−1	0	1	2	3
y	−12	−18	−36	–	36	18	12

6 **a)** linear; $m = 9$; $b = 5$ **b)** nicht linear
c) linear; $m = -1$; $b = 0$ **d)** nicht linear

6 **a)** nicht linear **b)** linear; $m = -0{,}1$; $b = 4$
c) nicht linear **d)** linear; $m = -1$; $b = 1$

7 **a)** ja; es handelt sich um eine lineare Funktion.
b) ①
c) Die Kiste wiegt 5,4 kg.
d) Eine Kiste darf höchstens 31 Bücher enthalten.

7 **a)** ja; die Gesamtkosten lassen sich mithilfe einer linearen Funktion darstellen.
b) $y = 0{,}6x + 59$
c) Herr Kunze muss 90,80 € bezahlen.
d) Er darf 68,3 km fahren.

8 **a)** fallend **b)** steigend
c) steigend **d)** fallend

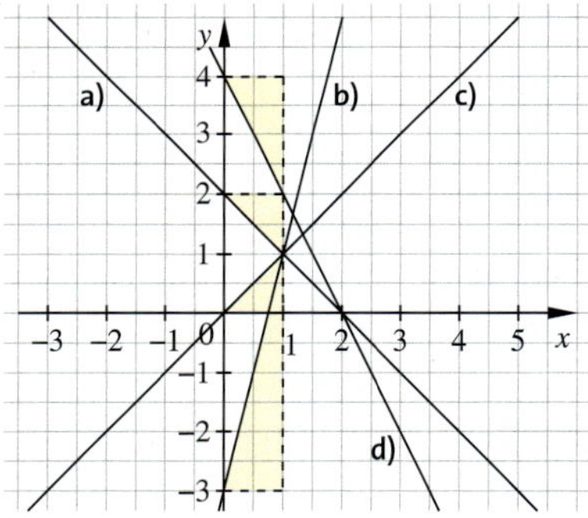

8 **a)** fallend **b)** steigend
c) konstant **d)** steigend

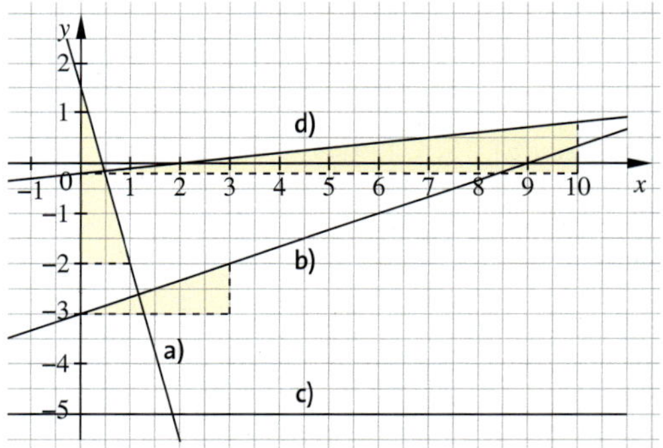

9 Beispiele
a) $y = 4x$ **b)** $y = -x + 1{,}5$ **c)** $y = x - 2$ **d)** $y = 3x + 2$

Seite 162

Teste dich!

1 Beispiele
a) *Name* → *Alter*; *Eltern* → *Anzahl der Kinder*
b) $y = 2x^2$; $y = \frac{100}{x}$ $(x \neq 0)$
c) $y = 2x + 5$; $y = -\frac{1}{2}x + 1{,}5$

2 **a)** $y = 3x - 1$
b) $y = 0{,}5x - 2$

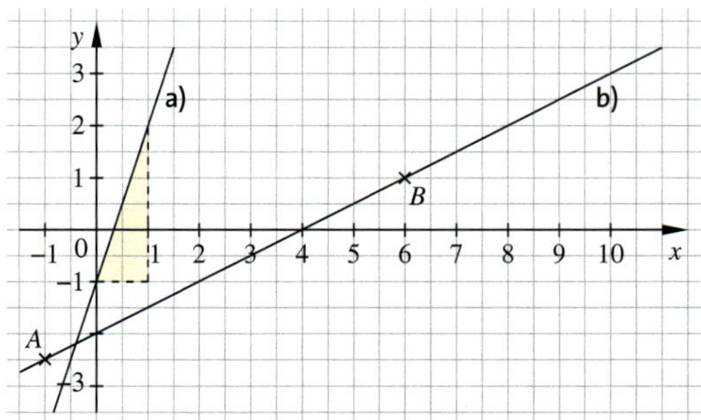

Seite 162

3 a) $y = 0{,}11x + 9{,}99$

b) Er bezahlt 16,59 €.

4 a) $m = \frac{1}{2}$; $b = 1$; Schnittpunkt: $(-2|0)$

b) $y = \frac{1}{2}x + 1$

c) −2; −0,5; 2; 3

d) Der Punkt $P(7|4)$ liegt nicht auf dem Graphen.

5 a)

Zeit (in Stunden)	0	1	2	3	4	5	6	7	8
Füllhöhe (in Metern)	2,2	1,9	1,6	1,3	1,0	0,7	0,4	0,1	0

b)

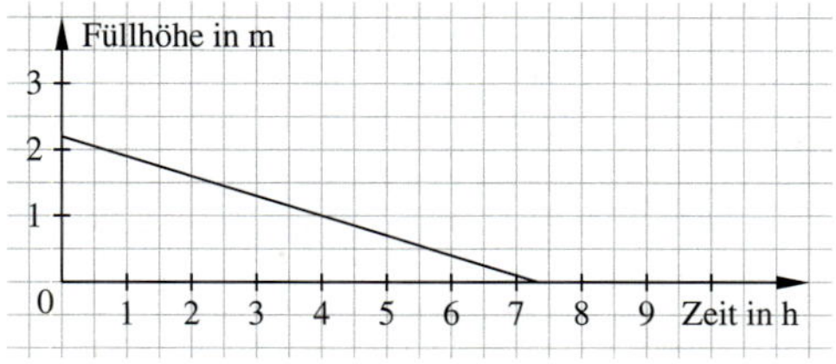

c) $y = -0{,}3x + 2{,}2$

d) Das Wasser steht bei 1,15 m.

6 a) ①

Zeit (in h)	1	2	3	4	5
Fläche (in m²)	**2500**	5000	**7500**	**10000**	**12500**

②

Anzahl der Gärtner	1	2	3	4	5
Zeit (in h)	**12**	6	**4**	**3**	**2,4**

b) ① ist eine proportionale Zuordnung, ② ist eine antiproportionale Zuordnung.

c) Es handelt sich um Funktionen, da jedem x-Wert genau ein y-Wert zugeordnet wird.

7 a)

x	−3	−2	−1	0	1	2	3
y	−22	−17	−12	−7	−2	3	8

b)

x	−3	−2	−1	0	1	2	3
y	−6,8	−3,8	−0,8	2,2	5,2	8,2	11,2

c)

x	−3	−2	−1	0	1	2	3
y	2	1	0	−1	−2	−3	−4

d)

x	−3	−2	−1	0	1	2	3
y	−3	−1,5	0	1,5	3	4,5	6

e)

x	−3	−2	−1	0	1	2	3
y	10	8	6	4	2	0	−2

f)

x	−3	−2	−1	0	1	2	3
y	−9	−7	−5	−3	−1	1	3

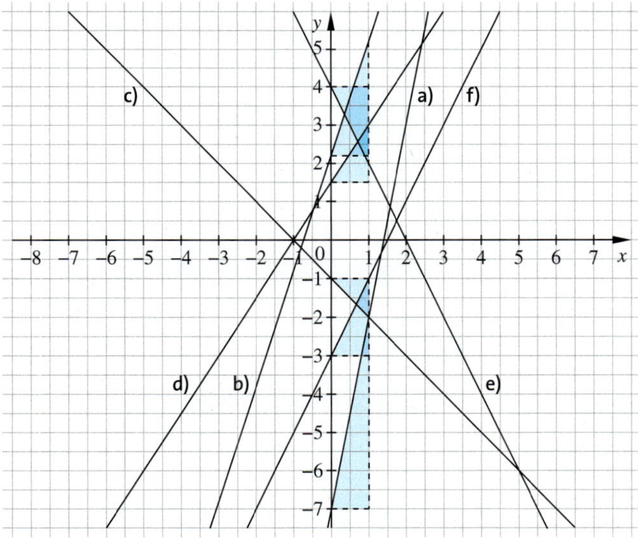

Arithmetik/ Algebra

Formelsammlung

Maße und Einheiten

Länge

$1\,\text{km} = 1\,000\,\text{m}$

$1\,\text{m} = 10\,\text{dm}$

$1\,\text{dm} = 10\,\text{cm}$

$1\,\text{cm} = 10\,\text{mm}$

Volumen

$1\,\text{m}^3 = 1\,000\,\text{dm}^3$

$1\,\text{dm}^3 = 1\,000\,\text{cm}^3$

$1\,\text{cm}^3 = 1\,000\,\text{mm}^3$

Fläche

$1\,\text{m}^2 = 100\,\text{dm}^2$

$1\,\text{dm}^2 = 100\,\text{cm}^2$

$1\,\text{cm}^2 = 100\,\text{mm}^2$

Gewicht (Masse)

$1\,\text{t} = 1\,000\,\text{kg}$

$1\,\text{kg} = 1\,000\,\text{g}$

$1\,\text{g} = 1\,000\,\text{mg}$

Bruchrechnung

Brüche kürzen und erweitern

Man **kürzt** einen Bruch, indem man Zähler und Nenner durch dieselbe natürliche Zahl **dividiert**.

$$\frac{100}{160} = \frac{100:20}{160:20} = \frac{5}{8}$$

Man **erweitert** einen Bruch, indem man Zähler und Nenner mit derselben natürlichen Zahl **multipliziert**.

$$\frac{2}{5} = \frac{2 \cdot 4}{5 \cdot 4} = \frac{8}{20}$$

Brüche multiplizieren

Brüche werden multipliziert, indem man Zähler mit Zähler und Nenner mit Nenner multipliziert.

$$\frac{5}{6} \cdot \frac{9}{10} = \frac{\cancel{5}^1}{\cancel{6}_2} \cdot \frac{\cancel{9}^3}{\cancel{10}_2} = \frac{3}{4}$$

Brüche dividieren

Man dividiert durch einen Bruch, indem man mit seinem Kehrbruch multipliziert.

$$\frac{7}{3} : \frac{3}{4} = \frac{7}{3} \cdot \frac{4}{3} = \frac{7 \cdot 4}{3 \cdot 3} = \frac{28}{9} = 3\tfrac{1}{9}$$

Brüche addieren und subtrahieren

Gleichnamige Brüche können addiert bzw. subtrahiert werden.

$$\frac{5}{6} - \frac{5}{9} = \frac{15}{18} - \frac{10}{18} = \frac{15-10}{18} = \frac{5}{18}$$

Brüche in anderen Schreibweisen

$\frac{3}{4}$	=	0,75	=	75 %
Bruch		Dezimalbruch		Prozentschreibweise

Rechenregeln und Rechengesetze

Vertauschungsgesetz (Kommunikativgesetz)

$15 + 3 = 3 + 15$

$15 \cdot 3 = 3 \cdot 15$

Verbindungsgesetz (Assoziativgesetz)

$(15 + 3) + 4 = 15 + (3 + 4)$

$(15 \cdot 3) \cdot 4 = 15 \cdot (3 \cdot 4)$

Verteilungsgesetz (Distributivgesetz)

$(3 + 5) \cdot 2 = 3 \cdot 2 + 5 \cdot 2 = 6 + 10 = 16$

$(100 - 3) \cdot 7 = 100 \cdot 7 - 3 \cdot 7 = 700 - 21 = 679$

Klammerrechnung geht vor Punktrechnung

$5 \cdot (3a - 2a) = 5 \cdot a = 5a$

Punktrechnung geht vor Strichrechnung

$25 - 3 \cdot 7 = 25 - 21 = 4$

Auflösen von Klammern

$+(3 + 5 - 2) = 3 + 5 - 2$

$-(3 + 5 - 2) = -3 - 5 + 2$

Multiplikation von Summen

$(a + b) \cdot (c + d) = ac + ad + bc + bd$

Binomische Formeln

$(a + b)^2 = a^2 + 2 \cdot a \cdot b + b^2$

$(a - b)^2 = a^2 - 2 \cdot a \cdot b + b^2$

$(a + b) \cdot (a - b) = a^2 - b^2$

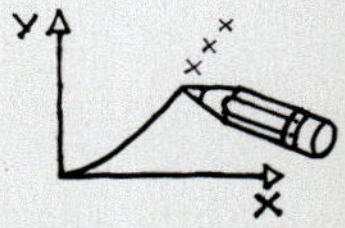

Zuordnungen und lineare Funktionen

Proportionale Zuordnungen

Verdoppelt sich eine Größe, dann verdoppelt sich auch die andere Größe.
Verdreifacht sich eine Größe, dann verdreifacht sich auch die andere Größe.
Halbiert sich eine Größe, dann halbiert sich auch die andere Größe.

Beispiel Gewicht und Preis einer Ware
Wenn 4 kg Kartoffeln 8 € kosten, dann kosten 12 kg Kartoffeln 24 €

Quotientengleichheit:
$\frac{1}{2} = \frac{2}{4} = \frac{3}{6} = \frac{4}{8} = 0{,}5$

Wertetabelle

x	0	1	2
y	0	2	4

Gerade, durch den Nullpunkt (0|0)

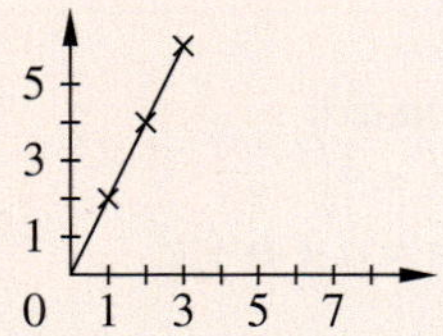

Antiproportionale Zuordnungen

Verdoppelt sich eine Größe, dann halbiert sich die andere Größe.
Verdreifacht sich eine Größe, dann drittelt sich auch die andere Größe.
Halbiert sich eine Größe, dann verdoppelt sich die andere Größe.

Beispiel Anzahl der Arbeiter und Arbeitsdauer
Bei einem Einsatz von 3 Arbeitern dauert eine Arbeit 10 Stunden.
Bei einem Einsatz von 6 Arbeitern dauert eine Arbeit 5 Stunden.

Produktgleichheit:
$1 \cdot 6 = 2 \cdot 3 = 3 \cdot 2 = 1 \cdot 6 = 6$

Wertetabelle

x	1	2	3
y	6	3	2

fallende Kurve im Koordinatensystem

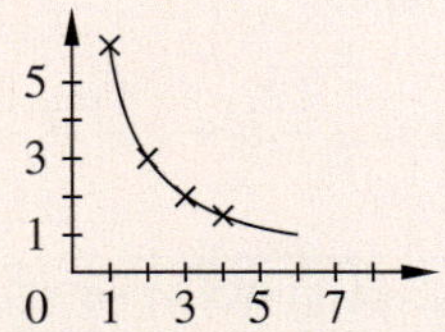

Lineare Funktionen

Bei linearen Funktionen liegen alle Punkte auf einer Geraden.

Geradengleichung
$y = 0{,}5\,x + 2$

Wertetabelle

x	0	2	4
y	2	3	4

Gerade im Koordinatensystem

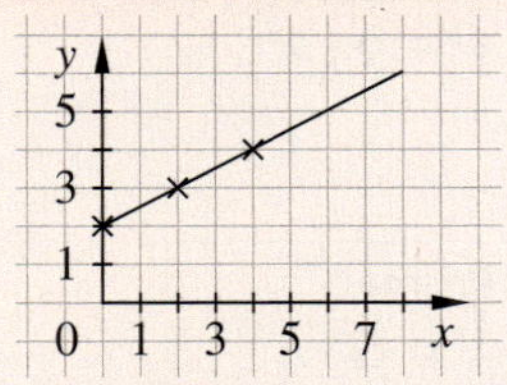

Prozentrechnung

G: Grundwert
W: Prozentwert
p%: Prozentsatz

$W = G \cdot p\% = \frac{G \cdot p}{100}$

Zinsrechnung

K: Kapital
Z: Zinsen (pro Jahr) $Z = K \cdot p\% = \frac{K \cdot p}{100}$
p%: Zinssatz
Z: Zinsen (für *t* Tage) $Z = K \cdot p\% = \frac{t}{100} = \frac{K \cdot p \cdot t}{100}$

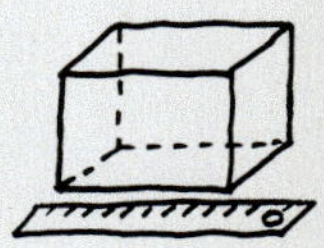

Dreiecke

Dreiecke benennen

unregelmäßig

gleichschenklig

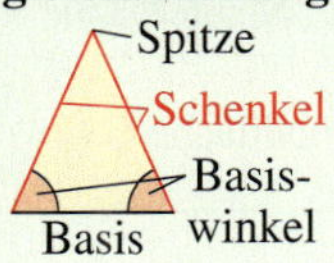

gleichseitig

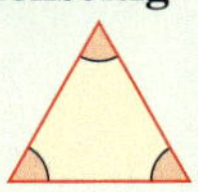

spitzwinklig

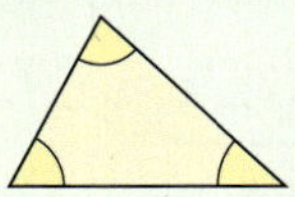

rechtwinklig

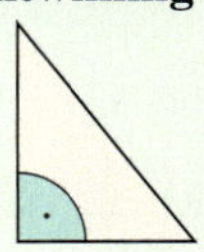

stumpfwinklig

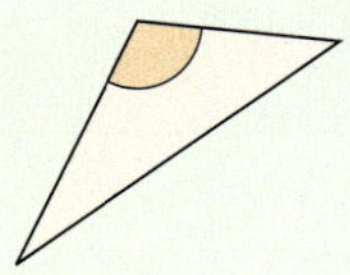

Figuren und Körper

Ebene Figuren (A: Flächeninhalt u: Umfang)

Quadrat
$A = a^2$
$u = 4 \cdot a$

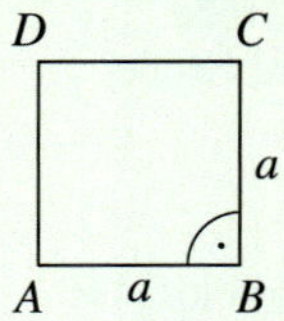

Rechteck
$A = a \cdot b$
$u = 2 \cdot a + 2 \cdot b$

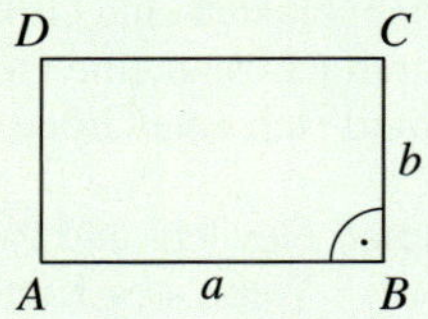

Dreieck
$A = \frac{g \cdot h}{2}$
$u = a + b + c$

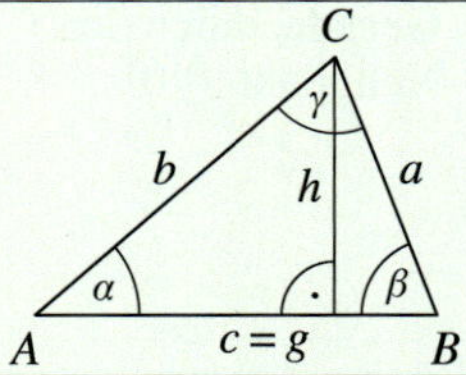

Parallelogramm
$A = g \cdot h$
$u = 2 \cdot a + 2 \cdot b$

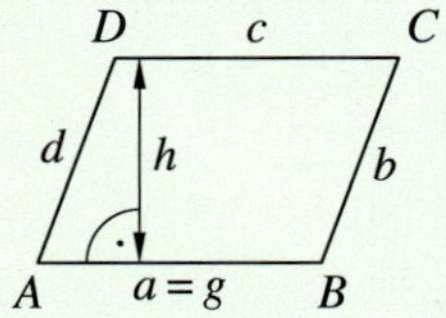

Raute
$A = \frac{1}{2} \cdot e \cdot f$
$u = 4 \cdot a$

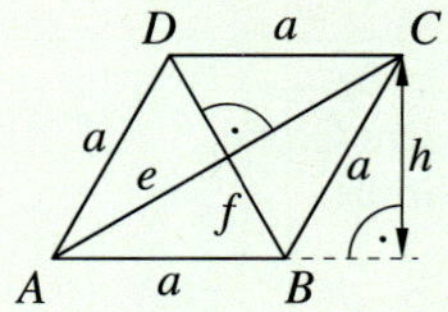

Drachenviereck
$A = \frac{1}{2} \cdot e \cdot f$
$u = 2 \cdot a + 2 \cdot b$

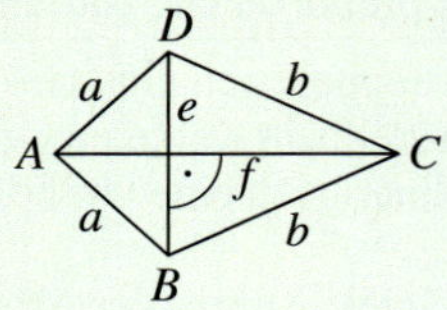

Trapez
$A = \frac{a + c}{2} \cdot h$
$u = a + b + c + d$

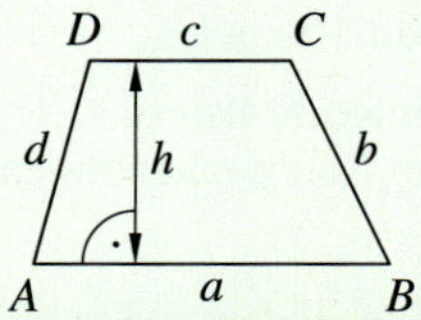

d: Durchmesser
M: Mittelpunkt
r: Radius

Kreis
$d = 2 \cdot r$
$A = \pi \cdot r^2 = \pi \cdot \frac{d^2}{4}$
$u = 2 \cdot \pi \cdot r = \pi \cdot d$

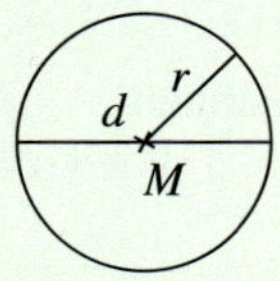

Körper (V: Volumen O: Oberfläche G: Grundfläche M: Mantelfläche)

Würfel
$V = a^3$
$O = 6 \cdot a^2$

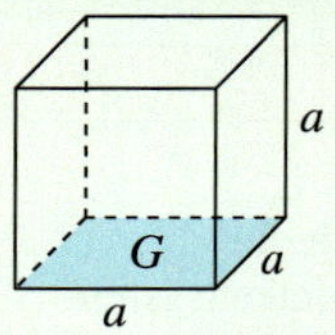

Quader
$V = a \cdot b \cdot c$

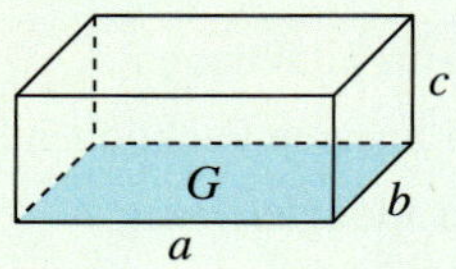

$O = 2 \cdot a \cdot b + 2 \cdot a \cdot c + 2 \cdot b \cdot c$

Prisma
$V = G \cdot h$
$O = 2 \cdot G + M$

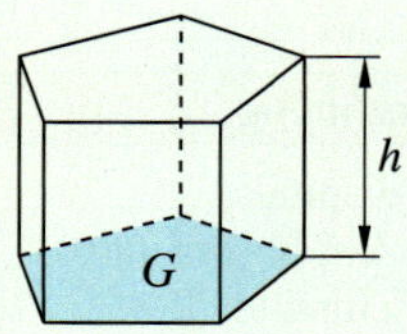

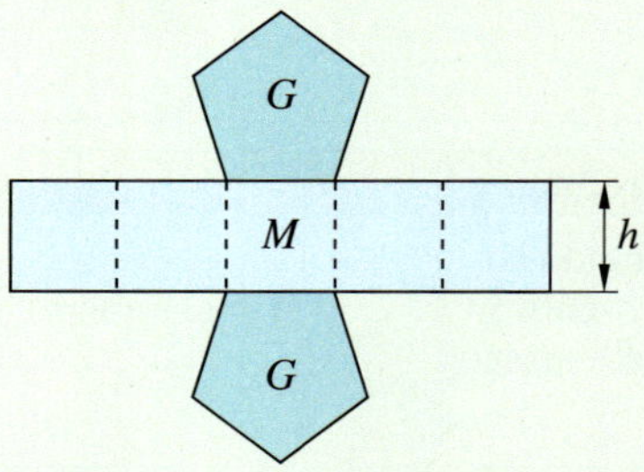

Zylinder
$V = \pi \cdot r^2 \cdot h$
$O = 2 \cdot \pi \cdot r^2 + 2 \cdot \pi \cdot r \cdot h$

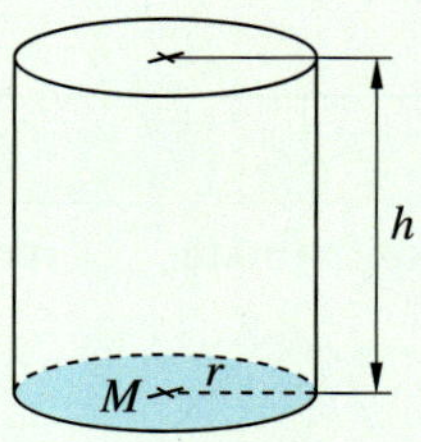

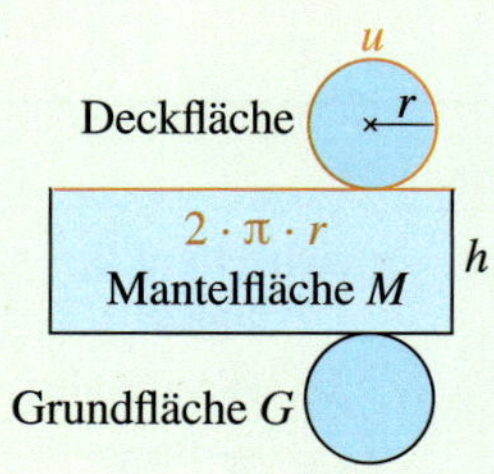

Symmetrie

Achsensymmetrie

Achsensymmetrische Figuren haben mindestens eine **Spiegelachse**.
Jeder Originalpunkt hat denselben Abstand zur Spiegelachse wie der Bildpunkt: $\overline{AS} = \overline{SA'}$
Die Verbindungsstrecke zwischen Original- und Bildpunkt steht senkrecht zur Spiegelachse: z. B. $\overline{AA'} \perp s$.

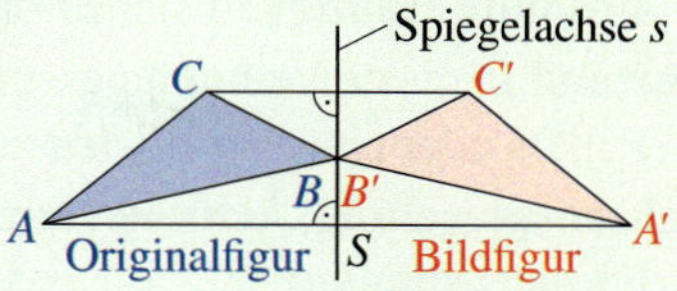

Drehsymmetrie

Kommt eine Figur bei einer Drehung um ein **Drehzentrum Z** zur Deckung, so nennt man die Figur **drehsymmetrisch**.
Dabei liegt der Drehwinkel α zwischen 0° und 360°.
Die Hilfslinien unterteilen die Figur in drei gleiche Teilbilder.

Der Drehwinkel kann berechnet werden: 360° : 3 = 120°.
Der *kleinste* Symmetriewinkel beträgt also 120°. Auch bei einer Drehung um Vielfache von 120° (240°, 360°) kommt die Figur zur Deckung.

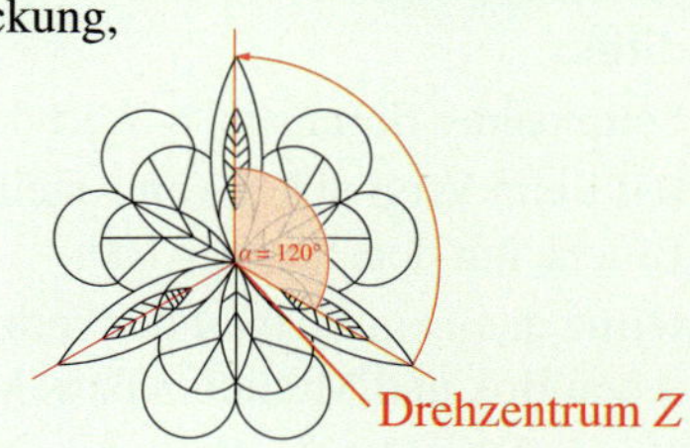

Punktsymmetrie

Figuren heißen **punktsymmetrisch**, wenn sie durch eine Drehung um 180° zur Deckung kommen.
Der Punkt, um den die Figur gedreht wird, heißt **Symmetriezentrum Z**.
Eine **Punktspiegelung** hat folgende Eigenschaften:
- Originalpunkt, Symmetriezentrum und Bildpunkt liegen auf einer Geraden.
- Originalpunkt und Bildpunkt haben denselben Abstand zum Symmetriezentrum.

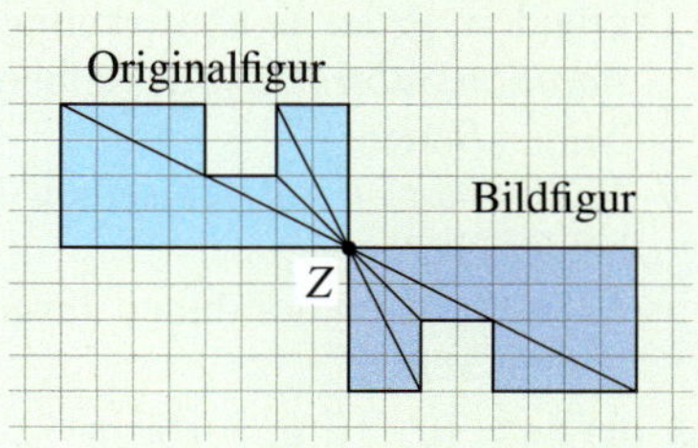

Daten auswerten und darstellen

Daten und Zufall

Absolute und relative Häufigkeiten

Die **absolute Häufigkeit** gibt eine Anzahl an. Die **relative Häufigkeit** ist ein Anteil.

relative Häufigkeit $= \frac{\text{absolute Häufigkeit}}{\text{Gesamtzahl}}$

Durchschnitt (arithmetisches Mittel)

Der Durchschnitt gibt einen Mittelwert einer Datenreihe an.

Durchschnitt $= \frac{\text{Summe aller Werte}}{\text{Anzahl der Werte}}$

Zentralwert (Median)

Sind alle Daten der Größe nach geordnet, heißt der in der Mitte stehende Wert **Zentralwert**.
Bei einer geraden Anzahl von Daten liegen zwei Werte in der Mitte. Dann ist der Zentralwert der Durchschnitt aus diesen beiden Werten.

Zufallsexperimente und Wahrscheinlichkeit

Wahrscheinlichkeiten berechnen

Jedes Zufallsexperiment hat mögliche **Ergebnisse**.
Mehrere Ergebnisse können zu einem **Ereignis** zusammengefasst werden.

Sind alle Ergebnisse eines Zufallsexperiments gleich wahrscheinlich, so gilt für die **Wahrscheinlichkeit *P*** für das Eintreten eines Ereignisses:

Wahrscheinlichkeit P eines Ereignisses $= \frac{\text{Anzahl der Ergebnisse, die zum Ereignis gehören}}{\text{Anzahl aller möglichen Ergebnisse}}$

Mathelexikon und Stichwortverzeichnis

BEACHTE
Wichtige Formeln, Rechenregeln und Grundbegriffe findest du in der Formelsammlung ab S. 180.

A

absolute Häufigkeit siehe Formelsammlung

Abstand kürzeste Verbindungsstrecke eines Punkts oder einer *Parallelen* zu einer *Geraden*

Achsenspiegelung, Achsensymmetrie siehe Formelsammlung

achsensymmetrisch Figur mit mindestens einer *Symmetrieachse*

Addition
Summand + Summand = Wert der Summe

Anteil Beim Vergleichen von Anteilen nutzt man Brüche mit dem Nenner 100.

Antenne in einem *Boxplot* die Verbindung zwischen Box und Minimum bzw. Maximum

antiproportional siehe Formelsammlung

Äquivalenzumformung [42, 57] Umformung einer *Gleichung*, die deren *Lösungen* nicht verändert. Erlaubte Umformungen:
- *Addition/Subtraktion* desselben *Terms* auf beiden Seiten
- *Multiplikation* mit demselben *Term* ($\neq 0$) auf beiden Seiten
- *Division* durch denselben *Term* ($\neq 0$) auf beiden Seiten

Ar (a) $1\,\text{a} = 10 \cdot 10\,\text{m}^2 = 100\,\text{m}^2$

arithmetisches Mittel siehe Formelsammlung

Assoziativgesetz (Verbindungsgesetz)
- Addition: $(a + b) + c = a + (b + c)$
- Multiplikation: $(a \cdot b) \cdot c = a \cdot (b \cdot c)$

ausklammern siehe *Distributivgesetz* oder *faktorisieren*

Aussage [38, 57] *Gleichungen*, in denen keine *Variablen* vorkommen, sind entweder wahre oder falsche Aussagen.

B

Balkendiagramm Im Balkendiagramm werden absolute Häufigkeiten dargestellt

Basis (Dreieck) siehe Formelsammlung

Basis siehe *Potenz*

Begrenzungsfläche siehe *Körpernetz*

Berührungspunkt der Punkt, in dem eine *Tangente* einen *Kreis* berührt

Berührungsradius verbindet den *Mittelpunkt* eines *Kreises* mit dem *Berührungspunkt* einer *Tangente* an den *Kreis*, steht *senkrecht* zur *Tangente*

Bestimmungsstücke für eindeutige Konstruktion erforderliche Werte

Betrag der *Abstand* einer Zahl zur Null

Beweis Beim Beweis zeigt man, dass eine *Behauptung* aus bereits bekannten *Aussagen* (*Voraussetzungen*) abgeleitet werden kann.

Bildfigur siehe *Drehung*, *Verschiebung* und Formelsammlung

Binärsystem auch: Zweiersystem;
Alle *natürlichen Zahlen* werden mit den Ziffern 0 und 1 dargestellt.
Beispiel: $101_{(2)} = 5$ im *Dezimalsystem*

Binom [128] *Summe* aus zwei *Summanden* (lateinisch binominis: „zweinamig“)

binomische Formeln [128, 137] Sonderfälle bei der Multiplikation von Summen; kürzen die Berechnung ab;
- 1. binomische Formel:
  $(a + b)^2 = a^2 + 2ab + b^2$
- 2. binomische Formel:
  $(a - b)^2 = a^2 - 2ab + b^2$
- 3. binomische Formel:
  $(a + b) \cdot (a - b) = a^2 - b^2$

Blaise Pascal [131] französicher Mathematiker (1623–1662)

Boxplot grafische Darstellung der *Kennwerte* einer Datenreihe

Bruch $\frac{\text{Zähler}}{\text{Nenner}}$, Teile von Ganzen; Rechenregeln siehe Formelsammlung

Bruttopreis [64] Preis inklusive *Mehrwertsteuer*

C

Cent (ct) $100\,\text{ct} = 1\,€$

D

Daten Ergebnisse von Umfragen, Experimenten, Beobachtungen, …

Deckfläche siehe *Körper*

deckungsgleich siehe *kongruent*

Definitionsbereich [142, 161] siehe *Funktion*

Dezimalbruch Bruch in Dezimalschreibweise (Zahlen mit einem Komma) Beispiel: $\frac{7}{10} = 0{,}7$

Dezimalsystem siehe *Zehnersystem*

Dezimalzahl siehe *Dezimalbruch*

DGS siehe *dynamische Geometrie-Software*

Diagonale verbindet in *Vielecken* zwei nicht benachbarte Eckpunkte

Diagramm grafische Darstellung von *Daten*

Differenz siehe *Subtraktion*

Distributivgesetz (Verteilungsgesetz) [120, 137]
$a \cdot (b + c) = a \cdot b + a \cdot c$
$a \cdot (b - c) = a \cdot b - a \cdot c$
$(a + b) : c = a : c + b : c$
$(a - b) : c = a : c - b : c$

Dividend siehe *Division*

Division
Dividend : Divisor = Wert des Quotienten

Divisor siehe *Division*

Drachen Kurzform für *Drachenviereck*

Drachenviereck siehe Formelsammlung

drehsymmetrisch siehe Formelsammlung

Drehung Bei einer Drehung wird ein Punkt um ein *Drehzentrum* Z mit dem *Drehwinkel* α gedreht.

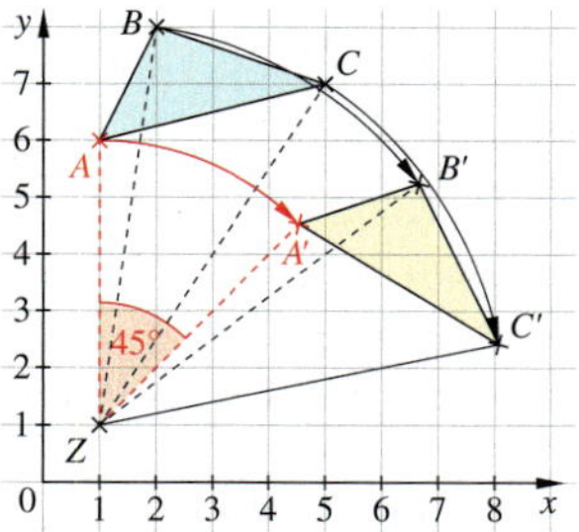

Drehwinkel siehe *Drehung*

Drehzentrum siehe *Drehung*

Dreiecksarten siehe Formelsammlung

Dreisatzschema [62, 83] Tabelle, mit deren Hilfe aus drei bekannten *Größen* eine unbekannte *Größe* berechnet werden kann.

Durchmesser siehe Formelsammlung

Durchschnitt siehe Formelsammlung

Dynamische Geometrie-Software Software zur Konstruktion, dynamischen Bewegung und Änderung von Figuren

E

Ecke siehe *Körper*

Einheit Um *Größen* wie *Länge*, *Fläche*, *Masse*, *Zeit*, *Geld* usw. anzugeben, benutzt man Einheiten wie cm, cm², kg, min, €.

Einheitsfläche, Einheitsquadrat Quadrate, mit z. B. 1 cm oder 1 dm Seitenlänge

Ereignis (E) Mehrere *Ergebnisse* eines *Zufallsexperiments* können zu einem Ereignis zusammengefasst werden; Beispiel: mit einem Würfel eine *gerade Zahl* werfen

Ergebnis (e) Ausgang eines *Zufallsexperiments*; Beispiel: mit einem Würfel eine 2 werfen

Ergebnismenge (S) alle möglichen *Ergebnisse* eines *Zufallsexperiments*

erweitern siehe Formelsammlung

Euro (€) 100 ct = 1 €

Excel siehe *Tabellenkalkulation*

Exponent siehe *Potenz*

F

Faktor siehe *Multiplikation*

faktorisieren [120] einen gemeinsamen Faktor aus einer Summe ausklammern; Beispiel:
$a \cdot b + a \cdot c = a \cdot (b + c)$

Faustformel bzw. **Faustregel** vereinfachte Formel, mit der man Werte grob abschätzen kann

Flächeninhalt (A) siehe Formelsammlung

Formel Gleichung mit mehreren Variablen

Formelsammlung [180 ff.]

Fragebogen Werkzeug zur Datenerhebung

Funktion [142, 161] *Zuordnung*, bei der jedem Wert x aus dem Definitionsbereich genau ein Wert y aus dem Wertebereich zugeordnet wird. Eine lineare Funktion hat die *Funktionsgleichung* $y = mx + b$.

Funktionenplotter [155] Computerprogramm zum Zeichnen von *Funktionsgraphen*

Funktionsgleichung [142, 161] Übersetzung der *Wortvorschrift* in eine *Gleichung*

Funktionsgraph [142, 161] siehe *Graph*

G

ganze Zahlen *natürliche Zahlen* und ihre *Gegenzahlen* (zusammen mit der Null),
$\mathbb{Z} = \{\dots; -2; -1; 0; 1; 2; \dots\}$

Gegenbeispiel Mithilfe eines Gegenbeispiels können Aussagen widerlegt werden; Beispiel:
Aussage: Jede natürliche Zahl ist gerade.
Gegenbeispiel: 3

Gegenzahl Gegenzahlen haben den gleichen Abstand zur Null. Beispiel:
-3 ist die Gegenzahl von $+3$

Geld siehe *Euro* und *Cent*

gemischte Zahl Beispiel: $1\frac{1}{2}$, $3\frac{1}{4}$

Geodreieck Werkzeug zum Messen und Zeichnen von *Winkeln*, *Parallelen* und *Senkrechten*

Gerade gerade Linie ohne Anfangspunkt und ohne Endpunkt

Geradengleichung [153] *Funktionsgleichung* einer *linearen Funktion*

gerade Zahl alle *ganzen Zahlen*, die durch 2 teilbar sind; Beispiel: $-2, 4, 6, -8, 10, 12, -12$

gestreckter Winkel ein *Winkel* von 180°

Gewicht (Masse) siehe Formelsammlung

ggT siehe *größter gemeinsamer Teiler*

gleichnamig *Brüche* mit gleichem Nenner nennt man gleichnamig; Beispiel: $\frac{3}{5}$ und $\frac{4}{5}$

Gleichung [38, 57] verbindet zwei *Terme* durch ein Gleichheitszeichen „="

Glücksspiele Bei Glückspielen wird ein Einsatz gezahlt. Das Ergebnis eines Glücksspiels hängt vom Zufall ab.

Grad (°) Die Größe eines *Winkels* wird in Grad gemessen.

Graph Darstellung von *Wertepaaren* im *Koordinatensystem*

Größe besteht aus Maßzahl und Maß*einheit*. Beispiel: 6 € (*Geld*), 30 min (*Zeit*), 3,26 kg (*Masse*), weitere Größen: *Länge*, *Fläche*, *Volumen*

größer als (>) Beispiel: 13 > 11 bedeutet: 13 ist größer als 11

größter gemeinsamer Teiler die größte Zahl, die in den Teilermengen zweier Zahlen vorkommt; Beispiel: $T_8 = \{1; 2; 4; 8\}$; $T_{12} = \{1; 2; 3; 4; 6; 12\}$; ggT (8; 12) = 4

Grundfläche siehe *Körper*

Grundmenge gibt an, aus welchem Zahlbereich die Lösungen für eine Gleichung kommen können

Grundseite Seite einer Figur, die z. B. zur Berechnung des Flächeninhalts gewählt wird

Grundwert [62, 83] entspricht dem Ganzen, also 100 %
- **vermehrter [64]** $G^+ = G \cdot (1 + \frac{p}{100})$
- **verminderter [64]** $G^- = G \cdot (1 - \frac{p}{100})$

H

Halbgerade gerade Linie mit einem Anfangspunkt, aber ohne Endpunkt

Häufigkeit siehe Formelsammlung

Hauptnenner kleinster gemeinsamer Nenner zweier *Brüche*

Haus der Vierecke Übersicht über verschiedene *Vierecke*, ihre Beziehungen untereinander und ihre Eigenschaften (*Symmetrie*, Anzahl nötiger *Bestimmungsstücke* für *Konstruktion*)

Hektar (ha) $1\,\text{ha} = 100 \cdot 100\,\text{m}^2 = 10\,000\,\text{m}^2$

Höhe (*h*)
- **von Dreieck und Viereck** Lot vom Eckpunkt zur gegenüberliegenden Seite bzw. Abstand zwischen den parallelen Seiten
- **von Körpern (h_k) [96, 115]** Abstand zwischen Grund- und Deckfläche

Hohlmaß Volumenmaß für Flüssigkeiten: Liter (l) und Milliliter (ml); siehe Formelsammlung

Hohlkörper entsteht, wenn aus einem geometrischen Körper ein kleinerer Körper herausgeschnitten wird

Hyperbel fallende Kurve, auf der alle Punkte einer *antiproportionalen Zuordnung* liegen; siehe Formelsammlung

I

Innenwinkelsummensatz siehe *Winkelsummensatz*

Innkreis *Kreis* im Inneren eines *Vielecks*, der jede *Seite* in genau einem Punkt berührt. Bei einem *Dreieck* ist der *Mittelpunkt* des Innkreises der Schnittpunkt der *Winkelhalbierenden* des Dreiecks.

J

Jahr (a) 1 a = 365 d (Tage)

Jahreszinsen (Z) siehe *Zinsen*

K

Kante siehe *Körper*

Kapital (*K*) [68, 83] entspricht dem *Grundwert* (*G*) bezogen auf den Geldverkehr

Kehrbruch Beispiel: der Kehrbruch von $\frac{2}{5}$ ist $\frac{5}{2}$

Kehrwert siehe *Kehrbruch*

Kennwerte *Minimum*, *Maximum*, *Median*, *Quartile* und *Spannweite* sind Kennwerte von *Daten*.

kgV, kleinstes gemeinsames Vielfaches die kleinste Zahl, die in beiden *Vielfachen*mengen zweier Zahlen vorkommt; Beispiel: $V_8 = \{8; 16; 24; 32; ...\}$; $V_{12} = \{12; 24; 36; ...\}$; kgV (8; 12) = 24

Klammern auflösen siehe *Distributivgesetz*

kleiner als (<) Beispiel: 9 < 11 bedeutet: 9 ist kleiner als 11

Koeffizient Zahl vor *Variable*; Beispiel: $3x$

Kommutativgesetz (Vertauschungsg.)
- Addition: $a + b = b + a$
- Multiplikation: $a \cdot b = b \cdot a$

kongruent (deckungsgleich) Zwei Dreiecke sind kongruent zueinander, wenn sie in den drei Seitenlängen und der Größe ihrer drei Winkel übereinstimmen.

Kongruenzabbildung Bewegung, bei der Seitenlängen und Winkelgrößen erhalten bleiben. *Achsenspiegelung*, *Drehung* und *Verschiebung* sind Kongruenzabbildungen.

Kongruenzsatz Dreiecke sind eindeutig konstruierbar, wenn folgende Bestimmungsstücke gegeben sind:
- **SSS**: drei Seiten
- **SsW**: zwei Seiten und der Winkel, der der längeren Seite gegenüberliegt
- **SWS**: zwei Seiten und der eingeschlossene Winkel
- **WSW**: eine Seite und die beiden anliegenden Winkel

konstruieren zeichnen mithilfe von *Zirkel* und *Geodreieck*; siehe auch *Kongruenzsatz*

Konstruktionsbeschreibung Auflistung der einzelnen Schritte einer Konstruktion

Koordinate gibt die Lage eines Punktes an

Koordinatensystem zwei zueinander senkrecht stehende Zahlengeraden, die sich im *Nullpunkt* (0|0) schneiden

Beispiel: Die Lage eines Punktes im Koordinatensystem wird durch seine Koordinaten angegeben: $A(2|1)$; $B(-2|3)$

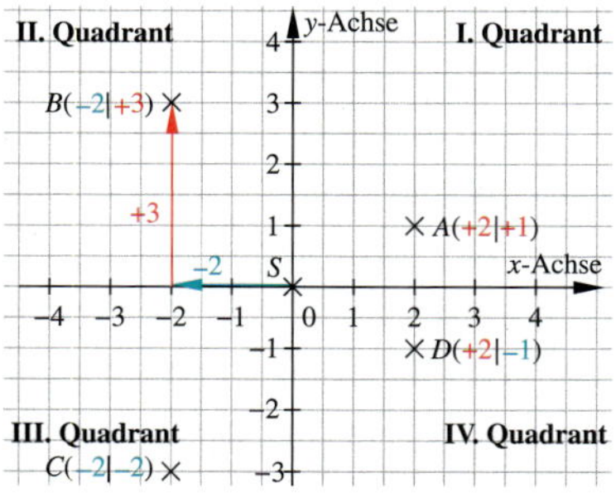

Koordinatenursprung Punkt (0|0) im Koordinatensystem; Schnittpunkt der beiden Zahlengeraden (x-Achse und y-Achse)

Körper Beispiel:

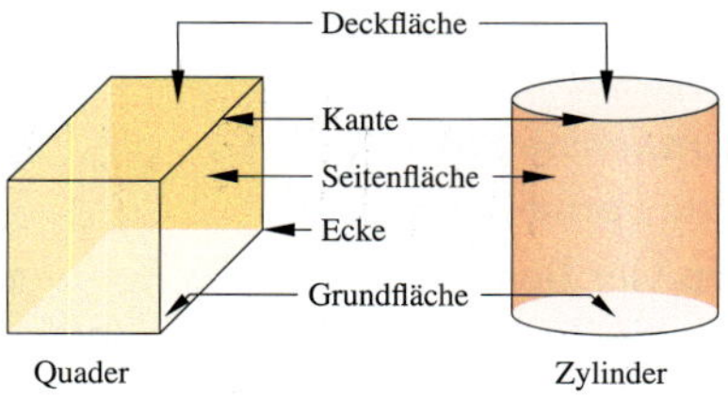

Dort, wo zwei Flächen zusammenstoßen, entstehen Kanten. Treffen mindestens drei Kanten aufeinander, entstehen Ecken.

Körperhöhe (h_k) siehe *Höhe*

Körpernetz eine zusammenhängende Abwicklung aller Begrenzungsflächen eines *Körpers*; Beispiel:

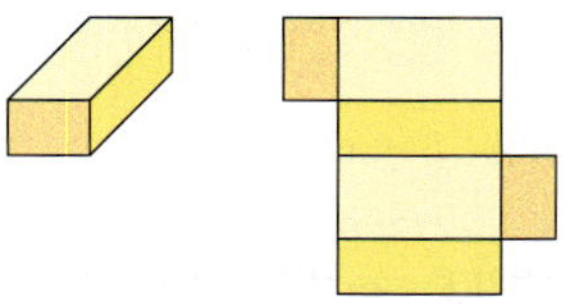

Kreis siehe Formelsammlung

Kreisdiagramm zeigt *relative Häufigkeiten* an (Vollkreis ≙ 100 %)

Kreisring Fläche zwischen zwei *Kreisen* mit demselben *Mittelpunkt M*

Kreistangente siehe *Tangente*

Kreiszahl (π) Verhältnis von *Umfang* zu *Durchmesser* beim *Kreis*; $\pi = \frac{u}{d} \approx 3{,}14$

kürzen siehe Formelsammlung

L

Länge siehe Formelsammlung

Laplace-Experiment Zufallsexperiment, bei dem alle Ergebnisse gleich wahrscheinlich sind

Lichtjahr die Strecke, die das Licht innerhalb eines *Jahres* zurücklegt

Lösung [38, 57] Zahl bzw. *Größe*, die eine *Gleichung* bzw. *Ungleichung* mit *Variablen* zur wahren *Aussage* macht.

Beispiel: „6“ ist Lösung der Gleichung $5 \cdot x = 30$, denn $5 \cdot 6 = 30$.

Lösungsmenge (L) enthält alle *Lösungen* einer *Gleichung* bzw. *Ungleichung* aus dem *Grundbereich*

Lösungsvariable gesuchte *Größe* in einer *Formel*

M

Manipulation undurchschaubare Einflussnahme auf eine Person

Mantelfläche (M) [102, 115] alle *Seitenflächen* eines *Körpers*

Masse (Gewicht) wissenschaftliche Bezeichnung für die *Größe*, in der man in *Gramm* und *Kilogramm* misst; siehe Formelsammlung

Maßeinheit siehe *Einheit*

Maßstab Beispiel: Der Maßstab 1 : 10 bedeutet: 1 cm im Bild sind 10 cm in Wirklichkeit.

Maßzahl siehe *Größe*

Maximum größter Wert einer Datenreihe

Median auch: Zentralwert; Der Wert, der genau in der Mitte aller der Größe nach geordneten Werte einer Datenreihe liegt. Beispiel: 8; 15; <u>17</u>; 35; 72; Median: 17

Mehrwertsteuer [64] Anteil am Verkaufserlös einer Ware, den der Händler an den Staat abführen muss (zur Zeit 7 % bzw. 19 %)

Mindmap übersichtliche Darstellung von Notizen zu einem Thema

Minimum kleinster Wert einer Datenreihe

Minuend siehe *Subtraktion*

Minute (min) 60 min = 1 h (*Stunde*)

Mittellinie [18] siehe *Trapez*

Mittelpunkt siehe Formelsammlung

Mittelsenkrechte Gerade, die eine Strecke $\overline{AB}$ halbiert. Jeder Punkt auf der Strecke hat zu A und B denselben Abstand.

Mittelwert siehe Formelsammlung

Multiplikation

Faktor · Faktor = Wert des Produkts

N

ℕ siehe *natürliche Zahlen*

Nachfolger Beispiel: Der Nachfolger von 7 ist 8.

natürliche Zahlen, $\mathbb{N} = \{0; 1; 2; \dots\}$

Nebenwinkel ergänzen sich zu 180°

negative Zahl Negative Zahlen sind kleiner als Null. Beispiel: −2; −15

Nenner siehe *Bruch*

Nettopreis [64] Preis ohne *Mehrwertsteuer*

Netz siehe *Körpernetz*

Nullpunkt siehe *Koordinatenursprung*

Nullstelle Im Schnittpunkt eines Graphen mit der *x-Achse* nimmt die *Funktion* den Wert $y = 0$ an. Diese Stelle auf der *x-Achse* heißt Nullstelle.

O **Oberfläche** Alle Begrenzungsflächen eines *Körpers* ergeben zusammen die Oberfläche des Körpers.

Original siehe *Drehung* und *Verschiebung*

Originalfigur siehe Formelsammlung

Originalpunkt siehe Formelsammlung

P % siehe Prozent

p% siehe *Prozentsatz*

p. a. bedeutet pro Jahr

parallel, Parallele $g \parallel h$ bedeutet: Die Geraden g und h sind zueinander parallel, g und h sind *Parallelen*, d. h. ihr *Abstand* zueinander ist überall gleich groß.

Parallelogramm siehe Formelsammlung

Pascal'sches Dreieck [131]

Passante Gerade, die keinen Punkt mit einem Kreis gemeinsam hat

Periode, periodischer Dezimalbruch Bei vielen *Brüchen* führt die *Division* dazu, dass sich im Ergebnis Ziffern unendlich oft wiederholen. Diese Brüche nennt man periodische Dezimalbrüche. Die Ziffer (oder die Zifferngruppe), die sich wiederholt, wird durch einen Strich darüber gekennzeichnet und Periode genannt. Beispiel: $\frac{1}{3} = 0{,}333\ldots = 0{,}\overline{3}$

pi (π) siehe *Kreiszahl*

Planskizze einfache, von Hand erstellte Übersichtszeichnung

positive Zahl Positive Zahlen sind größer als Null. Beispiel: 3; +5; 112

Potenz *Produkte* aus gleichen Faktoren; Beispiel: $2 \cdot 2 \cdot 2 = 2^3$ (sprich „2 hoch 3")
Basis ↗ ↖ Exponent (Hochzahl)

Primzahl eine *natürliche Zahl*, die nur durch 1 und sich selbst teilbar ist; Beispiel: 2; 3; 5; 7; 11; 13

Prisma [96, 98, 102, 106, 115] siehe Formelsammlung

Probe Bei den Grundrechenarten rechnet man zur Probe die *Umkehraufgabe*. Bei *Gleichungen* setzt man zur Probe die *Lösung* ein.

Produkt siehe *Multiplikation*

produktgleich Alle *Wertepaare* einer *antiproportionalen Zuordnung* bilden das gleiche *Produkt*.

Promille (‰) $1‰ = 0{,}1\,\% = \frac{1}{1000}$

proportional siehe *Zuordnung*

Prozent (%) Das %-Zeichen bedeutet „von Hundert". Beispiel: $1\,\% = \frac{1}{100}$

Prozentsatz (p%) [62, 83] Anteil in Prozentschreibweise; Beispiel: 3 von 5 entpricht 60 %

Prozentschreibweise *Brüche* mit dem *Nenner* 100 kann man in der *Prozent*schreibweise angeben. Beispiel: $\frac{75}{100} = 75\,\%$

Prozentwert (W) [62, 83] Wert, der einem Prozentsatz entspricht; Beispiel: 10 % von 50 Personen entspricht 5 Personen

Punktspiegelung siehe Formelsammlung

Punktsymmetrie siehe Formelsammlung

Q $\mathbb{Q}$ siehe *rationale Zahlen*

Quader siehe Formelsammlung

Quadranten vier Bereiche, in die das *Koordinatensystem* die Zeichenebene teilt; Beispiel: Der Punkt $P(-2|1)$ liegt im II. Quadranten

Quadrat siehe Formelsammlung

Quartil Kennwert einer Datenreihe, siehe *Boxplot*
- oberes Quartil: *Median* der zweiten Hälfte einer Datenreihe
- unteres Quartil: *Median* der ersten Hälfte einer Datenreihe

Quersumme die Summe aller Ziffern einer Zahl; Beispiel: Die Quersumme von 735 ist $7 + 3 + 5 = 15$

Quotient aus a und b $a : b$ bzw. $\frac{a}{b}$

quotientengleich Alle *Wertepaare* einer *proportionalen Zuordnung* bilden einen gleichwertigen *Bruch*.

R **Ratenkauf [74]**

Rabatt Preisnachlass vom Händler

Radius siehe Formelsammlung

rationale Zahlen Die *ganzen Zahlen* und die *positiven* und *negativen Brüche* und *Dezimalbrüche* bilden zusammen die Menge der rationalen Zahlen, kurz $\mathbb{Q}$.

Rauminhalt siehe *Volumen*

Raute siehe Formelsammlung

Rechenausdruck siehe *Term*

Rechteck siehe Formelsammlung

rechter Winkel ein *Winkel* von 90°

relative Häufigkeit siehe Formelsammlung

römische Zahlen *Natürliche Zahlen* können mit römischen Zahlzeichen dargestellt werden. Dabei werden alle Zahlen durch Addition oder Subtraktion zusammengesetzt.
I (1), V (5), X (10), L (50), C (100), D (500), M (1000), Beispiel: MMXVI (2016), XC (90)

rückwärtsrechnen ausgehend von einem Ergebnis schließt man auf den Ausgangswert

S

Satz über die Innenwinkelsumme siehe *Innenwinkelsummensatz*

Säulendiagramm stellt absolute Häufigkeiten dar

schätzen Beim Schätzen versucht man durch Überlegungen dem genauen Ergebnis möglichst nahe zu kommen.

Schätzwert für Wahrscheinlichkeit Bei einer großen Anzahl an Wiederholungen eines *Zufallsexperiments* ist die *relative Häufigkeit* eines *Ergebnisses* ein Schätzwert für die *Wahrscheinlichkeit* des *Ergebnisses*.

Scheitelwinkel gegenüberliegende *Winkel* an einer Geradenkreuzung; sind gleich groß

Schrägbild [95, 98] vermittelt einen räumlichen Eindruck eines Körpers; nach hinten verlaufende Kanten werden in halber Länge im Winkel von 45° angetragen; verdeckte Kanten werden gestrichelt; Beispiel:

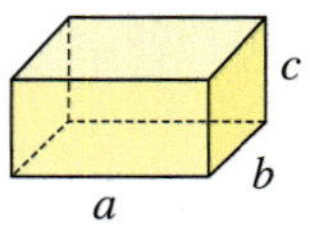

Sechs-Schritte-Verfahren [46, 57] Vorgehen beim Lösen von Sachproblemen

Sehne *Strecke* zwischen zwei Punkten auf einem *Kreis*

Seite *Strecke*, die eine *Fläche* begrenzt

Seitenfläche siehe *Körper*

Sekante *Gerade*, die mit einem *Kreis* zwei gemeinsame Punkte hat

Sekunde (s) 60 s = 1 min (*Minute*)

senkrecht, Senkrechte $g \perp h$ bedeutet: Die Geraden g und h sind zueinander senkrecht, g und h sind Senkrechte, d. h. sie bilden einen rechten Winkel.

Skala Maßeinteilung an Messinstrumenten, z. B. am Geodreieck oder am Thermometer

Skizze Zeichnung von Hand, die einen groben Überblick verschafft

Skonto [84] Preisnachlass z. B. bei Barzahlung

Spannweite Unterschied zwischen *Maximum* und *Minimum* einer *Datenreihe*

Spiegelachse siehe Formelsammlung

spitzer Winkel ein *Winkel*, der größer als 0° aber kleiner als 90° ist

Steigung (m) [146, 152, 161] bei einer linearen Funktion $y = mx + b$; Beispiel: für $m = \frac{3}{4}$ gilt: wenn x um 4 wächst, dann wächst y um 3

Steigungsdreieck [152, 167] rechtwinkliges Dreieck am Graphen einer linearen Funktion zum Bestimmen der *Steigung*

stellengleich, stellengerecht, stellenweise Zehner werden unter Zehner geschrieben, Einer unter Einer, Zehntel unter Zehntel, …
Dezimalbrüche werden stellenweise addiert und subtrahiert (Komma unter Komma).

Stellenwertsystem Beispiel: *Dezimalsystem* und *Binärsystem*

Strecke gerade Linie mit einem Anfangspunkt und einem Endpunkt

Streifendiagramm zeigt relative Häufigkeiten an (Streifen ≙ 100 %)

Strichliste *Häufigkeiten* einer *Daten*erhebung werden mit Strichen angegeben.

Stufenwinkel sind gleich groß

Stufenzahl Beispiel: im *Zehnersystem* nennt man 10, 100, 1000, … Stufenzahlen

stumpfer Winkel größer als 90° aber kleiner als 180° ist

Stunde (h) 1 h = 60 min (Minuten)

Subtrahend siehe *Subtraktion*

Subtraktion
Minuend – Subtrahend = Wert der Differenz

Summand siehe *Addition*

Summe siehe *Addition*
– **Multiplikation von Summen [124, 128, 137]**

Symmetrie siehe Formelsammlung

Symmetriezentrum siehe Formelsammlung

T

Tabellenkalkulation Software zur Eingabe und Verarbeitung von Daten

Tag (d) 1 d = 24 h (*Stunden*)

Tageszinsen (Z) [72, 83] siehe Formelsammlung

Tangente *Gerade*, die mit einem *Kreis* genau einen Punkt gemeinsam hat. Die Tangente steht senkrecht zum *Berührungsradius*.

teilbar siehe *Teiler*

Teilbarkeitsregeln durch…
- **2**: die letzte *Ziffer* ist gerade
- **3**: die *Quersumme* ist durch 3 teilbar
- **4**: die letzten beiden *Ziffern* stellen eine durch 4 teilbare Zahl dar
- **5**: die letzte *Ziffer* ist eine 0 oder eine 5
- **8**: die letzten drei *Ziffern* stellen eine durch 8 teilbare Zahl dar
- **9**: die *Quersumme* ist durch 9 teilbar
- **10**: die letzte Ziffer ist eine 0

Teiler Eine Zahl ist ein Teiler einer anderen Zahl, wenn beim Dividieren kein Rest bleibt. Beispiel: 6 ist ein Teiler von 18, d. h. 18 ist durch 6 teilbar ($6 \mid 18$); 6 ist kein Teiler von 20 ($6 \nmid 20$)

teilerfremd Zahlen, die keinen gemeinsamen *Teiler* außer der 1 haben

Teilermenge alle *Teiler* einer Zahl; Beispiel: Teilermenge von 12: $T_{12} = \{1; 2; 3; 4; 6; 12\}$

Term (Rechenausdruck) [38, 49, 57] sinnvolle Verbindung von Variablen, Zahlen und Rechenzeichen. Beispiel: 12; x; $12 - (6 + 1)$; $x + 5\,\text{cm}$; $2 \cdot a$

Thales von Milet Mathematiker im antiken Griechenland

Trapez siehe Formelsammlung

U

Überschlag Rechnen mit gerundeten Werten

überstumpfer Winkel ein *Winkel*, der größer als 180° aber kleiner als 360° ist

Umfang (*u*) *Summe* aller *Seiten*längen eines *Vielecks*; siehe Formelsammlung

Umkehraufgabe Beispiel: eine Umkehraufgabe von $5 + 6 = 11$ ist $11 - 5 = 6$

Umkehroperation siehe *Umkehrung*

Umkehrung Die *Subtraktion* ist die Umkehrung der *Addition*, die *Division* ist die Umkehrung der *Multiplikation*.

Umkreis Der Umkreis eines *Vielecks* verläuft durch alle Eckpunkte des *Vielecks*. Bei einem Dreieck schneiden sich die *Mittelsenkrechten* im *Mittelpunkt* des Umkreises.

Umrechnungszahl Beispiel: Wandelt man *Volumenmaße* in die benachbarte *Volumeneinheit* um, so ist die Umrechnungszahl 1000.

ungerade Zahl alle *ganzen Zahlen*, die nicht durch 2 teilbar sind; Beispiel: 1, −3, 3, 7, −9

ungleichnamig *Brüche* mit unterschiedlichem *Nenner* sind ungleichnamig; Beispiel: $\frac{3}{8}$ und $\frac{4}{5}$

Ungleichung [49] zwei durch ein *Verhältniszeichen* (<; ≤; >; ≥) miteinander verbunde Terme

Urliste ungeordnete Übersicht der Ergebnisse einer *Daten*erhebung

V

Variable Platzhalter für Zahlen oder Größen; Beispiel: *a*, *b*, *c*, *x*, *y*, *z*

Verbindungsgesetz siehe *Assoziativgesetz*

Verhältniszeichen [49] < (kleiner); ≤ (kleiner oder gleich); > (größer) ; ≥ (größer oder gleich)

Verschiebung Beispiel:

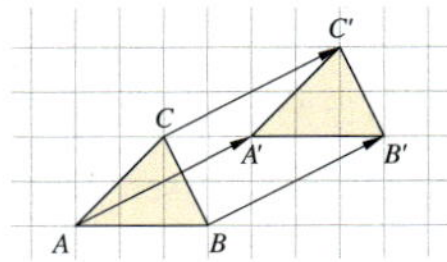

Verschiebungspfeil gibt Länge und Richtung einer *Verschiebung* an

Vertauschungsgesetz siehe *Kommutativgesetz*

Verteilungsgesetz siehe *Distributivgesetz*

Vieleck Beim Vieleck bestimmt die Anzahl der Eckpunkte den Namen der Fläche. Beispiel: ein Fünfeck hat fünf Eckpunkte.

Vielfaches Ist eine Zahl einmal, zweimal, dreimal, … so groß wie eine andere Zahl, so ist sie ein Vielfaches dieser Zahl.

vollständig gekürzt Einen *Bruch*, der nicht mehr weiter *gekürzt* werden kann, nennt man vollständig gekürzt.

Vollwinkel ein *Winkel* von 360°

Volumen Rauminhalt eines Körpers; siehe Formelsammlung

Voraussetzung siehe *Beweis*

Vorgänger Beispiel: Der Vorgänger von 9 ist 8.

Vorhersage Aussage über den Ausgang eines zukünftigen *Zufallsexperiments* aufgrund von vorherigen Datenerhebungen

Vorrangregeln siehe Formelsammlung

W

Wahrscheinlichkeit (*P*) Maß für das Eintreten eines *Ergebnisses* bei einem *Zufallsexperiment*. Die Wahrscheinlichkeit für das Eintreten eines *Ergebnisses* liegt zwischen 0 (unmögliches Ergebnis) und 1 (sicheres Ergebnis); siehe auch *Schätzwert für Wahrscheinlichkeit*

Wechselwinkel sind gleich groß

Wert des Terms Setzt man für die *Variablen* Zahlen ein, kann man den Wert des Terms bestimmen.
Beispiel: Der Wert des Terms $10 \cdot x + 8$ für $x = 3$ ist 38, denn $10 \cdot 3 + 8 = 38$

Wertepaar [142] zwei einander zugeordnete Werte; Beispiel: (2|3,5)

Wertetabelle [142, 161] *Wertepaare* können in einer Tabelle angegeben werden.

Winkelhalbierende *Halbgerade*, die einen *Winkel* halbiert. Jeder Punkt auf der Winkelhalbierenden hat denselben *Abstand* zu den beiden *Schenkeln* des *Winkels*.

Winkelsummensatz
- Dreieck $\alpha + \beta + \gamma = 180°$
- Viereck $\alpha + \beta + \gamma + \delta = 360°$

Wortvorschrift [142, 161] Ein Text beschreibt, welche Werte einander zugeordnet werden sollen; Beispiel: „Jeder Zahl wird ihr Dreifaches zugeordnet.“ ergibt z.B. (1|3), (2|6), (–1,5|–4,5)

Würfel siehe Formelsammlung

X

***x*-Achse** siehe *Koordinatensystem*

***x*-Koordinate** siehe *Koordinatensystem*

Y

***y*-Achse** siehe *Koordinatensystem*

***y*-Koordinate** siehe *Koordinatensystem*

Z

ℤ siehe *ganze Zahlen*

Zahlbereiche *Natürliche Zahlen*, *ganze Zahlen* und *rationale Zahlen* sind Beispiele für Zahlbereiche. Ist eine Aufgabe in einem Zahlbereich nicht lösbar, dann muss der Bereich durch Hinzufügen von Elementen erweitert werden. Beispiel: 3 – 7 ist in ℕ nicht lösbar aber in ℤ.

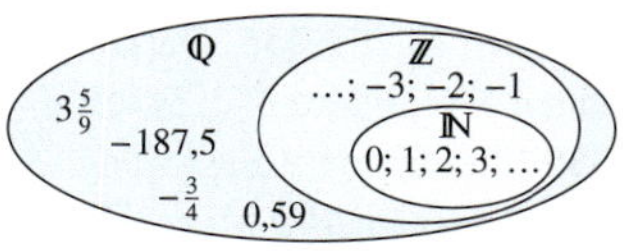

Zahlengerade bildet anders als der *Zahlenstrahl* auch die *negativen Zahlen* ab

Zahlenstrahl Beispiel:

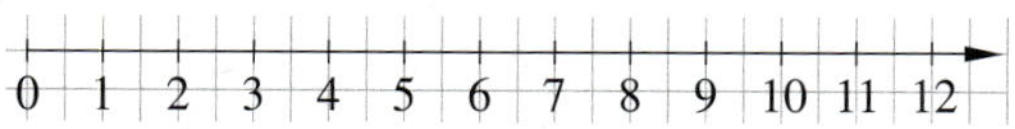

Zähler siehe *Bruch*

Zehnerbruch *Brüche* mit dem *Nenner* 10, 10, 1000, …

Zehnerpotenz Zehnerpotenzen sind 10, 100, 1000, 10000 usw.

Zehnersystem (Dezimalsystem) unser Zahlensystem; Beispiel: Stellenwerttafel im Zehnersystem:

Tausender			Einer		
H	Z	E	H	Z	E
		3	0	6	1

Zeit *Maßeinheiten* der Zeit sind z. B. a (*Jahre*), d (*Tage*), h (*Stunden*), min (*Minuten*), s (*Sekunden*)

Zeitfaktor [72, 83] Ein Zinsjahr wird mit 12 Monaten zu 30 Tagen angegeben. Bei einem Tag entspricht der Zeitfaktor $\frac{1}{360}$, bei einem Monat entspricht der Zeitfaktor $\frac{1}{12}$.

Zeitpunkt ein genau festgelegter Termin, z. B. 12:50 Uhr oder der 12. Januar

Zeitspanne die Dauer zwischen zwei Zeitpunkten, z. B. 15 Minuten, 2 Jahre oder von 8:00 Uhr bis 8:45 Uhr

Zentralwert siehe *Median*

Zinsen [68, 83] entspricht dem *Prozentwert* (*W*) bezogen auf den Geldverkehr; Preis für die Überlassung von *Kapital*

Zinseszinsen [76] entstehen, wenn auch die *Zinsen* angelegt werden und wieder *Zinsen* erbringen

Zinsformel [68]

Zinssatz (*p* %) [68, 83] entspricht dem *Prozentsatz* (*p* %) bezogen auf den Geldverkehr

Ziffer Alle Zahlen bestehen aus den Ziffern 1, 2, 3, 4, 5, 6, 7, 8, 9, 0.

Zirkel Werkzeug zum Zeichnen von *Kreisen*

Zufallsexperiment Vorgang mit einem zufälligen Ergebnis; Beispiel: Münzwurf, Würfelwurf

Zufallsversuch siehe *Zufallsexperiment*

Zuordnung [142, 161] Zuordnungen weisen Werten aus einem vorgegebenen Bereich einen oder mehrere Werte aus einem anderen Bereich zu (*Wertepaar*). Zuordnungen können als *Wortvorschrift*, *Wertetabelle*, im *Koordinatensystem* oder im *Diagramm* dargestellt werden.

Zylinder siehe Formelsammlung

Bildverzeichnis

Titel Fotolia/mojolo; **3 o.li.** Fotolia/legalloudec; **3 Mi.li.** Fotolia/Ramona Heim; **3 Mi.mi.** Fotolia/shootingankauf; **3 u.mi.** mauritius images/Novarc/Axel Schmies; **3 o.mi.** LOOK/Sabine Lubenow; **4 o.li.** Fotolia/2xSamara.com; **4 Mi.li.** Shutterstock/JingAiping; **4 o.mi.** Fotolia/mojolo; **7** Fotolia/legalloudec; **10 o.li.** PantherMedia/ELINA; **17 u.mi.** Jens Schacht, Düsseldorf; **17 o.re.** Jens Schacht, Düsseldorf; **18 o.re.** Jens Schacht; **18 o.li.** Fotolia/Krawczyk-Foto; **20 u.mi.** Herbert Strohmayer; **20 u.re.** Fotolia/Ralf Gosch; **21 Mi.re.** Fotolia/johnmerlin; **21 o.li.** Shutterstock/pogonici; **21 o.mi.** Shutterstock/Winai Tepsuttinun; **21 o.re.** picture-alliance/Eibner-Pressefoto; **23 Mi.mi.** Shutterstock/blue67sign; **23 Mi.re.** Shutterstock/Lilac Mountain; **23 u.re.** F1online/Thomas Frey/Imagebroker; **25 u.li.** Shutterstock/alexmillos; **25 u.re.** picture-alliance/Rainer Hackenberg; **26 Mi.mi.** Fotolia/lunamarina; **27 o.re.** Fotolia/finecki; **29 u.li.** Shutterstock/Hot Photo Pie; **30 u.li.** Herbert Strohmayer; **32 o.re.** Shutterstock/adisak soifa; **32 u.re.** Fotolia/Vidady; **32 Mi.re.** Fotolia/bercikns; **32 Mi.li.** Fotolia/Sebastiano Fancellu; **32 o.li.** Volker Döring; **32 o.mi.** Volker Döring; **35** Fotolia/Ramona Heim; **37 u.mi.** Fotolia/auremar; **37 u.re.** Fotolia/Alexander Raths; **38 o.li.** Fotolia/Alexander Raths; **39 u.li.** Fotolia/Cpro; **39 u.re.** Fotolia/Cpro; **40 Mi.re.** Shutterstock GmbH/GOLFX; **41 Mi.re.** Shutterstock/Jojoo64; **41 o.re.** Fotolia/Arsgera; **45 o.re.** Jens Schacht, Düsseldorf; **46 o.mi.** Fotolia/sonya etchison; **47 Mi.re.** Fotolia/Andres Rodriguez; **48 u.li.** Fotolia/Deklofenak; **51 u.mi.** Fotolia/biglama; **52 u.li.** Fotolia/Sergey Novikov; **53 o.re.** Fotolia/WernerHilpert; **55 u.re.** Fotolia/Gudellaphoto; **56 o.re.** Fotolia/westfotos.de; **56 Mi.li.** Fotolia/Anna Omelchenko; **56 u.re.** Fotolia/jelena jovanovic; **59** LOOK/Sabine Lubenow; **62 o.re.** Haupt, H./Ludwig, G./Gruttke, H./Binot-Hafke, M./ Otto, C./Pauly, A.: Rote Liste gefährdeter Tiere, Pflanzen und Pilze Deutschlands, Band 1: Wirbeltiere. Reihe: Naturschutz und Biologische Vielfalt **70/1.** Herausgegeben vom Bundesamt für Naturschutz, Bonn-Bad Godesberg 2009; **62 o.li.** Fotolia/johann35micronature; **63 Mi.re.** Fotolia/Monkey Business; **63 o.li.** Fotolia/Fatman73; **66 o.re.** Fotolia/Lucky Dragon USA; **66 Mi.li.** Marek Lange/Marek Lange; **66 u.mi.** Kerstin Kälberer; **68 o.li.** Fotolia/Elvira Schäfer; **69 Mi.re.** Fotolia/Björn Wylezich; **72 o.re.** Fotolia/emerald-photo; **73 u.re.** PantherMedia/Roman Samokhin; **74 u.re.** Fotolia/grafikplusfoto; **80 Mi.re.** Fotolia/Kurt Kleemann; **81 o.re.** Shutterstock/Supertrooper; **85** Fotolia/shootingankauf; **87 Mi.re.** Fotolia/PhotoSerg; **88 Mi.re.** Agencja Fotograficzna Caro /Jürgen Blume; **89 o.mi.** Volker Döring; **90 o.re.** Fotolia/Volker Witt; **93** mauritius images/Novarc/Axel Schmies; **96 o.re.** Stephan Röhl; **97 Mi.li.** Fotolia/Otto Durst; **97 u.li.** Fotolia/pifon; **98 o.li.** Stephan Röhl; **98 o.mi.** Stephan Röhl; **98 o.re.** Stephan Röhl; **101 u.mi.** Cornelsen/Heike Schulz; **101 u.re.** Stephan Röhl; **104 Mi.re.** Matthias Rufener, Aarberg (CH); **105 u.re.** Peter Hartmann; **105 Mi.li.** Volker Döring; **105 Mi.re.** Volker Döring; **107 u.re.** Shutterstock/Brian Maudsley; **108 u.mi.** Shutterstock GmbH/Sergio Stakhnyk; **108 o.li.** Shutterstock/Photos by Ava; **108 Mi.mi.** Christian Böhning/Foto: Fotolia/ Björn Wylezich; **109 o.re.** Colourbox; **109 Mi.mi.** Colourbox; **109 Mi.re.** Colourbox; **109 u.re.** Moritz Vennemann/Foto: Fotolia/dikobrazik; **109 o.mi.** Shutterstock/Odua Images; **112 u.li.** F1online/Imagebroker; **113 o.li.** Shutterstock/Rob kemp; **113 o.re.** Fotolia/Anterovium; **117** Fotolia/2xSamara.com; **125 u.re.** Colourbox/Colourbox; **131 o.mi.** akg-images/Erich Lessing; **136** „Teppich“ o. Fotolia/tashatuvango; **136** „Lamitat“ o. Fotolia/Ben; **136** „Fliesen“ o. Fotolia/DOC RABE Media; **136** „Parkett“ o. Fotolia/seen0001; **136** „Teppich“ u. Fotolia/xy; **136** „Lamitat“ u. Fotolia/nikitamatataa; **136** „Fliesen“ u. Fotolia/Angela Rohde; **136** „Parkett“ u. Fotolia/ferkelraggae; **136 o.re.** Fotolia/laguna35; **139** Shutterstock/JingAiping; **146 o.re.** Fotolia/Kurashova; **148 o.li.** Fotolia/Ingo Bartussek; **148 Mi.li.** Fotolia/lassedesignen; **149** Mi.re. Fotolia/Hugo Félix; **151 Mi.re.** T. Feltes/T. Feltes; **152 o.li.** Fotolia/Martin Lehotkay; **160 Mi.li.** Shutterstock/Pavel Ilyukhin; **163** Fotolia/mojolo

Die Screenshots auf den Seiten 69, 82, 123 und 169 wurden mit Microsoft Excel® erstellt. Microsoft Excel® ist ein eingetragenes Warenzeichen der Microsoft Corporation.